“十三五”
国家重点图书出版规划项目

5G丛书

5G移动无线通信技术

【瑞典】Afif Osseiran【西】Jose F. Monserrat【德】Patrick Marsch 著
陈明 缪庆育 刘愔 译

5G Mobile and Wireless
Communications Technology

人民邮电出版社
北京

图书在版编目（CIP）数据

5G移动无线通信技术 / （瑞典）阿菲夫·奥塞兰
(Afif Osseiran) ，（西）荷西·F.蒙赛拉特
(Jose F. Monserrat) ，（德）帕特里克·马什
(Patrick Marsch) 著 ；陈明，缪庆育，刘愔译. -- 北
京 ：人民邮电出版社，2017.3(2023.11重印)
（5G丛书）
ISBN 978-7-115-44872-9

Ⅰ. ①5… Ⅱ. ①阿… ②荷… ③帕… ④陈… ⑤缪…
⑥刘… Ⅲ. ①无线电通信－移动通信－通信技术 Ⅳ.
①TN929.5

中国版本图书馆CIP数据核字(2017)第020499号

版权声明

◆ 著 [瑞典] Afif Osseiran [西] Jose F. Monserrat
[德] Patrick Marsch
译 陈 明 缪庆育 刘 愔
责任编辑 李 强
责任印制 彭志环
◆ 人民邮电出版社出版发行 北京市丰台区成寿寺路 11 号
邮编 100164 电子邮件 315@ptpress.com.cn
网址 http://www.ptpress.com.cn
三河市君旺印务有限公司印刷
◆ 开本：800×1000 1/16
印张：28 2017 年 3 月第 1 版
字数：527 千字 2023 年11月河北第16次印刷
著作权合同登记号 图字：第 01-2017-0533 号

定价：118.00 元

读者服务热线：(010) 81055493 印装质量热线：(010) 81055316
反盗版热线：(010) 81055315
广告经营许可证：京东市监广登字 20170147 号

献　词

献给我新出生的儿子 S.；我的双胞胎儿子 H. 和 N.；我的妻子 L.S-Y ，她给了我坚定的鼓励；我的姑姑 K.E.，她是一个伟大的女性。

A.Osseiran

献给我的儿子 Jose Monserrat，他让我引以为豪。把最温暖的爱献给我的女儿和妻子，因为她们一直在支持我。

J.F.Monserrat

献给我的两个小儿子，他们充满活力。献给我亲爱的妻子，感谢她的耐心和对我的支持。

P.Marsch

致 谢

如果没有欧盟 METIS 项目，即 2012—2015 年在第七框架项目所资助的“移动与无线通信推动 2020 信息社会”的成功实施，就不会有本书的问世。

征途始于 2011 年 4 月，一小群来自爱立信、阿尔卡特 - 朗讯[1]、华为欧洲、诺基亚集团和诺基亚西门子网络的工程师开始讨论关于 5G 项目可能包含的内容及其对全球的影响。他们的协作最终形成了一个欧盟项目的提案，后来也被欧盟议会所接纳（在第七框架项目下）。METIS 项目包括 25 个公司和研究院所，我们非常感谢他们在本书准备和形成过程中给予的大力支持：爱立信（Ericsson）、丹麦奥尔堡大学（Aalborg University）、芬兰阿尔托大学（Aalto University）、阿尔卡特 - 朗讯（Alcatel-Lucent）、安耐特（Anite）、BMW 集团研究与技术、瑞典查尔姆斯理工大学（Chalmers University of Technology）、德国电信、都科摩（NTT DOCOMO）、法国电信（France Telecom-Orange）、德国 Fraunhofer 研究所（Fraunhofer-HHI）、华为技术公司欧洲研究中心（Huawei Technologies European Research Center）、瑞典皇家理工大学（KTH-Royal Institute of Technology）、希腊国立雅典大学（National and Kapodistrian University of Athens）、诺基亚集团（Nokia Corporation）、诺基亚西门子网络（Nokia Siemens Networks）、芬兰奥卢大学（University of Oulu）、波兰波兹南工业大学（Poznan University of Technology）、亚琛工业大学（RWTH Aachen）、法国矿信研究院 IMT（Institut Mines-Télécom）、意大利电信（Telecom Italia）、西班牙电信（Telefónica）、德国不莱梅大学（University of

[1] 现在为 Nokia

Bremen）、德国凯泽斯劳滕大学（University of Kaiserslautern）以及西班牙瓦伦西亚理工大学（Universitat Politècnica de València）。

欧盟议会全力支持该项目。Luis Rodriguez-Rosello，现已退休，但也始终都在发挥着积极的作用。来自欧盟诸多同事的支持与鼓励贯穿始终，其中很关键的人包括 Bernard Barani, Mario Campolargo, Pertti Jauhiainen and Philippe Lefebvre。Barani 和 Lefebvre 在推广和加强 METIS 在扩大 5G 对外影响力方面提供了有力的支持。这里特别要感激 Pertti Jauhiainen，他是 METIS 项目官员，他在项目过程中提出了中肯建议。在欧盟议会的最高层，特别是数字化市场方面，欧盟议员提供了强有力的支持，以提升未来无线通信技术在全世界的影响力。

本书中有大量的材料摘自或基于 METIS 项目的公开报告。然而为了提供更为深入全面的对当前 5G 的思考，还加入了来自作者和 METIS 项目以外实体的大量翔实的补充材料（例如 iJOIN 和 5GNow 等项目）。我们在此感谢全体参与本书编纂的同事们，正因为你们的支持与合作，才成就了这本书。

本书稿的作者们在写作中表现出极大的专注与热情。很多人都在繁忙的工作之余，贡献了夜晚以及周末时间。他们显示出极高的协作精神，即使工作或私人生活中偶有急事，也能保证及时参与。

我们也想向那些审阅本书稿的同事们表示感谢，很多人同时也是本书其他章节的作者。这里要特别鸣谢 Kumar Balachandran 博士的精益求精，还包括他在简介章节的编纂。我们在此感谢其他审稿人：Jesus Alonso-Zarate 博士、Mischa Dohler 教授、Klaus Doppler 博士、Salah-Eddine Elayoubi、Eleftherios Karipidis 博士、Per Skillermark、Stefano Sorrentino、Rapeepat Ratasuk 博士、Stefan Valentin 博士、Fred Vook 博士、Gerhard Wunder 博士以及 Jens Zander 教授。

Osseiran 博士还想感谢爱立信的 Magnus Frodigh 博士和 Mikael Höök。在他们的帮助下，本书的很多资源得以保证。

我们感谢剑桥大学出版社在完成书稿方面的帮助。

最后，对于每章节的作者，我们由衷地表示感谢：

- 第 1 章：致 Hugo Tullberg，细致的审阅以及关于安全性方面的贡献；Mikael Fallgren 和 Katsutoshi Kusume 关于经济分析章节的贡献。
- 第 2 章：致对 5G 场景，应用案例和系统概念有所贡献的 METIS 项目组同事。
- 第 3 章：致 METIS 第 6 组和 iJOIN 第 5 组工作的同事们；特别感谢 Joachim Sachs 的细致审阅和意见。

- 第 4 章：致 Erik Ström，关于可靠性 / 时延目标的贡献。
- 第 5 章：致 Byungjin Cho、Riku Jäntti 和 Mikko A. Uusitalo，关于多运营商 D2D 操作部分的贡献。
- 第 6 章：致 Johan Axnäs，关于移动性和波束寻找方面的贡献。
- 第 7 章：致 Frank Schaich、Hao Lin、Zhao Zhao、Anass Benjebbour、Kelvin Au、Yejian Chen、Ning He、Jaakko Vihriälä、Nuno Pratas、Cedomir Stefanovic、Petar Popovski、Yalei Ji、Armin Dekorsy、Mikhail Ivanov、Fredrik Brännström 和 Alexandre Graell i Amat。
- 第 8 章：致 Paolo Baracca 和 Lars S. Sundström，全面地审阅了该章节。
- 第 9 章：致 Antti Tölli、Tero Ihalainen、Martin Kurras 和 Mikael Sternad。同时感谢 Dennis Hui 的细致审阅和宝贵意见。
- 第 10 章：致 Henning Thomsen，关于多流无线回传；致 Sumin Kim 和 Themistoklis Charalambous，关于缓存辅助的中继。
- 第 11 章：致 Patrick Agyapong、Daniel Calabuig、Armin Dekorsky、Josef Eichinger、Peter Fertl、Ismail Guvenc、Petteri Lundén、Zhe Ren、Paweł Sroka、Sławomir Stańczak、Yutao Sui、Venkatkumar Venkatasubramanian、Osman N. C. Yilmaz 和 Chan Zhou.
- 第 12 章：致 METRIS 第 5 组的同事们。
- 第 13 章：致 David Martín-Sacristán，关于全章的审阅；作者在此向全体对 METIS 信道建模贡献力量的同事们表示感谢。
- 第 14 章：致 METIS 项目中深入进行仿真活动的相关同事。

Afif Osseiran
斯德哥尔摩，瑞典
Jose F. Monserrat
瓦伦西亚，西班牙
Patrick Marsch
弗罗茨瓦夫，波兰

原著贡献者

Danish Aziz, Alcatel-Lucent (now Nokia)
Kumar Balachandran, Ericsson
Robert Baldemair, Ericsson
Paolo Baracca, Alcatel-Lucent (now Nokia)
Slimane Ben Slimane, KTH-Royal Institute of Technology
Mats Bengtsson, KTH-Royal Institute of Technology
Carsten Bockelmann, University of Bremen
Mauro Renato Boldi, Telecom Italia
Ömer Bulakci, Huawei
Luis Miguel Campoy, Telefonica
Icaro Leonardo da Silva, Ericsson
Jose Mairton B. da Silva Jr., KTH-Royal Institute of Technology
Elisabeth De Carvalho, Aalborg University
Heinz Droste, Deutsche Telekom
Mikael Fallgren, Ericsson
Roberto Fantini, Telecom Italia
Peter Fertl, BMW
Gabor Fodor, Ericsson
David Gozalvez-Serrano, BMW
Katsuyuki Haneda, Aalto University
Jesper Hemming Sorensen, Aalborg University
Andreas Höglund, Ericsson
Dennis Hui, Ericsson

Tommi Jämsä, was with Anite Telecoms, now Huawei
Andreas Klein, University of Kaiserslautern
Konstantinos Koufos, Aalto University
Katsutoshi Kusume, NTT DOCOMO
Pekka Kyösti, Anite Telecoms
Eeva Lähetkangas, Nokia
Florian Lenkeit, University of Bremen
Zexian Li, Nokia
Ji Lianghai, University of Kaiserslautern
David Martin-Sacristan, Universitat Politècnica de València
Patrick Marsch, Nokia
Michal Maternia, Nokia
Jonas Medbo, Ericsson
Sanchez Moya Jose F. Monserrat, Universitat Politècnica de València
Afif Osseiran, Ericsson
Olav Queseth, Ericsson
Petar Popovski, Aalborg University
Nandana Rajatheva, University of Oulu
Leszek Raschkowski, Fraunhofer Heinrich Hertz Institute
Peter Rost, Nokia
Joachim Sachs, Ericsson
Fernando Sanchez Moya, Nokia
Malte Schellmann, Huawei
Hans Schotten, University of Kaiserslautern
Erik G. Ström, Chalmers University of Technology
Lars Sundström, Ericsson
Ki Won Sung, KTH-Royal Institute of Technology
Satoshi Suyama, NTT DOCOMO
Tommy Svensson, Chalmers University of Technology
Emmanuel Ternon, NTT DOCOMO
Lars Thiele, Fraunhofer Heinrich Hertz Institute
Olav Tirkkonen, Aalto University
Antti Tölli, University of Oulu
Hugo Tullberg, Ericsson
Mikko Uusitalo, Nokia
Petra Weitkemper, NTT DOCOMO
Wolfgang Zirwas, Nokia

译者序

早在2012年METIS项目启动之初，作为老同事也是老朋友，我计划邀请当时作为METIS项目总监的Afif Osseiran博士来北京，与中国的同行和媒体见面，介绍这个欧洲也是全球第一个5G研究项目。然而由于一个小的意外，Osseiran博士最终未能成行，只能通过北京和斯德哥尔摩之间的视频连线，与中国媒体进行了交流。遗憾之余，我和Osseiran博士约定，有机会一定会再请他到北京来讲讲5G和METIS项目的进展，为促成全球5G统一标准作一些贡献。之后，我因为工作的原因，调动到爱立信（日本）工作了一段时间。Osseiran博士也在出色地完成了相关使命之后，卸任METIS项目总监的职务。我们的这个约定似乎再也无法兑现了。5年之后的今天，也是3GPP 5G标准化开始之际，Osseiran博士主编的这本集当前全球5G研究之大成的书籍再次给了我们实现约定的机会。

翻译这本书的初衷，是希望能把最新的5G成果介绍和分享给中国的读者。然而，繁忙的日常工作和差旅确实带来不小的挑战，我甚至一度困惑于应不应该接下这个任务。但是每当想到应该尽快把有价值的知识和成果，介绍给广大读者的时候，我就不敢有更多的懈怠。即使在深夜，在机场候机室，抑或是在飞行途中，我也感觉有强大的动力支撑自己完成翻译任务。机缘巧合的是完成最后一部分翻译的时候，碰巧是我在北京飞往斯德哥尔摩的航班上。目的地正是这本书的原生地，这个偶然也算是这本书中文版的一种血脉衔接和必然吧。

这本书比较全面、完整和系统地介绍了全球范围内对5G应用和需求，网络架构和关键技术的研究成果。对于在通信行业的专家、学者、工程师和在校学生，以及关心5G

技术和应用的读者都有较高的参考价值。由于译者水平有限，多有不当之处，敬请指正。

在本书翻译过程中，初稿得到业内专家的审阅和修订。特此对刘光毅博士和杨光博士的帮助表示衷心的感谢！

最后，需要感谢我的家人，在本书的翻译过程中，他们表现出了耐心并全力支持我。因为他们相信这是一本很重要的书，也是一件很有意义的事。

陈　明

爱立信（中国）通信有限公司

2017-02-16

序

信息和通信技术（ICT）产业已经进入第四个升级周期，而其中的每一轮技术升级都获得了成功；2G 与 3G 的成功以及当下 4G 的前景正在促成人们对新的 5G 移动通信系统达成共识。这些移动技术的成功兴起推动传统电话由固定向移动的转变，并且已经把互联网（Internet）带入每一个终端用户的手中。新一代的移动系统让人感到大不相同。全世界都对 5G 的发展充满信心，甚至市场宣传也是不遗余力，虽然 5G 才刚刚有了路线图。这与当初申请“4G”来命名 LTE 就受阻，直到 3GPP 版本 10（Release 10）才扭转抗拒心态大相径庭。

我们现在依然还是在一块空白的画布上描绘这样一个系统，而她作为“5G”有朝一日会成为一个小的图标出现在我们的智能手机（或类似的设备）上。既有的历史是否能帮助我们预测这样的系统究竟会是什么样子？事实上，2G 是关于全球的语音通信，3G 提供了语音和数据服务，4G 则是支持语音、数据以及各种应用。5G 会是什么样子呢？

我们曾经见证了移动网络逐渐成为不可或缺的社交基础网络，深入影响着我们的日常生活并促进着数字化经济的发展。这一趋势在 5G 时代将进一步扩展，提升用户体验并以信息和通信技术助力工业生产，而物联网（Internet of Things）将演变为新的范式。

关于这一技术路标的可靠的详实的细节已然开始显现。如本书所述， 5G 将会主要在以下 3 个方面获得规模化应用。

首先，我们需要相当传统地在基于 LTE 的版本 10（R10）的 4G 能力基础上大规模提升速率。6GHz 以下的频谱在传统的蜂窝系统频段内十分稀缺，而提升频谱效率变得更为艰难。唯一的出路似乎只有通过在系统设计中采用新的方法，例如大规模天线、毫米波通信、中继技术、网络编码，以及一些更先进的干扰管理和移动性管理技术等。早期的原型和研究显示，这些方法是可行的。

这个世界正开始以一种更为互动的方式消费如视频节目在内的媒体内容，而展望以虚拟现实（VR）和增强现实（AR）为代表的浸入式体验带来巨大的挑战与前景。这对移动系统提出了很高的要求；海量的数据要根据需求提供给用户，而终端用户同时也可以成为海量信息的制造者。这些需求不仅仅影响着空中接口的容量，也会促使传输网络和云系统的重构，以形成更为分散式的拓扑结构，拓展成为融合的移动核心网，伴随着以各种形式分散到无线边缘的存储和计算能力。

其次，我们毫无悬念地需要在我们试图连接的物联网中使用海量规模的设备。5G将会在确保形态、性状各异的无数设备的通用连接性方面承担一个至关重要的角色。事实上，早前的系统设计并没有提供物联网所需的功能，这也许正是5G希望能差异化并获取优势的一个绝佳机会。

再次，令人激动的是移动通信技术必须关注关键性问题，清楚地表达出究竟需要提升多少往返时延（RTT）和系统可靠性。这将有力地支持正在兴起的可感知互联网（Tactile Internet）、生产与工业过程控制、基础能源、智能交通系统和这些领域所衍生出的其他令人目眩的应用。而许多系统设计中的巨大变化是这些得以实现的必要条件。特别是，实现超低的端到端时延的前提是我们需要对无线的空中接口和系统架构进行重新设计。例如针对媒体内容交付，设计者需将计算以及存储能力的部署尽可能地靠近终端用户。

所有这些方法将经历严格的标准化工作。在第19届世界频谱大会（WRC-19）期间，这些工作及围绕IMT-2020，但并不限于已经一致认可的讨论主题将要开始。这将确保全球在共有频段、共有标准以及面向需求、能力和性能的通用框架方面达成协同一致。大量的5G自发活动将吸纳众多关于5G是什么的不同想法，并已然形成一个5G概念方面的共识。尽管3GPP已经并将继续追踪有关机器类通信（MTC，Machine-Type Communications）的需求，众多的物联网细分市场所导致的需求中的差异性还将继续存在，并在未来的标准中被逐一应对。

尽管我们并不完全了解5G的每一个用例，但对此我们并不担心，正如某位首席执行官（CEO）最近所指出的，“我们在互联网被真正意义上广泛使用前就开始了3G的开发，我们在iPhone手机来到我们身边之前就开始了4G”[1]，因此，这是一个开始5G的

[1] 引述自卫翰斯（Hans Vestberg），爱立信首席执行官，2015年

完美时刻。

那么，我们都没有见证过的 5G 会是什么样子呢？您会在这本凝聚了众多最优秀的移动系统设计专家们的心血的杰出著作中找到答案，而他们是一群先于世人 10 年生活在未来的人。

我们衷心希望您喜欢读这本书，就像我们一样！

Prof. Mischa Dohler
Head, Centre for Telecom Research
Chair Professor, King’s College London
Fellow and Distinguished Lecturer, IEEE
Board of Directors, Worldsensing
Editor-in-Chief, ETT and IoT
London, UK

Takehiro Nakamura
VP and Managing Director
5G Laboratory
NTT DOCOMO INC. R&D Center
Yokosuka, Japan

前 言

致中国读者，“为了公正和人文关怀，在 5G 时代延续技术创新精神。”

随着人类社会的发展，我们对印刷和造纸的需求日趋减少，但是我们仍然需要感谢中国历史上的这两大科学发明。这些发明使阅读纸质书籍成为可能，而您手里的这本 5G 书籍就是一个很好的例证。纸张发明于大约公元前 2 年，得益于与中国人在撒马尔罕的交流，在经过了 750 多年之后，在公元 751 年传到阿巴斯王朝[1]。欧洲则再等了 5 个世纪，大约 1260 年的时候，造纸技术终于被传到意大利北部。

由于互联网和无线通信技术的发展，今天新的发明将以光的速度传播。而 5G 旅程就是又一个例子，它将我们带入一个全球互联和即时响应的世界。关于 5G 的研究于 2012 年年底在欧洲大陆正式踏上征程，之后不久中国就宣布了开展自己的 5G 研发计划，在 2013 年 2 月成立的 IMT-2020（5G）推进组表明在政府、产业、学术界共同规划推动下，中国再次努力成为一个世界级领先创新的科学国家。

作为一个多次访问中国的学者，我目睹了中国过去二十年的变化。事实上，我 2001 年第一次来到中国。那时候我和两个朋友一起来中国旅游，我们对中国充满活力的社会感到好奇和惊讶。从北京到西安，再到开封，这些年来，我看到了中国迅猛的经济增长和移动蜂窝技术的发展。而发展的同时也带来了新的挑战，例如环境污染，人口老龄化和社会发展不均衡，解决问题才能更好地实现经济可持续成长。

令人鼓舞的是，技术和创新可以帮助克服这些挑战。事实上未来的 5G 系统可以：

---

[1] Pierre-Marc De Biasi, Le papier: Une aventure au quotidien, Gallimard, 1999

- 建立国家智能运输系统来控制和减少二氧化碳排放；
- 通过智能电网和智能电表，实现更高效的能源生产与更低的消耗；
- 启用虚拟现实和增强现实技术，允许一部分人在家兼职（减少出行和燃料消耗）；增加在线学习和能力培养，同时使教育更为普及，并缩小收入差距；
- 工厂完全数字化，优化生产，降低对工人的依赖，减少能源消耗与污染排放；
- 使用机器人，为老年人建立智能援助家庭，应对人口老龄化；
- 优化农业和粮食生产以确保高效环保生产；
- 使用可靠和高速数据通信，实现远程诊断和医疗手术，使医疗保健更容易，尤其是对于老年人口和边远农村人口。

在中国“十三五”规划中（2016—2020），这些挑战被列为重点改进项目。此外，人们意识到即将到来的 5G 移动通信技术的进步，将有利于解决这些社会发展中存在的问题，实现一个更美好、更和谐的社会。

Afif Osseiran 博士
爱立信战略发展总监
斯德哥尔摩，瑞典
2017 年 2 月 12 日

目　录

第1章　概述……1

1.1　历史回顾……2

1.1.1　工业和技术革命：从蒸汽机到互联网……2

1.1.2　移动通信的发展：从1G到4G……3

1.1.3　从移动宽带到极限移动宽带……7

1.1.4　物联网（IoT）和5G的关系……7

1.2　从ICT产业到社会经济……7

1.3　5G基本原理：海量数据，250亿连接设备和广泛的需求……9

1.4　全球5G倡议……12

1.4.1　METIS和5G-PPP……13

1.4.2　中国：5G推进组……13

1.4.3　韩国：5G论坛……14

1.4.4　日本：ARIB 2020和未来专项……14

1.4.5　其他5G倡议……14

1.4.6　物联网的活动……14

1.5 标准化活动 …… 15
1.5.1 ITU-R …… 15
1.5.2 3GPP …… 15
1.5.3 IEEE …… 15
1.6 本书的内容介绍 …… 16
第2章 5G用例和概念 …… 19
2.1 用例和需求 …… 20
2.1.1 用例 …… 20
2.1.2 5G的要求和主要性能指标 …… 27
2.2 5G系统概念 …… 30
2.2.1 概念简介 …… 30
2.2.2 极限移动宽带 …… 32
2.2.3 海量机器通信 …… 34
2.2.4 超可靠机器类通信 …… 35
2.2.5 动态无线接入网络 …… 36
2.2.6 极简系统控制面 …… 39
2.2.7 本地内容和数据流 …… 41
2.2.8 频谱工具箱 …… 42
2.3 小结 …… 44
第3章 5G架构 …… 45
3.1 介绍 …… 46
3.1.1 NFV和SDN …… 46
3.1.2 RAN架构基础 …… 49
3.2 5G架构的高级要求 …… 51
3.3 功能架构和5G灵活性 …… 52
3.3.1 功能分拆准则 …… 53
3.3.2 功能分拆选项 …… 54
3.3.3 特定应用的功能优化 …… 56
3.3.4 集成LTE和新的空中接口来满足5G需求 …… 57
3.3.5 多RAT协作功能 …… 60

3.4 物理架构和5G部署…………61
3.4.1 部署赋能工具 …………61
3.4.2 5G灵活的功能分布 …………64
3.5 小结 …………68
第4章 机器类通信 …………69
4.1 简介 …………70
4.1.1 应用案例及MTC分类 …………70
4.1.2 MTC需求 …………73
4.2 MTC基础技术 …………75
4.2.1 短包数据和控制 …………75
4.2.2 非正交接入协议 …………77
4.3 海量MTC …………78
4.3.1 设计原理 …………78
4.3.2 技术元素 …………79
4.3.3 mMTC功能总结 …………85
4.4 超可靠低时延MTC …………86
4.4.1 设计原则 …………86
4.4.2 技术元素 …………87
4.4.3 uMTC功能总结…………91
4.5 小结 …………92
第5章 设备到设备通信 …………95
5.1 D2D：从4G到5G …………96
5.1.1 D2D标准：4G LTE D2D …………98
5.1.2 5G中的D2D：研究活动的挑战…………100
5.2 移动宽带D2D无线资源管理 …………101
5.2.1 移动宽带D2D RRM技术…………102
5.2.2 D2D的RRM和系统设计…………103
5.2.3 5G D2D RRM概念举例 …………103
5.3 临近通信和紧急服务多跳D2D通信 …………108
5.3.1 3GPP和METIS中国家安全和公共安全要求 …………108

5.3.2 网络辅助或者无网络辅助的终端搜索 …… 109
5.3.3 网络辅助多跳D2D通信 …… 110
5.3.4 多跳D2D无线资源管理 …… 111
5.3.5 临近D2D通信性能 …… 113
5.4 多运营商D2D通信 …… 114
5.4.1 多运营商D2D搜索 …… 114
5.4.2 多运营商D2D模式选择 …… 115
5.4.3 跨运营商D2D频谱分配 …… 116
5.5 小结 …… 120
第6章 毫米波通信 …… 121
6.1 频谱与法规 …… 123
6.2 信道传播 …… 124
6.3 毫米波系统的硬件技术 …… 125
6.3.1 设备技术 …… 125
6.3.2 天线 …… 128
6.3.3 波束赋形架构 …… 128
6.4 部署场景 …… 130
6.5 架构和移动性 …… 131
6.5.1 双连接 …… 132
6.5.2 移动性 …… 132
6.6 波束赋形 …… 134
6.6.1 波束赋形技术 …… 134
6.6.2 波束发现 …… 135
6.7 物理层技术 …… 137
6.7.1 双工方式 …… 137
6.7.2 传输方案 …… 137
6.8 小结 …… 140
第7章 5G无线接入技术 …… 141
7.1 多用户通信的接入设计原则 …… 143
7.1.1 正交多址系统 …… 144

7.1.2 扩频多址系统 …… 147
7.1.3 多址方法的容量限制 …… 148
7.2 滤波的多载波：一个新的波形 …… 151
7.2.1 基于滤波器组的多载波 …… 152
7.2.2 通用滤波 OFDM …… 157
7.3 用于高效多址的非正交方案 …… 160
7.3.1 非正交多址（NOMA） …… 161
7.3.2 稀疏码多址（SCMA） …… 163
7.3.3 交织分多址（IDMA） …… 165
7.4 密集部署的无线接入 …… 167
7.4.1 小区部署的 OFDM 数字参数 …… 167
7.4.2 小小区子帧结构 …… 170
7.5 V2X 通信的无线接入 …… 173
7.6 用于大规模机器类型通信的无线接入 …… 176
7.6.1 大规模接入的问题 …… 176
7.6.2 扩展接入预留 …… 179
7.6.3 直接随机接入 …… 180
7.7 小结 …… 182

第 8 章 大规模多输入多输出（MIMO）系统 …… 183
8.1 介绍 …… 184
8.2 理论背景 …… 187
8.2.1 单用户 MIMO …… 188
8.2.2 多用户 MIMO …… 190
8.2.3 大规模 MIMO 的容量：总结 …… 192
8.3 大规模 MIMO 的导频设计 …… 193
8.3.1 导频数据之间的权衡和 CSI 的影响 …… 193
8.3.2 减少导频污染的技术 …… 194
8.4 大规模 MIMO 的资源分配和收发机算法 …… 199
8.4.1 用于大规模 MIMO 的分布式协调收发机设计 …… 200
8.4.2 干扰分簇和用户分组 …… 204

8.5 大规模 MIMO 中基带和射频实现的基本原理 …… 207
8.5.1 大规模 MIMO 实现的基本形式 …… 207
8.5.2 基于 CSI 的预编码的混合固定波束成形（FBCP） …… 209
8.5.3 用于干扰分簇和用户分组的混合波束成形 …… 213
8.6 信道模型 …… 215
8.7 小结 …… 216
第 9 章 5G 中的协调多点传输 …… 217
9.1 介绍 …… 218
9.2 JT CoMP 使能器 …… 220
9.2.1 信道预测 …… 222
9.2.2 簇和干扰基底成形 …… 223
9.2.3 用户调度和预编码 …… 226
9.2.4 干扰减缓框架 …… 226
9.2.5 5G 中的 JT CoMP …… 227
9.3 JT CoMP 与超密集网络的结合 …… 228
9.4 分布式协作传输 …… 229
9.4.1 具有本地 CSI 的分布式预编码 / 滤波设计 …… 230
9.4.2 干扰对齐 …… 234
9.5 带高级接收机的 JT CoMP …… 236
9.5.1 具有多个天线 UE 的 JT CoMP 的动态分簇 …… 237
9.5.2 网络辅助干扰消除 …… 239
9.6 小结 …… 240
第 10 章 中继与无线网络编码 …… 243
10.1 中继技术和网络编码技术在 5G 无线网络中的角色 …… 245
10.1.1 中继的复兴 …… 245
10.1.2 从 4G 到 5G …… 246
10.1.3 5G 中的新型中继技术 …… 247
10.1.4 5G 中的关键应用 …… 248
10.2 多流无线回传 …… 251
10.2.1 直传与中继的协同传输模式（CDR） …… 252

10.2.2 四向中继 …… 255
10.2.3 无线模拟有线（WEW）回传 …… 255
10.3 高度灵活的多流中继 …… 258
10.3.1 多流中继的基本思想 …… 258
10.3.2 实现 5G 高吞吐量 …… 260
10.3.3 性能评估 …… 261
10.4 缓存辅助的中继 …… 262
10.4.1 为何需要缓存 …… 262
10.4.2 中继选择 …… 263
10.4.3 中继间干扰的处理 …… 264
10.4.4 扩展 …… 266
10.5 小结 …… 266
第 11 章 干扰管理，移动性管理和动态重配 …… 267
11.1 网络部署类型 …… 269
11.1.1 超密集网络或网络密集化 …… 269
11.1.2 移动的网络 …… 270
11.1.3 异构网络 …… 271
11.2 5G 中的干扰管理 …… 271
11.2.1 UDN 中的干扰管理 …… 272
11.2.2 移动中继节点的干扰管理 …… 275
11.2.3 干扰消除 …… 278
11.3 5G 中的移动性管理 …… 278
11.3.1 UE 控制与网络控制的切换 …… 279
11.3.2 异构 5G 网络中的移动性管理 …… 281
11.3.3 移动性管理中的内容可感知 …… 284
11.4 5G 中的动态网络重配 …… 286
11.4.1 控制面 / 用户面的解耦带来的节能 …… 287
11.4.2 基于可移动网络的灵活部署 …… 290
11.5 小结 …… 293

第 12 章　频谱 …… 295
12.1　介绍 …… 296
12.1.1　4G 频谱 …… 297
12.1.2　5G 的频谱挑战 …… 299
12.2　5G 频谱格局和要求 …… 301
12.3　频谱接入模式和共享场景 …… 304
12.4　5G 频谱技术 …… 305
12.4.1　频谱工具箱 …… 306
12.4.2　主要技术组件 …… 307
12.5　5G 的频谱价值：从技术 - 经济学的角度分析 …… 309
12.6　小结 …… 311
12.6.1　频谱要求 …… 311
12.6.2　频谱类型 …… 312
12.6.3　授权 …… 312
第 13 章　5G 无线传播信道模型 …… 313
13.1　简介 …… 314
13.2　建模需求与场景 …… 315
13.2.1　信道建模需求 …… 316
13.2.2　传播场景 …… 318
13.3　METIS 信道模型 …… 319
13.3.1　基于地图的模型 …… 320
13.3.2　随机过程模型 …… 328
13.4　小结 …… 335
第 14 章　仿真方法 …… 337
14.1　评估方法 …… 338
14.1.1　性能指标 …… 338
14.1.2　信道简化 …… 340
14.2　校准 …… 344
14.2.1　链路级校准 …… 344

14.2.2 系统级校准 …… 348
14.3 5G 建模的新挑战 …… 350
14.3.1 真实场景 …… 350
14.3.2 新波形 …… 351
14.3.3 大规模 MIMO …… 351
14.3.4 较高频段 …… 352
14.3.5 终端到终端链路 …… 352
14.3.6 移动网络 …… 353
14.4 小结 …… 354
缩略语 …… 355
参考文献 …… 369

第1章

概　　述

1.1 历史回顾

诞生于21世纪的信息通信技术（又称ICT技术）起源于20世纪两个主要产业的融合，即电信产业和计算机产业的融合。本书的目的是描述移动通信产业第五代技术的发展趋势，这些技术将实现多种通信服务的增强融合，在包括连接、信息处理、数据存储和人工智能在内的、复杂的分布式环境中，实现内容的分发、通信和运算。这些技术的巩固和加强模糊了传统的技术功能的边界。例如，计算和存储嵌入到通信基础设施之中，流程控制分布于互联网之上，而运算功能迁移到集中的云计算环境之中。

1.1.1 工业和技术革命：从蒸汽机到互联网

ICT产业源于电信产业和（计算机）互联网产业的结合，并给信息和通信服务的供给和分发方式带来巨大的变革。大量被广泛使用的移动连接设备，推动社会进一步深入变革，社会变得更加网络化和连接化，从而在经济、文化和技术方面产生深远影响。人类社会正在经历一场技术革命，这个过程始于20世纪70年代半导体技术和集成电路技术的发展，以及随之而来的信息技术（IT）的成熟和20世纪80年代现代电子通信技术的发展。下一代ICT产业中日趋成熟的前沿包括，构建在不同的场景中，同时满足服务需求差异巨大的交付框架，满足大量的不同需求，例如，来自和去往互联网的个人媒体交付，实现万物互联（物联网），并将安全和移动性作为可以配置的功能引入所有通信服务。有人将其称为工业革命的第四阶段[1]。

工业革命的四个阶段如图 1.1 所示。

第一阶段始于英国（大约 1760—1840 年），其间诞生了动力织布机和蒸汽机。在随后的几十年里，18 世纪的农业经济迅速转型为工业经济，用于生产货物的机器大行其道。

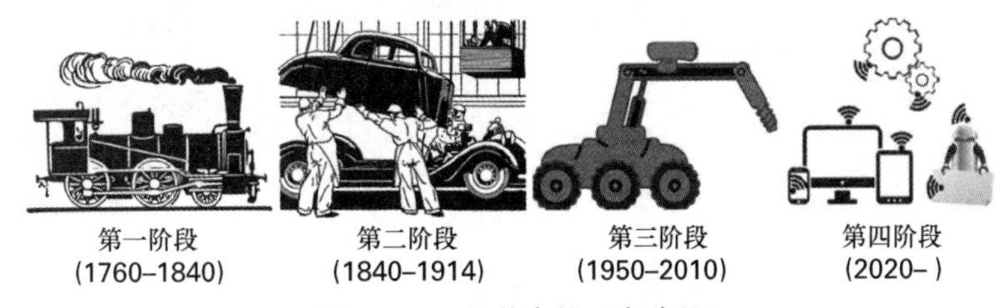

图 1.1 工业革命的四个阶段

第二阶段（大约 1840—1914 年）始于贝西默钢铁生产程序，这一阶段实现了早期工业电气化，大规模工业制造和流水线生产方式。电气化生产线上的工人分工更加专业，从而实现了大规模工业制造。

第三阶段（大约 1950—2010 年）主要归功于电子信息技术，特别是可编程逻辑控制器件（Programmable Logic Controllers，PLC）的发明。这些技术进一步提升了生产流程自动化和产能。

第四阶段也就是我们目前所处的时代。在这个时代，通过新一代无线通信技术实现万物互联，无处不在地连接设备和物品，推动工业自动化水平再次飞跃。

人们期待的第五代移动通信（5G）提供了进入工业革命第四阶段的途径。因为它将以人为主要服务对象的无线通信，延伸到人与物全连接的世界。特别需要指出的是 5G 包括了：

- 连接成为人与物的标准配置；
- 关键和海量的机器连接；
- 新的频段和监管制度；
- 移动和安全成为网络功能；
- 通过互联网的内容分发集成；
- 网络边缘处理和存储；
- 软件定义网络和网络功能虚拟化。

1.1.2 移动通信的发展：从 1G 到 4G

图 1.2 给出了蜂窝移动通信的发展史。从 20 世纪 70 年代的婴儿期（第一代无线通

信1G）到2020年（第五代移动通信5G），蜂窝移动通信系统演进的主要历程见图1.2。

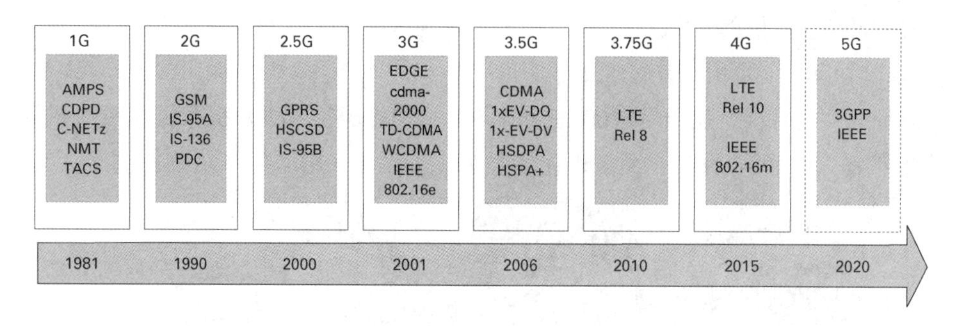

图1.2　蜂窝通信标准演进

第一代商用模拟移动通信系统部署于20世纪五六十年代[2]，但市场渗透率很低。1981年诞生了第一代移动蜂窝系统（1G），包括北欧国家部署的北欧移动电话系统（NMT），德国、葡萄牙和南非部署的C-Netz系统，英国部署的TACS系统和北美部署的AMPS系统。1G由于采用模拟技术而被称为模拟标准，通常采用调频信号和数字信令信道。1982年欧洲邮电管理大会（CEPT）决定开发泛欧第二代移动通信系统，即处于2G统治地位的GSM系统，1991年GSM开始国际部署。2G的标志是实现了数字发送技术和交换技术。数字技术有效地提升了话音质量和网络容量，同时引入了新服务和高级应用，例如用于文本信息的存储和转发的短消息。

设计GSM系统的首要目的是实现欧洲数字语音服务的国际漫游。与1G仅使用了FDMA相比，GSM采用了混合的时分多址（TDMA）/频分多址（FDMA）技术。与此同时，全球其他的2G系统也在部署过程中，并且相互竞争。这些2G技术包括：（1）北美的NA-TDMA（TIA/EIA-136）标准；（2）CDMAOne（TIA/EIA IS-95A）[4]；（3）仅用于日本的个人数字蜂窝系统（PDC）。2G的演进又称为2.5G，在语音和数据电路交换之上，引入了数据分组交换的业务。主要的2.5G标准包括GPRS和TIA/EIA-95[1]，二者分别是GSM和TIA/EIA-p5A的演进版。此后不久，GSM进一步演进为EDGE和EGPRS。其性能增强主要是采用了更高级的调制和编码技术。GSM/EDGE在3GPP标准继续演进，并且在最新的版本里支持更宽的带宽和载波聚合技术。

2G系统商用不久，业内就开始准备和讨论第三代无线通信系统。同时国际电信联盟无线通信委员会（ITU-R）制定了国际移动通信系统2000（IMT-2000）的要求。1998年1月，两个基于CDMA技术的标准被欧洲通信标准协会（ETSI）接纳为全球移动通

[1] TIA/EIA95是TIA/EIA-IS95A和IS95B的组合版本

信系统（UMTS），分别是宽带 CDMA（WCDMA）和时分 CDMA（TD-CDMA）技术。UMTS 成为主要的 3G 移动通信系统，并且是最早达到 IMT-2000 要求的技术。最终有 6 个空中接口技术满足 IMT-2000 要求，包括 3 个基于 CDMA 的技术，1 个 GSM/EDGE 的新版本（称为 UWC-136[1]）和另外 2 个基于 OFDMA 的技术[5]。如图 1.2 所示，在 3G 合作伙伴项目（3GPP）的框架内，制定了被称为 3G 演进的新技术规范，即 3.5G。这一演进技术建议包括两个无线接入网络（RAN）技术和一个核心网演进建议。

第一个 RAN 技术是 3GPP2 制定的基于 cdma2000 的演进版本 1xEV-DO 和 1xEV-DV。第二个 RAN 技术是高速数据分组接入技术（HSPA）。HSPA 由 3GPP R5 版加入下行 HSPA（HSDPA）和 3GPP R6 版加入上行 HSPA（HSUPA）组成。二者都是为了提升数据速率，下行提高到 14.6Mbit/s，上行提高到 5.76Mbit/s。在 MIMO 引入后，速率获得进一步提升。HSPA 技术基于 WCDMA 并且完全后向兼容。CDMA 1xEV-DO 在 2003 年开始部署，HSPA 和 CDMA 1x EV-DV 于 2006 年实现商用。

所有 3GPP 标准始终保持着新功能后向兼容的理念。这也体现在 HSPA 的进一步演进 HSPA+，该技术通过载波聚合获得更高的速率，但不影响原有终端正常使用。

第二个 UMTS 演进技术，也被商业上认为是 4G 技术，称为 LTE[7][8]，包括了新的基于正交频分多址（OFDMA）的空中接口，新的网络架构和新的称为 SAE/EPC 的核心网（CN）。LTE 与 UMTS 并不后向兼容，并期望在 2007 年的世界无线电大会（WRC）获得更多的频谱。这个标准设计灵活，可以部署在从 1.4MHz 到 20MHz 的不同带宽的载波上。

LTE 标准实现了系统容量的大幅提升，其设计使蜂窝网络脱离了电路交换的功能。与之前的通信系统相比，这一改进显著降低了成本。2007 年年底，第一个 LTE 版本得到 3GPP 批准，称为 LTE R8 版本。这一版本的峰值速率约为 326Mbit/s，和以前的系统相比频谱利用效率获得了提升，并显著降低了时延（下降到 20ms）。与此同时，ITU-R 提出了 IMT-2000 的后续要求（IMT-Advanced）作为制定第四代移动通信系统的标称要求。LTE R8 版本并不能达到 IMT-Advanced 的要求，因此被认为是前 4G 技术。这些要求后来有所放松，因此 LTE 被统一认为是 4G 技术。技术上，3GPP LTE R10 版本和 IEEE 802.16m（又称 WiMAX）是最早满足 IMT-Advanced 要求的空中接口技术。而 WiMAX 尽管被批准成为 4G 标准，但没有被市场广泛接受，最终被 LTE 取代。与 R8 版本相比，LTE R10 版本新增了高阶 MIMO 和载波聚合的技术，从而提升了容量和速率，利用高达 100MHz 的载波聚合带宽可以达到 3Gbit/s 下行峰值速率和 1.5Gbit/s 上行峰值

[1] UWC-136 是 NA-TDMA 集成 GSM-EDGE 的演进版本，没有按照 ITU-R 要求部署，最终由于 3GPP GSM/EDGE 技术获得青睐而弃用。

速率。其中下行采用 8x8 MIMO，上行采用 4x4 MIMO。

3GPP 对于 LTE 的标准化工作持续进行，包括 R11 版本到 R13 版本，以及后续版本。LTE R11 版本通过引入载波聚合、中继和干扰消除技术优化了 LTE R10 版本的容量。同时，增加了新的频谱以及多点协同发送和接收（CoMP）技术。

在 2015 年 3 月冻结的 LTE R12 版本增加了异构网络和更高级的 MIMO 以及 FDD/TDD 载波聚合。另外增加了一些回传和核心网负载均衡的功能。接下来 LTE R12 和 R13 版本，为了支持机器类通信（MTC），例如传感器和电动装置，引入了新的物联网解决方案（包括 LTE-M 和窄带物联网 NB-IoT）[9][10]。这些新技术提升了覆盖，延长了电池的续航能力，降低了终端成本。R13 版本为了获得极高的移动宽带速率引入高达 32 载波的载波聚合技术。

截至 2015 年年中，全球蜂窝移动用户数达到 74.9 亿 [11]，其中 GSM/EDGE，包括以数据通信为目标的 EGPRS 主宰了无线接入网络。GSM 市场份额达到 57%（其用户数达到 42.6 亿），但是 GSM 的连接数已经达到峰值，并开始下降。另一方面，3G（包括 HSPA）的用户数从 2010 起不断上升，达到 19.4 亿，市场占有率达到 26%。爱立信移动报告预测 2020 年 WCDMA/HSPA 的用户数将达到顶峰，之后将会下降 [12]。处于 4G 主导地位的 LTE 技术截至 2015 年年底，发展用户 9.1 亿（市场份额 12%），预计 2021 年达到 41 亿用户 [12]，从而成为用户数最多的移动通信技术。图 1.3 展示了目前市场上的 3GPP 技术。总体趋势是越来越广的频谱分布，更高的带宽，更高的频谱利用率和更低的时延。

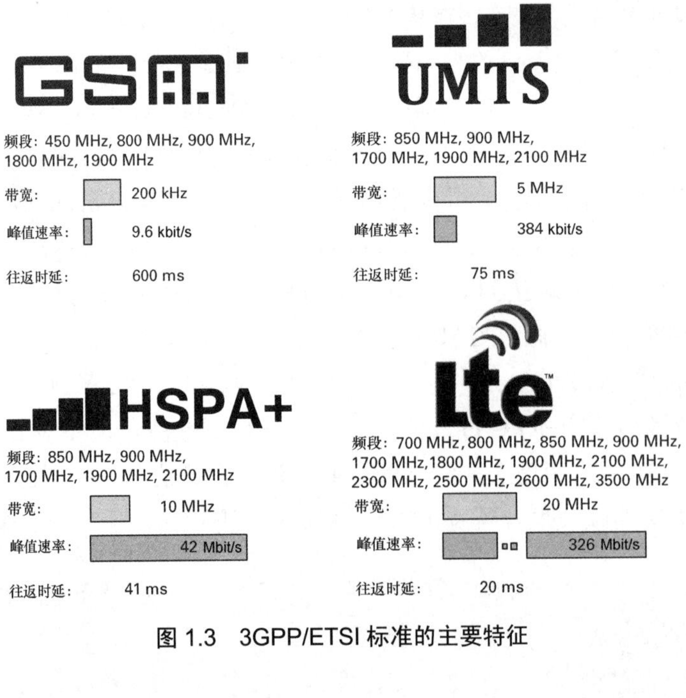

图 1.3　3GPP/ETSI 标准的主要特征

1.1.3 从移动宽带到极限移动宽带

5G极限移动宽带（xMBB）服务满足人们面向2020年，对极高数据速率的持续渴望。对视频业务的广泛需求和对诸如虚拟现实、高清视频的兴趣推动了高达若干吉比特每秒的速率要求。5G技术使无线网络获得当前只能由光纤接入实现的速率和服务。感知互联网进一步增加了对低时延的诉求。当低时延和高峰值速率需要同时满足时，就对网络能力提出了更高的要求。

1.1.4 物联网（IoT）和5G的关系

近几年来，有几个不同的概念描述ICT行业的一个重要领域，即物联网（IoT），信息物理融合系统（CPS）和机器类通信（M2M），但这些概念各有侧重。

（1）物联网（IoT），又被称为"万物互联"（IoE），强调了互联网连接的所有对象（包括人和机器）都拥有唯一的地址，并通过有线和无线网络进行通信[13]。

（2）信息物理融合系统（CPS）强调通过通信系统对计算过程和物理过程（诸如传感器，人和物理环境）的集成。特别是该物理过程在数字化（信息）系统中可以被观察、监视、控制和自动化处理。嵌入式计算和通信能力是信息物理融合系统的两个关键技术。现代化的电网就可以被视为一个典型的CPS系统[14]。

（3）机器类通信（M2M）被用来描述机器之间的通信。尽管数字处理器在不同的层次嵌入到工业系统中的历史已经有很多年，但新的通信能力将会在大量的分布式处理器之间实现连接，并使得原本本地的数字监控和控制提升到更广泛的系统级别，甚至是全球的范围。4G和5G就可以提供这些通信能力。不仅如此，当所有的目标被无线技术和互联网连接，并且当计算和存储也分布在网络中时，信息物理融合系统（CPS）和物联网（IoT）的区别就消失了。因此，无线移动通信是物联网（IoT）的重要赋能者。特别是5G将赋能新的物联网用例（例如低时延和高可靠性需求的用例），以及其他无线通信系统尚未涉足的经济领域。

1.2 从ICT产业到社会经济

与以前的蜂窝系统相比，5G系统设计的主要目标是满足不同的移动业务的需要，并把来自不同工业经济领域的需求映射到信息系统之中。事实上，无线通信在21世纪初就已经开始进军诸如大众消费、金融和媒体等领域。接下来的几年，人们预期社会经济对无线移动通信的利用程度将越过临界点。5G将把无线连接这一可选功能，变成众多领域中大量产品的必备功能。这里的必要性来源于潜在的基于数据的机器学习，进一步数据挖掘和信息提取，并在社会各个领域实现高度智能化。最后，由连接设备产生的数据，将会降低业务交付成本，甚至实现现代工业革命255年来，未曾实现的人类生产率和生产活动能力的提升。连接能力的提升将会给其他经济领域带来传导效益，并以前所未有的方式改善人们的生活。无线通信将会对下列经济领域产生重要影响。

农业：传感器和电动装置越来越多地被广泛应用于测量和传输关于土壤质量、降雨量、温度和风速等与农作物生长和畜牧活动相关的信息。

汽车制造[1]：无线通信已经获得大量来自智能交通相关应用的关注。例如实现更大程度的车辆自动驾驶、车辆之间通信、车辆与道路基础设施之间的通信、感知和避免碰撞的安全功能、规避道路拥塞，还包括媒体内容交付之类的商业应用。

建筑 / 建筑物：建筑物在建设过程中安装不同用途的传感器、电气装置、内置天线和监视设备，可以用于节能、安防、建筑使用状态和财产跟踪等。

能源 / 电力：智能电网价值链的各个环节都将受到影响，例如电机、发电和产能、交易、检测、负载控制、故障容错和电力消耗。未来的能源消费者也可能成为电力生产者，各种设备被连接并由电力公司控制。同时越来越多的电动汽车也给电力公司带来新的挑战和机遇。

金融 / 银行：与贸易、银行业和零售业相关的金融活动越来越多地通过无线上网完成。同时银行转账的安全、欺诈检测和分析变得越来越重要。这些服务由于无线连接能力的提升将得到更多的使用。

健康：无线通信可以被应用于无论是简单的还是复杂的健康应用中，包括运动监控、实时用户健康感知、医疗提示和健康监视，以及医院对病人的远程监视、远程健康服务，甚至实现远程手术等。

生产制造：由于无线通信的应用，不同的工程任务和流程控制可以变得更为高效、可靠和准确。5G超高可靠性和极低时延要求，对于工厂自动化极为重要。同时，海量的机器连接会进一步提高无线通信在工业制造机器人和自控设备的应用。RFID和低功耗无线通信也可以用于生产资产管理。

---

[1] 汽车行业和交通行业有所重叠。

媒体：视频是推动大流量消费的主要动力。5G 可以提供大量优异的 3D 和 4K 用户体验。目前高清视频的用户体验还仅限于固定网络和短距离无线通信。同时享受高品质音乐服务的需求在人口密集地区也受到限制。未来在移动和游牧条件下，诸如虚拟现实（VR）和增强现实（AR）之类的新的应用将会变得越来越普遍。

公共安全：警察、消防、救援、救护和紧急医疗等服务都需要高可靠性和高可用性。就像 4G 被广泛应用于公共安全，5G 无线接入也是未来安全服务、执法和紧急救援人员的重要工具。SDN 和 NFV 技术的使用使网络在公共安全方面起到的作用更为直接，例如在火灾、地震和海啸等灾害中，通过更有效地管理局部的传感器和网络连接为人们提供帮助。网络也可使用本地服务来支持救援行动。

零售和消费者：无线通信将会继续在零售、旅游、休闲（包括酒店行业）起到重要的作用。

交通（包括物流）：无线通信已经在这个领域发挥着重要作用。随着 5G 的到来，这一作用会更为突出。事实上 5G 能够进一步提升在铁路、公共交通、海运和陆运方面基础设施的通信功能。

新增行业：航空和国防、基础原材料、化工、工业产品和服务在不久的将来也会使用无线通信技术。

1.3　5G 基本原理：海量数据，250 亿连接设备和广泛的需求

社会对无线连接的需求，主要来自越来越多的移动多媒体服务和应用，并且推动了移动流量的指数成长。据推测从 2010 年到 2020 年，移动流量将上升 1000 倍 [15]，这一数字后来被修正为 250 倍 [16]。如图 1.4 所示，在已经高度发达的诸如西欧和北美的信息社会中，其移动数据流量在 2010 年到 2020 年将增长 84 倍，机器类通信将变得越来越重要，而到目前为止人类仍然是通信服务的主要对象。预测显示通信设备的数量在 2020 年将达到 500 亿 [17]，最新的分析将这一数字修正为 250 亿连接。

机器类和人机无线通信在众多经济领域和行业的应用不断增多，对无线网络提出了大量而广泛的需求，具体表现在成本、复杂性、功耗、传输速率、移动性、时延和可靠性等方面。例如感知互联网要求无线时延降低到 1ms[18]。图 1.5 很好地展现了 5G 需求相对于 IMT-Advanced 的延伸，图中下列需求需要重点关注 [19]：

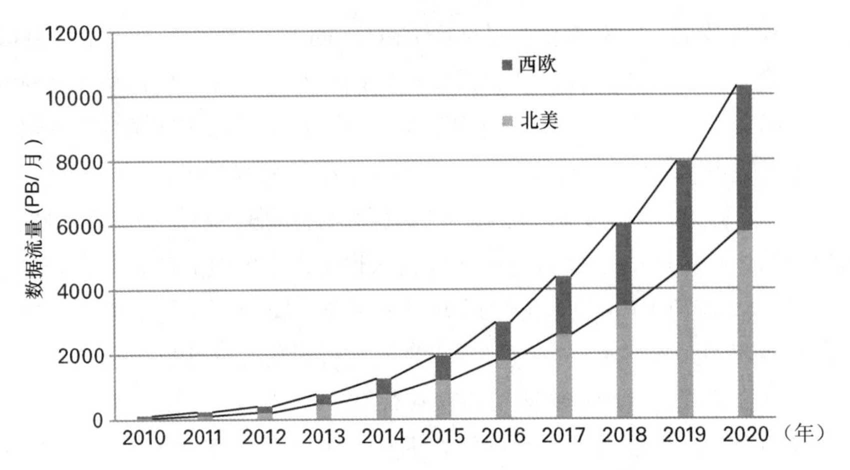

图 1.4　西欧和北美的数据流量（版权：2015 爱立信公司）

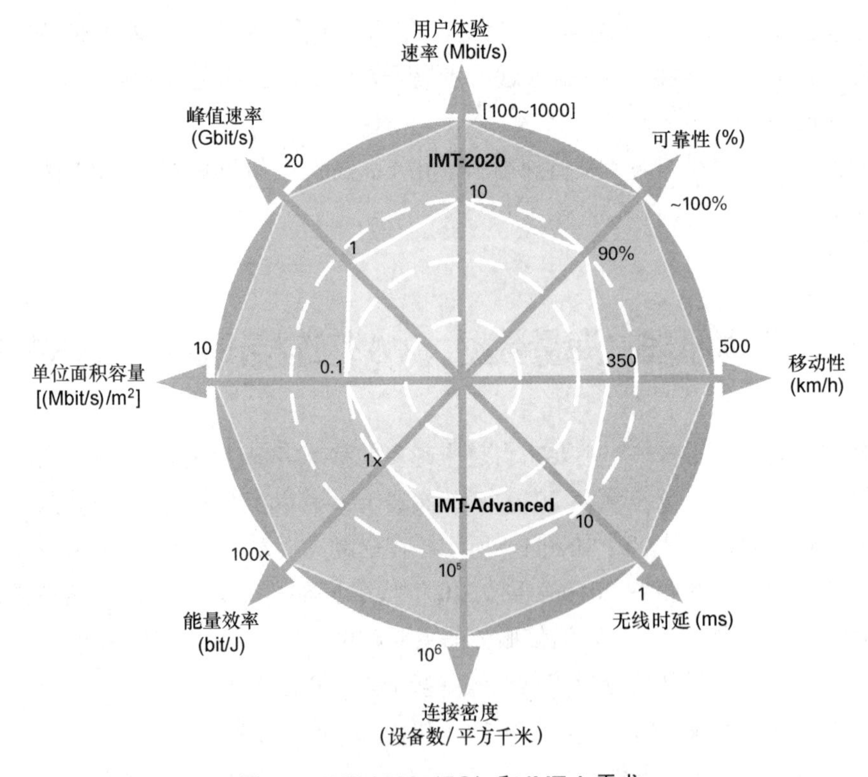

图 1.5　IMT-2020（5G）和 IMT-A 需求

- 峰值速率（**Gbit/s**）：可以达到的最大用户 / 设备数据速率。
- 用户体验速率（**Mbit/s** 或 **Gbit/s**）：在覆盖区域内用户 / 设备实际达到的速率。

➢ **无线时延（ms）**：数据包在空中接口 MAC 层，由信源到达信宿经历的时间。这里指单程时延。

➢ **移动性（km/h）**：满足标称 QoS 条件下可支持的最大移动速度。

➢ **连接密度（设备数 / 平方千米）**：单位面积可以连接的设备数量。

➢ **能量效率（bit/J）**：在网络侧，无线接入网络消耗的每单位能量发送或者接收的数据比特数。在终端侧指通信模组消耗单位能量发送或者接收的比特数。

➢ **可靠性（%）**：一定时间内成功传输的概率。

➢ **单位面积容量 [(Mbit/s)/m^2]**：服务地理区域内的全部流量的和。

最后，需要强调安全性是保证未来无线通信系统成功的前提条件。

安全性

安全性是过去四代无线通信技术的重要特征，未来的通信系统也将延续这一传统。值得强调的是历史上无线网络经历了易受攻击的时期，并且不断得到改善。随着计算成本降低，系统更易于实现有关方案。新一代无线系统必须在提升系统端到端的安全性的同时，允许合法监听。移动宽带将会被越来越多地应用到互联网接入和云计算服务，因此系统更容易受到攻击，会带来更大损失。例如拒绝服务攻击（DoS）[20]，当使用中继器或者网络拓扑技术，网络和中继器之间需要建立可靠的连接，从而避免中间人攻击（man-in-the-middle）[21]。此外终端通过中继器接入网络，也应当更好地屏蔽系统，避免通过 ID 缓存的身份被盗取。

5G 网络将会承载大量的物联网数据。单一信息也许不敏感，但是敏感的信息可以从数据或者信息的分析获得。因此非授权访问，即使是少量的也应当被禁止。当无线终端正在进行加密和验证以及鉴权控制设备权限时，安全性就更为重要。因此，连接到互联网的门禁系统需要随时进行仔细的检查，防止非法入侵。对于超可靠服务，传输信息的完整和可靠性尤其重要。错误的紧急刹车或者不准确的交通指示，必须在呈现给乘车人之前就被车辆拒绝接受。工业应用中，物理流程是受控的，传输的信息或许包括关于工作流程的敏感信息。这些信息需要受到保护，免遭窃听或者篡改 [22]。因此，适当的安全功能必须到位，确保信息的完整性和准确性。5G 网络将会引入新的接入节点并支持新的业务，因此带来新的安全挑战。银行等行业已经拥有端到端的安全解决方案可以应用于 5G。但物联网需要新的安全解决方案。安全性研究是十分活跃的领域。本书侧重于 5G 技术介绍，安全方面的话题不在本书的讨论范围。

1.4 全球5G倡议

全球范围内有很多5G的论坛和研究项目组。2011年欧洲第一个开展了5G研究[23]，不久之后中国、韩国、日本开始了各自的研究活动。这些活动和时间表归纳在图1.6中。

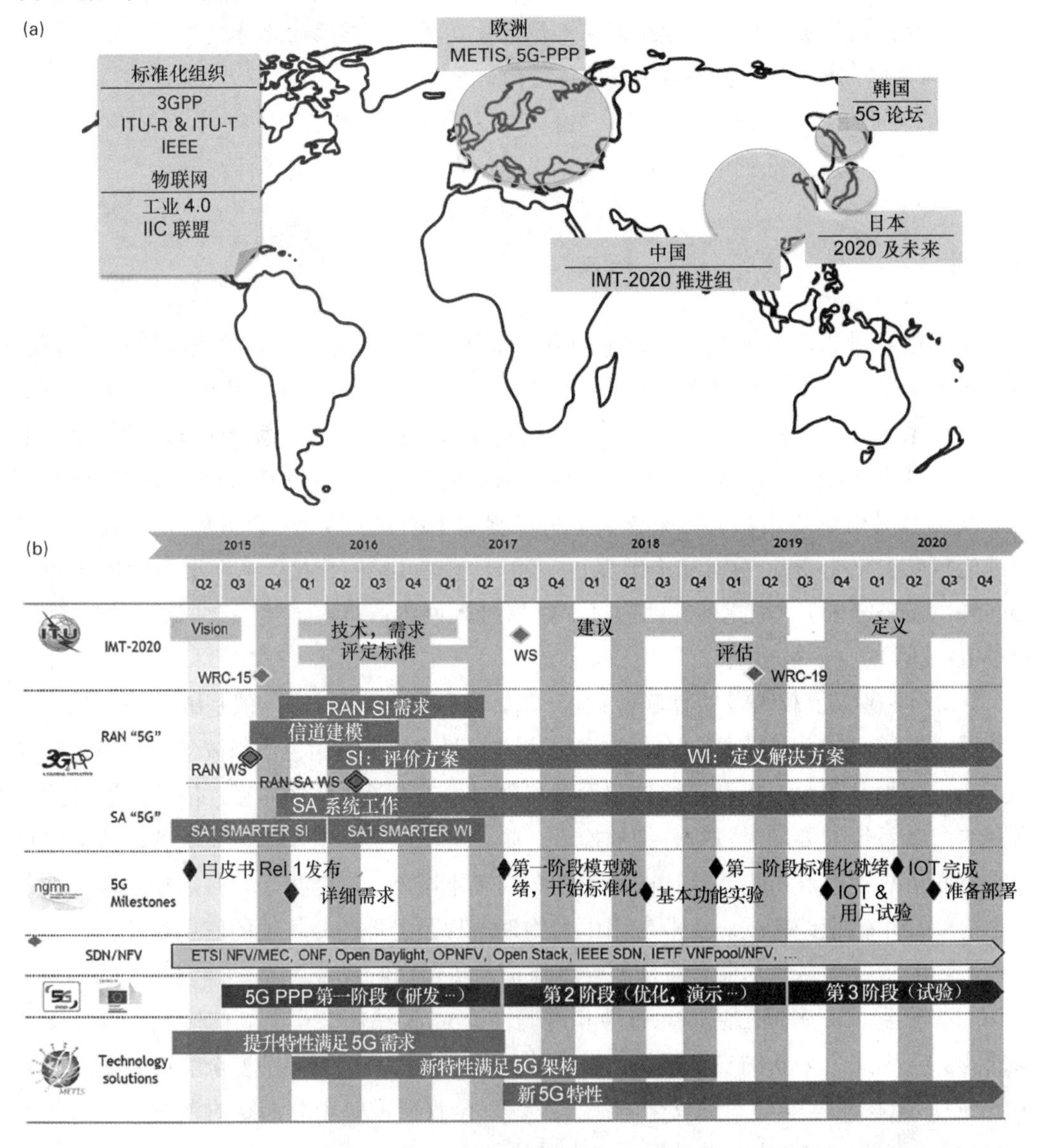

图1.6 （a）5G全球活动（b）时间表

1.4.1 METIS和5G-PPP

METIS [24] 是欧盟第一个完整的5G项目，并对全球的5G发展产生了深远的影响。METIS属于欧洲框架7项目（FP7），项目准备始于2011年4月，正式启动于2012年11月1日，中止于2015年4月30日。

METIS项目的原始诉求是为全球的5G研究建立参照体系，包括确定5G的应用场景、测试用例和重要性能指标。目前这些成果被商界和学术界广泛引用。其主要成果是筛选了5G的主要技术元素。欧洲通过该项目在5G的研发方面获得了明显的领先地位。

5G公私合作伙伴（5G-PPP）[25] 是欧盟框架7项目中5G后续项目。欧洲的ICT行业和欧洲委员会（EC）于2013年12月签署了商业协议，组建5G基础设施公私合作项目（5G-PPP）。该项目主要是技术研究，其2014–2020年预算为14亿欧元。欧洲委员会和ICT产业各出资一半（7亿欧元）。5G-PPP在设备制造企业、电信运营商、服务提供商和中小企业以及研究人员之间架起了桥梁。

根据与METIS签署的谅解备忘录，5G-PPP项目内METIS-II于2015年7月启动。METIS-II致力于开发设计5G无线接入网络，其目标是进行足够的细节研究，支撑3GPP R14版本的标准化工作。METIS-II将提出技术建议，并有效地集成当前开发的5G技术元素以及与原有LTE-A技术演进的集成。为了实现这一目标，METIS-II非常重视和5G-PPP的其他项目，以及全球其他5G项目的合作和讨论。讨论的范围包括5G应用场景和需求、重要5G技术元素、频谱规划和无线网络性能等。

5G-PPP项目的目标是确保欧洲在特定领域的领先，并在这些领域开发潜在的新的市场，例如智慧城市、电子医疗、智能交通、教育或者娱乐和媒体 [25]。5G-PPP的终极目标是设计第五代通信网络和服务。5G-PPP的第一个子项目开始于2015年7月。

1.4.2 中国：5G推进组

IMT-2020（5G）推进组于2013年2月由中国工业和信息化部、国家发展和改革委员会、科学技术部联合推动成立，组织国内的企业和高校等成员开展5G的研发和产业推进，是聚合移动通信领域产学研用力量、推动第五代移动通信技术研究、开展国际交流与合作的基础工作平台。

1.4.3 韩国：5G 论坛

韩国的 5G 论坛[28] 也是公私合作项目，成立于 2013 年 5 月。该项目的主要目标是发展和提出国家的 5G 战略，并对技术创新作出战略规划。成员包括 ETRI，SK Telecom，KT，LG- 爱立信和三星公司。这个论坛也对中小企业开放。其目标之一是确保 2018 年平昌冬奥会部分 5G 实验网预商用。

1.4.4 日本：ARIB 2020 和未来专项

ARIB 2020 和未来专项成立于 2013 年 9 月，目的是研究面向 2020 和未来的陆地移动通信技术，也是成立于 2006 年的先进无线通信研究委员会（ADWICS）的一个子委员会。这个组织的目标是研究系统概念、基本功能和移动通信的分布式架构。预期输出包括白皮书，向 ITU 及其他 5G 组织提交的文件。2014 年，该项目发布了第一个白皮书描述了 5G 的愿景，“面向 2020 和未来的移动通信系统”[29]。

1.4.5 其他 5G 倡议

其他的 5G 倡议相对于上述项目在规模和影响力方面较小。其中几个是北美 4G（4G Americas）项目、Surrey 大学创新中心、纽约大学无线研究中心。

1.4.6 物联网的活动

全球范围内开展了大量的物联网倡议，覆盖了物联网的诸多方面。其中工业物联网共同体（IIC）[30] 和工业 4.0[31] 是和 5G 最紧密相关的项目。IIC 成立于 2014 年，把组织机构和必要的技术结合在一起，加速工业互联网的成长。主要目标是[30]：

- 为现实应用创建新的工业用例和测试床；
- 影响全球工业互联网系统的标准化进程。

工业 4.0 是德国 2013 年发起的倡议，目的在于保持德国工业制造的竞争力和保持全球市场领导力，致力于在产品中集成物联网和服务，特别是整个生产流程中创建网络管理，实现智能工厂环境[31]。

1.5 标准化活动

下面简要介绍5G在ITU、3GPP和IEEE的标准化工作。

1.5.1 ITU-R

2012年ITU无线通信部分（ITU-R）在5D工作组（WP5D）的领导下启动了“面向2020和未来IMT”的项目，提出了5G移动通信空中接口的要求。WP5D制定了工作计划、时间表、流程和交付内容。需要强调的是WP5D暂时使用“IMT-2020”这一术语代表5G。根据时间表的要求，需要在2020年完成“IMT-2020技术规范”。至2015年9月，已经完成下列三个报告。

➢ 未来陆地IMT系统的技术趋势[32]：这个报告介绍了2015—2020年陆地IMT系统的技术趋势，包括一系列可能被用于未来系统设计的技术。

➢ 超越2020的IMT建议和愿景[19]：该报告描述了2020年和未来的长期愿景，并对未来IMT的开发提出了框架建议和总体目标。

➢ 高于6 GHz的IMT可行性分析[33]：这份报告提供了IMT在高于6 GHz频段部署的可行性。该报告被WRC 2015参照，将新增的400 MHz频谱分配给IMT使用，详见第12章。

1.5.2 3GPP

3GPP已经确认了5G标准化时间表，现阶段计划延续到2020年[34]。5G无线网络的主要需求的研究项目和范围于2015年12月开始，2016年3月开始相应的5G新的无线接入标准。此外，3GPP在LTE[9][10][35]和GSM[36][37]引入了海量机器类通信的有关需求，即增强覆盖、低功耗和低成本终端。在LTE系统中，机器类通信被称作LTE-M和NB-IoT，在GSM系统中被称为增强覆盖的GSM物联网（EC-GSM-IoT）。

1.5.3 IEEE

在国际电气和电子工程师协会（IEEE）中，主要负责局域网和城域网的是IEEE

802 标准委员会。特别是负责无线个人区域网络的 IEEE 802.15 项目（WPAN）[38] 和无线局域网（WLAN）的 IEEE 802.11 项目 [39]。IEEE 802.11 技术在最初设计时使用频段在 2.4 GHz。后来 IEEE 802.11 开发了吉比特标准，IEEE 802.11ac 可以部署在更高的频段，例如 5 GHz 频段，以及 IEEE 802.11ad 可以部署在 60 GHz 毫米波频段。这些系统的商用部署始于 2013 年，可以预见，到 2019 年的今后几年采用 6 GHz 以下（例如 IEEE 802.11ax）和毫米波频段（例如 IEEE 802.11ay）的系统将会实现高达若干 Gbit/s 的速率。IEEE 很有可能会基于其高速率技术提交 IMT-2020 的技术方案。IEEE 802.11p 是针对车辆应用的技术，预计 2017 年之后会获得在车联网 V2V 通信领域的广泛应用。在物联网领域 IEEE 也表现活跃。IEEE 802.11ah 支持在 1GHz 以下频段部署覆盖增强的 Wi-Fi。IEEE 802.15.4 标准在低速个人通信网络（LR-WPAN）较为领先。这一标准被 Zigbee 联盟进一步拓展为专用网格连接技术，并被国际自动化协会（ISA）采纳，用于协同和同步操作，即 ISA100.11a 规范。预计 5G 系统会联合使用由 IEEE 制定的空中接口。这些接口和 5G 之间的接口的设计需要十分仔细，包括身份管理、移动性、安全性和业务。

1.6 本书的内容介绍

5G 构成的主要目模块如图 1.7 所示：无线接入、固定和原有无线接入技术（例如 LTE）、核心网、云计算、数据分析和安全性。本书涵盖的内容在图 1.7 中标记为灰色，5G 无线接入和用例在第 2 章介绍。包括 LTE 的原有系统的作用在不同的章节有简要介绍。核心网和云计算（包括网络功能虚拟化）的简介在第 3 章介绍。数据分析和安全性超出了本书的范围。

本书内容组织如下。

- 第 2 章总结了目前定义的 5G 用例和需求，以及 5G 的系统概念。
- 第 3 章给出了 5G 架构需要考虑的主要问题。
- 第 4 章讲述 5G 的重要用例之一，即机器类通信。
- 第 5 章介绍设备和设备通信。
- 第 6 章介绍有可能分配的从 10 GHz 到 100 GHz 大量频谱的毫米波技术，这些频谱可以用于无线回传和接入。
- 第 7 章简要介绍 5G 最可能采用的无线接入技术。

➢ 第 8 章重点介绍 5G 的重点技术之一，即大规模 MIMO。
➢ 第 9 章讨论多点协同发送，特别是 5G 如何更好地实现联合发射。
➢ 第 10 章聚焦中继器和无线网络编码技术。
➢ 第 11 章介绍 5G 干扰和移动管理相关的技术。
➢ 第 12 章讨论 5G 频谱，特别是预期的 5G 频谱组成和需求，以及预期的频谱接入模式。
➢ 第 13 章介绍 5G 信道模型的主要挑战和新的信道模型。
➢ 第 14 章提供了 5G 仿真的指导建议，以此来统一假设条件、方法和参考用例。

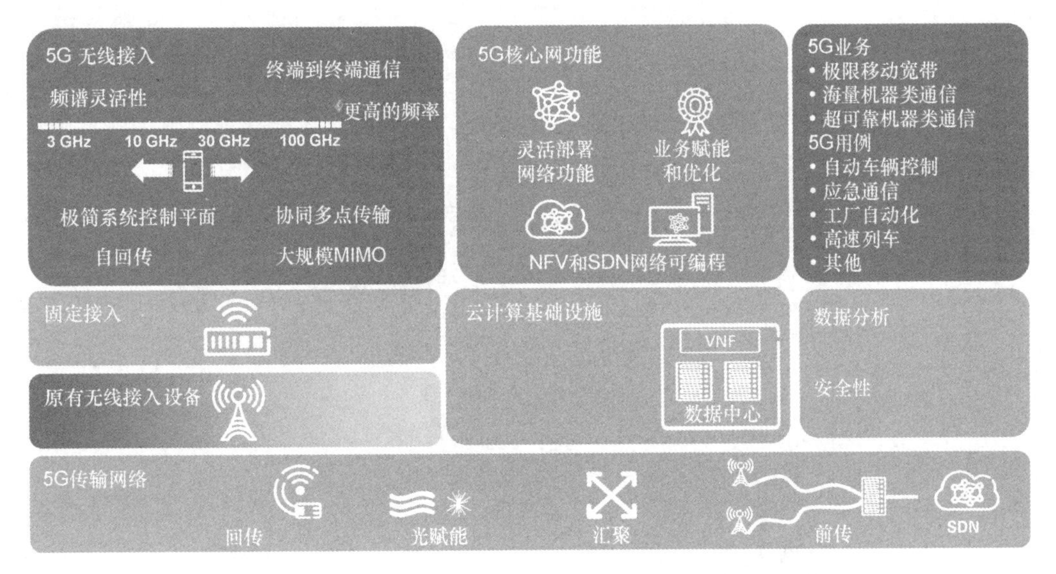

图 1.7　5G 的主要组成（图中的图标版权归爱立信公司所有）

第 2 章

5G 用例和概念

5G 愿景中提到任何人和任何事物在任何时间和地点都或许需要获得信息和分享信息。5G 将以人为中心的通信扩展到同时以人和物为中心的通信。移动通信转变为主要为人和物提供信息和服务的一种方式，并给社会经济带来难以想象的巨大变化，包括提升生产力，实现社会可持续发展，为人们提供更好的娱乐和健康医疗服务。

为了实现这些目标，5G 的能力和以前的移动通信系统相比需要大幅度扩展。5G 系统将具备更大的灵活性和更广泛的集成能力，不仅包括传统的无线接入网络，也包括核心网、传输网络和应用。这就要求 5G 无线接入技术、网络架构和应用要以新的思路去设计。

本章首先介绍最终用户的用例和需求，然后介绍 5G 系统是如何满足这些需求的。

2.1 用例和需求

本节从使用者的角度，介绍了 2020 年和未来社会发展的预期和展望，包括具体的用例目标和挑战。通过一系列不同的用例，介绍为了应对挑战并达到目标，5G 系统所需要满足并达到的各项要求。本节的内容主要参考了文献 [1] ～ [8]，相关技术方案在后续章节介绍。

2.1.1 用例

这里介绍 5G 最为相关的用例，并定义了这些用例的挑战和要求。如第 1 章所述，5G 将成为很多经济领域的里程碑，表 2.1 给出了 5G 如何映射到主要经济领域之中。需要强调的是，这个用例列表远远无法尽述所有可能，我们只能从技术和经济的角度介绍最为相关的用例，而且其中一些用例应当理解为一组用例，例如智慧城市或者公共安全用例。

表 2.1　5G 在经济领域的用例

	自动车辆驾驶	应急通信	工厂自动化	高速列车	大型室外活动	广阔地理区域分布的海量设备	媒体点播	远程手术和会诊	购物中心	智慧城市	体育场	智能网络的远程保护	交通拥堵	虚拟现实和增强现实
农业														
自动化														
建筑														
能源														
金融														
保健														
制造														
传媒														
公共安全														
零售														
交通														

2.1.1.1　自动车辆控制

自动车辆控制技术用于车辆自动驾驶，如图 2.1（a）所示。这个新趋势对社会有着潜在的多样化的影响。例如辅助司机驾驶，可以通过避免碰撞，带来更为安全的交通出行，同时降低司机驾驶压力，进而在车辆行进中能够进行办公等生产性活动。自动驾驶不仅包括车辆和基础设施的通信，还包括车辆和车辆、车辆和人，以及车辆和路边传感器的通信。这些通信连接需要承载极低时延和高可靠性的车辆控制指令，而这些指令对于安全行驶极为重要。尽管这些指令通常不需要大带宽，但是当车辆之间需要交换视频信息时，较高的传输速率仍然是必要的，如自动驾驶车队的控制，需要快速交换周围环境的动态信息。此外当支持高速车辆的移动性时，无人参与的控制必须具备完全覆盖条件[1]-[3][6]。

2.1.1.2　应急通信

如图 2.1（b）所示，在紧急情况下可靠的通信网络对于救援非常重要，而且即使在灾难中局部网络损毁，这一要求也不能放松。在某些情况下，临时的救援通信节点可以用来辅助受损的网络。用户终端也许能够承担中继功能，帮助其他的终端接入仍然具有通信能力的网络节点。这时通常最为重要的是定位幸存者，并把他们带回安全区域[1][3]。在应急通信中，高可用性和高节电效率是主要要求。高可用性可以确保幸存者的高发现率。可靠的数据连接确保在幸存者被发现之后救援阶段的联系。在整个搜救过程中，希望把幸存者终端设备的电池能耗降到最低，延长幸存者终端设备待机的时间[1][3]。

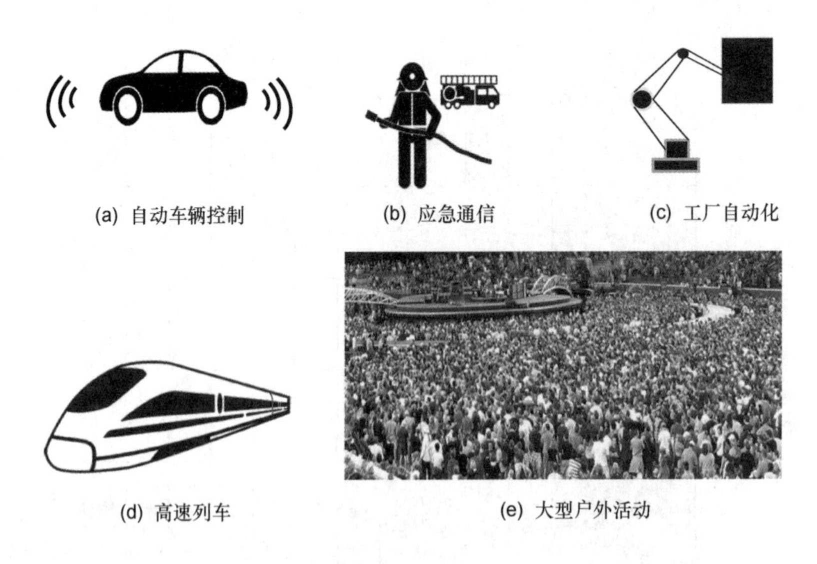

图 2.1　5G 用例

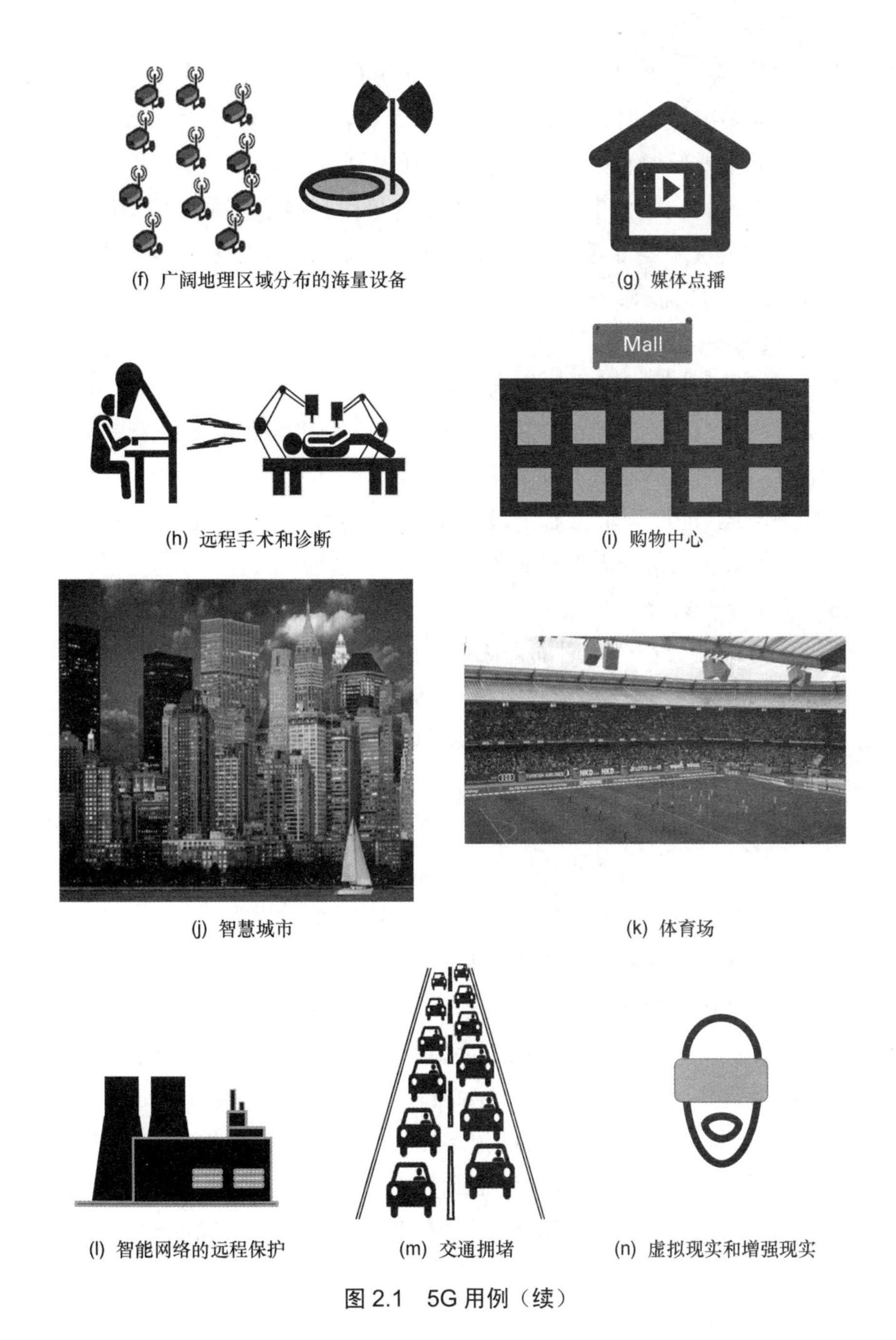

(f) 广阔地理区域分布的海量设备

(g) 媒体点播

(h) 远程手术和诊断

(i) 购物中心

(j) 智慧城市

(k) 体育场

(l) 智能网络的远程保护

(m) 交通拥堵

(n) 虚拟现实和增强现实

图 2.1　5G 用例（续）

2.1.1.3　工厂自动化

工厂自动化由生产线上的设备组成。这些设备通过足够可靠、低时延的通信系统和控制单元进行通信，满足确保人身安全的有关应用和需求[7]，见图 2.1(c)。事实上，众多工业制造应用需要很低的时延和高可靠性[2][3]。尽管这一类通信需要发送的数据很少，而且移动性也并非主要问题，但上述严格的时延和可靠性要求仍然超出了现有无线通信系统的能力。这也是目前工业制造类通信系统仍采用有线通信系统的原因。另一方面，有线通信在很多的情况下是非常昂贵的解决方案（例如操作远程位置的机器），因此对 5G 低时延、高可靠性的需求是十分清楚的。

2.1.1.4 高速列车

如图 2.1(d) 所示，乘客在高速行进的列车上时，仍然希望能够像在家里一样使用网络，例如观看高清视频，玩游戏，或者远程接入办公云和虚拟现实的会议。而当列车在高速行进中时，在用户体验没有显著下降的条件下，较好地满足上述服务需求将是具有挑战性的任务[5][8]。高速列车上通信最重要的两个指标是用户速率和端到端时延。较好的指标可以确保乘客获得令人满意的各项服务[5][8]。

2.1.1.5 大型室外活动

一些大型室外活动会在一定时间内吸引大量临时访客，如图 2.1(e) 所示，例如体育赛事、展览、音乐会、节日聚会、焰火大会等。来访者通常希望拍摄高清图片和视频，并实时分享给家人和朋友。因为大量的人聚集在有限的区域，从而产生巨大的流量压力。而与此对应的网络能力远远不够，因为通常用户的密度远远低于活动期间的用户密度[1][8]。因此，这一场景的主要挑战是向每一个用户提供满足视频数据传输的均匀速率，同时支撑高连接密度和大流量的要求。这里高密度可以达到每平方米有数个连接。此外，服务中断的概率要降到最低限度，从而确保良好的用户体验[1][8]。

2.1.1.6 广阔地理区域分布的海量设备

从分布在广阔区域的设备采集信息的系统，可以利用所采集的信息通过不同方式来提升用户体验，如图 2.1(f) 所示。这样的系统可以跟踪相关数据，根据接收到的和收集到的数据作出决定并执行某些任务，例如监视、监管重要设备、辅助信息分享等[1][3]。从大量位置采集信息的方式之一是通过传感器和传动装置。但要将这样的系统变为可行的方案，确实需要面对很大挑战。由于此类设备数量巨大，因此设备需要低成本和长电池续航能力。而且，系统需要能够处理在海量的位置和不同的时间产生的少量数据和干扰[1]。

2.1.1.7 媒体点播

媒体点播简单的说就是个人用户在任何时间和地点享受诸如音乐和视频之类的媒体内容，如图 2.1(g) 所示。用户可能在不同的地方，例如市区环境和家里，选择观看最新的在线电影。在家里人们通常在大电视屏上观看电影，而视频内容可能是通过无线设备转发到电视屏上。例如，通过智能手机或者无线路由器。这类应用的挑战出现在当某一区域内出现大量用户要观看不同的媒体内容的时候，例如，在一片密集居住区，夜间人们在家里选择观看不同的电影[2]。这时需要非常高的系统数据速率来提供良好的用户体验。此类媒体点播流量主要是下行数据，上行主要是信令。这里媒体播放起始的绝对时延并不重要。绝对时延是指从媒体内容的点播要求发出到用户开始获得内容的时延。尽管人们希望时延能够降低，但是几秒钟的时延是可以接受的。但是当媒体开始播放后，用户很容易对画面卡顿感到厌烦。因此，在卡顿之后能够在短时间内恢复播放速度是十分重要的。最后为无论身在何处的大量用户提供高可用性服务的能力也是十分必要的[2]。

2.1.1.8 远程手术和诊断

如图 2.1（h）所示，对病人的诊断和手术有可能在远程实现。有些情况下，也许 1 秒的时间就可以决定生命的生与死。在这种情况下，移动通信技术只有达到最高级别的可靠连接，才能够获得信赖。例如，当医生给远程的病人做手术时，系统需要即时响应才能挽救病人的生命。并且，远程医疗可以给位于边远地区的病人提供及时、低成本的健康服务[2][3]。这一重要的应用需要很低的端到端时延和超可靠的通信，因为医生需要即时了解病人的情况（例如查看高清图片、访问病人病例等），同时在手术过程中需要得到准确的触感和触觉互动（又称为触觉反馈）[2][3]。尽管大多情况下病人是处在静止的状态，但是在某些情况下（例如救护车上），有些远程医疗服务的严格要求在高移动条件下需要降低[2]。

2.1.1.9 购物中心

在大型购物中心，如图 2.1（i）所示，大量的消费者寻求不同的个性化服务。移动宽带接入可以使消费者能够获得传统的通信服务以外其他的应用服务，如室内导购和产品信息。监视和其他安全系统也可以通过网络基础设施加以协同，如火警和安全保卫。这些服务包括传统的无线网络和协同无线传感器[1]。购物中心场景的挑战是在用户需要连接时确保网络可用性，以及对敏感信息（例如财务信息）的保护。这里的安全链路通常不需要高速率和低时延，但是需要高可用性和可靠性，并且能够有效抵御可能的非法入侵。网络层面为了实现这些功能，同样需要高可用性和可靠性，特别是与安全相关的应用。此外，实际用户速率仍然是良好用户体验的关键[1]。

2.1.1.10 智慧城市

从城市居民的角度来看，生活的很多方面将变得更为智能，如智能家庭、智能办公、智能建筑、智能交通。所有这些将智能城市变为现实[1][4]，如图 2.1（j）所示。今天的连接主要是人与人的连接，但未来的连接会显著延展到人与周围环境的连接。这些连接在人们移动过程中会动态变化，例如在家、办公楼、购物中心、火车站、汽车站以及其他地方。智能连接可以提供个性化的服务，也可以实现基于位置和内容的服务。在智能服务中，连接在诸多因素中起到更为重要的作用。为了容纳前所未有的广泛服务，无线通信系统的要求也趋多样化。例如“智慧办公”的云计算服务需要高速率、低时延；大量的小终端、可穿戴设备和传动装置通常需要很小的数据量和适中的时延需求。发送的信息可以是产品信息、购物中心的电子支付信息、智能家庭 / 智能建筑的温度光照控制信息等。除了差异巨大的要求之外，同时支持海量活跃连接，以及在人口密集城区提供高数据速率也同样具有挑战。而且，这些要求会随着相应的室内、室外人群密集变化而动态变化。例如，在车站当火车或者公共汽车到达或者出发时，在十字路口随着红绿灯的变化时，在会议室有没有会议正在进行时，这些要求有很大不同[1]。

2.1.1.11 体育场

体育场总会聚集大量对体育赛事和音乐会感兴趣的人群，如图 2.1（k）所示。这些观众希望能够在人群密集区域完成沟通和视频内容分享。在活动期间这些通信会产生大量的流量，而其峰值流量关联性极强，如发生在活动的间歇或者结束时。在其他时间流量则相对较低[1][8]。

用户体验和观众的期望值紧密相关。在网络层面，由于人们在同一时间接入网络，单位面积的数据流量是主要挑战。

2.1.1.12 智能网络的远程保护

智能网络（这里泛指相关市政电力、自来水和天然气的生产、传输和使用的网络）必须能够快速地响应供给或者使用的变化，避免可能的大规模系统故障并对社会产生重大影响。例如，停电事故可能是由能源传输系统故障引起，而这些故障可能是由于不可预测的事件造成的，例如暴风雨中被吹倒的树木造成的传输系统故障。这种情况下要避免停电，则需要具备必要的反应能力，并采取相应的措施。监视和控制系统，以及无线通信解决方案对远程保护发挥着重要的作用，如图 2.1（l）所示。及时、高可靠的重要信息交换是保证迅速作出响应的关键因素[1][4]。

因此，远程保护应用需要低时延和高可靠性。在智能电网中，当检测到故障后，报警信息必须得到低时延、高可靠地发送和转发，并采取必要的行动来阻止供电系统故障扩散，从而造成重大损失。尽管多数情况下数据量很小，而且几乎没有移动性要求，但是必须满足严格的时延和可靠性要求。未来的无线通信系统将能够满足这些严格要求，在（全国范围，包括郊区的）广大区域内以可以接受的成本提供服务。这些基础设施非常重要，通常必须满足高安全性和高集成标准[1][4]。

2.1.1.13　交通拥堵

当人们身陷交通拥堵的时候，如图 2.1（m）所示，很多乘客都希望观看移动视频内容。突然上升的流量需求给网络带来挑战，特别是，当道路区域网络覆盖不佳的时候，优化过程中也往往无法考虑这样的场景。这时从用户的角度来看，高速率和高可用性尤为重要[1]。

2.1.1.14　虚拟和增强现实

虚拟现实技术使身处异地的用户之间进行犹如面对面的互动，如图 2.1（n）所示。在虚拟现实的影像里，处在不同位置的人们可以见面，或者在很多的应用和活动中互动，如会议、会见、游戏和音乐演奏。这些活动之前都要人们在同一个地点才能进行。这个技术也可以使处在不同地点的具有特定能力的人，一起完成复杂的任务[1][2]。虚拟现实技术是重现现实，而增强现实是通过增加用户周围环境的信息来丰富现实。增强现实可以使人们根据个人喜好获得个性化的附加信息[1][4][5][8]。

虚拟现实和增强现实需要很高的传输速率和低时延。为了获得虚拟现实的感觉，同时每个人又都会影响虚拟现实的影像，因此所有用户之间都需要不断交换数据。为了获得进一步的高级用户体验，大量的信息数据需要在传感器 / 用户的终端和云平台之间双向传输。周围环境的大量信息需要提供给云计算平台，从而选择适合的内容信息，这些需要即时提供给用户。另外我们知道当“真实”现实和增强现实之间的时延超过若干毫秒时，人们就会产生“晕屏”的感觉。为了保证高清的质量，多向、高速、低时延的数据流是必不可少的。

2.1.1.15　其他用例

上述 14 个 5G 用例囊获了 5G 主要的可预期服务，但这个用例清单难以详尽无遗。作为补充，这里列举另外两个例子。当车辆被连接起来之后，智能物流可以帮助汽车和卡车降低油耗，减少拥塞。这样的智能物流可以和智能城市的智能交通控制结合，从而进一步放大可以获得的好处。另一个新兴趋势是使用无人驾驶飞行器（UAV）向边远地区交付包裹[1][2]。利用远程控制技术，工业应用和机器设备可以实现远程操作和管理。这样可以实现单（或者多）地远程操作，从而提升生产力，并降低成本。这里说的工业应用需要严格的安全性和隐私保护[2]。

2.1.2　5G 的要求和主要性能指标

这里对第 2.1.1 节所述用例的要求加以总结，其主要性能指标（KPI）如下。

- 可用性：可用性指在一定地理区域内，用户或者通信链路能够满足体验质量

（QoE）的百分比。

➢ 连接密度：连接密度是指在特定地区和特定的时间段内，单位面积可以同时激活的终端或者用户数。

➢ 成本：成本一般来自基础设施、最终用户和频谱授权三个方面。一个简单的模型可以是基于运营商的总体拥有成本和基础设施节点的个数、终端的个数以及频谱的带宽来估算。

➢ 能量消耗：在城市环境中通常指每信息比特消耗的能量，在郊区和农村地区通常指每单位面积覆盖消耗的功率。

➢ 用户体验速率：单位时间用户获得的（去除控制信令）MAC 层的数据速率。

➢ 时延：时延是数据在空中接口 MAC 层的参数。有两个相关的时延定义是单程时延（OTT）和往返时延（RTT）。单程时延是数据包从发送端到接收端的时间。往返时延是发送端从数据包发送，到接收到从接收端返回的接收确认信息的时间。

➢ 可靠性：可靠性是指在一定时间内从发送端到接收端成功发送数据的概率。

➢ 安全性：通信中的安全性非常难以量化。可能的方式是以有经验的黑客接入到信息内容需要的时间来衡量。

➢ 流量密度：指在考量区域内所有设备在预定时间内交换的数据量除以区域面积和预设时间长度。

表 2.2 归纳了主要的挑战性需求和每一个用例的特点[1]-[8]。

表 2.2　用例主要挑战和要求

用　　例	要　　求	期　望　值
自动车辆控制	时延	5 ms
	可用性	99.999%
	可靠性	99.999%
应急通信	可用性	99.9% 受害者发现比例
	能耗效率	电池续航一周
工厂自动化	时延	低至 1 ms
	可靠性	丢包率低至 10^{-9}
高速列车	流量密度	下行 100 Gbit/s/km^2 上行 50 Gbit/s/km^2
	用户体验速率	下行 50 Mbit/s 上行 25 Mbit/s
	移动性	500 km/h
	时延	10 ms

续表

用　例	要　求	期 望 值
大型室外活动	用户体验速率	30 Mbit/s
	流量密度	900 (Gbit/s)/km^2
	连接密度	4 用户 / 平方米
	可靠性	故障率小于 1%
广阔区域分布海量设备	连接密度	10^6 个 /km^2
	可用性	99.9% 覆盖
	能耗效率	电池续航 10 年
媒体点播	用户体验速率	15 Mbit/s
	时延	5 s（应用开始） 200 ms（链路中断后）
	连接密度	4000 终端 / 平方千米
	流量密度	60（Gbit/s）/km^2
	可用性	95% 覆盖
远程手术和诊断	时延	低至 1ms
	可靠性	99.999%
购物中心	用户体验速率	下行 300 Mbit/s 上行 60 Mbit/s
	可用性	一般应用至少 95%，安全相关应用至少 99%
	可靠性	一般应用至少 95%，安全相关应用至少 99%
智慧城市	用户体验速率	下行 300 Mbit/s 上行 60 Mbit/s
	流量密度	700 (Gbit/s)/km^2
	连接密度	20 万终端 / 平方千米
体育场馆	用户体验速率	0.3 ～ 20 Mbit/s
	流量密度	0.1 ～ 10 (Mbit/s)/m^2
智能网络远程保护	时延	8ms
	可靠性	99.999%
交通拥堵	流量密度	480 (Gbit/s)/km^2
	用户体验速率	下行 100 Mbit/s 上行 20 Mbit/s
	可用性	95%
虚拟和增强现实	用户体验速率	4 ～ 28Gbit/s
	时延	RTT 10 ms

2.2 5G系统概念

本节介绍满足上述要求的5G系统概念。为了达到这些要求，系统需要一个灵活的平台。5G不是为某一个“杀手级应用”设计的系统，而是面向众多甚至至今尚未可知的用例。垂直行业（如汽车、能源、工业制造等）特别需要能够基于同一平台获得定制方案的灵活性。因此，上述用例可以用来指引5G系统的研发，但是系统概念设计并不限于上述用例。

2.2.1 概念简介

因为系统要求十分广泛，过去几代技术采用的通用型方法并不适用于5G，因此，这里提出的5G概念概括了主要的用例特性和要求，并把技术元素混合到如图2.2所示的4个赋能工具支持的3个5G通信服务中。单个用例可以被理解为“基本功能”的“线性组合”。每一个通用服务包括特定服务的功能，主要的赋能工具包括支持多于一个通用服务的共同功能。更多的细节可以参考文献[9]和后续章节。

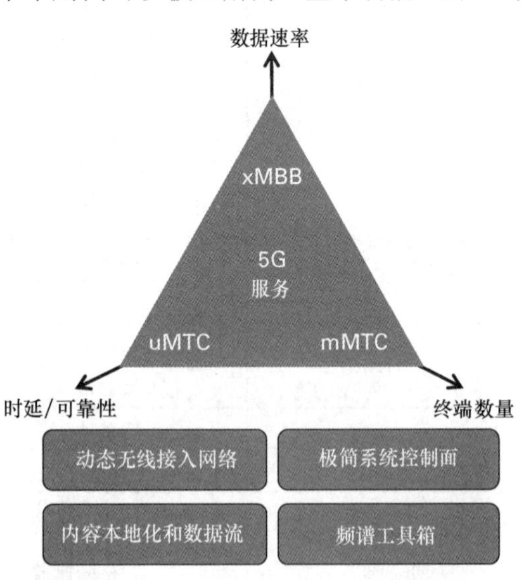

图2.2　5G系统概念，展示了3个一般服务（重点强调了不同的5G需求），4个赋能工具[9]

三个一般服务如下。

（1）极限移动宽带（xMBB），提供极高的数据速率和低时延通信，以及极端的覆盖能力。xMBB提供覆盖范围内一致的用户体验，当用户数增加时性能将会适当下降。xMBB还支持可靠通信服务，例如国家安全和公共安全服务（NSPS）。

（2）海量机器类通信（mMTC），为数以百亿计的网络设备提供无线连接。相对于数据速率，随着连接设备数增长，连接的可扩展性、高效小数据量发送以及广阔区域和深度覆盖被置于优先位置。

（3）超可靠机器类通信（uMTC），提供超可靠低时延通信连接的网络服务。要求包括极高的可用性、极低的时延和可靠性。例如，V2X 通信和工业制造应用。可靠性和低时延优先于对数据速率的要求。

一般的 5G 服务不需要采用相同的空中接口。选择的形式取决于设计和 5G 服务的组合。基于 OFDM 的灵活的空中接口更适合 xMBB 服务，而新的空中接口，例如 FBMC 和 UF-OFDM 或许更适合 uMTC 服务，这些服务需要快速的同步。空中接口候选技术包括 OFDM、UF-OFDM 和 FBMC，具体内容参考第 7 章。

四个主要的赋能工具如下。

（1）动态无线接入网络（DyRAN）提供无线接入网络（RAN）从而适应用户需求和 5G 业务组合的时空变化。DyRAN 同时协同其他元素，如：

- 超密网络;
- 移动网络（游牧节点和移动中继节点）;
- 天线波束;
- 作为临时接入节点的终端设备;
- 作为接入和回传使用的 D2D 通信链接。

（2）极简系统控制面（LSCP），提供新的极简控制信令，确保时延和可靠性，支持频谱的灵活性，允许数据面和控制面分离，支持大量多种具有不同能力的终端，并确保高能效性能。

（3）内容本地化和数据流，允许实时和缓冲内容的分流、汇聚和分发。这些操作的本地化降低了时延和回传的负载，同时提供汇聚功能，如传感器信息的本地汇聚。

（4）频谱工具箱提供了一套解决方案，允许 5G 一般服务可以在不同的管理框架、频谱使用 / 共享的条件下在不同频段部署。

在服务和赋能工具之间存在重叠部分，根据最终设计决定，有些功能或许既属于服务，也是赋能工具。然而，系统设计的期望是实现尽可能多的公共功能，而不会引起不可接受的性能下降，同时最小化系统设计复杂度。LTE 演进在 5G 将起到重要作用，尤其是提供广域覆盖方面。LTE 演进可以被视为另一个 5G 通信服务。5G 系统可以被工作定义为一个可以提供一般服务的公共网络，同时灵活支持不同的服务组合。当用户的需求改变时，运营商应当能够改变相应的服务。频谱的使用不应当为某类服务固化，当不需要占用的时候应当可以重耕。

为了支持这一 5G 系统概念，架构需要足够的灵活性来强化系统的不同特征，如覆盖、容量和时延，系统的架构在第 3 章介绍。

2.2.2 极限移动宽带

极限移动宽带（xMBB）一般5G服务是当前移动宽带业务的延伸，提供多用途的通信服务，来支持需要高速率、低时延的新应用。同时能够实现覆盖范围内一致的用户体验，如图2.3所示。xMBB需要满足远远超越2020年用例的数据流量和速率，即达到每用户吉比特每秒量级的速率，满足增强现实和虚拟现实，或者超高清视频的要求。除了高数据速率，低时延也是必要的，例如与云计算结合的感知互联网应用[10]。为了获得较高的用户数据速率，系统的峰值速率必须提高，同时往往伴随着网络密度增加。同等重要的是在任何地方都可以获得适中的数据速率。极限移动宽带网络表现为在期望的覆盖区域内，任何地方都可以获得50～100Mbit/s的可靠速率。在密集人群区域，当用户数增长时，极限移动宽带网络速率将会适度下降，时延的也会有所上升。

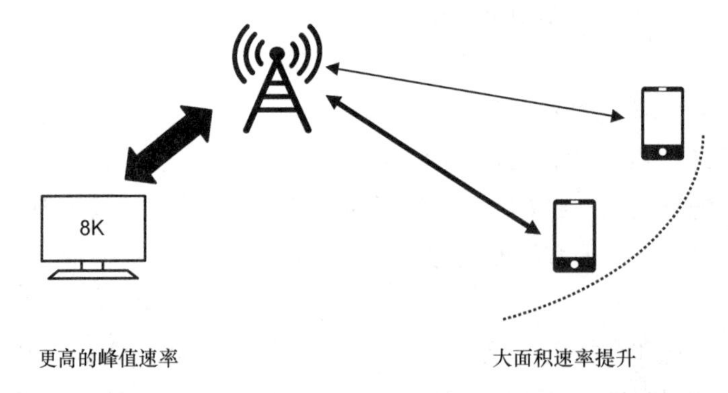

图2.3 极限移动宽带（xMBB）提供更高的峰值速率和大面积速率提升

在基础设施受灾损坏的条件下（例如自然灾害），xMBB的极限覆盖能力和DyRAN，允许NSPS作为xMBB一种模式建立可靠的通信连接。极限移动宽带网络同样需要在移动条件下展现顽健性，并且确保提供无缝的高要求的应用服务，其QoE要求和静止用户的QoE相当，如汽车和高速列车场景。

实现极限移动宽带网络的一些重要的方案包括引入新的频谱，新的频谱接入方式，增加网络密度，提高频谱利用率（包括本地的流量），以及高移动用户的顽健性。因此需要一个新的适合密集部署的空中接口接入新频段。极限移动宽带网络空中接口可以采用与无线接入、D2D、无线回传相同的接口。

2.2.2.1 引入新频谱和新的频谱接入方式

为了满足流量要求，需要获得更多的频谱和更为灵活有效的频谱利用技术，具体内容见第 12 章。连续的频谱更受青睐，因为这样可以降低实现难度，避免载波聚合。

厘米波（cmW）和毫米波（mmW）对于 xMBB 和 5G 都很重要。解决方案需要适应具体的频率范围和实际部署策略。例如，对高频段，波束赋形是必要的技术用来克服由于路径损耗大导致的接收信号强度的下降，因此厘米波（cmW）适合采用多天线技术达到覆盖的要求。

xMBB 需要支持在传统频段灵活的频谱使用，在厘米波（cmW）和毫米波（mmW）采用授权接入、分享授权接入（LSA）和辅助授权接入（LAA）。为了实现一致的用户体验，需要多连接技术。该技术通过紧密集成 6GHz 以上新的空中接口和现有不同的系统，如 LTE 系统来实现。

2.2.2.2 密集部署新的空中接口

xMBB 需要考虑密度不断增加的超密集网络（UDN）部署。网络密度增加的结果是单站的激活用户数下降，因此 UDN 不会工作在高负荷的状态。第 7 章介绍了基于协同 OFDM 的新的空中接口，可以实现灵活的频谱利用和短距离通信，这个接口不仅优化了传统蜂窝系统，也优化了 D2D 和无线回传应用，可以协调地工作在 3GHz 到 100GHz，以及厘米波（cmW）和毫米波（mmW）频段（参见第 6 章），最终在 UDN 网络中实现频谱利用的优化。

2.2.2.3 频谱效率和高级天线系统

最有希望提升频谱利用率的技术是高级多天线系统，例如，大规模多入多出（MIMO）和多点协同（CoMP）技术，见第 8 章和第 9 章。在 xMBB 系统中多天线技术既可以通过提升频谱效率在给定区域实现极高的数据速率，也可以提升极限覆盖，以及在密集人群中实现中等速率要求。对于 xMBB，OFDM 是受青睐的解决方案，因为这一方案已经很好地验证了 MIMO 技术，并且简化了反向互操作。在 xMBB 中，使用附加滤波器技术（如 UFOFDM 或者 FBMC）对频谱效率提升作用有限。附加滤波器在混合业务的场景有明显优势。

2.2.2.4 用户数

在初始阶段为了支持高的用户数，xMBB 可以先占用分配给 mMTC 的物理资源，见第 4 章。在初始阶段之后，调度器再进行公平调度。当连接数很大时，采用 DyRAN、D2D 通信和本地化流量技术也可以提升 QoE。

2.2.2.5 用户移动性

干扰识别和抑制技术、移动管理和预测技术、切换优化和内容觉察技术都可以提升 xMBB 性能，见第 11 章。

2.2.2.6 主要赋能工具的链接

DyRAN在UDN网络里提供短距离通信，通过提高信号干扰噪声比（SINR）来提升速率和容量。网络密度增加会产生新的三维和多层的干扰环境，需要加以处理，见第11章。在xMBB中利用D2D通信实现本地设备和周围设施的信息交换，以及本地化的内容和数据流可以提升系统性能，见第5章。

频谱工具箱允许xMBB工作在传统频谱、cmW和mmW频段，以授权接入、LSA和LAA方式部署，见第12章。

极简系统控制面支持频谱灵活性和低能耗运行，见2.2.6节。

2.2.3 海量机器通信

海量机器通信（mMTC）为大量低成本、低能耗的设备提供了有效连接方式。mMTC包括众多不同的用例，包括大范围部署的、海量的、广泛地理分布的终端（如传感器和传动装置），这些终端可以用于监视和执行区域覆盖测量，也包括本地的连接用例，例如智慧家庭，或者居住区室内的电子设备，或者个人网络。相对于xMBB业务，这些用例的共性是数据流量小，零星地产生数据。由于频繁的电池充电和更换对于大量的终端设备是不现实的，事实上，终端设备一旦被部署，将会保持在最低发送状态，最小化终端开机时间。特别是将高能耗部分部置在基础设施一侧，和今天的网络相比，增加了不对称性，这个趋势是与xMBB完全背道而驰的。

mMTC必须足够通用，才能支持新的未知用例，而不应当限制在今天可以想象的范围。为了管理高度异构的mMTC设备，5G提供了三种不同的mMTC方案：直接网络接入（MTC-D）、聚合节点接入（MTC-A）和短距离D2D接入［当端到端mMTC（MTC-M）设备处于邻近区域时］，如图2.4所示。理想情况下，相同的空中接口可以用于所有三种接入类型来降低终端成本。大多数终端将采用MTC-D接入方式。mMTC的主要挑战是大量的终端、覆盖延伸、协议效率和廉价低能的终端，见第14章。

与主要赋能工具的链接

对于面向连接的mMTC流量，DyRAN、内容本地化和数据流支持通过将内容存储在网络中，来降低传输数据量，从而延长电池的续航能力。中继技术也可以提升DyRAN覆盖。与xMBB相反，mMTC会受益于更紧密集成的控制面和用户面，这也将影响LSCP设计。

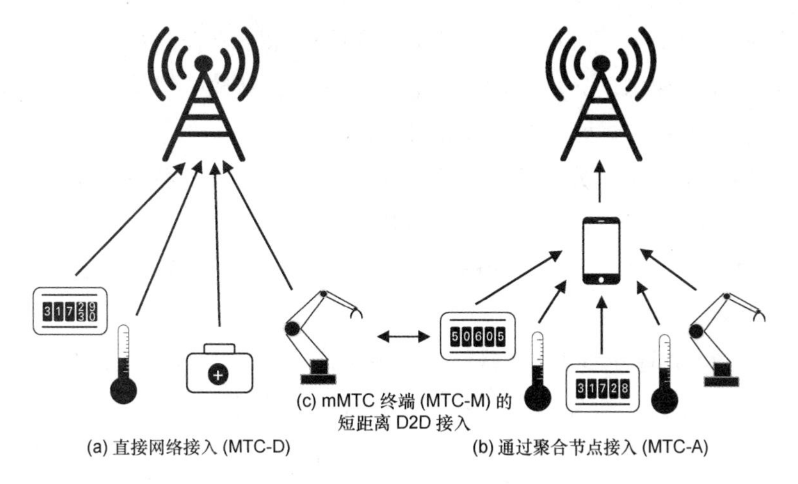

图 2.4　海量机器类通信（mMTC）和三种接入方式

2.2.4　超可靠机器类通信

超可靠机器类通信（uMTC）为要求严格的应用提供超可靠和低时延通信，其中两个典型应用是道路安全与高效交通和工业制造（见图 2.5），二者都对低时延和高可靠性有严格要求。在道路安全和高效交通应用中，在交通参与者之间的信息交换，使用车辆与车辆通信（V2V）、车辆与行人通信（V2P）以及车辆和基础设施（V2I）通信进行。道路安全和高效交通应用的通信统称为车辆与其他的通信（V2X），包括 V2V，V2P 和 V2I。

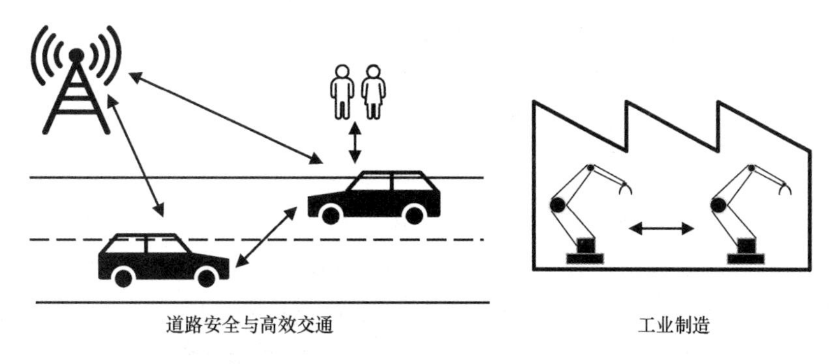

图 2.5　超可靠机器类通信（uMTC）在道路安全与高效交通和工业制造的应用

V2X 通信包括周期性信息和事件驱动信息。周期性信息发送用来规避险情。参与的车辆可以周期性地（例如每隔 10ms）向一定范围内（例如 100m）的接收器广播自己的位置、速度和移动轨迹。事件驱动信息在监测到异常和/或者危险的时候发送，如检测到逆行车辆或者交通事故时。尽管两种信息都要求高可靠性，但是往往事件驱动信息要求更高的可靠性，即在邻近区域要求极高可靠性和几乎零时延。

工业制造应用主要可以分为三类：静止设备（包括旋转和移动的部件，大多是室内部署）、附属于设备的传感器和生产流程控制环路的传动装置。

➢ 自动运输机器人（包括室内和室外）。类似于 V2X 应用，但是自动运输机器人速度较低，而且环境并非公共环境。

➢ 附属于其他设备的监视传感器。这一类传感器的输出不属于生产流程控制。

在工业制造应用中，对于目标发现和通信建立的要求或许不如 V2X 严格，但是可靠性要求仍然很高。因此，很多用于 V2X 的技术也可以用于工业制造。监视类传感器可以采用类似 mMTC 的方案，但是较高的可靠性会减少电池续航能力。uMTC 的挑战是快速建立通信连接、低时延和可靠通信、高系统可用性以及高移动性，参见第 4 章。

与主要赋能工具的链接

在 DyRAN 中，uMTC 可以通过干扰识别和干扰抑制获得性能提升，参见第 11 章。在 V2X 应用中，干扰环境快速变化。而在工业制造应用场景中，干扰通常不是高斯分布的[11]。与获得更多的干扰信息的重要性一样，上下文信息和移动预测在 V2X 通信中起着重要的作用。本地化的内容和数据流对于降低时延和提升可靠性十分重要。交通状态信息是本地信息，对于其他应用（例如辅助驾驶和远程驾驶），或许需要将应用服务器从数据中心移到道路边缘来降低时延，这与云计算的总体趋势相反，也会影响 5G 架构设计，参见第 3 章。通信快速建立和低时延会影响 LSCP。多运营商 D2D 操作包括了频谱工具箱的频谱接入，参见 2.2.8 节和第 12 章。

2.2.5 动态无线接入网络

为了满足多样化需求，5G 无线接入网络（RAN）包括不同的 RAN 赋能工具或者元素。传统的宏蜂窝网络需要提供广域覆盖，超密集网络和游牧节点提升本地容量。在较高频段，波束赋形可以用于广域覆盖和 SINR 提升。D2D 通信既适用于接入，也适用于回传。尽管如此，每一个技术各自都无法适应随着时间和位置变化的容量、覆盖、时延需求的变化。

动态无线接入（DyRAN）以动态的方式集成了所有元素，成为多无线接入技术环境，见图 2.6。DyRAN 也会在时间和空间上快速适应 5G 一般服务的组合的变化。

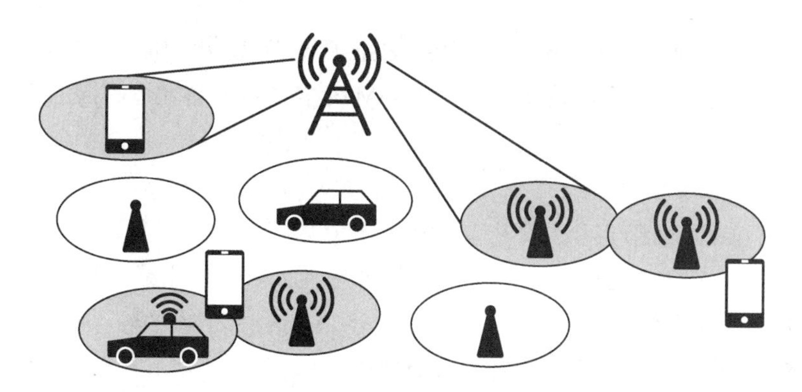

图 2.6　动态 RAN 的示意图，包括 UDN 节点、游牧节点、天线波速和回传。
阴影代表激活状态，反之代表未激活

不同的技术元素作用于提升覆盖区域内的 SINR 的这一基本技术要求。例如大规模 MIMO 波束赋形和 UDN 可以用于提升某一区域的平均 SINR，而具体的技术选择将基于技术和非技术的考量。在密集城市环境，UDN 方案可能更获青睐，而在郊区和农村，大规模 MIMO 的方案更适合。2.2.5.1 ～ 2.2.5.4 节介绍 DyRAN 的技术元素，2.2.5.5 ～ 2.2.5.8 节描述 DyRAN 的一些通用功能。尽管功能是通用的，其实现方式未必相同。DyRAN 紧密地与系统架构相关联，并且根据网络节点的服务能力和计算能力，支持不同的网络功能分布。参见第 3 章。

2.2.5.1　超密集网络

网络密度增加，可以直接提升网络容量。网络密度可以通过 Small Cell 的部署成为 UDN 超密集网络。UDN 可以部署在室内也可以在室外，可以使站间距降低到若干米。UDN 的目标用户速率是 10Gbit/s，被解读为高（本地）容量和高速率。考虑到能耗效率的要求，只有在厘米波和毫米波具有很大的连续频谱时才是现实可行的。第 6 章会介绍厘米波和毫米波通信，第 7 章介绍 UDN 空中接口。

UDN 应当既能独立部署，也可以作为容量提升“孤岛”和网络覆盖层（例如 LTE）紧密协同。当独立部署时，UDN 网络需要实现完整的移动网络功能，包括系统接入、移动管理等。当 UDN 和网络覆盖层紧密协作部署时，UDN 和覆盖网络层可以进行网络功能分工。例如，重叠网络的控制面可以作为 UDN 和覆盖网络的共同的控制面。二者的用户面则可以不同。第三方部署的 UDN（例如室内场景），可以将其具备的覆盖和容量提供给多个运营商，也就是和多个覆盖网络紧密结合，甚至支持用户自行部署的 UDN 接入节点。大量的 UDN 节点不需要传统的网络规划，自组织能力也超越今天的自组织网络。创新的技术是必要的，例如干扰抑制，参见第 9 章和第 11 章。UDN 网络也可以为其他不同的接入技术提供回传。根据接入节点的能力，接入技术可以是 Wi-Fi、ZigBee 等。可以预见这种应用将被用于 mMTC 操作，设备通过不同的空中接口接入 UDN 节点。

2.2.5.2 移动网络

移动网络包括游牧节点和 / 或者移动中继节点。

➢ 移动中继节点指无线接入节点为车辆内用户提供通信能力，特别是在高速移动的场景。典型的移动中继节点可以是火车、公共汽车或者有轨电车，也可以是小轿车。移动中继节点可以克服金属化的车窗带来的穿透损耗。[1]

➢ 游牧节点是一种新的网络节点，它具有的车辆通信能力，可以使车辆作为临时接入节点，同时服务于车内和车外的用户。游牧节点增加了网络密度，并且满足了数据流量随着时间和空间的变化。游牧节点集成于 UDN 之中，在不可预测的时间和地点提供临时性的接入服务。任何的解决方案都必须能够处理这种动态变化的要求。

2.2.5.3 天线波束

波束赋形，即塑造多个天线波束，可以在一定区域内提升 SINR，也可以应用于大规模 MIMO 或者 CoMP。尽管天线站址固定在一个位置，天线波束的方向在指向和空间上却是动态变化的，它所覆盖的区域可以被认为是虚拟的小区。虚拟小区比游牧节点更容易控制。[2] 大规模 MIMO 和 CoMP 分别在第 8 章和第 9 章介绍。

2.2.5.4 无线终端设备作为临时网络节点

高端无线设备，例如智能手机和平板电脑和平价的 UDN 节点的能力相当。一个具备 D2D 能力的设备可以充当临时的网络节点，例如用于覆盖延伸。在这种模式下，终端设备可能承担某些网络管理的角色，例如在 D2D 组合之间进行资源管理，或者作为 mMTC 的网管。尽管如此，允许用户设备作为 RAN 的临时接入节点，还需要解决征信的问题。

2.2.5.5 设备到设备通信

灵活的 D2D 通信是 DyRAN 的重要元素，它可以用于接入、也可以用于将用户面负载分流到 D2D 连接，或者充当回传。当一个终端被发现后，依据不同的标准（例如容量要求和干扰水平），选择最适合的模式。D2D 也被用于无线回传。第 5 章介绍 D2D 通信。

2.2.5.6 激活和关闭节点

当候选接入节点数增加，某个节点空闲的概率也会增加。为了降低整体网络能耗和

[1] 这种室外到室内的穿透损耗也存在于节能建筑中。

[2] 完全控制天线波束或者选择预波束的能力，取决于波束赋形是数字赋形、模拟赋形还是混合波束赋形。

干扰，DyRAN 通过激活 / 关闭节点的机制来选择某一个（节点、天线波束、D2D 连接和 / 或终端）在特定的时间和地点被激活，来满足覆盖和容量的要求。那些没有用户接入的节点和波束将被关闭。激活和关闭节点也会影响网络功能在 DyRAN 网络内实现的区域。这可能引起网络功能的动态实时变化，参见第 3 章。

2.2.5.7　干扰识别和抑制

干扰环境将变得更加动态变化。干扰不仅来源于终端和激活 / 关闭节点，天线波束也会影响干扰环境。因此，在 DyRAN 中动态干扰和无线资源管理是必要的功能。干扰识别和抑制的方法在第 11 章介绍。

2.2.5.8　移动性管理

在 DyRAN 中，移动性管理适用于终端和 MTC 设备以及接入节点。例如，游牧节点不能接入时，尽管用户自身是静止的，终端用户可能面临切换的决定。类似地，无线回传到移动节点的链接也需要保护，避免突然通信中断。智能移动管理技术是必要的，以此来确保 DyRAN 网络中的无缝连接，参见第 11 章。

2.2.5.9　无线回传

组成 DyRAN 的节点不完全连接到有线回传，例如移动节点永远不会连接到有线回传，游牧节点也很少连接有线回传，而 UDN 节点大多具有有线回传。因此获得 DyRAN 的增益，必须实现无线回传。无线回传链接可以利用 D2D 通信节点组成的网络拓扑结构，实现全网网络容量和可靠性显著提升。对于移动和游牧节点，预测天线技术、大规模 MIMO 和 CoMP 技术可以提升无线回传的顽健性和流量，参见第 8 章和第 9 章。中继技术、网络编码（参见第 10 章）和干扰感知路由技术也可以提升速率。回传节点通常被认为是静止的。但是，回传到移动节点（如公共汽车和火车）的回传链路具有接入链路的特性，见图 2.7。因此，接入、回传和 D2D 连接倾向于选用相同的空中接口。

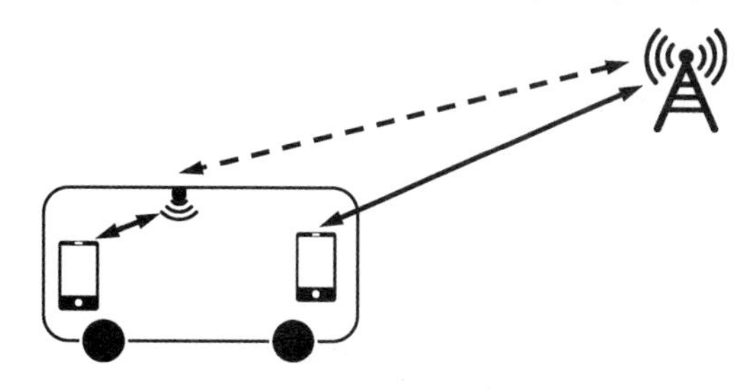

图 2.7　移动节点中无线接入和回传的相似性。左边的终端连接到车载无线回传节点，右边的终端连接到宏基站

2.2.6　极简系统控制面

5G 系统的控制信令必须重新设计来容纳三个典型 5G 服务要求，实现必要的频谱灵

活性和能耗性能。极简系统控制面（LSCP）的作用如下。

- 提供公共系统接入；
- 提供特定业务信令；
- 支持控制面（C-平面）和用户面（U-平面）分离；
- 不同频谱和不同站间距离资源集成（特别是对于 xMBB 业务）；
- 确保能耗性能。

最后，LSCP 必须具有足够的灵活性，容纳任何未知的新业务。

2.2.6.1 公共系统接入

初始 5G 系统接入通过广播的方式进行，第一个信令对于所有服务是相同的，见图 2.8。不断[1]发送的广播信令应当在满足系统检测要求的条件下，降到最低程度。通过 LSCP 的公共系统接入发送，既要集成一般 5G 业务，也要允许选择原有技术接入。

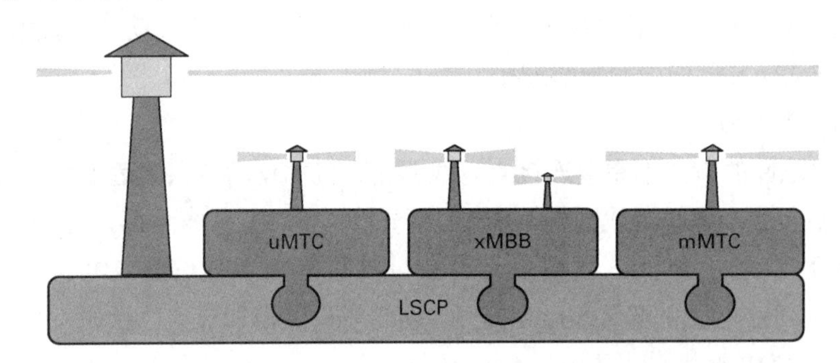

图 2.8 极简控制面（LSCP）接入广播信令和特定服务信令示意图

2.2.6.2 特定业务信令

新增的特定业务信令，仅用于某用户 / 终端设备需要使用该业务发送数据的时候，而且需要避免特定业务参考信号在空白域发送的情况，见图 2.8。为了支持极高数据速率，xMBB 需要特定业务信令来获得精确的信道状态信息，提高频谱利用率。特定业务的实现取决于 xMBB 的频段。mMTC 对终端电池的使用需要优化，例如引入休眠模式、最简化移动性信令和测量过程。uMTC 需要确保低时延和高可靠性，并且这里的“简化信令”应当考虑影响发送给定数据包的全部时延预算。对于关键 uMTC 应用，信令设计应当确保在各种条件下的快速连接恢复能力。

2.2.6.3 控制和用户面分离

5G 典型业务可以采用不同的控制面和用户面分离技术。对于 xMBB，控制面和用

[1] 这里的“不断”并非指“连续”，而是具有静默的周期，检测试验的时延不会大到无法接受的水平。

户面的分离，应当允许在不同的频率发送，例如控制面（C 面）在覆盖好的较低的频段发送，而用户面（U 面）在较高的频率高速发送。在网络控制的 D2D 负载分流场景，用户面（U 面）在 D2D 链接上传送。对于 mMTC，集成 C 面和 U 面的方案较好 [12]，参见第 4 章。从信令开销、能耗性能和覆盖的因素来看，目前 LTE 的方案还不够完善。潜在的 uMTC 双连接意味着更多的 C 面和 U 面的组合。

2.2.6.4　支持不同频段

为了实现 xMBB，5G 系统需要集成覆盖范围大小不同的节点，他们工作在不同的频段，例如宏蜂窝工作在 6GHz 以下，而固定站点和 / 或游牧的站点采用厘米波和 / 或者毫米波。LSCP 提供在不同的频段无缝操作的机制。

2.2.6.5　能耗性能

能耗性能可以通过采用分离独立的信令方案来达到覆盖和容量的要求。覆盖信令通过上述公共系统接入实现。容量信令必须比当前的方案更具适应性，因为不同的业务在不同的时间和地点使用。这可以通过特定业务信令来实现。分离的 C 面和 U 面最小化“不断”发送的信令，支持数据面非连续发送和接收，这样可以提升系统能耗性能。激活和关闭网络站点也可以提高能量性能，参见 2.2.5.5 节。

2.2.7　本地内容和数据流

降低时延是 5G 面对的重要挑战之一。端到端通信中最大的时延来自核心网和互联网的部分。数据流量分流、聚合、缓存和本地路由可以加以利用来达到时延的要求 [13]。通过把应用服务器向无线边缘移动也能够降低时延并提升可靠性。增长的数据流量不仅给无线接入带来挑战，也给回传和传输网络带来挑战。而有些信息只在本地使用，例如流量安全信息和邻近区域广告。通过识别这些内容并把他们保留在无线边缘，可以最小化传输网络的压力。本地内容和数据流具有降低时延和传输网络分流的功能。

2.2.7.1　反过渡使用

过渡使用是指在相邻区域内，两个终端之间交互数据流量被路由到网络中心的位置，又反向回到网络边缘的过程 [14]。反过渡使用技术允许流量在网络中尽早“回路”，从而降低时延和传输负载，见图 2.9。除了识别数据流量流向附近节点的技术的挑战，还存在管制和法律的问题，因为网络中发送的数据需要进行必要的检查和分析。

2.2.7.2　终端到终端分流

反过渡使用技术之一是将数据分流到 D2D 通信链接，见图 2.9。U 面直接在 D2D 连接发送，C 面由网络保持（例如确保干扰协同、鉴权和安全性等功能）。因为用户面流量完全没有进入网络，所以 D2D 通信实现了本地流量最大化。终端发现方法可以在有覆盖和没有覆盖的条件下，用来识别适用于 D2D 分流的配对，参见第 5 章。

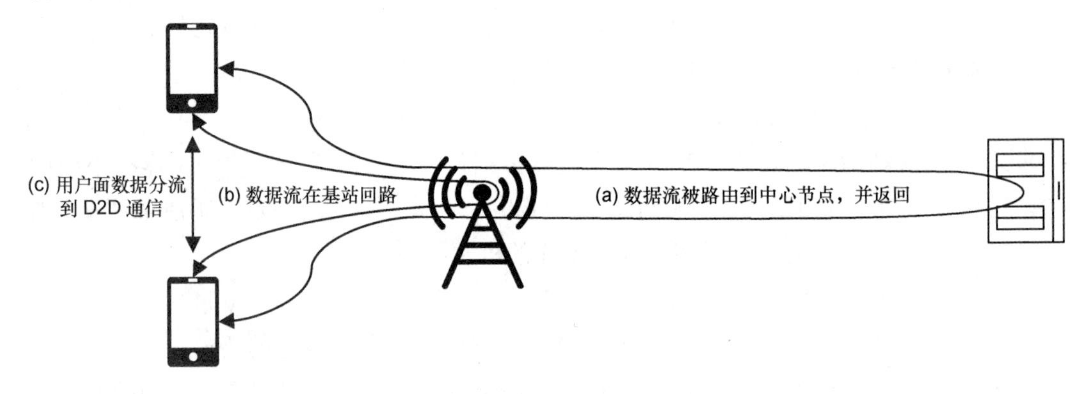

图 2.9　避免过度使用的内容本地化和数据流示意

在 V2X 应用中，为了减少时延，信息不用经过发现过程就被广播出去。在 mMTC 中，集中器作为本地网关，允许在一个局部区域内的传感器之间进行通信，而不需要接入核心网网关，参见图 2.4。对于 MTC，本地化的数据流允许低功耗接入网络。mMTC 操作的必要信息也可以在本地存储。

2.2.7.3　服务器和内容部署在无线网络边缘

为了满足某些时延敏感业务的要求，如自动车辆控制，有必要将应用服务器移动到无线接入网络边缘，使关键运算靠近用户。这和 C-RAN 集中化是相反的策略，同时影响到系统架构，参见第 3 章。将应用服务器布置到无线边缘，不仅需要终端移动性管理，也需要无线边缘服务器上运行的相关应用的移动性管理。内容的分发和缓存也可以放置在（包括接入节点的）无线边缘。当终端内存保存有需要的内容时，也可以作为代理，将内容存储于终端设备，允许在时间域变换通信的时间（预先下载需要的内容），但是电子版权管理的问题需要加以探讨。

2.2.8　频谱工具箱

5G 典型业务需要在可用频谱上支持大量需求各异的用例，例如频谱带宽、信号带宽和鉴权机制。此外，5G 业务的组合也会变化，因此需要在以小时计算的周期内进行频谱再分配。而且，除了能够接入不同的频谱，5G 频谱的使用需要非常灵活，具备在不同频段不同授权模式使用的能力。频谱工具箱提供了满足这些要求的工具。本节介绍 5G 三个典型应用（xMBB、mMTC 和 uMTC）的频谱需求，同时对频谱工具箱做了简要介绍，更多细节参见第 12 章。

2.2.8.1　xMBB 所需频谱

xMBB 要满足流量增长和数据速率增长需求，以及可靠适中的速率要求，因此需要新增的频谱，尤其是 6GHz 以上较宽的连续频段。在厘米波频段，希望获得几百兆赫兹的连续频段，而毫米波频段希望获得超过 1GHz 的可用频段。为了满足适中速率的要求，低频段是不可或缺的。因此，xMBB 需要低频段满足覆盖要求和高频段满足容量要求，以及回传解决方案中的混合频谱搭配方案。

专有的频谱用于接入，来保证覆盖和 QoS。同时配合使用其他的授权方式来提升频谱可用性和容量，例如 LAA，LSA 或者非授权接入（比如 Wi-Fi 分流）。在无线回传中，相同的频率资源可以用于接入和回传。同时，需要足够的频谱资源来满足高速率接入和回传需求。

2.2.8.2　mMTC 所需频谱

mMTC 需要良好的覆盖和穿透能力，对带宽的要求相对较低。从覆盖和传播的角度来说，6GHz 以下的频谱较为适合，而低于 1GHz 的频谱则是必要的。这一部分的频谱是充足的，因为 mMTC 需要的频谱较少，1 ～ 2MHz 被认为是足够使用的 [1]。但是，为了满足未来 mMTC 的需要，应当能够分配给 mMTC 更多的频谱。因此，不应当采取固定的频谱分配。传感器是简单的装置，几乎不会在部署后的漫长生命周期内进行升级。因此，需要稳定的（频谱）管理框架，专有授权频谱是理想选择。其他的授权方式应当基于特别应用的要求和是否期望国际协同等因素灵活采用。

2.2.8.3　uMTC 所需频谱

uMTC 需要高可靠性和低时延。为了实现低时延，提高信号带宽可以缩短传输的时间。频率分集技术可以增加可靠性。专有的频谱或者极高的频谱接入权限是可靠性的必要条件。对于 V2X 通信，即智能交通系统（ITS），存在可用的统一的频段 [15]，参见第 2 章。

2.2.8.4　频谱工具箱的特点

频谱工具箱提供了可以灵活使用的频谱资源，从而提升了频谱利用效率。因此，它是运行多种业务和实现频谱灵活使用的空中接口的基础赋能工具。

这个工具箱提供的功能如下。

- 赋予系统在广阔的频谱工作的能力，包括高频谱和低频谱。同时考虑了基于应用的不同频谱适用性；
- 通过应用不同的独享或者组合的机制，提供了不同的频谱分享方式；

- 为了支持高数据速率，提供了能够实现灵活频谱使用的空中接口所需要的小带宽和大带宽的操作能力；
- 对于不同的服务采用不同的规则，例如，某一频谱仅用于特定的服务。

频谱工具箱的功能被分为三个方面：管理机构框架、频谱使用和赋能工具，参见第 12 章。

2.3 小　结

本章总结了重要的 5G 用例和需求，以及 5G 总体概念。被认可的 5G 用例可以按照 5G 极限要求，归纳为三个主要的类别：极限移动宽带服务（xMBB），其中重点是无所不在的高速率；海量的机器类通信（mMTC），其中覆盖和终端侧成本和功率限制是主要挑战；还有超可靠机器类通信（uMTC），其特点是严格的时延和可靠性需求。

本章进一步描述了 4 个基本系统概念，通过提供效率、延展性和多样性来满足上述用例的广泛的要求。这些概念是动态无线接入网络、极简系统控制面、内容本地化和数据流以及频谱工具箱。

尽管 ITU-R 5G 需求还没有最终完成，目前看到的 5G 用例和系统概念也许需要更新，但是可以预见上述对于用例的分类和主要系统概念应该是有效的。

第 3 章

5G 架构

3.1 介　　绍

移动网络架构的设计目标是定义网元（如基站、交换机、路由器、终端），以及网元之间的互操作，并确保系统操作一致性。本章讨论基本系统架构的考量，并简单介绍目前相关研究活动。实现系统目标的网络架构可以从不同的角度进行思考，例如将技术元素集成为一个完整系统的角度、合理的多厂商互操作的角度或者兼顾成本和性能的物理网络设计的角度。

由于 5G 系统必须满足多种需求，一些需求之间是互相矛盾的，为了实现未来网络的灵活性，诸如网络功能虚拟化（NFV）和软件定义网络（SDN）等赋能工具将得到应用，特别是在核心网的应用。使用这些技术需要重新考虑传统的网络架构设计。本章帮助读者建立对影响未来网络设计的重要课题的概念。

3.1.1 NFV 和 SDN

当前运营商的网络包括了大量越来越多的硬件设备。引入新业务往往需要集成复杂的专用硬件，包括昂贵的过程设计和随之而来的推后的上线时间。同时，硬件的生命周期由于技术和服务加速创新而变短。2012 年年底，网络运营商发起了 NFV 倡议 [1]。NFV 的目标是将不同网络设备整合到工业标准的大量服务器上。这些服务器可以位于不同的网络节点，也可以部署在用户办公地点。这里的 NFV 依赖于传统的服务器虚拟化，但又不同于传统的服务器虚拟化。其不同之处在于虚拟网络功能（VNF）可能由一个或者多个虚拟机组成，为了取代定制的硬件设备，虚拟机需要运行不同的软件和进程（见图 3.1）。一般来说，通常多个 VNF 需要依次使用，才能够为用户提供有用的服务。

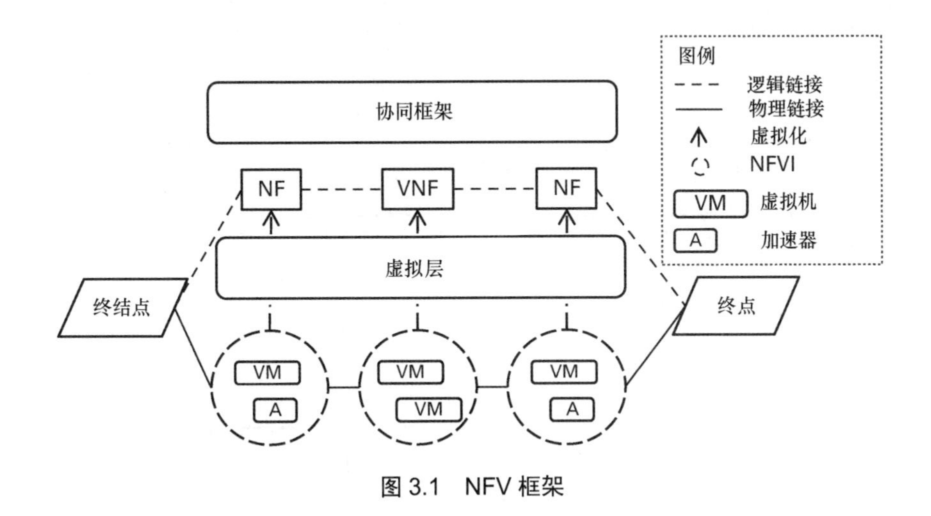

图 3.1　NFV 框架

例如：空中接口分布在层层叠加的不同的协议层中（见图 3.5）。为了实现连接服务，射频处理、物理层、媒体接入层、无线链路控制层和包数据融合协议层等按照顺序依次排列。

NFV 需要一个编排的框架，对 VNF 和网络功能（NF）（如调制、编码、多址接入、加密等）进行适当的实例化并进行监视和运行。事实上，NFV 框架包括实现网络功能的软件、通常被称为 NFV 基础设施（NFVI）的硬件（符合工业标准的大量服务器）和虚拟化管理和编排架构框架。为了满足实时需求，一些网络功能需要添加硬件加速器。加速器承担密集运算和有严格时间要求的任务，而这些无法由 NFVI 实现。这样既可以从 NFVI 分流，也可以满足时延要求。在 3.4.1 节给出了更详细的 NFV 的机会和制约因素的分析。如图 3.1 所示，虚拟化在端点（例如终端）之间的物理和逻辑的路径需要加以区分。

NFV 最为重要的优势是在降低资产和运营开销的同时，缩短功能发布时间 [1]。但是，获得这些优势的前提条件是不同厂商的 VNF 是可移植的，并且可以在网络硬件平台共存。

除了 NFV，如前所述的 SDN 是另一个重要的未来 5G 网络的赋能者。SDN 的基本原理是将控制面和数据面分拆（也称为基础设施层和用户面），网络智能的逻辑集中化，以及将物理网络通过标准接口从应用和服务中抽象出来 [2]。不仅如此，网络控制集中到控制层（控制面），而网络设备（例如处理数据的交换机和路由器）则分布在基础设施层的拓扑结构中（见图 3.2）。

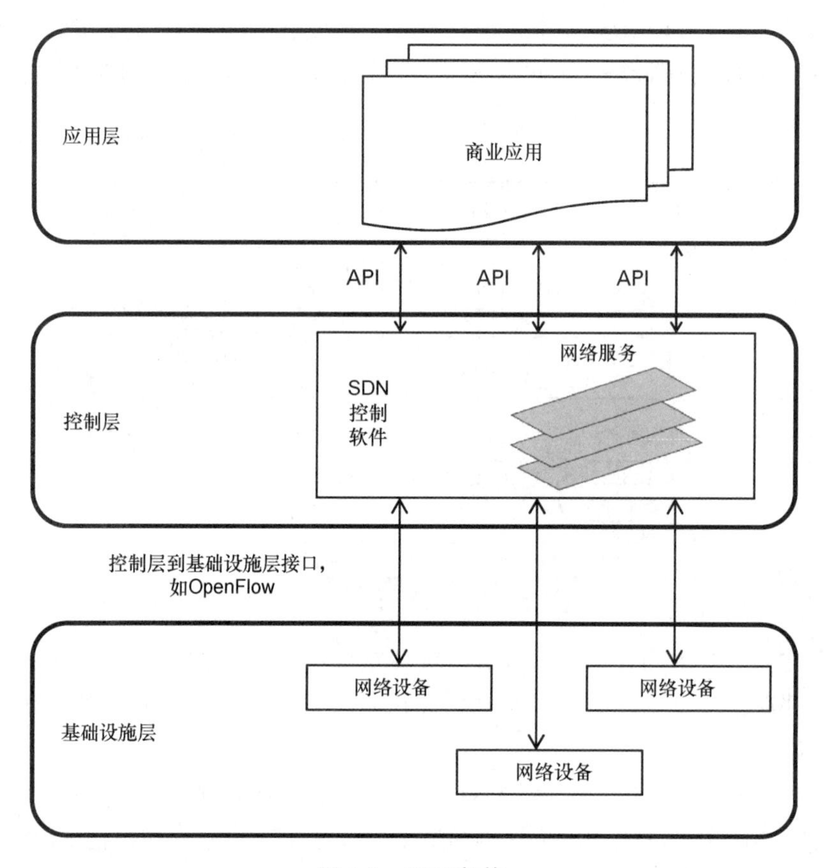

图 3.2　SDN 架构

控制层北向接口通过标准化的应用编程接口（API）与应用和服务互动，南向接口通过标准化的 OpenFlow 指令集与物理网络互操作。API 实现路由器、安全性和带宽管理等服务。OpenFlow 允许直接接入网络设备面，例如多厂商交换机和路由器。基于每一个线程的网络可编程能力，提供了极端颗粒控制，能够响应不断变化的应用层实时需求，从而避免缓慢复杂的人工网元配置。从拓扑结构的角度，属于控制和基础设施层的 NF 可以被集中化部署，也可以根据需要进行分布式部署，详见 3.3 节。

NFV 和 SDN 并非互相依存。但是由于 NFV 提供了灵活的基础设施，SDN 软件可以运行其上，反之亦然，即 SDN 概念使基于线程的网络功能配置成为可能，因此两个概念高度互相补充。

在 5G 网络中，这两个技术将起到重要赋能的作用，实现网络灵活性、延展性和面向服务的管理。考虑经济的原因，网络不可能按照峰值需求来建设，灵活性是指按需可用、量身定制的功能实现。延展性是指满足相互矛盾的业务需求的能力，例如通过引入适合的接入过程和传输方式（更多 MTC 信息见第 4 章），支持大规模机器类通信（mMTC），超可靠 MTC（uMTC）和极限移动宽带服务。面向服务的管理将通过基于线程的控制面，以及基于 NFV 和 SDN 的联合框架的用户面来实现。

3.1.2　RAN 架构基础

网络架构设计的首要目标是将技术元素集成为完整系统，并且使它们可以合理地互协同操作。在这一部分，如何获得关于系统架构的共识变得十分重要，即如何使多厂商设计的技术元素能够相互通信，并实现有关功能。在现有的标准化工作中，这种共识通过逻辑架构的技术规范来实现，包括逻辑网络单元（NE）、接口和相关的协议。标准化的接口在协议的辅助下，实现 NE 之间的通信，协议包括过程、信息格式、触发和逻辑网络单元的行为。

举例：如图 3.3 所示，3GPP 定义的第 4 代无线接入技术 E-UTRAN 架构由网络单元无线基站（eNB）和终端设备（用户设备 UE）[3] 组成。eNB 之间的链接通过 X2 接口，UE 和 eNB 之间的链接通过 Uu 空中接口。4G 系统采用了扁平化架构，因此 eNB 通过 S1 接口直接连接到核心网（EPC）。

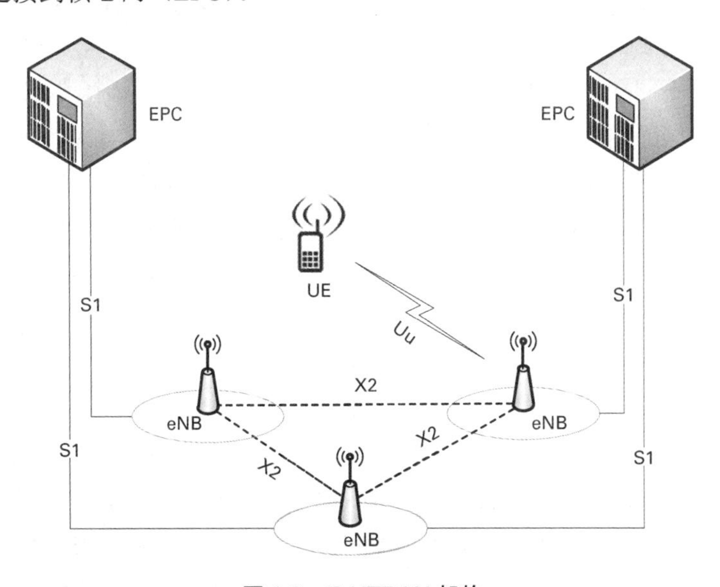

图 3.3　E-UTRAN 架构

每个网络单元（NE）包括一组网络功能（NF）并基于一组输入数据来完成操作。网络功能生成一组输出数据，这些数据用于与其他的网络单元的通信。每个网络功能必须映射到网络单元。对技术元素进行功能分拆，并把网络功能分配到网络单元中的过程，由功能架构来描述（如图 3.4 所示）。实践中，技术元素的具体实现或许需要将网络功能分置在逻辑架构的不同位置。

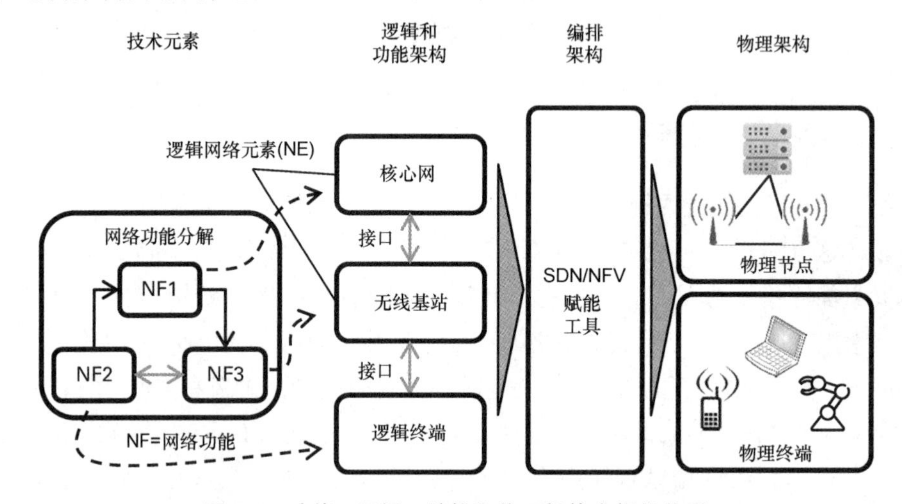

图 3.4　功能、逻辑、编排和物理架构之间的关系

举例：信道测量只能在终端或者基站的空中接口直接进行，而基于信道测量的资源分配可以在基站完成。

网络功能对不同接口的时延和带宽提出要求。这意味着在一个具体的部署中，我们需要对如何组织网元结构具有通盘考虑。物理架构描述了网络单元或者网络功能在网络拓扑结构的位置，它的设计对网络性能和网络成本有重大影响。一些网络功能出于经济原因倾向于集中放置，比如利用运算资源的统计复用。尽管如此，由于功能性或者接口的要求（诸如时延和带宽的要求），一些功能需要运行于接近空中接口的位置，或者相互靠近，这就需要分布式部署。这种情况下性能和成本都会受到影响。从功能安排的角度，有关技术和操作方面的问题在 3.3 节作详细说明。

传统地将 NF 分配到 NE，以及将 NE 分配到物理节点的方式，对于每个特定的部署都是定制的。如第 2 章介绍，差异化的最终用户需求、服务和用例要求 5G 系统架构更为灵活。新型的架构赋能技术，例如 NFV 和 SDN，致力于提升网络灵活性[1][2]。在 3.4.1 节描述的编排和控制架构，使在未来的物理网络中部署网络功能获得更为显著的灵活性。更准确地说，SDN/NFV 已经应用于 4G 网络，主要是核心网功能。5G 网络的架构从开始就会考虑采用这些技术。这里需要强调的是未来的网络更聚焦于网络功能，而不是网络单元。

标准化组织制定的技术规范起着关键的作用，确保来自于世界范围内不同厂商的设备能够互操作。尽管传统网络单元NE、协议和接口由技术规范约定，实现的过程中网络和终端设备厂商仍然有相当的自由度。

第一个自由度是如何将网络单元映射到物理网络。

例如：尽管E-UTRAN本质上是分布式逻辑架构，网络设备厂商仍然能够设计一个集中化的解决方案，例如将物理控制设备放置在一个集中的接入地点，执行eNB的部分功能，其他的功能在接近无线单元的地方执行。从这个角度看，网络厂商将标准的网络单元分开部署在多个物理节点，来实现集中化部署架构。另一个方向是同一个供货商拥在同一物理节点，合并网络单元的自由度，如市场上的有些核心网节点中，厂商提供集成的分组数据网网关（P-GW）和业务网关（S-GW）[3]。

第二个自由度是各厂商采用的硬件和软件平台架构的自由度。到目前为止，3GPP还没有定义任何的特定软件或者硬件架构，或者定义任何面向网络单元的平台。

第三个自由度是厂商如何实现不同网络功能的决策逻辑（decision Logic）。

例如，3GPP规范了空中接口的信息交换协议。在众多规范中，这就规定了无线基站（eNB）如何传递调度信息，终端设备（UE）解读这些信息的方式，以及UE如何反应。尽管如此，eNB仍然具有如何使用信息进行资源分配的自由。

3.2 5G架构的高级要求

在定义RAN逻辑架构之前，需要先定义一些高级原则。这些原则的制定需要考虑5G用户需求和预期的业务。下面列举最为重要的5G高级架构原则。

原则1：5G架构需要利用与LTE演进共同部署的优势，但是应当避免系统间的依赖关系。同时，所有的RAN功能（例如系统接入、移动性、QoS处理和覆盖）都需要考虑新的空中接口工作的频率。

这个原则来源于：（1）对LTE成功提供移动宽带业务（MBB）以及其他的业务，比如mMTC[4]的肯定；（2）在5G部署的初期，LTE将会拥有广泛的覆盖[5]。这一原则得到文献[5]的肯定，5G架构设计需要遵循多无线接入技术（RAT）的协作的原则[4]。RAT间的协作还包括非3GPP技术，例如IEEE 802.11家族，但是协作的水平有所不同。

在 5G 和 3G 或者 2G 网络之间也许不需要切换和业务连续性 [5]。

原则 2：5G 架构允许多层和多 RAT 的多连接。

未来一个终端可以连接到相同 RAT 的多个链接（例如宏基站和小基站），也可以是不同 RAT 的多个链接（例如新的 RAT 和 LTE）。这样实际上是利用或者延伸了诸如载波聚合或者双连接技术。RAT 的组合可以包括非 3GPP RAT，例如 IEEE 802.11ax（高效率 Wi-Fi 技术）.

原则 3：5G 架构需要支持采用不同的回传技术的节点间协作。

这意味着新的空中接口的设计要尽可能避免不必要的限制，满足不同的网络功能分拆部署的要求。这一原则十分重要，因为干扰消除的协作机制是“5G 设计原则” [5]，其中大规模 MIMO 和多点协作（CoMP）发送和接收机制是重要的技术元素 [4]。这一原则也适用于部署在不同位置部署的 LTE 演进网络和新的空中接口。同时确保运营商现有的回传网络仍然能够进行 5G 部署。

原则 4：5G 架构需要内在的灵活性，来实现广泛用例和商业模型的场景中网络能力的优化使用。

这一原则要求 3GPP 制定相同的逻辑架构，并足够灵活地提供 MBB 业务和非 MBB 业务，例如 uMTC 和不同的商业模型（比如网络分享）。对于无线接入网络和核心网架构，协议设计需要足够灵活来满足不同的要求。

原则 5：5G 架构需要可编程的框架来实现创新。

为了支持未来广泛的要求，并提供大量的服务（包括 5G 部署时仍然未知的服务），同时允许快速的业务创新，5G 的终端需要高度可编程和可配置，需要支持多模多频段，能够聚合来自不同技术的数据流。同时需要提高终端的能耗性能和业务感知的信令效率。

3.3 功能架构和 5G 灵活性

在传统的网络中，如何将 NF 和 NE 分拆到物理节点是针对特定的部署进行的。SDN 和 NFV 技术使新的网络架构成为可能，允许以新的方式部署移动网络。除了空中接口，出于显而易见的原因，近来 5G 研究突出了基于 NF 定义和功能之间接口的逻辑架构，而不是基于 NE 定义和节点之间接口的架构 [3][6]。这一方案的优势如下。

- 参考传输网络的能力和制约因素，灵活优化地布置 NF;
- 避免冗余，仅采用必要的 NF;

➢ NF 可以通过特殊实现方式进行优化。

但是，这个方式需要定义大量的接口，从而实现多厂商互操作。因此，根据功能使用的情况，运营商必须能够灵活地定义和配置自己的接口。对运营商潜在的挑战是系统的复杂性，其中有大量的接口需要管理。如 3.4.1 节所述，采用软件接口而不是节点之间的协议或许是一个解决方案。因此，5G 的架构设计需要平衡复杂性和灵活性。

本节介绍 NE 功能分拆的准则、功能分拆的例子和优化移动网络运营的案例。需要指出的是本节的分析不仅支持从节点间到功能间接口的变化，也适用于潜在 RAN 功能分拆的节点间功能接口。

3.3.1 功能分拆准则

在逻辑架构设计时，“功能分拆”允许将网络功能映射到协议层，同时将这些协议层分配到不同的网络单元中。

在 5G 中有不同的功能分拆的可能性。主要是由下面的两个因素决定的。

➢ 把网络功能按照相对于无线帧需要同步和不需要同步加以区分。基于这一原则，接口可以分为严格时间限制和松散时间限制。

➢ 回传（BH）以及或许用于 5G 的前传技术，这些技术给接口带来时延和带宽的限制。

对于功能分拆，下列因素应当特别认真考虑[8]。

➢ 集中化的优点：从架构来看，是否集中部署优于分布部署（见表 3.1）。

表 3.1 集中式和分布式架构的评估。完全分布式部署，且满足一定速率条件下的容量对比

部署方式	期望的优点	要 求	物理限制
完全集中式	云计算和虚拟化赋能工具，简化协作算法，优化路由	时延[1]：<100μs，容量：≈ 20x[7]	有限适用的回传技术
部分集中式	集中式和分布式共存	时延 1：<1 ms（HARQ 受限）；<10 ms（帧结构受限）容量：≈ 1 ～ 5x	需要众多标准化的接口
完全分布式	简化分布式处理	节点间需要同步	必须有节点间连接

➢ 计算需求及多样性：一些功能或许需要集中化提供的强大的运算能力，同时在

1 时延指的是 RTT 时延，即由无线接入节点到中心节点的往返时延。

这些区域提供不同需求类型的应用。

➢ 链路级物理限制：特别是在中心单元池和远端单元之间的连接上的时延和带宽要求。

➢ 面向空中接口，网络功能之间的同步和时延依赖性：运行于 OSI 模型上层的网络功能被认为是非同步的。因此如果两个网络功能之一需要来自另一个功能的关键时间信息，二者就不应当被分拆。表 3.1 归纳了网络功能从完全集中式到完全分布式部署的优点、需求和限制。

3.3.2 功能分拆选项

如前所述，5G 的特点是可以将网络功能灵活地布置于网络拓扑结构的任意位置。这种灵活性引入两个可选方式，即集中化 RAN（C-RAN）和分布式 RAN（D-RAN）。

传统意义上，C-RAN 主要是集中化基带处理资源（基带池）。在 NFV 的帮助下，将工业化标准的大量服务器硬件用于基带信号处理，C-RAN 可以被延伸到云计算无线接入网络（Cloud-RAN），其中网络功能采用虚拟化的方式部署。对于原有以 D-RAN 为主的物理架构，C-RAN 和 Cloud-RAN 架构体现了结构改变。

到目前为止，只有完全集中化的 RAN 架构得到部署，这就需要通过无线接入点和基带池之间的前传来传输数字化的信号（I/Q 采样，每个天线端口一路数据流），如通过 CPRI 接口[9]或者 ORI 接口[10]。5G 网络的灵活性概念引伸为一般意义上的功能分拆。一个经典的功能分拆报告请见文献 [8]。图 3.5 显示了四种不同的无线接入点和集中处理器之间的功能分拆的选择方案。图中的分界线的位置标明了不同网络层位于中心位置（分界线之上）和还是位于本地位置（分界线之下）。

➢ 分拆方法 A：较低物理层分拆。类似于现有的基于 CPRI/ORI 接口的功能分拆。最高集中化增益需要付出昂贵的前传的代价。

➢ 分拆方法 B：较高物理层分拆。类似于前一种分拆方式，但仅对基于用户的网络功能进行集中化，而小区特定的功能实施远程管理。例如，前向纠错（FEC）编码 / 解码或许是集中的。这种分拆的处理能力和前传要求随着用户数、占用资源和数据速率改变。因此，在前传链路可能获得集合（MUX）增益，而集中增益略有损失。

➢ 分拆方法 C：MAC 层集中化。关键时间集中化处理不是必需的，而且集中化增益较小。这就意味着调度和链路自适应（LA）必须区别为关键时间部分（本地操作）和非关键时间部分（集中操作）。

➢ 分拆方法 D：分组数据融合协议（PDCP）集中化。类似于现有的 3GPP LTE 的双连接机制。不需要和空中接口帧同步的功能通常是集中化和虚拟化中要求最少的。这些功能通常位于PDCP和RRC协议层。前面提到位于低层的功能必须和空中接口帧同步，例如，分拆方式A和B中的部分功能。这对他们之间的接口提出很高的要求，使集中化和虚拟化极具挑战。

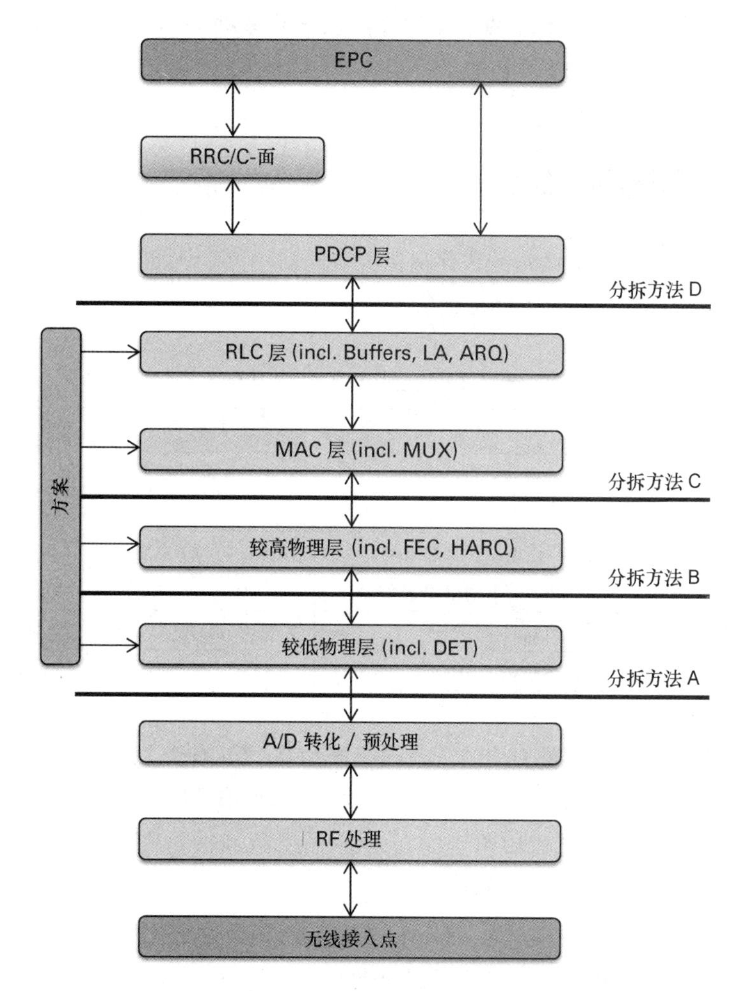

图3.5　4种基本的功能分拆方式[7]

此外，这里没有明确阐述的是，核心网功能是集中化和虚拟化的最大获益者。

如第3.4节所述，实际的功能分拆高度依赖于物理部署和特定的应用。而且，功能分拆可以按照控制面和用户面来进行不同的分拆。三种模型如下[8]。

➢ 直接流程：来自核心网的分组数据进入中心实体，再由中心实体发送到远程单元。这个方式经过集中化的较高层和分布式的较低层来实现。

➢ 前向 - 后向流程：来自核心网的分组数据直接发到远程单元，远程单元决定哪些数据必须由中心单元处理。之后，中心单元网络功能完成所需的处理，并把分组数据再次发给远程单元。这个选择由分布式管理的某些较高层网络功能实现。

➢ 控制 / 用户面分拆：上述两个模型可以进一步分拆为仅负责控制面处理的中心单元和仅负责用户面处理的远程单元组成。

3.3.3 特定应用的功能优化

5G 网络将会为无线网络运营的优化提供更多的自由度，例如，针对特定的目的，可能部署专用软件，其中只包括部分 RAN 协议栈。表 3.2 列举了一些无线网络功能优化的要素。

表 3.2 功能构成的影响因素

因 素	影 响	举 例
结构特性	干扰情况、衰落、部署限制	高层建筑、街道或者步行区域
用户特征	多连接需求、D2D 可用性、切换可能性	移动性、用户密度
部署类型	本地分流、合作增益、动态 RAN	体育场、热点地区、机场、移动 / 游牧节点
服务组成	本地分流、时延、可靠性、载波调制	mMTC，MBB
RAN 技术	回传连接、协作需求	大规模 MIMO，CoMP，跨小区干扰协调（ICIC）
回传技术	集中化选项、协调机会	光线、毫米波、带内

基于场景可以优化的功能存在于所有 RAN 协议层。在物理层，编码承担着重要的作用，例如，适用于 mMTC 的分组编码和适用于 xMBB 的 Turbo 编码，对于资源受限的硬判决解码，载波调制（例如关键时延业务采用单载波，高速率业务采用多载波），或者根据具体场景采用不同信道预测算法。

在 MAC 层，除了其他的方面，Hybrid ARQ 或许可以根据时延的要求，进行不同的优化。移动性功能高度依赖实际用户移动速度。调度器的实现必须考虑用户密度、移动性和 QoS 要求。随机接入协作也可以针对 MTC 进行优化。

网络级功能可以依据实际的部署方式和业务组成进行优化。本地分流功能取决于是否提供本地业务，即本地化的业务，例如因特网的流量可能由无线接入节点来处理。多小区合作和协作依赖于网络的密度、结构特征和用户特点，诸如干扰分布和用户密度。双连接功能取决于某个多 RAT 协作功能可以被采用（见 3.3.5 节）。

例如，在大规模 MIMO 和小基站超密网络（UDN）广域部属的场景。由于 UDN（见第 11 章）和大规模 MIMO 波束可以使用于较高的频段，而小基站和窄波束无法确保移动条件下的顽健性。因此，多 -RAT 连接可以实现 C 面分极。

集中化的程度严重依赖于可预期的回传网络。

例如：具有光纤连接的宏蜂窝可以更多地集中化部署。出于经济原因考虑，UDN 节点需要自带无线回传模块。但是由于带宽受限，仅有较少的网络功能可以集中化部署。

再有，网络功能的使用依赖于场景和部署的 RAN 技术。

例如：对于 UDN 网络，小区间干扰协作或者多小区联合处理是必要的。同时大规模 MIMO 需要导频协作算法。而且，UDN 通常部署在步行街环境，移动性低，相较于大范围的铁路环境，这一场景允许不同干扰消除方法。最后，利用大规模 MIMO 实现回传，则不需要移动性管理。在体育场场景，内容是在本地提供，因此核心网功能、信息和电信业务也应当是在本地提供。类似地，在热点地区服务可以由本地提供，这就需要本地核心网功能。

以上每个例子，都可以采用针对特定的用例专有的软件进行优化。

3.3.4 集成 LTE 和新的空中接口来满足 5G 需求

将新的空中接口和原有系统集成，一直是移动网络引入新一代技术过程中的重要组成部分。直到引入 4G 阶段，这一工作的主要目标是实现全网无缝的移动管理。实现在特定区域平滑引入新一代技术新业务的同时，保证原有业务的平稳运行，例如，UTRAN 支持的语音业务，而在 LTE 引入初期通过 CSFB 实现语音业务回落。在不同的 3GPP 系统之间，集成一般是通过不同系统核心网节点之间的接口来实现，例如，S11 接口（在 MME 和业务网关之间），S4 接口（在业务网关和 SGSN 之间）[11]。

向 5G 演进的过程中，新空中接口和 LTE 的紧密集成（相对于现有系统之间的集成），从第一时间起就是 5G RAN 架构必不可少的组成部分。这里的紧密集成是指在具体的接入协议之上，采用多接入共享的协议层。

这里紧密集成的要求来自于 5G（高达 10 Gbit/s）的速率要求。同时和低时延要求一起推动了在较高的 6 GHz 之上的频段设计新空中接口。在这些频段，传播特性更具有挑战性，覆盖呈点状覆盖 [12]。

与 5G 研究活动同步进行的是，3GPP 不断地增加 LTE 的功能，很可能当 5G 推向市场的时候，LTE 具有的能力已经可以满足很多 5G 要求，例如和 MTC 及 MBB 相关的要求。那时，LTE 也将广泛地部署，并运行在传播特性更好的频段，这使得 LTE 和新空中接口的集成更具吸引力[4][5][6][12]。

这些多种接入方式的紧密集成方案，之前已经有所研究[13]，其中 GSM、UTRAN 和 WLAN 共有的基于 RRM 的架构被引入到基于业务的接入选择。在 Ambient Networks 项目中[14]，对不同的紧密集成架构进行了讨论，提出了一个依赖多个无线资源管理的架构和一般链接分层方案。

近来更多的紧密集成的架构得到验证，其中同时考虑了 LTE 协议架构，以及新的空中接口的重要因素[12]。而且根据文献 [12]，至少在 LTE 的 PDCP 和 RRC 层应该和新的空中接口共享，来支持 5G 需求。这导致协议架构更倾向于 LTE Release 12 中支持双连接的架构。各种不同的选择如图 3.6 所示。

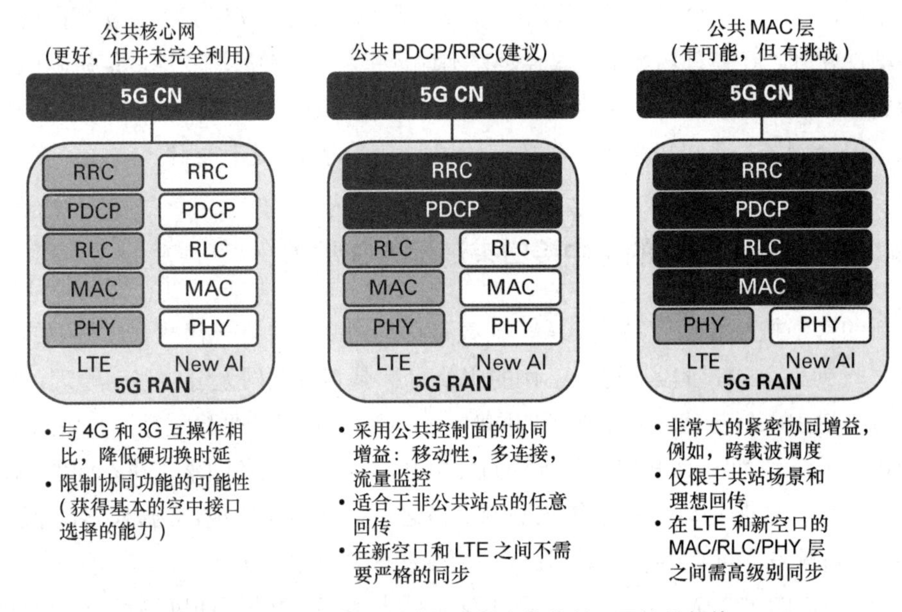

图 3.6　LTE 和新的空中接口紧密协作的不同协议架构

（1）相互连接的多个核心网和公用核心网

这种情况下，每种 RAT 拥有各自的 RAN 协议栈和各自的核心网，两个核心网之间由节点间接口连接。目前解决方案集成了 UTRAN（3G）和 E-UTRAN（4G）。控制面的协作通过移动管理设备（MME）和 S-GW 之间的接口完成。当 5G 和 LTE 集成时，应该不会采用这种方案，因为这样做很难达到无缝的移动性管理和透明连接。

这种情况下，每个 RAT 拥有各自的 RAN 协议栈，而共享核心网。新的 5G 网络功能可以用于 LTE，也可以用于新空中接口。这样可以潜在地减少硬切换的时延，并实现更加无缝的移动性。但是，潜在的多 RAT 协作的功能或许无法实现。

（2）公共的物理层（PHY）

LTE 物理层是基于 OFDM 的。物理层通过传输信道向 MAC 层提供服务，并将传输信道映射到物理信道。基于 OFDM 的发送方式很可能会在新空中接口中得到保留，但是仍然会和 LTE 有很大的不同，例如，OFDM 参数配置，即载波的间隔、信号的长度、保护间隔和循环前缀长度（参照第 7 章）。因此，引入共同的物理层也许非常困难。而且，这一架构对部署也提出限制条件，因为非共站多 RAT 场景几乎不可能工作，这是由于在 LTE 和新空中接口间需要高级别的同步。

（3）公共媒体接入层（MAC）

LTE MAC 层以逻辑信道的形式向 RLC 层提供服务，它将逻辑信道映射到传输信道。主要的功能是：上行和下行调度、调度信息报告、Hybrid-ARQ 反馈和重传、合成 / 分拆载波聚合时来自多个载波的数据。原则上，在 MAC 层对 LTE 和新空中接口的集成可以带来协作增益，实现跨空中接口，跨载波调度。

实现公共 MAC 层的挑战来自于 LTE 和新空中接口时域和频域结构的不同。在公共 MAC 层和下方的包括 LTE 和新空中接口的物理层需要高级别的同步。而且，对于不同的基于 OFDM 的发送方式也需要合适的参数配置。高级别同步的实现程度同样会制约共址 RAT 的 MAC 层可以实现的集成程度。

（4）公共 RLC

LTE 的 RLC 层向 PDCP 层提供服务。它的主要功能是实现用户面和控制面的分段和连接、重传处理、重复检测，并按顺序提交给更高层。由于 PHY、MAC 和 RLC 层需要同步，RLC 集成变得具有挑战。例如，为了实现分段 / 重组，RLC 需要了解调度的决定，即下一个 TTI 的资源块，这些信息需要由 PHY 及时提供。

除非多个空中接口拥有公共的调度器，否则联合的分段和重组难以进行。与之前描述的公共 MAC 层类似，公共 RLC 也仅限于共址部署的 LTE 和新空中接口。

（5）公共 PDCP/ 无线资源控制（RRC）

LTE 的 PDCP 层同时用于控制面和用户面。主要的控制面功能包括加密 / 解密和完整性保护。对于用户面，主要功能是加密 / 解密、报头压缩 / 解压、按序交付、重复检测和重传。与 PHY、MAC 和 RLC 层的功能相比，PDCP 功能对于下层的同步没有严格的要求，如同步。因此对于 LTE 和新空中接口特定的 PHY、MAC 和 RLC 层的功能设计，应该不会对公共的 PDCP 层带来影响。而且，这样的集成也可以在共址和非共址的场景使用，使其更具有面向未来的一般性特征。

RRC 层在 LTE 中负责控制面功能。包括接入层和非接入层的系统信息广播、寻呼、连接处理、临时 ID 分配、配置较低层协议、QoS 管理、接入网安全管理、移动性管理、测量报告和配置。RRC 功能不需要较低层的同步，从而有可能对多个空中接口采用公共的控制面实现协作增益。正如公共 PDCP 层，支持共址和非共址部署。

3.3.5 多 RAT 协作功能

得益于前面章节建议的公共 PDPC/RRC 协议架构的紧密集成，网络可以实现不同的 RAT 协作功能，一些不同的选项如图 3.7 所示。

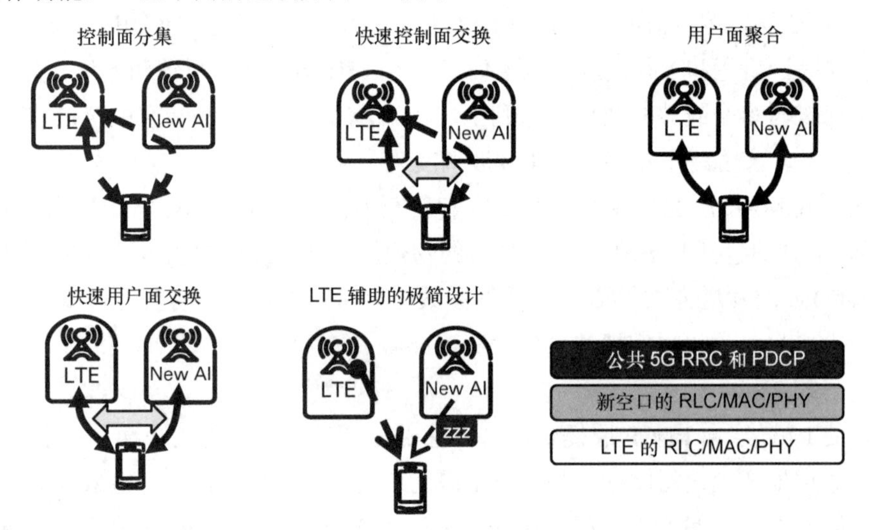

图 3.7　不同的多 RAT 协作功能

（1）控制面分集

LTE 和新空中接口的公共控制面允许具有双射频终端，在单个控制点拥有对两个空中接口专有信令的连接。在 LTE Release 12 中，为了提升移动的顽健性，开发了一个类似的双连接概念[15]。在这个功能中，不需要明确的信令来变换连接，接收机需要具备接收任意连接上任意信息的能力，包括在两个空中接口上的相同信息。这或许是这一功能的主要优点，即在传播困难的场景中，满足某些重要的超可靠通信需求。另外如下所述，公共控制面功能也是赋能用户面集成的功能。

（2）快速控制面交换

这个基于公共控制面的功能，使得终端能够通过任一空中接口连接到一个控制点，并且不需要密集的连接信令，就可以快速从一个链接变换到另一个链接（无需核心网信令、上下文传输等）。其可靠性不如采用控制面分集高，因此进一步提高可靠性还需要其他的信令支持。

（3）用户面聚合

用户面聚合的一个变化形式叫作流聚合，它允许在多个空中接口聚合单一数据流。另一个变化形式叫作流路由，这个功能是指一个给定的用户数据流被映射到单一空中接口。这样来自同一个 UE 的每一个流可以被映射到不同的空中接口。这个功能的优点是提升速率，形成资源池和支持无缝移动性。当空中接口的时延和速率不同时，流聚合的变化形式可能带来的好处十分有限。

（4）快速用户面交换

这里不同于用户面聚合，终端的用户面在任一时间仅使用一个空中接口，但是提供了在多个空中接口之间快速变换机制。这就要求具有一个稳健的控制面。快速用户面切换提供了资源池、无缝移动，并提升可靠性。

（5）LTE 辅助的极简设计

这个功能依赖于公共控制面，基本的想法是利用 LTE 来发送所有的控制信息，这样可以简化 5G 设计。为了达到后向兼容的目的，这一点非常重要（参见第 2 章）。例如系统信息，发送给处于休眠模式的终端的信息可以通过 LTE 发送，这样做主要的好处是减少了 5G 总体网络能源消耗和“休眠”干扰。尽管发送的能量仅仅是从一个发射机转移到另一个发射机，但是发射机的电路处于关闭状态可以节省大量的能源。

3.4　物理架构和 5G 部署

3.4.1　部署赋能工具

逻辑架构使我们可以制定接口和协议的技术规范，功能架构描述了如何将网络功能集成为完整系统。将功能分拆到物理架构中，对于实际的部署十分重要。网络功能映射到物理节点需要优化全网成本和性能。在这个意义上，5G 需要和以前的几代技术采用相同的原理。但是，由于 5G 将引入 NFV 和 SDN 的概念，这需要我们重新考虑制定传统的协议栈的方法论。例如可以在网络功能之间而不是网络单元之间定义接口，功能之间的接口不必是协议，而是软件接口。

引入 SDN 和 NFV 的思路主要是对核心网灵活性的需求推动的。但是，二者也被引伸到 RAN 领域 [6]。图 3.8 展示了逻辑、功能、物理和协作架构的关系。

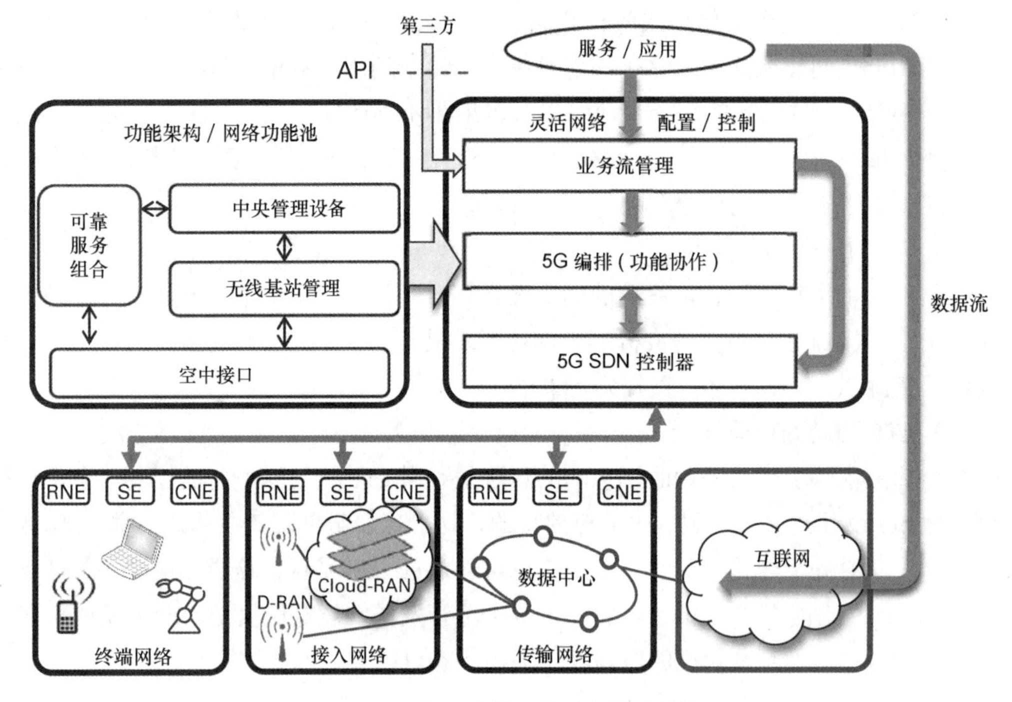

图 3.8　逻辑、功能、物理和编排架构

网络功能在网络功能池中编译。功能池实现数据处理和控制功能，使其可集中使用，包括接口信息、功能分类（同步和非同步）、分布选择，以及输入和输出的关系。在较高的层面，RAN 相关的功能可以分配到下列模块。

➢ 中心管理设备包括主要的网络功能，主要部署在一些中央物理节点（数据中心），典型的例子是运行环境和频谱管理。

➢ 无线节点管理提供影响多个被选择的不同物理站址的无线节点（D-RAN 或者 Cloud-RAN）的功能。

➢ 空中接口功能提供的功能直接和无线基站和终端的空中接口相关。

➢ 可靠业务构成 [1] 是集成到业务流管理之中的中央控制面，也作为和其他构成模块

[1] 可靠业务构成由于是新的 5G 业务获得重视。事实上，业务构成也可以是任何新的业务。

的接口使用。这个功能用来评估超可靠链路的可用性，或者决定开通超可靠链接服务给需要超可靠或者极低时延的业务。

灵活配置和控制模块的任务，是根据业务和运营商的需要，来实现功能有效集成。将数据和控制的逻辑拓扑单元映射到物理单元和物理节点，同时配置网络功能和数据流，如图 3.8 所示。因此，业务流管理的第一步是分析客户订制的业务的要求，并勾勒出网络传输该业务数据流的需求。来自第三方的业务需求（例如最小时延和带宽），可以包含在专有的 API 内。这些需求被发送给 5G 编排器和 5G SDN 控制器。5G 编排器负责建立或者实体化虚拟网络功能（VNF）、NF 或者物理网络中的逻辑单元。无线网络单元（RNE）和核心网络单元（CNE）是逻辑节点，作为虚拟网络功能的宿主，或者硬件（非虚拟）平台。逻辑交换单元（SE）被分配给硬件交换机。为了充分满足一些同步网络功能需要的性能，RNE 将包括物理网络中的软件和硬件组合，特别是在小基站和终端内。因此，在无线接入网络中部署 VNF 的灵活性十分有限。

由于大多网络功能的工作不需要和无线帧同步，因此对于空中接口的时钟要求并不严格，CNE 允许更多的自由度来实现网络功能虚拟化。

5G SDN 控制器和 5G 编排器可以按照业务和运营商的需求，灵活地配置网元。进而通过物理节点（用户面）建立数据流，并执行控制面功能，包括调度和切换功能。

从高层级来看，物理网络包括传输网络、接入网络和终端网络。传输网络实现数据中心之间通过高性能链接技术连接。传输网络站址（数据中心）容纳了处理大数据流的物理单元，包括固定网络流量和核心网络功能。RNE 可能需要集中部署，实现集中化基带处理（Cloud-RAN）。无线接入方面，4G 基站站址（有时称为 D-RAN）与 Cloud-RAN 宿主站址共存，并通过前传与天线连接。换句话说，灵活的网络功能布置，可以使传统的核心网络功能部署在更接近无线接口的位置。例如本地分流的需求将会导致 RNE、SE 和 CNE 在无线接入站点共存。SDN 概念允许创建定制化的虚拟网络，用于分享的资源池（网络切片）。虚拟网络可以用于实现多样化的业务，实现优化网络资源分配的目的，例如 mMTC 和 MBB。这一技术也允许运营商分享网络资源。

受到某些制约，5G 架构将允许终端网络，即终端作为网络基础设施的一部分，帮助其他终端接入网络，例如通过 D2D 通信，即使在这样的终端网络，RNE 也与 SE 和 CNE 共存。

图 3.9 给出了将网络功能分配到逻辑节点的例子。

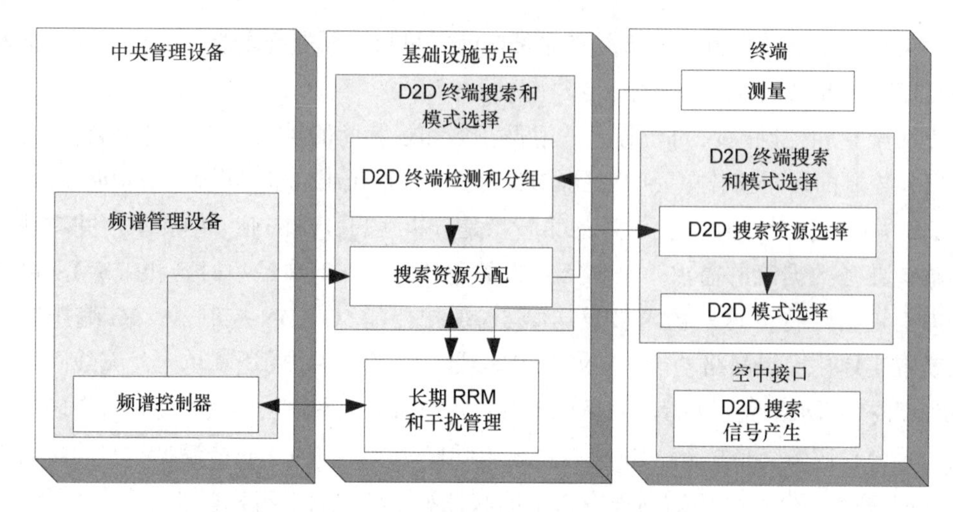

图 3.9 点对点通信（D2D）中的网络功能和逻辑节点

类型 2B（见第 5 章）的 D2D 网络功能在三个不同的逻辑节点互操作，包括终端、基础设施节点和中心管理设备。赋能终端搜索的功能安排在终端和基础设施节点。终端搜索功能基于终端在某些无线资源上的测量，D2D 搜索信号通过空中接口在这些资源上发送。相关的基础设施节点执行终端分组，并且基于网络能力信息、业务需求和终端测量报告进行资源分配。网络能力包括不同选项，例如由 D2D 通信和蜂窝基础设施分享频率（underlay D2D），或者 D2D 通信和蜂窝基础设施分割频谱（overlay D2D）。搜索资源分配由基础设施节点，根据负载状况和终端密度进行准备。终端需要发起基础设施或者 D2D 模式的选择（模式选择）。在资源分配过程中，长期的无线资源和干扰管理决定如何分配 D2D 资源。多运营商 D2D 可以采用专有的频谱资源实现带外 D2D 通信。在这种情况下，需要集中运行的频谱控制器。在物理网络中，中心管理设备将会被部署在传输网络的数据中心。其中逻辑基础设施位于接入网络，例如 Cloud-RAN 或者 D-RAN 的位置。由于所有上述网络功能可以与无线帧异步工作，基础设施节点功能提供了潜在的集中化的可能，这也意味着不是所有位于基站站址的 RNE 需要具备 D2D 检测和模式选择功能。

3.4.2 5G 灵活的功能分布

物理层的架构决定了无线接入的一系列特点，例如网络密度、无线接入节点特性（尺寸、天线数量、发射功率）、传播特性、期望的用户终端数量、用户移动性特征和话务特征。

物理架构也决定了无线接入节点和传输网络回传技术，它的构成可能是异构混合的方式，由固网连接和无线接入组成。而且物理部署定义了面向核心网的技术和逻辑单元。所有这些特点包含物理特性和限制，影响着功能和逻辑移动网络元素之间的互动。

根据数据速率、网络状态和业务构成，这些制约因素的影响和处理这些制约的方式有所不同。

功能分拆选择和物理部署的条件紧密相关，例如，某个功能分拆决定了必须由物理基础设施提供的逻辑接口，而物理设施往往带给逻辑接口限制条件。首先要考虑网络密度，单位面积无线接入节点的数量越多，回传的流量越大。图 3.10 给出了支持基站数量要求的回传速率和功能分拆的关系 [7]。

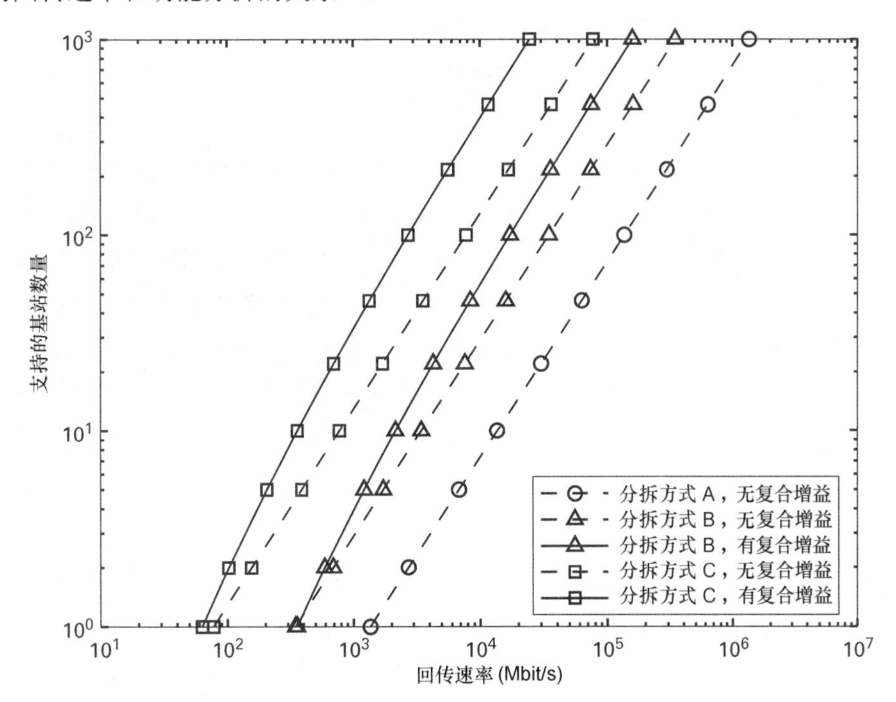

图 3.10　功能分拆选项和所需要的回传速率 [16]

在 RAN 协议中，更高协议层的功能分拆，可以支持更多的接入点。分拆方式 A（见图 3.5）中每个无线接入点具有静态的数据速率，而分拆方式 B 和 C，传输速率随着实际用户速率的变化而变化。因此，这两个分拆方式可以获得传输网络的统计合成增益 [1]，

[1] 统计复用增益在这里是指由混合独立的、统计带宽需求资源获得的资源。由于随机的特性，多个数据流的合成速率（有效带宽），低于每个数据流之和。

增益可以高达 3 倍。

相对而言，分拆方式 A 为每个接入点提供相同的速率，速率不依赖于实际的负载，因此无法获得复合增益。回传技术不仅决定了速率，也影响可以实现的端到端时延。分拆方式 A 需要光纤或者毫米波回传技术，可以采用波长变换或者菊花链毫米波链路。对于分拆方式 A 来说，低时延非常关键，这是由于物理传输是基于 CPRI 接口实现的，其时间和频率同步来自 CPRI 的数据流。分拆方式 B 和 C 可以承受较高的若干个毫秒的时延，这样允许使用上层交换技术，例如 MPLS 或者以太网。这样显著地提升了回传网络的自由度。分拆方式 B 和 C 的区别是方式 B 执行中心编码和解码。

目前 3GPP LTE 中有严格的时钟要求，因为 Hybrid ARQ 进程需要在接收到码字之后 3ms 内完成。如果回传的时延达到若干毫秒，就不可能达到这一要求。因此，要么采取降低要求的替代办法 [17]，要么 5G 移动网络必须足够灵活来调整时延的要求。尽管如此，分拆方式 C（和内在的分拆方式 B）必须满足调度和链路自适应处理的时延需求。后者的影响非常关键，因为不准确的信道信息导致次优的链路自适应，进而严重影响系统性能 [18]。时延带来的影响主要来自用户移动和干扰时变特性。网络密度和用户密度都内在地影响网络功能的分拆和增益。假设每一个小区都要给大量用户提供服务，所有的无线资源都被占用，小区间干扰将十分严重，必须通过协作算法克服。因此，在较低 RAN 协议层的功能分拆较优。这样的场景会在热点地区、体育场或者大型商场和机场之类的室内部署时发生。相反，如果每小区的用户数较少，而用户的流量特征变化明显，每小区被占用的资源就很低。这就增加了小区间干扰协作的自由度，比如高层功能分拆和低层协作算法有同样的效果。最后需要说明，服务组合对于功能分拆和部署有重要影响。

分拆方式 A 和 B 比分拆方式 C 提供了更多的优化机会，因为更多的功能由软件实现，可以根据实际目的进行优化，见第 3.3.3 节的讨论。例如，分拆方式 B 允许不同的业务采用不同的编码技术，如 MTC 采用块编码，MBB 业务采用 LDPC 编码。而且，分拆方式 B 允许联合解码算法来有效克服干扰。因此，如果可以预见较高的服务分集，就值得提高集中部署的比例。然而，有些业务，比如交通流量监视需要在本地处理。因此，网络或许需要选择集中部署的等级。下面的三个例子描述了不同的部署如何决定了网络功能的布置。

3.4.2.1 利用光纤部署的广域覆盖

这里所有无线接入网络功能都集中部署，对传输网络的容量和时延提出了最强的要求。但是由于所有的无线网络功能都在数据中心进行，可以和核心网络功能共址部署，同时最大化协作分集增益，而且可以获得软件虚拟化增益。不仅如此，其他的RAT标准可以根据在数据中心的具体实现，很容易集成起来。

但是，对于光纤的依赖也限制了灵活性和部署成本。例如，对于小基站，所有的节点都需要由光纤或者视距（LOS）的毫米波回传技术连接。

3.4.2.2 利用异构回传的广域覆盖

这种部署采用不同的回传技术，如图3.11所示[19]。根据实际可用回传链接和结构的限制，包括多跳毫米波技术、非视距回传。这样混合的回传技术支持不同的集中部署等级。因此，多个无线接入点之间的协作能力和适应网络参数变化的灵活性可能改变。例如，如果两个无线接入点将分别采用分拆方式B和C。双方可以通过ICIC实现资源协作，分拆方式B需要实现高级定制的编码算法。这一部署场景从资本开销的角度是优化的[20]，是大部分协作增益的来源，与传统方式相比降低了部署成本。但是，从许多其他方面来看却挑战巨大，如无线接入点的协作、布局和规划数据处理单元、软件部署和网络单元管理，例如，通过SDN进行的管理。

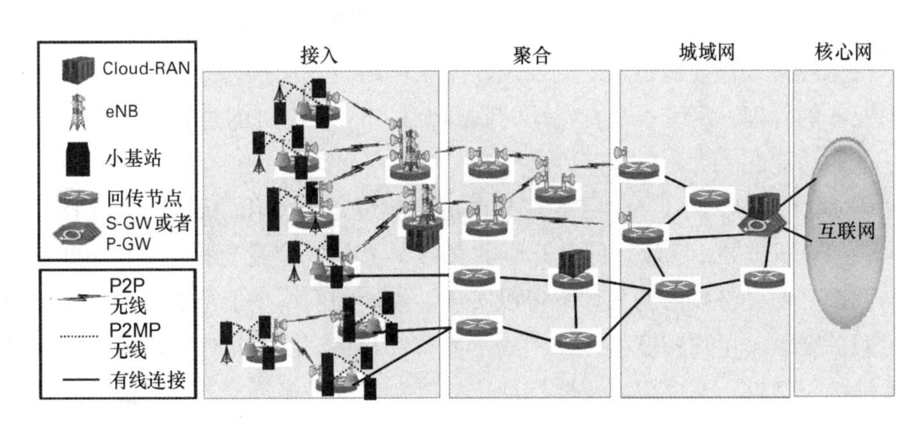

图3.11 异构广域部署示意图，包括点到点（P2P）和点到多点（P2MP）传输

3.4.2.3 体育场本地网络

体育场作为网络部署的一个典型案例，如图3.12所示，基础设施的拥有者是体育场的运营方。类似的部署包括机场和购物中心。在这种情况下，场馆运营方提供多个运营商必须共享的连接。而且，这些部署需要很好地规划来满足未来预期的容量需求。最后，硬件部署与广域部署和热点部署十分类似，但是包括无线和核心网功能的软件部署或许差异很大。例如，核心网功能可能被部署在体育场，提供本地业务（例如视频流）。

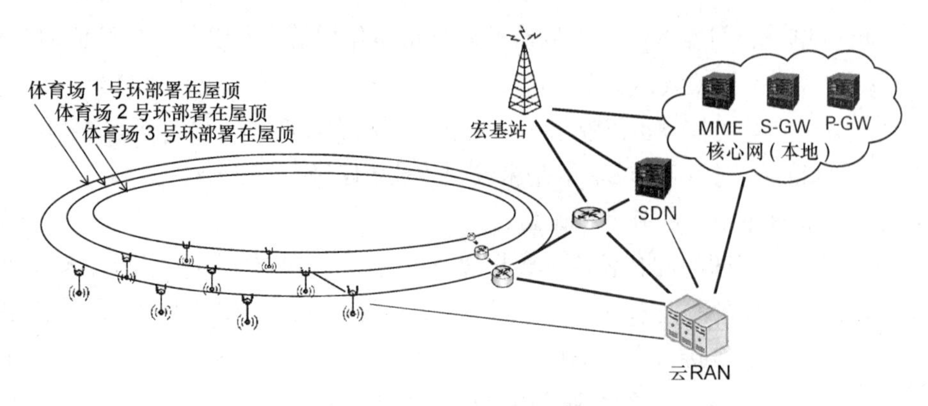

图 3.12 体育场部署[7]

3.5 小 结

下一代无线接入需要满足广泛的需求，未来网络设计的推动力来自于灵活性、延展性和面向业务的管理。尽管不是直接地关联到 5G，NFV 和 SDN 技术将会相互补充，实现这些基本的功能。

相对于 3G 或 4G 网络，5G 网络需要更快地响应市场变化。通过满足高级的要求，例如 5G 和 LTE 演进共站部署，同时开通多 RAT 连接，高容量岛和超可靠无线连接都可以在不需要额外的经济投入的条件下得以实现。灵活的网络功能部署促使功能更好地分拆，满足服务要求、用户密度变化、无线传播条件和移动及流量构成，既要确保网络功能之间通信的灵活性，又要限制需要标准化的接口来满足多厂商互操作的需要，二者的平衡是系统设计的根本。

第 4 章

机器类通信

4.1 简　　介

机器类通信（MTC）是无线通信非常广阔的应用领域，通信主体包括传感器、传动装置、物理实体以及其他人们并不直接使用的各类设备。目前标准化组织为 MTC 设计了不同的无线接入技术（见文献 [1]）。LTE 标准演进中，MTC 也作为一个重要的演进方向。通过不断的研究和开发，LTE 增强版本可以支持 MTC，同时清楚地表明 MTC 需要无线系统架构的支持。由于 MTC 技术在未来变得越来越重要，5G 系统设计伊始就在系统架构中考虑了 MTC 应用。

本章内容组织如下，4.1 节勾勒了 MTC 的大多重要用例，并把 MTC 分类为海量 MTC（mMTC）和超可靠和低时延 MTC（uMTC），并且定义了这两个分类的需求。4.2 节描述了 MTC 的一些基本技术。4.3 节和 4.4 节分别介绍了 mMTC 和 uMTC，并解释了相应的设计原则和关键技术。4.5 节对本章内容作以总结。

4.1.1　应用案例及 MTC 分类

4.1.1.1　低速率 MTC 的用例

MTC 广泛用于诸多领域，其中许多与监视系统状态或者事件的大量传感器有关，另外一些和传动装置连接用于环境控制。如智能家居和智能楼宇，用于测量和控制诸如灯光、取暖、通风和空调、节能等设施。还有很多其他用例，例如大面积环境监控、基础设施（道路、工业环境、港口等）监控、智能停车、车队管理（例如出租汽车 / 自行车），物流财产跟踪，病人的监视和护理等。MTC 还包括远程地域监控，例如智能农业应用。在第 2 章的用例描述中，MTC 即使不是决定性的技术，也是作为重要的元素出现在自动车辆控制、工厂自动控制、海量广域分布终端控制和信息搜集、智慧城市、远程智能电网保护和智能物流 / 工业应用的远程控制等应用场景中。

所有这些用例的共性是传感器报告的信息通常对时延要求很低，信息从传感器发送到（云端）的服务器。而且，各个传感器的信息具有相关性，因此不需要严格要求每个传感器都发送数据。例如，当传感器测量的温度有相关性，并且其他传感器能够成功发送数据时，其中一个温度传感器故障并不会带来太大影响。但是有一个例外是报警应用，报警对时延有一定的要求[2]。在这一类应用中，大多数数据由终端发送到一些集中的业务实体单元，相反方向的通信流量往往非常少。例如，一些简单的控制信息、终端和业务配置信息或者发送确认信息；发送给终端的信息也几乎没有时延要求。许多用例中终端的数量或许很大，密度也可能非常高。单个传感器报告只在某些情况下才要求极高的可靠性，而简化系统设计才是主要目标。

4.1.1.2　车联网

近年来车联网获得了大量的关注，因为它给汽车行业带来基于无线通信，特别是基于蜂窝系统的创新服务和功能。这些系统有能力提供广域覆盖，并提供汽车工业所需的人与人、机器与机器的通信。人与人通信（HTC），是向车内的乘客提供与静止环境条件下相当的移动宽带服务。就车联网应用领域，MTC 是指在设备之间的信息交互，这些设备可以是车载设备，也可以是终端或者服务器，并且通信过程几乎没有或者完全没有人的介入。汽车工业 MTC 包括大量的应用，例如道路安全和高效交通（例如高度自动驾驶）、远程处理或者车辆远程诊断和控制。

MTC 中诸如道路安全和高效交通等应用，要求超可靠连接，对时延和可靠性有极高的要求，因为信息及时到达对乘客以及可能遇到危险的道路使用者极为重要。而与云端高可靠、广泛可用的连接，可以提供视频处理、语音识别、基于云端服务器的导航服务等，而非通过车载中央处理器的导航。远程处理不仅提升了超越车辆能力的处理能力，也可以提升贯穿车辆生命周期的持续服务。其他如发送少量的遥测和命令信息的远程诊断和控制等应用，则对时延和速率没有严格要求。此外，当车辆熄火的时候，这些功能也必须能够工作，例如在地下车库的信号高衰减场景，这就要求同时具备低功耗和显著覆盖增强的能力。

4.1.1.3 智能电网

智能电网代表了电力网络向广大而复杂的物理信息系统的演进，这一系统将基于分散的能源生产，以及能源生产和消耗之间接近实时的控制和协调。智能电网的一个基本的要素是双向无线机器类通信。智能电网通过下行可以发送命令，并进行查询。上行通信设计更具挑战性，因为上行需要协调大量的部分协同或者完全没有协同的传输，因此研究的重点更多聚焦于上行设计。智能电网中一个用例是智能电表。目前，智能电表主要由电力公司使用，用于可用性监控和计费。但是，随着诸如风力发电机和太阳能板等更多的分布式能源资源（DER）发电的比例不断增长，智能电表将会变得更为复杂，并且通信需求变得更加密集[3]。特别是对电网状态的需求会越来越高，电表需要频繁地监视和报告电力质量状态，例如，可以用于电网状态实时评估和控制。考虑到给定区域内的绝对连接数，智能电表将成为海量 MTC 的典型用例。因为大量的终端设备需要可靠、及时地报告电网的关键事件，如供电中断或者微电网孤岛等，智能电网同时也属于超可靠 MTC。

4.1.1.4 工厂自动化

工厂自动化的通信系统提供了可移动设备部件之间的连接，或者将移动设备集成到分布式控制系统之中。相对于有线连接，其优点是低安装成本，同时避免了电缆带来的机械和承重的问题。典型的应用是闭环实时控制传感器和传动装置之间的连接：低时延、高确定性（低抖动）、高可靠性。如低时延的要求也许低到 1ms。同时，丢包率需要降到很低的水平，可能的极端情况需要 10^{-9}[4]。由于连接的设备往往局限在一个小的地区内，非授权无线系统（Wireless HART，Wi-Fi，蓝牙）和固定通信系统在过去十年主导了工业通信系统。同时，工业自动化中的蜂窝系统已经被用于远程业务应用和告警系统。但是非授权频谱技术不能适用于高可靠应用，因此授权频谱的超可靠蜂窝 MTC 成为未来应用和候选方案。由于严格的时延要求，小小区（见文献 [5]）和网络控制的 D2D 通信是工业控制领域 MTC 的可用技术。

4.1.1.5 MTC 分类

从 5G 无线系统的角度看，可以将 MTC 的广泛应用领域分为两个类别，如图 4.1 所示：海量 MTC（mMTC）或者超可靠和低时延 MTC（uMTC）。有时 uMTC 被称为关键紧急任务 MTC。而 mMTC 属于对时延不敏感并且不频繁进行数据传输业务，但是终端数量众多，其中部分终端甚至由电池供电。相反，uMTC 需要高可靠性、低时延以及目标和进程的实时控制。但这一分类方法并不严格，有些用例并不完全吻合。例如，有些海量传感器用例也需要很高的可靠性，但不需要电池供电。本章的内容更多侧重 mMTC

技术评估，而非 uMTC。这是因为 mMTC 的研究已经持续多年，而 uMTC 技术的研究才刚刚开始。

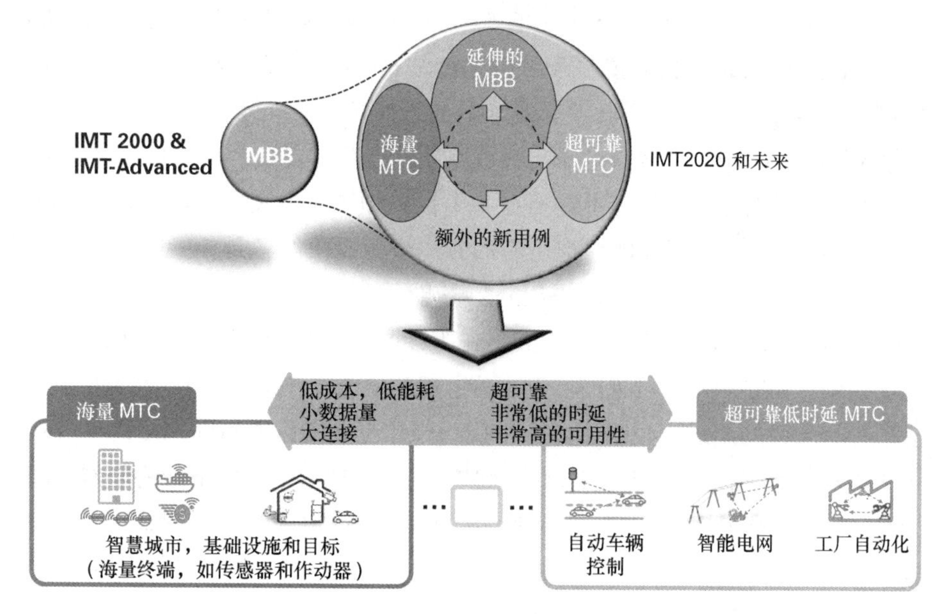

图 4.1　5G 无线系统中 MTC 分类

4.1.2　MTC 需求

4.1.2.1　海量 MTC

MTC 和以人为中心的通信（如智能手机）的区别非常大。许多 MTC 设备移动性非常有限，这就决定了对支持数据传输过程中快速转换的切换能力的要求很低。而且，要将海量终端变为可能，终端成本必须非常低廉，并且不允许设备的频繁充电。系统侧则需要按照终端数不断延展，而连接数没有上限。此外，由于终端需要在即使相对隔离的区域（如地下室和郊区）也能够连接，MTC 需要无处不在的覆盖。下列 mMTC 的需求被认为对于 5G 系统设计十分重要［更多信息参见文献 [6] ～ [7] 和第 2 章］。

- 10 年的终端电池续航能力：一般的要求是在终端整个生命周期中不需要充电。
- 覆盖提升 20 dB：3GPP LTE R 13 的 MTC 设计目标是 15 dB 覆盖增强，5G 的需求将会更高。
- 每小区 300000 终端：3GPP 要求每小区的容量是 30000 终端，5G 系统的容量需要提升10倍。由于要求是每个小区的容量，这与通过增加站点密度提升容量是不同的。需要强调300000是一个相当极端的上限，很多小区的终端数低于这个数量级。

➢ 低终端复杂度：这个要求代表了连接简单智能终端的要求。低复杂度决定了低成本，这是很多mMTC用例的前提条件。目标是mMTC的低成本终端可以工作在低复杂度的模式，而系统仍然支持其他更为复杂的高性能通信。

上述特定的MTC需求之外，总体上5G系统应当足够灵活，来支持大量的本质上完全不同的服务。也就是说运营商不需要在某个授权频谱，为某一个特定的海量MTC应用部署一个专用的网络，而是能够把所有的频率资源提供给各种5G的服务，根据海量MTC数量在时间和位置的不同，动态地分配资源。

接下来的讨论中，4G LTE版本R10将作为参照（如20 dB覆盖增强的要求）。需要指出，4G演进（LTE版本R11-R13）也涵盖了部分要求，在后续版本中将继续研究如何涵盖这些需求。2G的演进中也包括了mMTC，叫作延展覆盖的GSM物联网（EC-GSM-IoT），（见文献[8]、[9]、[10]和第1章）。此外，3GPP推出了叫作窄带物联网（NB-IoT）的新的窄带mMTC空中接口。其无线频率带宽为180kHz。而且，设计理念秉承上述原则，可以部署在类似2G载波的狭窄频谱中[11]。同时出现了其他一些专有的无线技术，可以实现低速率、长距离的传输，例如LoRa和Sigfox。这些技术工作在非授权频谱，因此需要与其他的无线系统共存[1][12]，本书不作进一步讨论。

4.1.2.2 超可靠MTC

超可靠通信被认为是5G无线系统的新功能[13][14]，提供了稳定的无线连接，为用户和IoT终端提供了一致的服务。特别地，超可靠MTC无线通信链路需要前所未有的可靠性，往往还伴随着严格的低时延要求。例如，在某些工业应用中，数据需要在1～2 ms以高于99.9999%的成功率成功接收。数据的成功接收意味着相应的控制信息已经正确接收了，因此uMTC给系统设计和控制信息的发送带来新的挑战。

被广泛接受的链路可靠性的定义是指在一定时间内（例如若干秒或者毫秒），一定数量数据（例如若干字节的数据）可以被接收机成功解码的概率。给定连接的可用性定义为在最低数据速率前提下，满足最低可靠性要求的能力。链路不可用是指在一定时延要求下，两个通信主体之间的数据和相关控制信息成功传输的概率，无法满足预期要求。

链路可靠性的定义相当严格，规定了当特定数量的数据不能以一定的可靠性到达目标方时，这一数据传输的业务就被认为完全失败。因此，和uMTC相关的一个重要概念是可靠服务组成（RSC），也是一个定义不同服务等级的方法。例如当通信的条件恶化，服务质量（QoS）逐步下降到某个可以可靠支持的服务等级，而不是非黑即白的判决“服务可用或者不可用”。这里服务功能性降级不是一个新的概念，它应经被用于其他领域，如量化视频编码。视频及其相关概念本质上允许功能性降级。在 RSC 中，设计的目标是设计一个服务，可以达到某个等级的功能，而不足以实现全部的能力。如车车通信（V2V）可以被设计为：即使仅部分数据可以被可靠解码，也可以启动该业务的基本版本。因此，此时仅传输与行人的安全信息相关的最重要数据。

在特定场景下，达到超高可靠性需要对各个场景中最重要的风险因子和可靠性损害进行分析。在文献 [13] 中至少列举了 5 种不同的可靠性损害：（1）有用信号的功率下降，如这个损害直接与覆盖延伸能力相抗争；（2）不可控的干扰，出现在非授权频谱，也出现在没有协同机制的小基站部署场景；（3）竞争资源耗尽，如当多个终端同时向同一个接收机发送信息；（4）协议可靠性不吻合，当协议中控制信息并没有进行特别设计，无法实现高可靠性；（5）设备故障。在给定场景中，uMTC 的协议和传输方式的协议设计需要仔细评估，包括每个损害带来的可靠性下降。

4.2 MTC 基础技术

历史上，蜂窝无线通信系统的演进是围绕着宽带通信和速率提升而展开的。mMTC 和 uMTC 的出现改变了以前的设计焦点，目标场景不再需要过高的速率，而是新的连接模型，包括海量的简单终端和 / 或者高可靠连接。尽管 mMTC 和 uMTC 的性能要求差异巨大，理论上却是基于同样的通信机制改进而来。本节介绍无线接入中两个有前途的通信机制：（1）创建短包数据，其中包含的数据和相关控制信息的比特数相当；（2）分布式接入的非正交协议。

4.2.1 短包数据和控制

宽带无线通信系统的成功很大程度上遵循了基于信息论原理，实现了可靠传输的方法。这些原理可以应用于包含大量数据的数据包，其中的两个主要特征是：（1）大量数据意味着可以使用编码和调制等方法，在总体发射能量受限的情况下，实现渐进的、有保证的可靠传输；（2）控制的信息量小于数据的信息量，如图 4.2(a) 所示，因此，即使控制信息不是通过最优方式发送（如重复编码），其对系统性能的总体影响还是可以忽略不计的。这些特点决定了无线宽带系统设计共同的方式，即数据传输使用优化而复杂的方式，同时控制信息的传输很大程度上是依靠试探性设计。在发送的数据信息量小到和控制信息量可比的系统中，这些方式需要改变，如图 4.2（b）所示。为了实现这样的目标，首先需要分析数据包的结构。

短包结构和传输大数据的长包结构是一样的，分为控制信息和数据信息，如图 4.2（c）所示。每个包通过编码和调制后，变成 N 个发射的符号。发射其中一个符号的概率被看作是一个自由度（DoF），也就是发送数据包全部可用的独立通信资源。这里的通信资源可以是特定的时间和频率资源块，或者是给定时间内 CDMA 系统中的扩频码资源。这 N 个符号在时域内利用一个载波，以相等的时间间隔发送，也可以在一些不同的时间和频率资源块组合中发送，如图 4.2（c）所示。发送这些信号可以采用一个共同的方法，使用 N_C 自由度来发送控制信息，使用 N_D 自由度发送数据信息，两个自由度不同或正交，如图 4.2（c）所示，其中展示了很成熟的控制和数据接收的因果关系，即成功接收控制信息是接收数据的前提条件。通常控制信息是小包，这部分也需要更高的概率被正确接收，避免误传和误收。如发给爱丽丝的包，被名叫鲍勃的人解码，并认为是发送给自己的信息。而且，控制信息解码是对爱丽丝的一个提示，告知数据是否是给她的；如果不是，爱丽丝可以关闭接收机，这是设计一个节能无线网络的基本原则。

接下来再看一下低时延通信，其中数据信息 D 的大小和控制信息 C 的大小之间关系是任意的，如图 4.2（a）或者图 4.2（b）所示。如果数据包需要在短时延条件下传输，那么传输就被限定在指定的时间内，而自由度需要从频域获得。例如，一个包可以使用很多子载波的单个 OFDM 信号，见图 4.2（d）。这样的设置不可能还遵循解码控制信息是接收数据信息的前提条件，因为二者需要同时被解码。换句话说，控制信息不能被用于决定是否投入资源来解码数据信息。这个简单的例子展示了在通信协议设计中，时延和能耗优化的折衷考虑。

最后，图 4.2（e）展示了如图 4.2（b）所示的短数据包在有限自由度条件下的传输。这是一个典型的 mMTC 场景，其中大量的终端分享通信资源。而且，这种场景在 uMTC 中也会出现，其中低时延需求的短包和其他宽带业务需求的大包共存，因此没有充足的频率资源可用，如图 4.2（d）所示。图 4.2（e）所示传输假设了数据和控制信息混合，并使用相同的自由度。这一方式遵循了信息论领域近来的一些基础性的结论和建议 [15]，文献中提到包含几百比特的短包情况，这不同于长数据包，编码的可靠性对包长度十分敏感。这意味着将数据信息和控制信息至少是部分进行联合编码性能会更好，而不是将二者完全分离。与图 4.2（d）类似，由于控制信息和数据之间的因果关系消除了，因此不可能实现相应的节能优化机制。但是，这并不能说将控制信息和数据联合编码就不是节能优化了，因为当在 ARQ 协议中，增强的可靠性可以降低重传的概率，并最终成为节能优化的方式。

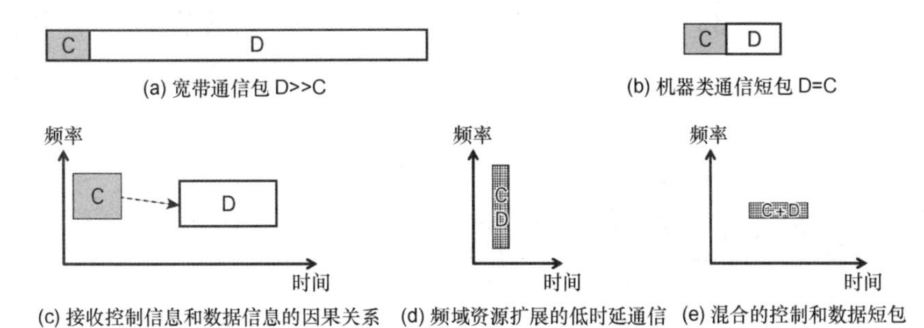

图 4.2　控制信息（C）和数据（D）的数据包结构

4.2.2　非正交接入协议

在很长的时间里，不同节点间的无线接入方式采用收发频率正交设计。两个或者多个终端非正交地使用相同的频率资源将会产生冲突，因此这些终端的包数据会丢掉。然而，在 mMTC/uMTC 两个用例，以及近来的相关接入设计中，允许接收机采用了高级处理方式和连续干扰消除（SIC）来解决冲突。特别地，非正交接入和 SIC 对于 uMTC 变得非常重要，因为终端会在给定的时间内随机地接入并发送数据，而受控的冲突可以提升总体的可靠性。

我们可以看这样一个案例，海量的传感器试图报告由事件驱动且彼此相关的信息，如报警。正交传输意味着基站接收到来自某个特定的传感器的数据包时，没有来自其他数据包的冲突。事实上，基站或许利用这些数据信息的相关性，采用高级处理算法来处理这些接收到的信号（很多包引起的冲突信号）：当基站提取到关于事件的足够信息时，会发出反馈信息要求传感器停止发送。这是典型的联合的信源编码、信道编码和协议设计的例子。

基站引入 SIC 算法后，将会产生新的编码的随机接入协议[16]，这种随机接入适用于大规模协同接入。不同于经典的 ALOHA 协议，在编码的随机接入方式中，每一个终端多次重复自己的数据包，这是 SIC 算法的基础。图 4.3 显示了一个简单的编码的随机接入的例子，其中 3 个终端在 4 个时隙中发送数据包。在经典的 ALOHA 协议中，只有终端 2 可以在 4 个时隙中成功发送数据，因为时隙 1 和 3 发生了冲突。如果采用 SIC 算法，就会将时隙 1 和 3 中发生冲突的数据包缓存，从第二个终端在第 4 个时隙发送的数据包解码，包括了标识终端 2 在其他时隙发送位置的指针信息。因此，接收机可以在缓存的数据中消除终端 2 的干扰，从时隙 1 恢复出终端 3 的数据包。最终，可以在缓存中的时隙 3 的信号中消除终端 3 的干扰，恢复出终端 1 的数据包。在这个特例中，吞吐量相对于 ALOHA 提升了 3 倍。

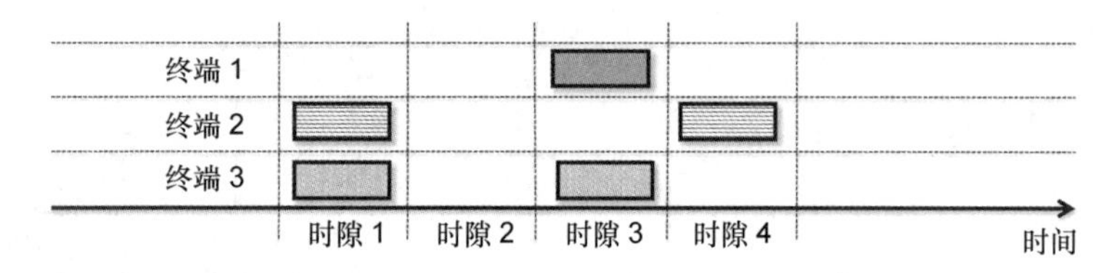

图 4.3　编码的随机接入方式示意图

在 uMTC 中使用非正交传输的目的是提升频谱利用率，即实现高可靠性通信的最直接的方式则是分配专有频谱。但是如果低时延数据包，扩展使用频域资源，如图 4.2（d）所示，即将频段预留给 uMTC，就会有很大的频段在大多时候没有得到充分利用。因此，需要找到新的接入的方法，使 uMTC 和非 uMTC 业务以非正交 / 共存的方式使用频谱，而接收机采用 SIC 算法消除干扰信息。非正交接入方式的讨论见第 7 章。更多 MTC 随机接入设计见文献 [17][18]。

4.3　海量 MTC

4.3.1　设计原理

海量 MTC 的设计原理是利用 mMTC 业务对时延不敏感和数据量小的特点。这些宽松的要求允许对终端采用更长的休眠周期（来获得长电池续航能力），定义低复杂度的发送模式（降低终端成本），并且定义超顽健性且低速率传输（实现传输距离延伸）。由于海量 MTC 的数据总量很小（相对于视频等多媒体业务），即使非常大量终端产生的（平均）流量，对于为移动宽带业务设计的移动网络而言，仍然是可管理的。尽管如此，仍然需要考虑 mMTC 的高密度终端的控制信令处理、网络内容处理，以及在大量终端同时接入时引起的峰值系统资源负载。

4.3.2 技术元素

如前所述，海量 MTC 系统的特点是终端复杂度低、长电池续航能力、扩展性强和容量大。下面章节介绍实现这些要求的技术元素。

4.3.2.1 降低终端复杂度的功能

终端的复杂度直接影响到通信的性能。海量 MTC 业务通常不太频繁地发送少量数据，而且对速率和可靠性要求很低。利用这些放松的性能要求可以简化传输模式、降低终端复杂度。参考文献 [7] 对 LTE 的终端简化作了很好的评估，下面段落中介绍的功能已经包括在 LTE R12-R13 中。一般地，所有这些结论和具体的无线接入技术无关，分别介绍如下。

大带宽的传输可以提供高峰值速率，代价是终端复杂度高。当发送和接收的带宽受限，相比于大带宽，终端的成本将显著降低。因此，mMTC 传输模式希望能够限制终端的使用带宽。例如蓝牙，已经将带宽降低到 1MHz 以内，可以实现非常低复杂度的终端。需要指出的是 5G 系统的总体系统带宽将非常宽，可以用于其他类型以实现高速率传输。限制峰值速率也可以进一步降低成本，例如减少需要的缓存数量。终端的天线个数也直接影响终端复杂度，因此低复杂度发送模式不应当依赖多个终端天线。而且，终端需要双工器来分离发送和接收的信号，实现同时收发功能。如果终端交替发送接收，类似时分双工或者半双工，双工器的成本就可以省去。最后，通过限制终端的发射功率，功放可以嵌入到集成电路，因此不需要额外的功率放大器。出于这个目的，LTE R13 定义的一个新的终端类型，其输出功率限制在 20 dBm 以内。

4.3.2.2 保持业务灵活性的功能

MTC 业务通常采用小数据量发送方式。但是，很难定义 MTC 业务的最大传输数据量。而且，业务有可能在终端的生命周期中更新，例如，偶尔的上报某个监视过程中的状态报告。此外，可能投入运营若干年以后，通过空中接口对提供的业务进行软件更新。最终，每终端发送的数据量，传输的频率以及信息的优先级都可能随时间变化。因此，为了实现灵活的业务修改，需要灵活的接入设计。即使容量的上限受限于终端等级，也应当保留业务变化的灵活性。

4.3.2.3 实现覆盖延伸的功能

覆盖通常定义为能够达到所要求速率的最大距离或者路损。由于 mMTC 对时延不敏感（虽然不总是这样），但是降低速率是可以接受的。事实上，LTE 版本 R13 规定了通过时域重复达到 15dB 覆盖增强。最终的低速率本身不是问题，反而是终端的能耗很大程度上依赖于终端无法睡眠的时间。长时间的发送会影响电池的续航能力。因此，覆盖延伸和电池续航能力在一定程度上是相互矛盾的要求，同时达到两个要求比较困难。一个解决的办法是使用大量的终端，并允许其中部分终端作为简单中继器，逐步提升处于弱覆盖区域的终端的链路预算。很明显，中继终端将会耗费更多的能量，但是提升了整体连接。这些在 METIS 项目的马德里地图中得到评估[19]，其中的工作频段是 2 GHz，带宽为 1 MHz，其中作为中继的终端工作在相同的频段，而且输出功率相同，即 23 dBm，并且依然发送自身产生的数据（更多的细节见文献 [20]）。该仿真是静态的，并且中继限制在 2 跳之内，上行和下行分开考虑。图 4.4 中可以看出当 MTC 终端允许作为其他终端的中继时，掉话率显著下降。掉话率反映出由于达不到预期的速率被网络拒绝的终端数，因此掉话率和覆盖相关，因为当终端处于小区半径之外时就会被系统拒绝。尽管这一评估不能给出覆盖提升的 dB 数，但是 MTC 终端中继显然是很有前途的提升覆盖的手段。更为重要的是，这一方式并没有增加发送的次数，如下文所述，这有利于延长电池续航能力。

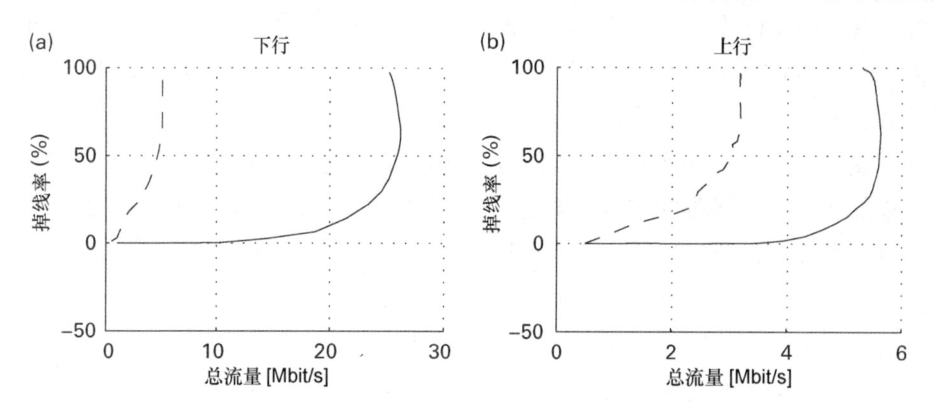

图 4.4 掉话率和总流量（MTC 终端的个数）。有 MTC 终端作为中继器（实线）和 LTE 版本 R10 没有终端中继（虚线）的对比

4.3.2.4 延长电池续航能力的功能

很大程度上，终端的耗电量与发射和接收的时间成正比，在收发的过程中终端不能关闭进入休眠状态[21]。为了获得超长的电池续航能力，电池自放电率也起着重要作用。

非连续接收技术（DRX）可以降低终端的接收时间。在 LTE 版本 R10 的 DRX 周期是可配置的，最长可达 2.56s，也就是说终端在这一时间间隔内只需要接收一次寻呼信息，即非连续接收。为了降低发射时间，许多 5G 建议都假设基于竞争的发送是有利的[22]，即省略 RRC 连接建立的过程，直接发送信息（和相关的控制开销信息）。在最理想的条件下，终端甚至不需要在发送之前进行同步。这种方式适合不需要同步，或者对同步要求很低的波形，例如 FBMC 或者 UFMC（见第 7 章），由于非同步的上行不会引起或者引起有限的子载波间干扰，可以估计时间提前量，如使用之前静止用户的时间提前量。图 4.5 所示为不同报告周期条件下，发送 125 Byte 上行信息的结果。从图 4.5 可以看出，当延伸的 DRX 周期超过 2.56s 时，可以获得最大增益。同时基于竞争的发送（标记为“无 UL 同步”），可获得的额外增益比较有限。而较长报告周期获得的增益较高（更多细节见文献 [22]）。报告周期越长，基于竞争的发送增益相对越小，而越长的 DRX 周期增益相对越大，这是因为终端功耗主要是对寻呼信息的监视。对于即使是每分钟一次的频繁的报告，10 年的电池续航能力也显而易见是不够的。当报告周期是 5 分钟时，基于竞争的发送方式增益最大。当 DRX 周期从 2.56s 延长到 300s，电池续航能力可以延长 20 倍（电池续航能力的计算见文献 [21]），基于竞争的发送可以进一步提升电池续航能力达到 25 倍。需要注意在实际情况下这只是电池续航能力的上限，因为还需要考虑 RRC 建立过程中的开销（地址，安全等），这些也会消耗传输资源[23]。为了进一步区分由省略 RRC 连接建立信令带来的增益和由上行异步传输带来的增益，第三个选择是在随机接入响应中仅获取随机接入时间提前量，即用一个固定的时间提前量发送（这一方式图中标记为“提升的 LTE/OFDM”）。额外增益中（从 20 倍到 25 倍）的主要来源是省略初始 RRC 信令，即 24 倍于参考值。增益的最大部分（20 倍）仍然来源于减少对寻呼信息的监听。

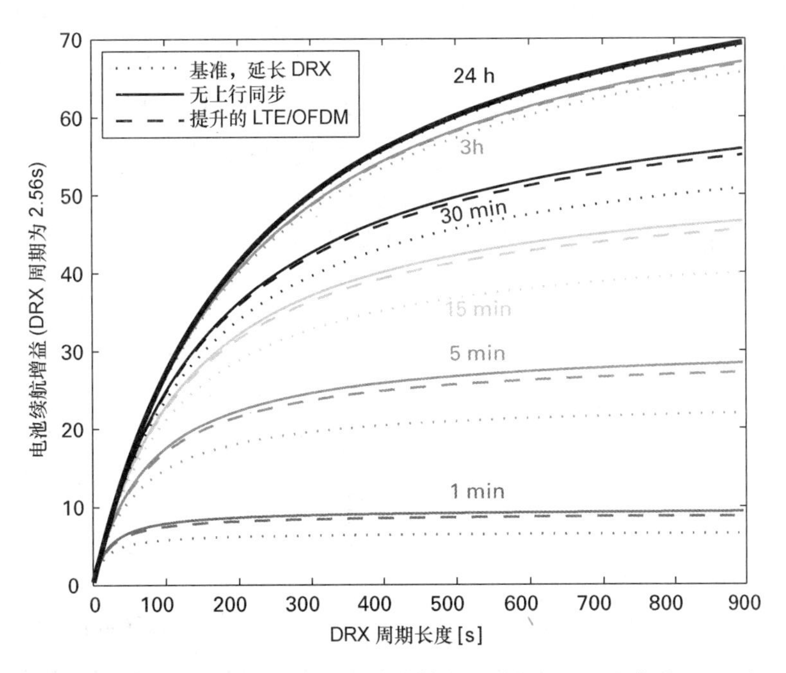

图 4.5 相对于 LTE 版本 10 的电池续航能力增益，DRX 周期为 2.56 秒

上述结论是在小区边缘速率为 23kbit/s 的条件下得到的。位于小区边缘的用户的电池续航能力最差，因此需要寻找它们的电池续航能力达到十年的方案。在小区中心和较好位置的终端受益于较短的发送时间，因此获得比小区边缘终端更长的电池续航能力。在覆盖延伸模式（如通过时域的重复），在 1kbit/s 的数据速率条件下，基于竞争的接入增益始终小于 1%，十分不明显。

在 LTE 版本 R12 中，引入了节能模式（PSM）。其中，终端驻留在空闲模式的一个子状态，此时寻呼无法找到该终端。终端会周期性地通过和网络的信令交换进行跟踪区域更新（TAU），在更新后的预定时间内可以通过寻呼找到。PSM 可以实现近似于 DRX 周期延长的性能，但仍然有几个弱点：（1）密集的信令发送对于短休眠周期的提升有限；（2）适用于周期性可预测的业务，因为即使没有负载信息传输，也需要发送 TAU 保持激活的信息；（3）适用于终端发起的业务，因为只有在上行传输（TAU）的情况下，才能下发数据。总体而言，延长 DRX 周期的方案更好更通用，延长的 DRX 规范包含在 LTE 版本 13 中。

覆盖的延伸是建立在较低的速率、较长的发送时间和较高的终端耗电的基础之上，因此很难同时满足覆盖延伸和电池续航延长的需求。一个可以在覆盖延伸区域实现延长电池续航能力的方法是采用 MTC 终端中继技术，其中位于良好位置的终端为处于覆盖延伸位置的终端转发信息。如图 4.6 所示，当终端可以作为中继时，电池的续航能力随着终端数的增长明显提升。在 MTC 用例 6（第 2 章中广域分布的海量终端场景），当速率为 2Mbit/s（包括 50% 的控制开销），并且采用终端中继技术时，上行电池续航能力可以从 12 年提升到 26 年。然而，注意到这是小区内所有终端电池续航能力的均衡效果，其中弱覆盖的终端的续航能力延长，而充当中继的终端的续航能力会缩短。

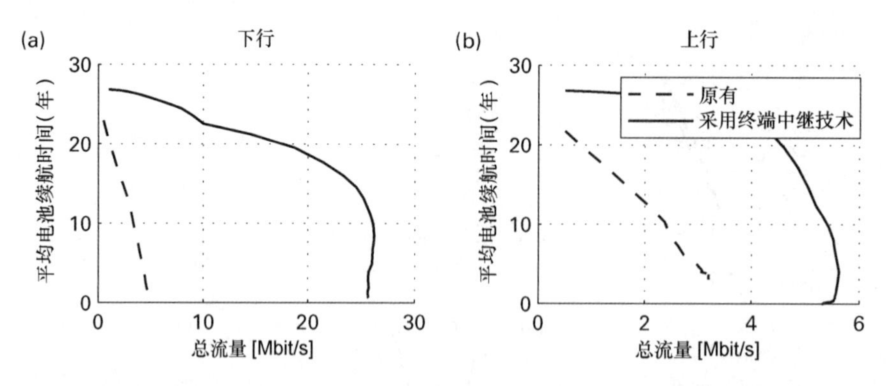

图 4.6 采用终端中继技术的平均电池续航能力，与所有服务 MTC 终端数量的关系

4.3.2.5　扩展性和大容量的功能

除了提升覆盖和电池续航能力的问题之外，另一个问题是处理协议的扩展性来适应可预测的海量 MTC 终端。特别地，协议需要处理海量竞争和分布式的无线资源分享。最常用的方法是准正交技术，这一技术经常用于过载的物理资源，以允许大量终端同时发送。因为需要较为先进的接收机，这一技术多用于上行发送。先进的接收机只能在基础网络设施侧，而不是在低成本终端侧实现。一个例子是在 4.2.2 节已经介绍过采用 SIC 的时域编码的随机接入。另一个例子是基于压缩感知的多用户检测，其接入的稀疏特性来自 MTC 终端生成的零星数据 [24]。相对于 LTE，编码的随机接入与压缩感知的成功结合，使可服务终端数量获得 3 ～ 10 倍的提升。另一个技术是稀疏编码多址接入（SCMA）技术，使用 OFDM 时频资源定义竞争空间，而不同终端使用这些资源中的不同稀疏图案，在这些直接编码的资源块上的传输（见文献 [25] 和第 7 章）。相对于 LTE 版本 R11，SCMA 和基于竞争的数据传输可以使终端传输的上行容量加倍 [6]。文献 [26] 在原有的机制基础上，拓展了随机接入（RA）的编码，通过在跨多个子帧的编码实现了在没有增加物理资源的条件下，扩大了竞争空间。和 LTE 版本 R11 相比，这个技术以较高的复杂性和时延为代价，提升了随机接入的容量。

对于 MTC 上行传输的带宽，其覆盖并未由于采用窄带发送获得提高。而且当路径损耗充分大时，由于终端的最大发射功率成为受限因素，较大带宽带来的速率提升几乎感受不到。因此，较窄的发送带宽可以提升覆盖受限情况下的终端容量，而不是使用更多的不必要带宽。在 LTE 中，可以通过调度一个 15kHz 的子载波发送来实现，而不是一个完整的 180 kHz 资源块。这样甚至不需要做任何的物理层改变。另一个方案是在整个资源块中采用码分多址引入多个终端。图 4.7 显示了上行容量利用这个技术获得的提升（详见文献 [20]）。不同的覆盖延伸选项包括：LTE 版本 R10 中小区边缘覆盖（“0 dB”）、室内小区边缘（“20 dB”）和极限覆盖延伸（“40 dB”）。图中实线代表 15 kHz 传输带宽，虚线代表 180 kHz 传输带宽。

首先，如果上行吞吐量受限于 QPSK 调制（按照文献 [6] 定义的容量，由水平点线标注）采用 1.4MHz 的带宽，可以达到每小时 360 万数据包的容量（如果受限于 64QAM 调制，可以用 0.5 MHz 带宽达到）。

对于室内终端会有额外的 20dB 路径损耗，在小区半径为 1.1km 时，采用 15kHz 窄带传输（实线）比 LTE 版本 R10 的 180kHz（虚线）的容量高 3 倍。这是绝对的容量提升，而相对的容量提升可达 12 倍，如图 4.8 所示。需要说明的是，相同的增益也可以通过码分复用实现，而且这些结果是单小区的仿真结果。

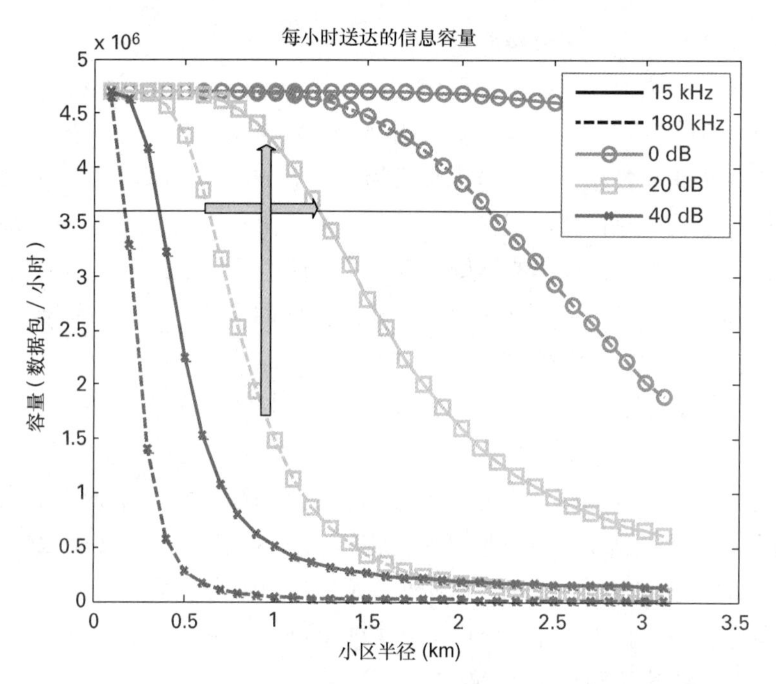

图 4.7　上行容量（系统带宽 1.4 MHz，QPSK）

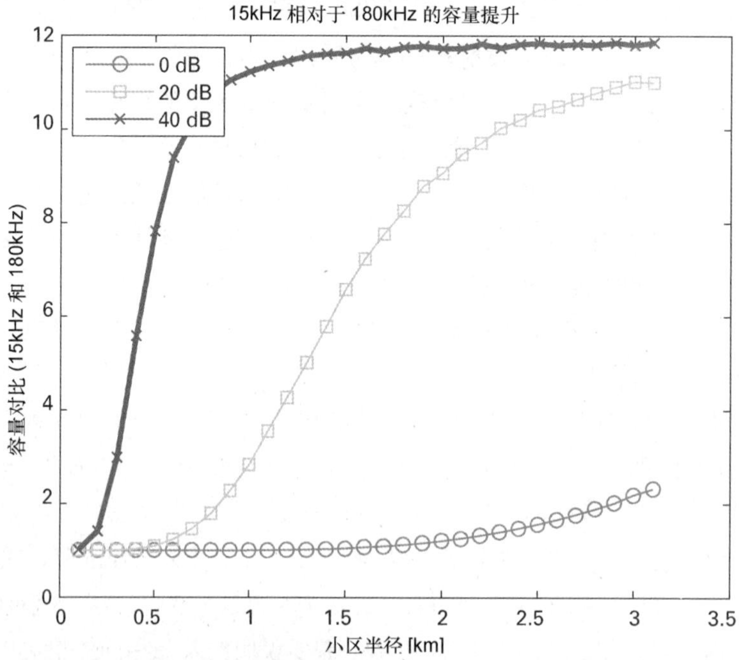

图 4.8　相对上行容量对比（15kHz 和 180kHz）

如前述，MTC 终端中继也可以带来容量增益，但是，与上述方案相反，该方案也可以带来下行增益。如图 4.9 所示，MTC 终端作为中继可以获得 5 倍容量，等同于 5 倍的终端数（见文献 [6]）。对于上行而言，这一增益只有 2 倍，原因是在非常密的马德里网格中，只有很少的终端通过中继来接入。但是容量的极限由可以接受的最大掉线率决定。例如，假设掉线率是 4%，从图 4.4 可见，采用 MTC 中继时容量从 1Mbit/s 增加到 16Mbit/s，即容量提升 16 倍。对上行容量提升 5 倍。容量的进一步提升还可以利用同类型 MTC 终端或者同一组终端的数据发送特征。如文献 [27] 建议，类似的和多余的信息在一些情况下可以通过压缩被省去。

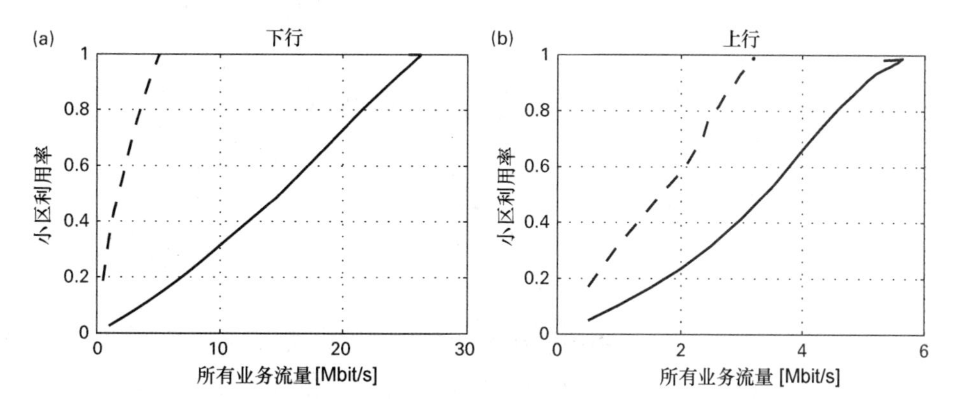

图 4.9　宏蜂窝利用率和全部终端连接数，LTE 版本 R10（虚线），MTC 终端中继（实线）

4.3.3　mMTC 功能总结

主要的 mMTC 功能和技术简要归纳在表 4.1 中。

表 4.1　mMTC 主要增强技术及相对于 LTE 的增益

功　　能	技　　术	预期值 / 增益
低终端复杂度	受限带宽传输	1 MHz/ 不适用
	受限峰值速率	2 Mbit/s/ 不适用
	受限输出功率	20 dBm/ 不适用
业务灵活性	灵活数据接入设计	可扩展到若干 Mbit/s/ 不适用
覆盖延伸（15 dB）	时域重复和中继	基于场景
延长电池续航能力（5 ～ 10 年）	延长 DRX 和中继	DRX 周期为 300 s/ 基于场景

续表

功　能	技　术	预期值 / 增益
扩展性	编码随机接入	大量终端 /3 ～ 10 倍
容量	基于压缩感知的多用户检测	
	SCMA	不适用 /2 倍上行容量增益
	窄带发送，15kHz	不适用 /3 ～ 12 倍下行容量增益
	中继	不适用 /16 倍下行容量增益（4 倍上行容量增益）

4.4　超可靠低时延 MTC

4.4.1　设计原则

超可靠低时延设计往往用于和控制相关的通信场景，可以是远程控制机器（例如，在灾难环境的远程手术），或者工厂车间自动化。在这些用例中，数据通常是简短的控制信息，如需要在很短的时延内传输 100 ～ 1000 bit。例如，对于工业自动化要求十分严格，需要确保端到端的数据包发送在 1 ms 内完成。可靠性要求达到 99.999%（$1-10^{-5}$），甚至在极限情况下要求达到 99.9999999%（$1-10^{-9}$）。图 4.10 显示了超可靠低时延通信的设计目标与一般移动通信宽带目标的对比。移动宽带系统的共性是聚焦于性能分布的中值和峰值性能，也包括某些特定百分比的性能指标（例如在 95% 或者在 99% 的性能指标）。对于 uMTC，由于对可靠性的要求，需要关注相当高百分比情况下的性能，并且确保在这样的可靠性条件下，可以满足时延的要求。而在一定的时延内提升传输速率，等同于获得较高的速率，但本质上不是 uMTC 的设计目标。

当超高可靠性需要在系统级实现时，一个办法就是推导出构成系统的每一个模块的可靠性需求。这样的要求可以表述为“高于 99.99% 的尝试中，可以在 L 秒内，以低于 D 的时延，传输 B byte 的数据包”。用这样的标准可以很容易地衡量一个系统是否满足要求。尽管如此，这一标准的问题是数据传输设备无论对于一个容易还是苛刻的要求，在没有达到时需要发送失败报告。数据传输设备也许仍然可以发送信息，而系统的总体服务并没有完全失败。为了实现这类应用，我们需要重新考虑某种通信业务的构成。可

靠业务构成的概念 [13] 在第 4.1.2.2 节介绍的，定义了能够提供特定连接的，根据可靠性实现不同种类的业务。

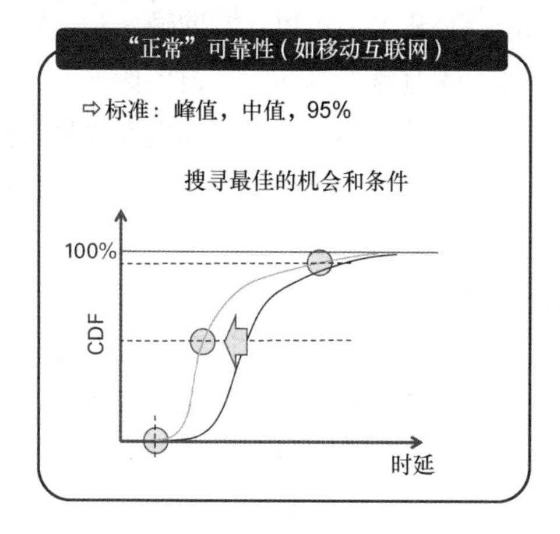

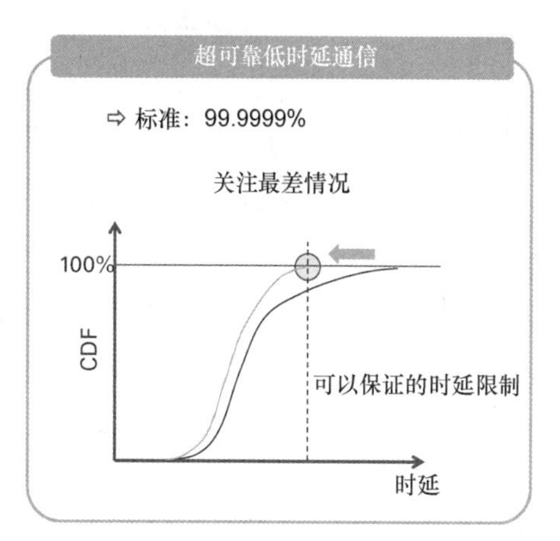

图 4.10 超高可靠低时延通信的设计目标

为了展示这一想法，我们介绍 V2V 通信的可靠业务构成 RSC。注明这里用到的百分比仅仅是范例而已。基本的业务可用性要求是 99.999% 的时间可用。在 V2V 的设置中，基本的版本需要传输少量的不需要证书的警告 / 安全信息。由于在基本模式中可以传输的信息十分有限，这样就可以采用低速率设计的有效传输方式。在增强的版本中，服务要求达到 99.9% 的时间可用，包括有限的证书，并保证 99.9% 的概率，在 $T1$ 时间内确保传输 $D1$ 长度的负载数据。完整版本要求达到 97% 的概率，并且在 $T2<T1$ 的时间内传输 $D2>D1$ 的数据量。RSC 在实际应用过程中的主要问题是建立一个可靠的标准，来检测系统在某个时间应当采用适当的版本，即选择合适的可用性和可靠性的指标。

4.4.2 技术元素

uMTC 系统需要的功能是可靠低时延和可用标识。接下来介绍包括 D2D 通信在内的有关技术元素。

4.4.2.1 高可靠低时延功能

在无线传输中，瑞利衰落带来显著的信号波动，从而带来暂时中断和丢包的风险。这可以通过在平均 SNR 添加余量的方式加以补偿。为了实现高可靠性，需要添加很大的余量，例如要实现 $1-10^{-5}$ 到 $1-10^{-9}$ 的可靠性，需要保留 50 ～ 90 dB 余量（见图 4.11）。

分集技术通过引入独立的衰落信号元素来获得顽健性，并克服衰落损失。较高的分集增益，可以显著降低衰落余量要求。当分集增益为 8 或者 16 时，要达到 $1-10^{-9}$ 的可靠性，衰落余量可以从 90 dB 分别减少到 18 dB 和 9 dB。分集增益可以在空间域、频域和时域实现。由于低时延的要求，时间分集不适用。在无线通信中波动的信道条件下，分集是短时间范围内高可靠性的重要技术元素[28][29]。其他挑战可靠性的不确定因素包括其他发送引起的干扰。正交的多址接入（像 OFDM）技术和经过协同的信道接入可以达到抗干扰的顽健性。

为了实现短时延，短的传输时延是必需的。发送时间间隔（TTI）或者接入时隙是接入无线信道的最小单位。一个数据包需要等到下一个接入机会才能够开始发送（见图 4.12）。短的发送时间间隔降低了接入时延。发送时间间隔也定义了用于数据包发送的资源块，因此需要接收完整的发送时间间隔之后，数据才能被交付。如果端到端的时延要求是 1 ms，需要 100 μs 量级的短发送时间间隔。

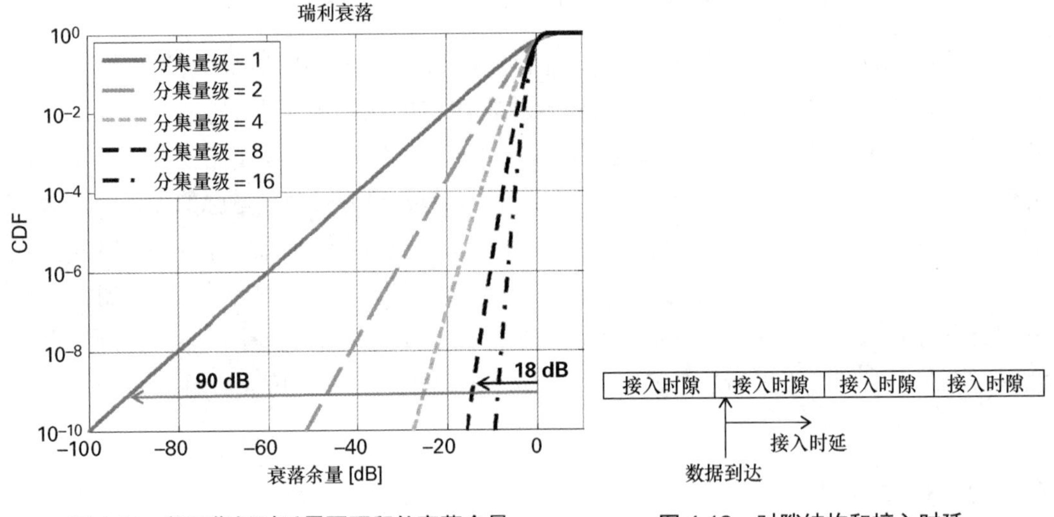

图 4.11　超可靠低时延需要预留的衰落余量

图 4.12　时隙结构和接入时延

另一个高可靠低时延通信的重要的设计选择是快速接收机处理。信道编码对于数据传输的可靠性至关重要，同时信道编码的设计也影响接收处理时延。卷积码可以利用迭代编码的好处，例如 Turbo 编码，或者低密奇偶校验编码[29]以很高的可靠性发送短的控制信息。对于几百个比特以内的短消息，卷积码的性能与 Turbo 和低密奇偶校验编码的性能大致相当。同时，迭代编码或许会出现误码底线，限制了非常低的误包率（例如 10^{-9}）的可能性。卷积码不存在误码底线，并且接收机设计的复杂度低。而且接收机可以在数据接收到的第一时间开始解码。迭代码则需要接收到完整的码块之后，才可以开始迭代解码。因此，结论是卷积码可以获得较短的接收机处理时间。对于传输过程中可以进行信道解码的前提条件是可以尽早完成信道估计。因此参考信号需要安排在发送时间间隔的开始部分，而不是分散于整个发送时间间隔。这样在一个 TTI 内，接收机就可以在接收到第一个信号后进行信道估计，然后开始解码数据。对于较短的 TTI，在 TTI 内信道的变化十分有限。此外，大多数无线通信系统使用增量冗余（ARQ）技术来获得高频谱利用率。文献 [29] 指出在很低的传输时延条件下，HARQ 带来有限的无线资源利用增益。

可靠低时延设计的一个根本的特点是，不能通过将信息分散到时间间隔，获得时分分集的方式来提高可靠性。因此，一般的设计选择是采用自适应传输，例如链路自适应，非常顽健和保守的信道估计。

4.4.2.2 提升可靠性的功能：可用性标识

无线通信中超可靠通信用例依赖于提供可靠连接的能力。无法达到可靠性的要求，服务就一文不值，甚至带来巨大的损失（例如智能电网或者工业处理的故障）。同时，无线通信系统在无线环境中具有内在的不确定性，当前一般设计可以实现中等程度的可靠性。保证所有时间及每一种接收场景都能够实现超高可靠性的过渡系统设计，可能使系统失去商业竞争力。为了克服这些问题，并提供 uMTC 应用需要的严格可靠性要求，未来的 5G 系统应该能够告知上层应用，系统能不能达到其可靠性要求。这样，有关应用只能在可靠性达到要求时才使用。例如，在无线接口的可靠性不满足要求时，高度自动驾驶系统能够降低速度，甚至提示司机接管车辆控制。

为了使无线通信可以提供关键应用，如道路安全和高效交通，确保较高可靠性是至关重要的。这里我们讨论两个不同方面的问题。

- 误报警概率，即链路不具备足够可靠性时，却被标识为足够可靠的概率。误报警率必须保持在应用要求的最大值之下。这取决于计算可用性的信道估计和预测方式的准确性。信道估计和预测方法越准确，就越有可能得到最好的信道传播信息，进而提升可用性的估计。文献 [30] 指出了在用户经历 200Hz 多普勒频移时，当信道传播可以进行完美的预测时，如何确保可用性的估计。

- 无线通信链路的可用性，即链路被标识为可靠的概率，应当在满足误报警率的前提下，尽可能被提高。一般来说，链路的可靠性基于物理层的顽健性（信道编码、分集方式等），可用无线资源等。这就意味着，采用高阶分集是提升无线通信系统链路的根本方法。

一个可能的可用性标识包括两个主要元素：可靠发送链路（RTL），即在预定时间内成功发送数据包的链路和可用性估计和标识（AEI）功能，即在给定条件下可靠预测RTL 可用性的功能（见图 4.13）。AEI 功能接收来自应用的可用性请求（AR），包括相关的信息，例如数据包长度、最大时延、可靠性要求以及其他具体实现相关信息。根据AR，AEI 返回 1 个比特最简形式的可用性标识（AvI）。AvI = 0（链路不可用），表明应用需要使用某些回退机制，应用的性能因此会缓慢下降，或者禁止使用无线通信链路。AvI = 1，则表明无线链路可能达到可靠性要求。

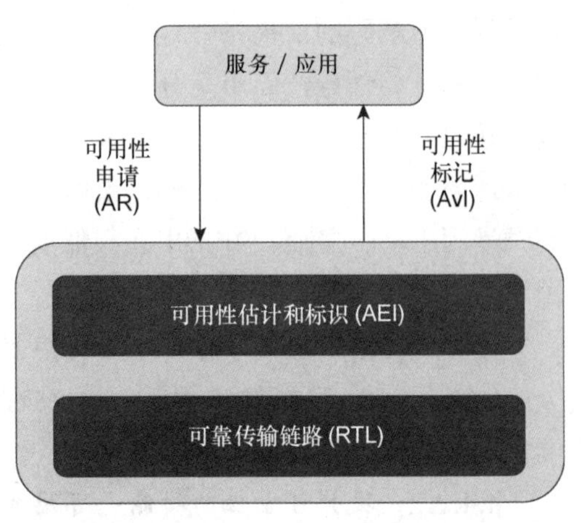

图 4.13　可靠性的可用标识的基本实现示例

4.4.2.3　D2D 通信相关的功能

D2D 通信有助于 uMTC 应用，这些应用来自要求达到（毫秒级的）低时延的自动化以及工业领域。利用 D2D 的能力，两个位置接近的通信主体可以通过直接的链路交换信息，而不需要中间的基站来作为中继节点。特别是对于短距离传输，直接的 D2D 传输可以降低端到端时延。从频谱的角度来说，这也是比利用蜂窝网络更为有效的方式。因为这样避免了占用上行和下行的频率资源，同时降低服务区域内频率复用带来的干扰。而且 D2D 通信和蜂窝网络的结合可以通过多径分集提高可靠性。

作为例子，V2X 通信包括车辆之间的直接通信（V2V），车辆和终端之间的通信（V2D），车辆和基础设施之间的通信（V2I）。V2X 技术有巨大的潜力提升道路安全和高效交通服务，包括自动驾驶。同时为了车辆能够下载高清数字地图和实时交通信息，云连接必不可少。基于 D2D 的直接 V2X 通信提升了传感器带给车辆的感知能力。现代汽车装备了不同的传感器，包括摄像头和雷达，使得车辆可以识别周围环境的物体。但是，这些传感器的探测距离有限，不能识别道路上多数的事故隐患。整合多个车辆和固定基础设施的信息（例如路口的交通监控摄像头）就可以扩展探测的范围，超过单个车辆和驾驶员的视线的界限[31]。这就使得驾驶员和自动驾驶系统可以提前识别危险，更早地采取规避行动，同时需要所有的道路使用者的合作（信息交换）。注意 V2X 的信息只和在一个附近的区域的道路使用者相关，和超过一定距离的车辆无关。因此 D2D 对于 uMTC 服务是重要的核心技术。

而且，需要指出 V2X 通信在 D2D 设计中的一些特殊性。

➢ 在 V2X 通信中，每个交通参与者周期性地发出关于位置、速度等更新信息，给一定范围内所有其他的交通参与者。从资源利用的角度，这种广播发送（一到多的方式）被认为是比单播通信（一到一的方式）更为有效，而且当服务区域的参与者数量上升时的扩展性更好。

➢ V2X 通信一般会有高速移动终端（例如车辆）之间的信息交换，他们的相对速度也许会超过每小时 300 公里（例如对开的车辆）。与静态或者慢速移动的通信实体相比，高速移动 D2D 带来新的挑战，特别是在快速变化的干扰环境下的无线资源管理（RRM）方面，这就要求基于非完美信道信息条件下的 RRM 方案。因为在实际的部署场景中，收集系统中所有相关信道的准确数据的代价是极其高昂的，甚至是不可能的。

➢ 和其他 uMTC 应用相比，如工厂车间自动化，V2X 通信不是局限在某个地理区域（例如工厂厂房），而是沿着整条道路基础设施延伸。由于经济效益原因，100% 的网络覆盖也许无法实现，在基础设施不足的区域，需要专门的 D2D 通信来实现 V2X 通信。

基于上述特点，在未来 5G 网络中，很容易得出这样的结论，即网络辅助和专用 D2D 通信，对于 V2X 通信同时起着重要的作用。在网络辅助的 D2D 通信中，由中心设备（如基站或者基站簇）通过协同传输，可以获得较好的资源分配和干扰管理（见第 5 章和文献 [32]）。在基础设施不足的场景（甚至没有覆盖的区域），为了实现信息交互，自组织 D2D 通信是必不可少的。未来 5G 系统能够整合性能优异的网络辅助 D2D 通信，以及作为覆盖延伸的自组织 D2D 技术，实现可靠业务组成的概念，如第 4.4.1 节所述。举例来说，交通参与者之间交互的数据包可以分为两类。第一类数据包括重要的交通安全相关的信息，例如位置、速度和方向（比如 300Byte 的数据）。第二类数据包括非重要信息，这些信息可以进一步提高交通参与者的安全（比如 1300Byte 的数据）。方案可以是第一类数据必须在全部时间发送，甚至是在基础设施覆盖不足的地方，也需要通过自组织 D2D 的方式发送。而第二类数据仅需要在网络控制的 D2D 和低优先级（如相对于第一类数据可以被忽略的）条件下，为了获得性能的进一步提升时发送。

系统运行于自组织 D2D 模式时，和网络控制的 D2D 模式相比，系统必须满足显著降低的需求，如数据速率和话务流量密度。更细节的 D2D 技术和传输方式参见本书第 5 章。

4.4.3　uMTC 功能总结

uMTC 相关的功能简单总结收录在表 4.2 中。

表 4.2 uMTC 相关技术

功　　能	技　　术	期望值 / 增益
可靠性（$1-10^{-5}$ 到 $1-10^{-9}$）	分集技术（例如频域，空间域）	4-16/35 dB 到 72 dB，
时延（1 ms）	短 TTI	100 μs/ 不适用
	无重传	不适用
	卷积码	基于场景
时延或者可靠性（一般）	D2D	基于场景
可靠性（一般）	可用标识	不适用

4.5 小　　结

到 4G 为止，每一代移动通信新技术都提升了数据速率和频谱效率。5G 也将会带来相对于 4G 显著提升的数据速率，同时提供超越为人服务的移动宽带网络的新用例，包括 MTC。两种不同的 MTC 得到特别的关注：海量机器类通信（mMTC）和超可靠 MTC（uMTC）。本章专门讨论了 uMTC 和 mMTC，描述了用例和需求，以及满足相关业务的 5G 功能。mMTC 终端的要求（比如低耗电和长电池续航能力），与 uMTC 的终端要求（例如低时延和极高可靠性）差异巨大。尽管如此，设计 mMTC 和 uMTC 的基本通信原理仍然有相同之处，如都发送短数据包。在介绍了这些共性之后，介绍了 mMTC 和 uMTC 的设计原理。mMTC 技术更为成熟，在 LTE 中已经开始应用。同时，uMTC 带来新的研究挑战，并获得前所未有的可靠性，赋能 5G 新的应用。

mMTC 需要关注的问题，是利用对时延和速率较低的要求，简化终端设计，并且需要网络侧专门支持 MTC 传输模式。这种专门的传输模式包括峰值受限速率和带宽受限。而且，终端设计可以类似于半双工传输（省略双工器）和峰值功率受限（将功率放大器集成到集成电路）。

由于 mMTC 终端可以内置于不同环境的不同物理设备中，包括某些移动网络基础设施难于连接到的地点。利用时延不敏感和低速率的特点，可以使用低速率和超高顽健性的控制信道设计，来实现无线网络覆盖距离的显著提升。另一个覆盖延伸的方式是在移动网络和远程 mMTC 终端之间，采用中继的方式。

很多 mMTC 终端部署中，终端都是由电池供电，而且要工作很多年。可以利用终端侧非频繁的数据传输和对时延不敏感，来延长电池续航能力。网络需要在终端睡眠时缓存下行数据。省电的潜力受限于数据传输的频繁性和终端的可达性要求。需要在短时间内可到达的终端需要足够的传输机会，这就限制了终端处于睡眠状态的时间。处于覆盖延伸模式的终端，传输速率非常低，这就会降低电池续航能力。长电池续航能力和很低的速率可以由中继实现，其中将大路径损耗分割为两个较低的路径损耗。

由于 mMTC 的终端数量非常大，每个无线小区可能有几十万终端，需要设计具有灵活性的发送模式。特别是需要随机接入大量终端的有效接入方法，例如可以采用提升竞争空间的做法来实现，即在时域和频域扩展竞争信号空间，同时还可以采用 SIC 技术进一步提升上行容量。对于上行路径损耗非常大的终端，其上行容量可以提高，例如采用精细颗粒资源调度，或者使用过载资源（比如码分复用）。此外，使用中继可以显著提升上行和下行的容量。

uMTC 需要关注的主要问题，是所有的传输达到可靠性要求，同时满足时延的要求，使得提供给高层应用的传输特征尽可能确定。

设计原则包括高阶分集来对抗无线信道的不确定性。而且，短无线帧是有必要的。短帧结构的设计应当允许接收机处理能力最小化，即允许较早的信道估计和在传输过程中解码，而不是需要缓存大量数据后才开始处理。对于道路安全性和高效交通有关的应用，在交通参与者之间，采用网络辅助和非网络辅助的自组织 D2D 通信是重要的手段。

uMTC 应用得益于可靠的服务组成框架，其中业务运行可以被设计成不同的可靠性等级。这些服务等级需要将可用性和可靠性标识结合起来，显示支持服务层的可靠性等级。

第 5 章

设备到设备通信

设备到设备通信（D2D）经常称为终端（用户）间的直接通信，数据无须经过任何基础设施节点。D2D 被广泛地认为是提升系统性能的焦点技术，来支持未来面向 2020 年的 5G 新业务。D2D 操作的优点包括大幅提升的频谱效率、提高典型用户速率和单位面积容量、延展的覆盖延伸、降低时延、减少成本以及提高功耗效率。这些优点主要由于 D2D 用户在邻近区域使用 D2D 通信（邻近增益），提高了时间和频率资源的空间复用程度（复用增益），相比蜂窝基站时需要上行和下行链路资源，D2D 只使用单一链路的增益（跳跃增益）。本章先介绍 4G 的 D2D 的发展。然后，介绍 5G D2D 的挑战和相关的主要技术。特别地，本章讨论移动宽带应用的无线资源管理（RRM），特别是用于公共安全和紧急救援服务的多跳 D2D 通信，以及多运营商 D2D 通信。

5.1　D2D：从 4G 到 5G

在未来的 5G 系统中，将会出现由网络控制的直接 D2D 通信，这样的通信方式提供了管理局部短距离通信链路的方式，也允许本地流量从全局网络（本地流量）分流出来。这样不仅减少了回传网络和核心网络数据流量压力以及相关信令的负载，也降低了中心网络节点流量管理的要求。因此直接 D2D 通信延展了分布式网络管理，将终端设备整合到网络管理概念之中。具备 D2D 通信能力的无线终端能够承担两个角色：既可以作为基础设施节点，也可以作为传统的终端设备。而且，直接 D2D 通过邻近区域的本地通信链路通信，有利于实现低时延通信。事实上，D2D 被认为是实现 5G 系统实时服务的不可或缺的功能[1][2]。另一个重要因素是可靠性，一个补充的 D2D 链路可以大大增加分集增益，进而提升系统可靠性。而且，由于是短距离传输，终端功耗显著降低。图 5.1 给出了 D2D 通信的典型用例，更为具体多样的 5G 用例参见第 2 章。这里给出了四个 D2D 的场景。第一个是数据分享，即将缓存于一个终端的数据分享给邻近区域的终端。第二个场景是中继 D2D 通信，通过 D2D 中继可以大幅提升网络可用性（覆盖延伸）。这一点对于涉及公共安全及室内和室外用户相关的用例格外重要。第三个称为单跳或者多跳局域通信，这种应用已经出现在 3GPP 版本 R12 中。在这个场景中，邻近区域的终端可以建立起点到点的链路，或者多播链路，而不是使用蜂窝基础设施。其中一个特殊的应用是公共安全服务。最后一个场景是 D2D 发现（也已经在 3GPP 版本 R12 中讨论），用于识别一个终端是否靠近另一个终端。

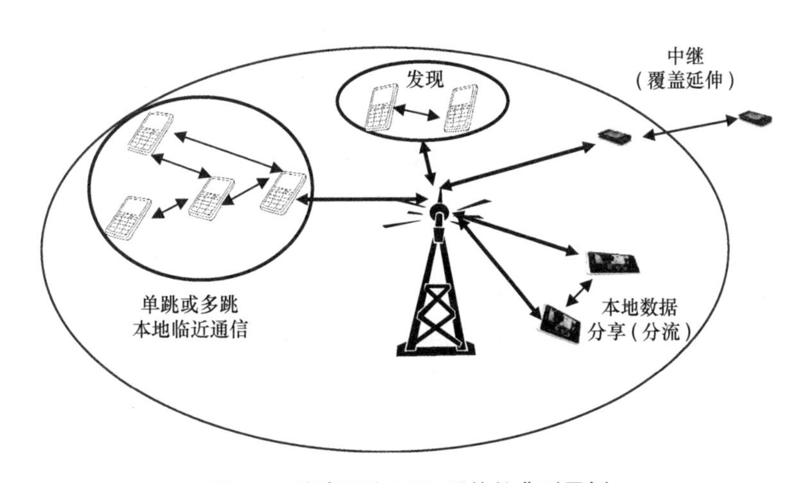

图 5.1 蜂窝网络 D2D 通信的典型用例

对于 D2D 的空中接口设计，通常认为 D2D 通信的空中接口是由蜂窝空中接口演变而来，这样可以简化设计和实现。例如，3GPP 版本 R12 中，采用了基于单载波频分复用（SC-FDMA）的 D2D 信令作为承载全部数据的物理信道，同时物理上行共享信道（PUSCH）的结构也将（稍加改动）应用于 D2D 通信。根据具体场景，频谱方面 D2D 可以使用授权频谱，也可以使用非授权频谱。

当讨论蜂窝网络控制的 D2D 时，需要了解 3GPP LTE D2D 的进展，又被称为邻近服务（ProSe）。值得指出的是 WiFi 直接通信（WiFi Direct）和 WiFi 感知通信（WiFi Aware）也是相关的技术。本章仅介绍基于蜂窝技术的 D2D 通信。接下来介绍目前 4G LTE 中的 D2D 进展，之后介绍 5G D2D 的概念。

表 5.1 LTE 版本 R12 和 R13 中的 D2D 涉及范围

	LTE 网络覆盖范围内	LTE 网络覆盖范围外
搜索	非公共安全和公共安全	公共安全
直接通信	至少用于公共安全	公共安全

5.1.1 D2D 标准：4G LTE D2D

原则上，尽管 D2D 可以带来如前所述多样化的好处，但在 3GPP 版本 R12 和 R13 中的 LTE D2D 的工作主要还是集中在公共安全服务领域的应用 [3]。此外还支持商业搜索功能，见表 5.1。LTE D2D 可以被看作是 4G LTE 的附加功能，因此与原有 LTE 终端可以接入同一载波。在 LTE 系统中，D2D 工作在同步模式，同步源可以是 eNB[1]（当 UE 处于网络覆盖之中时）或者 UE（当多个 UE 中的至少一个 UE 不在网络覆盖区域，或者处于小区间）。上行链路（UL）频谱（当采用 FDD 双工模式）或者 UL 子帧（当采用 TDD 双工模式），可以用于 D2D 发送。一个有趣的功能是 D2D 链路和蜂窝链路的干扰管理。这一功能还没有在 3GPP 讨论，原因是实践中需要假设 D2D 通信使用一个专用的资源池（在特定子帧中的某些资源块），而具备 D2D 能力的 UE 可以从 eNB 获得这些资源池配置的信息。这样做的好处是其发送的信号是基于上行信号设计，避免了在 UE 侧引入新的发射机。而且与 OFDM 相比，SC-FDMA 由于具有更好的峰均比（PAPR），也就获得了更好的覆盖。4G LTE D2D 概念的主要功能罗列如下，需要指出 3GPP 无线接入网络工作组中称 D2D 链路为副链路（Sidelink）。

5.1.1.1 D2D 同步

副链路同步信号（D2D 同步信号），由 D2D 同步源发出（eNB 或者 UE）。同步信号用于 D2D 通信需要的时间和频率同步。为了实现同步，至少需要解决下列问题：同步信号设计、同步源设备、选择 / 重选同步源的标准。

副链路同步信号由主副链路同步信号和辅副链路同步信号构成。假设 UE 处于网络覆盖内，eNB 发送主同步和辅同步信号（在 LTE 版本 R8 中规定）被重新用于 D2D 同步。3GPP 中制定了新的副链路同步序列，用于 UE 作为同步源时发送。这个 UE 可以在网络覆盖区内，也可以在网络覆盖区外。

eNB 和 UE 都可以作为同步源。eNB 作为同步源容易理解，但是，在某些情况下，

[1] eNB 指 LTE 基站。

例如处于小区边缘，需要支持小区间 D2D 通信，UE 也可以发送同步信号。在部分覆盖的情况下（部分 UE 处于网络覆盖内，部分处于网络覆盖以外），在网络覆盖内的 UE 发出的同步信号帮助覆盖区域外的 UE 同步，使覆盖区域的发送和蜂窝网络时钟对齐。通过这种方式，可以降低 D2D 发送带给蜂窝网络的干扰。

为了解决同步源选择和重选的潜在问题，不同同步源的优先级别有所不同。eNB 优先级最高，然后是处于网络覆盖内的 UE，然后是覆盖区域外但是同步的 UE，没有和覆盖区域任何 UE 同步的 UE 的优先级别最低。

5.1.1.2　D2D 通信

在 LTE 版本 R12 中，D2D 通信基于物理层的广播通信，即物理层广播方案，用来提供应用层的广播、多播和单播服务。为了支持多播或单播，在高层信息中指示目标组的 ID（适用于多播）或者用户 ID（适用于单播）。因为结构上仍然是广播信号，不存在物理层封闭控制回路，即没有物理层反馈和链路自适应，也没有支持 D2D 的 HARQ。空中接口是基于 Uu 接口，上行信道结构被延伸到 D2D 通信。特别地，PUSCH 的结构（参见文献 [4] 的定义）被最大限度地重用到 D2D 数据通信中。D2D 通信的资源使用是基于资源池的概念，如图 5.2 所示，其中某些时间 / 频率资源（称为资源池）分配给 D2D 使用。小区内的 D2D 资源池可配置，D2D 控制信息发送和 D2D 数据发送使用不同的资源。资源池的信息由广播信息发送，即系统信息块类型 18（SystemInformationBlockType18）。

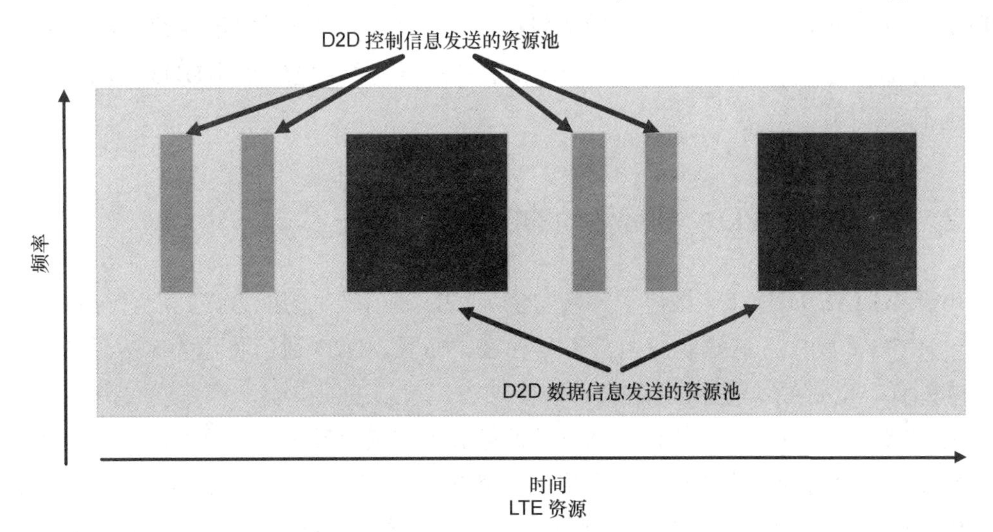

图 5.2　D2D 资源池

在 D2D 数据传输之前，每一个发射机发出一个控制信号，包括数据发送格式和占用资源的信息。这种方式适用于网络给 D2D 发射机分配资源，也适用于发射机自行选择资源。接收机侧不需要接收蜂窝网络的控制信道，仅基于 D2D 控制信道的内容，就可以找到 D2D 信息发送的位置。D2D 通信资源使用，规定了两种模式。

➢ 模式 1: eNB 或者中继节点分配确切的资源给 UE，用于发送 D2D 数据和 D2D 控制信息。显然模式 1 仅适用于发射 UE 处于网络覆盖内的场景。

➢ 模式 2: UE 从分配的资源池自行选择发送 D2D 数据和 D2D 控制信息的资源。模式 2 不受 UE 是否在网络覆盖内的限制。

5.1.1.3 D2D 发现

在 LTE 版本 R12 中，D2D 发现只适用于 UE 处于网络覆盖内的场景。被发现的 UE 可以是 RRC_IDLE 状态，也可以是 RRC_CONNECTED 状态。与 D2D 通信资源类似，D2D 发现的资源也是资源池的形式，由 eNB 发送的系统资源块类型 19（SystemInformationBlock Type19）进行指示。资源池由若干参数来定义，包括 discoveryPeriod，discoveryOffsetIndicator 和 subframeBitmap。在 D2D 子帧的这些频率资源由三个参数给定，即 startPRB，endPRB 和 numPRB。其类型有两个定义方式，使发送 UE 获得发送发现信息的资源。

➢ 类型 1: UE 在资源池内（独立于 UE RRC 状态）自动选择发送需要的资源。

➢ 类型 2B: UE 在网络分配的资源发送（仅适用于处于 RRC_CONNECTED 状态）。

文献 [5] 中仅介绍了 3GPP RAN 工作组版本 R13 中定义的增强 D2D。这里对公共安全用例的增强功能，解决了超出覆盖的发现问题、基于层 3 的 UE 到网络中继功能、支持组优先级和组呼叫增强功能。尽管如此，这些场景与 5G 更广泛的 D2D 用例所面对的挑战也不尽相同。

5.1.2 5G 中的 D2D：研究活动的挑战

由于 4G LTE D2D 通信聚焦于公共安全，D2D 通信带来的能力提升没有得到充分的利用。在 5G 系统中，这些制约因素不复存在。而且，D2D 通信将作为未来的 5G 系统的基本配置。主要可以获得的增益如下。

➢ 容量 / 速率增益：由于涉及的终端处于相互邻近的区域，相对于到达基站的无线传播条件，D2D 可以获得更好的传播条件，链路吞吐率由于采用更好的调制和编码方式（MCS）获得提升。而且，相同的无线资源可以在蜂窝用户和 D2D 用户共享，因此提升了整体频谱使用率。系统容量通过负载分流和 D2D 本地内容分享获得提升。

➢ 时延增益：端到端（E2E）时延由于传播路径变短，可能更短，没有基础设施设备参与也会减少传输时延和处理时延。

➢ 可用性和可靠性增益：D2D 可通过单跳或者多跳实现覆盖延伸。可以使用 D2D 的网络编码和协作分集来提升链路质量。而且，在基础设施网络故障且难于恢复时，D2D 专网可以提供备用方案。

➢ 赋能新业务：成熟的 D2D 具有巨大的潜力，赋能新业务和应用，不仅是在通信领域，也包括垂直行业，如第 2 章和第 4 章讨论的 V2X 通信。LTE 版本 R14 中包括 D2D 延伸到 V2X 的方案。尽管如此，如文献 [6][7] 中的讨论，充分利用 D2D 增益需要解决新的挑战，比如终端发现、通信模式选择、共存干扰管理、有效多跳通信和多运营商互操作。

➢ 终端搜索：高效网络辅助 D2D 发现是实现 D2D 通信的重要元素，用于确定终端临近关系，并建立潜在的 D2D 链接以赋能新的应用。

➢ 通信模式选择：模式选择是核心功能，控制两个终端之间是采用直接的 D2D 模式，还是采用普通的蜂窝网络（通过基站）。在直接的 D2D 模式，终端可以利用临近优势，或许在直接链路上重用蜂窝无线资源。在蜂窝模式，终端通过相同或者不同的服务基站，采用普通蜂窝链路通信，并使用与蜂窝用户正交的资源。在不同的场景下，如何选择合适的模式是重要的课题，见 5.2.3 节，5.3.4 节和 5.4.2 节的讨论。

➢ 共存和干扰管理：关于共存和干扰管理的问题，至少有两个方面需要考虑，大量 D2D 链路之间的共存干扰和 D2D 链路与蜂窝链路的共存干扰。有效处理干扰的方式是获得 D2D 通信增益的重要因素。

➢ 多运营商或者跨运营商 D2D 通信：跨运营商 D2D 是一个明确的要求，来源于 V2X 通信，支持跨运营商 D2D 通信是 5G 物联网概念的重要内容。不支持多运营商 D2D 通信，未来的 D2D 应用将会受到很大的限制，如协同智能交通系统。跨运营商 D2D 通信需要考虑的问题包括频谱使用以及如何控制和协调多运营商的 D2D UE。

显然上述问题仅仅是 D2D 通信挑战的一部分。本章重点介绍无线资源管理方面的挑战。在第 5.2 节介绍了 5G RRM 的概念，第 5.3 节介绍多跳 D2D 通信，在第 5.4 节介绍多运营商 D2D 通信，包括如何支持终端发现、分布模式选择和多运营商 D2D 频谱利用。

5.2 移动宽带 D2D 无线资源管理

本节介绍 D2D 无线资源管理（RRM）的主要问题，包括最新的进展和未来的研究课题。重点是移动宽带D2D场景，例如低移动性蜂窝网络分流场景、提升系统容量和增强用户体验场景，其中降低时延和提升速率是性能增强的主要需求[8]。焦点是带内D2D，D2D通信使用与蜂窝通信相同的频谱。

本节结构如下：首先简要介绍移动宽带D2D的RRM技术，接下来介绍使D2D成为5G系统基本功能的情况下，最为突出的RRM和系统设计的挑战，最后，给出了基于灵活TDD技术的5G RRM概念和用户可以体验的性能。

5.2.1 移动宽带D2D RRM技术

叠加于蜂窝网络之上的D2D层带来新的挑战，如相对于传统蜂窝通信的干扰管理。挑战主要来自蜂窝用户和D2D用户的资源复用，即小区内干扰[9][10]。因此，为了既能够获得D2D通信带来的好处，又能提升现有蜂窝网络系统的性能，必须兼顾蜂窝用户和D2D用户精心设计资源管理算法。根据优化目标和优化工具不同，对RRM算法和D2D技术可以进行分类。RRM算法和技术最共性的目标和优化指标是频谱利用率、功率最小化和QoS性能[11]。下面介绍目前参考文献中达成共识的RRM工具箱，包括模式选择、资源分配和功率控制[12][13]。

➢ 模式选择（MoS）：影响MoS决定的因素包括终端之间的距离、路径损耗和衰落、干扰条件、网络负载等，以及MoS运行的时间长度。当处于慢时间尺度时，MoS可以在D2D链接建立之前或者之后做出决定，决定的因素是距离或者大尺度信道参数[14]。而且，MoS也可以在较快的时间尺度做出选择[15][16]，其决定基于干扰变化的条件和资源分配的信息。

➢ 资源分配（ReA）：ReA决定每一对D2D通信和蜂窝链接使用的时间和频率资源[9][17]。ReA算法根据网络控制等级可以进行广泛的分类，如集中式和分布式，也可以根据协同等级的分类，如单小区（无协同）和多小区（协同）。

➢ 功率控制（PC）：除了MoS和ReA，PC是干扰控制的主要技术，既可用于小区内干扰，也可以用于小区间干扰，二者均来自重叠的D2D通信[18][19]。这里的重点是限制来自D2D发送带给蜂窝系统的干扰，在确保蜂窝用户体验不下降的条件下，提升系统总体性能。采用LTE功率控制机制可以有效地支持D2D。文献[20]中对依赖于实际的分布方式的功率控制的优化进行了深入研究。值得指出，不同的算法并不是只依赖于一个RRM参数，或者孤立的技术，而是通常混合多个算法来实现较优的性能[19]。

5.2.2 D2D 的 RRM 和系统设计

不需要后向兼容的 5G 空中接口，即与原有系统演进方案互补的设计，可以设计新的无线技术，可以以更有效的基本功能形式支持 D2D。5.2.1 节介绍了 5G 系统支持 D2D 的挑战，以及广泛的用例。这里特别介绍支持移动宽带 D2D 通信的 RRM 和系统设计的一些基础问题。

➢ 跨多个小区 D2D 的价值，以及这些价值相对于增加的协同和信令负担是否值得？若允许跨小区 D2D 通信，则即使不需要优化协同的资源分配的情况下，也需要在参与 D2D 通信的服务基站的 RRM 决定中，引入某些基本冲突规避机制。在半双工系统或许会出现这样的情况（如在密集城区，5G 系统具有灵活的 TDD 技术），基站调度一个分配到的 D2D 用户进行 UL 发送（蜂窝模式选择），同时另一个基站调度向同一个用户进行直接 D2D 发送，这样就不受半双工的限制。解决这些问题的方法可能包括：在基站之间交换调度信息（或者通过集中的协同设备）；采用协议级方案，即协同发送的顺序；或者简单地禁止小区间 D2D，即仅允许小区内 D2D，并经过基础设施路由小区间 D2D 数据，避免协同的负担。

➢ 复杂的 D2D（如基于灵活 TDD 模式的快速联合 MoS 和 ReA 算法）是否需要集中的无线资源管理，或者可否使用分布式的方案实现？不考虑多小区 D2D 的因素，集中式的 RRM 能否在合理的信令和计算复杂度的前提下，在处理 D2D 干扰问题上有显著的优势？

➢ MoS 如何在 D2D 通信和终端—基础设施—终端（DID）通信中实现，在怎样的时间尺度上执行？可能的方案是采用快速、即时的基于 SINR 的 MoS，还是简单的基于路径损耗的慢 MoS，这些方案对协议栈的设计有显著影响。需要谨慎评估增益、复杂度、信令开销之间的关系。

➢ 为了优化调度的目的，是否需要所有蜂窝干扰和 D2D 链接的即时信道状态信息（CSI）？总体而言，除了蜂窝系统的 CSI 之外，D2D 通信需要 D2D 通信终端配对之间的信道信息（直接链路的质量），D2D 终端配对之间的信道增益（产生 / 接收到的其他 D2D 终端配对带来的干扰），D2D 发射机和蜂窝终端之间的信道信息，以及蜂窝发射机与 D2D 接收机之间信道的信息。当需要即时反馈时，这样的额外信道状态信息交换是无法承受系统的开销的。

5.2.3 5G D2D RRM 概念举例

本节介绍一个基于灵活 TDD 空中接口的 5G D2D RRM 概念的例子。首先介绍 D2D

在动态 UL/DL TDD 帧结构中的无缝集成，接下来介绍集中式和分布式调度器的联合多小区 D2D 和蜂窝资源分配方法，然后分析适合 D2D 通信的模式选择，最后，性能分析的结果显示 D2D 采用动态 TDD 优于静态 TDD，以及集中式相对于分布式调度的增益。最后介绍两个采用不同时间尺度的 MoS 算法的实现和性能。

5.2.3.1　D2D 动态上行和下行的 TDD 概念

这里 D2D 的 UL 和 DL 动态 TDD 概念基于 MIMO-OFDMA 空中接口，类似于文献 [21] 提出的建议。TDD 优化无线发射机具有灵活的帧结构，允许快速的 TDD 接入和完全灵活的 UL/DL 更换，还支持非传统的通信，例如 D2D 和自回传（参见第 7 章和文献 [21][22]）。在不需要 TDD 簇的情况下，每个小区根据短期的流量需求，在一个调度时隙内可以灵活地更换数据帧为 UL 或者 DL。

通过兼顾 D2D 用户和蜂窝用户，D2D 通信作为基本功能集成到动态 TDD 帧结构之中。同时考虑预期传输条件和用户公平因素[23]，调度器决定为该小区分配 UL，DL 和 D2D 资源（允许同时在蜂窝用户和 D2D 用户复用资源）。

图 5.3 显示了动态 TDD 中多小区 D2D 的挑战和机遇。假设资源可以在 D2D 用户和蜂窝用户之间重复使用，焦点是在特定的调度时隙和资源块。并且 D2D 通信（从 UE2 到 UE3，以及从 UE4 到 UE5）可能在同一个时间，在小区 1 上行发送（从 UE1 到 BS1）的同时，也在小区 2 下行发送（从 BS2 到 UE6）。这样就出现一系列相互干扰状态，例如：

- BS2 到 BS1 的 DL 到 UL 干扰;
- BS2 到 UE5 的 DL 到 D2D 干扰;
- D2D 发射机（UE2 和 UE4 到 BS1）的 D2D 到 UL 干扰;
- 从 D2D 发射机（UE4）到 D2D 接收机（UE3）的 D2D 到 D2D 干扰。

从调度器的角度来看，管理这些来自动态 TDD 和多小区 D2D 变化的干扰是巨大的挑战。但是，同时为即时信道条件的快速模式选择和资源分配创造了机会，如根据当前的信号和干扰条件和网络负载，决定采用直接的 D2D 还是 DID 通信。

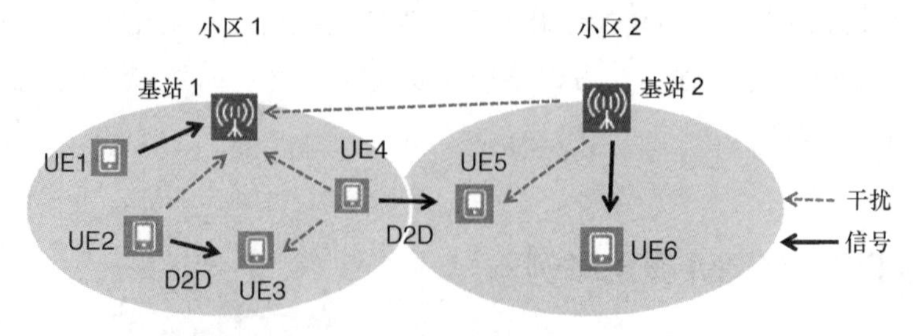

图 5.3　灵活 UL/DL/D2D 空中接口中的多小区 D2D 通信

5.2.3.2 分布式和集中式调度器

这里讨论集中式（协同的）以及分布式（非协同的）的资源分配方法，由此引出两个不同的架构选择（参见第 11 章）。在分布式的案例中，每一个小区（也可以是微站）决定其自身的资源调度。在集中式的案例中，来自用户的信道质量信息被各自的微站转发给网络中心设备，如宏站，由宏站协同调度来决定。

这里的优化目标是对每个小区（分布式调度）或者一组小区（集中式调度），每个资源块最大化时延加权的速率之和，所有小区（UL 和 DL）和 D2D 链路分别予以考虑。不论是蜂窝还是 D2D 链路，每个链路的调度潜力取决于可达到的数据速率（基于前一个调度时隙获得的 SINR 估计）和包数据缓存时延（提供时延维度的用户公平性）[23]。

调度器决定每一个资源块由哪一个链路使用，即要么 UL，DL，要么 D2D 链路（资源也可能在蜂窝和 D2D 重复使用），在所有可能的组合中，基于暴力搜索相关配置，获得最高时延加权速率之和。在分布调度时，调度针对每个小区独立进行，而集中调度时，联合的调度决定有可能由链路的所有小区簇来决定。

需要指出，小区间 D2D，通过简单调度冲突解析机制来支持分布式调度，并确保遵守系统中半双工的限制[22]。

暴力算法的性能应当被认为是任何实际的调度算法的性能上限，其中假设所有信道的即时信息都是已知的。

5.2.3.3 模式选择

模式选择与（需要数据交换的）用户之间的距离紧密相关。在这样的情况下，将 D2D 数据路由到基础设施或许相比直接的链路效率更高。因此，需要研究在适当的时间粒度内，在 D2D 和 DID 模式之间进行选择。这里的选择是快速（基于即时 SINR 信息）和慢速（基于大尺度信道条件）。显然，进行快速的 MoS 需要在 MAC 层进行，而慢 MoS 可以在 PDCP 或 RRC 层进行。本章讨论下列模式选择。

➢ 直接 D2D：所有 D2D 流量都由终端之间的链路承载，并允许蜂窝和 D2D 用户之间复用资源块。

➢ 间接 D2D（DID）：所有的 D2D 流量都由基础设施转发。每一个 D2D 通信包括两跳，即一个上行发送和一个后续的下行发送，不允许直接的 D2D 通信。

➢ 基于路径损耗的慢模式选择：当到达基站的路径损耗和偏差小于直接 D2D 链路的路径损耗时，D2D 流量将被路由到基础设施。由于 D2D 内在的优势，偏差的影响使得模式选择更倾向于 D2D 通信，而不是 DID。MoS 在资源分配前完成。

➢ 快速模式选择：D2D 数据通过基础设施或者直接的 D2D 链路发送，模式选择取决于SINR的对比结果，即D2D UE到基础设施的SINR和直接D2D链路的SINR的对比。对比将基于前一个调度时隙的干扰条件，并且对每个时隙都会进行。直接链路的SINR可以加入若干dB偏差，使得结果倾向于D2D链路。MoS的决定需要和资源分配的决定同时做出。更多细节参见文献[24]，其中的算法是文献[7]的延伸，但更为严谨。

5.2.3.4 性能分析

这里的结果显示的是一个超密多小区的室内场景（25个小区，10m×10m的小区面积，基站位于小区中心），D2D链路的最大距离是4m。一个调度间隔（如2ms）包括多个时隙，每个时隙0.25ms。系统的带宽是200 MHz，包括100个资源块。流量假设是突发式的，生成的DL/UL/D2D文件比例是4：1：1。仿真中一个文件被分解为多个数据段，数据段的大小和调度时间内信道的速率相关[23]。

图5.4给出了数据段服务延迟的累积分布函数（CDF）。服务延迟是指数据段到达时间和服务时间的差值。数据段延迟不应当与第1章和第2章的MAC层时延混淆。图中显示了动态TDD和集中调度的数据段延迟性能的总体提升。通过99%的延迟值对比了D2D和蜂窝链路最差性能。这里没有模式选择，所有的D2D数据通过直接D2D链路发送。在分布式固定的TDD调度方式中，5个时隙的前4个分配给DL，另一个时隙用于UL和D2D。在动态的TDD方式中，基于短期流量需要，UL、DL或D2D完全灵活调度（资源可以复用，也可以不复用）。分布式动态TDD较分布式静态TDD最差延迟缩短36%。集中式动态TDD将总体延迟降低24%，即由245 ms减少到185 ms。事实上，集中式调度器通过全局的信息和协同决定，可以平衡不同用户的延迟和数据类型，提升公平性和最差用户体验。

接下来，D2D的最大传输距离从4m延伸到8m（小区尺寸为10m×10m），允许模式选择。图5.5展示了在蜂窝和D2D延迟性能方面，采用5.2.3.3节中不同的MoS方法，可以获得的折中结果。图中竖轴是UL和DL数据段95%和50%的服务延迟。接近坐标系原点意味着时延性能提升，可以通过平衡蜂窝和D2D延迟获得，也可以通过为特定数据设置较高的优先级，并设置不同的偏差来实现。分布调度的方法（灰色）中值延迟的性能较优，而集中调度（黑色）提升95%的时延体验。总体而言，相对于路径损耗的MoS，快速MoS可以降低D2D延迟（大约20%），并基本保持和蜂窝网络类似的时延性能。图5.5和文献[24]的结果显示快速MoS可以降低95%的D2D发送的时延体验，而不会牺牲蜂窝的性能。但是，这需要理想化的协调所有小区的RRM决定。而且前面的增益需要仔细考虑是否在MAC层使用D2D MoS，以及相关大量信令的开销和复杂性。

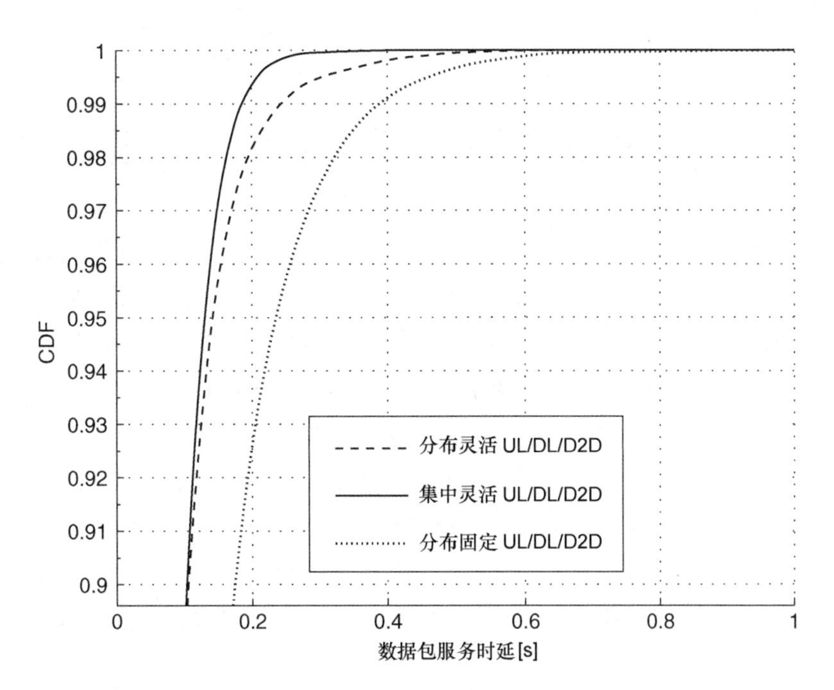

图 5.4　总体数据包时延（包括 UL、DL 和 D2D）：分布式固定、灵活 TDD 和集中灵活 TDD

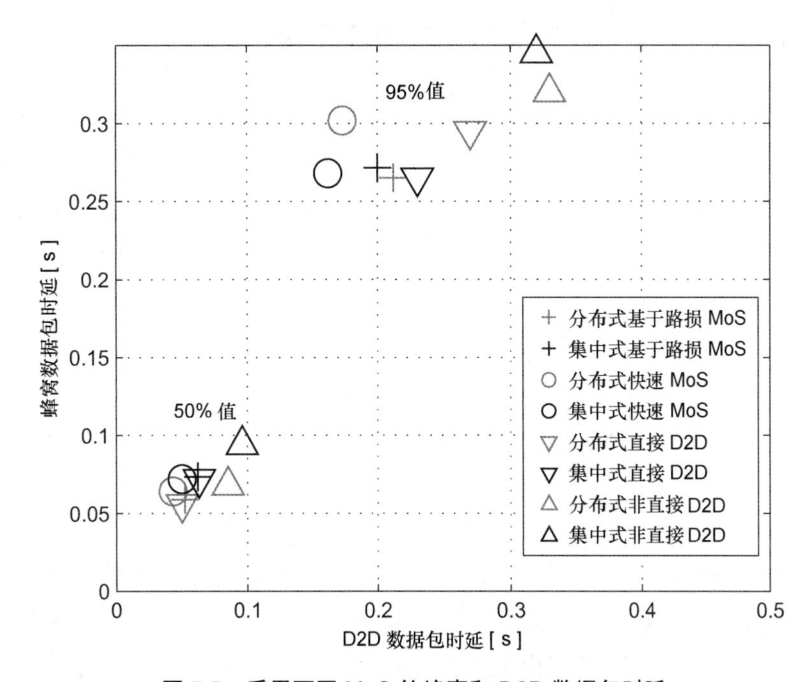

图 5.5　采用不同 MoS 的蜂窝和 D2D 数据包时延

5.3 临近通信和紧急服务多跳 D2D 通信

蜂窝网络辅助的 D2D 通信可以利用临近、复用和路径跳跃增益[13]。目前 D2D 标准化的主要驱动力是公共保护和灾难救助（PPDR）服务以及国家安全和公共安全（NSPS）服务[25]。准确地说，从 PPDR 和 NSPS 的角度看，只要蜂窝网络能够运行，通信设备就应该能够接入宽带服务，即使在蜂窝网络覆盖由于灾害或者紧急事件不可用时，局部网络也需要能够运行[26]。随着技术的发展，使用固定和移动中继，提供了有成本优势的蜂窝网络覆盖延伸的手段，他们在 PPDR 和 NSPS 场景可以帮助接入蜂窝网络服务。本节重点介绍 NSPS 的一些重要要求，然后介绍了达到要求的两个主要技术元素。当蜂窝网络运行正常，D2D 搜索和基于多跳的无线资源管理都将受益于网络辅助的好处。当局部网络功能发生故障的时候，尽管性能有所下降，但是仍然应该能够保持工作。

5.3.1 3GPP 和 METIS 中国家安全和公共安全要求

NSPS 和 PPDR 场景提出了传统蜂窝通信中不常见的新的特定要求。其中一个重要的要求是无论在有还是没有固定基础设施的条件下，保持连接的顽健性和通信能力。很多情况下，至少在某些地理区域内，即使部分蜂窝网络受到灾难或者紧急情况的影响，但是仍然需要通信。尽管一些这样的场景的问题可以通过开到灾区的应急通信车解决，但是 NSPS 系统中的一些重要要求无法满足，例如，支持临近区域或者通过 D2D 通信保持搜救人员之间或者指挥官和群众之间的连接[25][26]。宽带集群通信就是一个传统蜂窝系统无法满足的例子。例如，在紧急情况下，当一个调度人员需要和处于覆盖区域以外的多个指挥官联系。图 5.6 展示了一些必须由集成的蜂窝和 D2D 技术来支持的用例。

如图 5.6 所示，在 NSPS 和 PPDR 情况下，包括指挥官和公共安全 UE 在内的救援人员必须能够保持通信，或许蜂窝基站只能提供部分网络覆盖。根据 3GPP 的要求[25]，这样的场景包括临近业务搜索、临近服务数据发起、多数据会话终端以及临近业务中继。临近业务搜索指 UE 在网络覆盖内或者网络覆盖外，去搜寻一个或者多个 UE 的功能。

临近服务数据发起指公共安全 UE 向另一个 UE 发送一对一直接用户数据。多数据会话终端是指公共安全 UE 可以同时保持和多个 UE 的数据会话。在临近业务中继的帮助下，UE 可以作为一个或者多个 UE 的代理通信中继。这些场景和要求的一个重要的方面是，无论是在网络覆盖区之内或之外，还是部分覆盖的情况下，必须固有地保持局部（临近）区域内的通信服务。

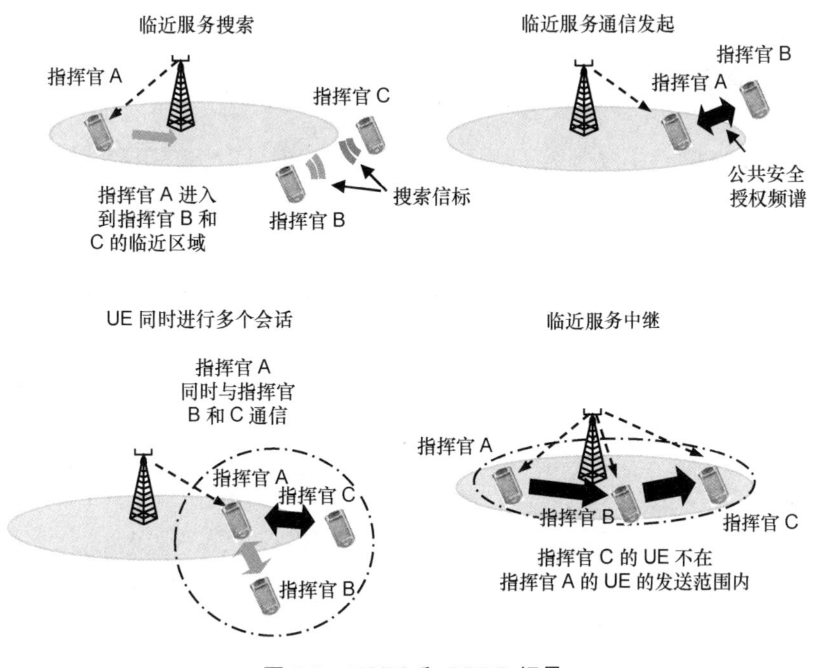

图 5.6　NSPS 和 PPDR 场景

5.3.2　网络辅助或者无网络辅助的终端搜索

同伴和业务搜索是运营在非授权频谱的移动专网和蜂窝网络辅助的 D2D 通信的重要设计要求。该要求基于这样一个过程，即在两个设备开始直接通信之前，终端或者网络设备（例如蜂窝基站或者核心网节点）必须认可（发现）其相互接近。在 NSPS 和 PPDR 场景中，同伴发现是重要的任务，即使最终没有实现后续的通信会话。事实上，搜索终端在不需要发起更进一步的蜂窝或者 D2D 通信的条件下，可以帮助搜救人员采取适当措施。

而没有网络支持的同伴搜索，一般是耗时耗能的，因为需要引入导频信号和复杂的扫描和安全流程。这些过程往往涉及较高层的功能和 / 或终端用户的介入。因此，当蜂窝网络可用时，蜂窝网络需要辅助同伴搜索，来减少搜索时间和搜索过程中的能耗。如文献 [12][27][28] 所述，在网络辅助模式的同伴搜索，资源可以由网络决定，同时由网络进行有效的管理，使同伴搜索和配对过程加速，在能耗和用户友好方面更为有效。有关使用不同程度网络辅助手段，可以获得增益的更为深入的分析参见文献 [26]。

5.3.3 网络辅助多跳 D2D 通信

尽管多跳 D2D 通信主要是为了服务 NSPS 场景，但是对于商用和传统宽带互联网服务的好处也是显而易见的，图 5.7 所示为覆盖延伸或者多跳临近通信等。图中对于处于覆盖区域之外的 UE，需要一个愿意提供中继辅助的 UE，由此延伸了蜂窝网络的覆盖。图中的例子包括两个单跳和两个双跳的路径（分别是路径 1、路径 2、路径 3 和路径 4）。资源 R-1 和 R-3 得到复用，而 R-2 和 R-4 为专用。

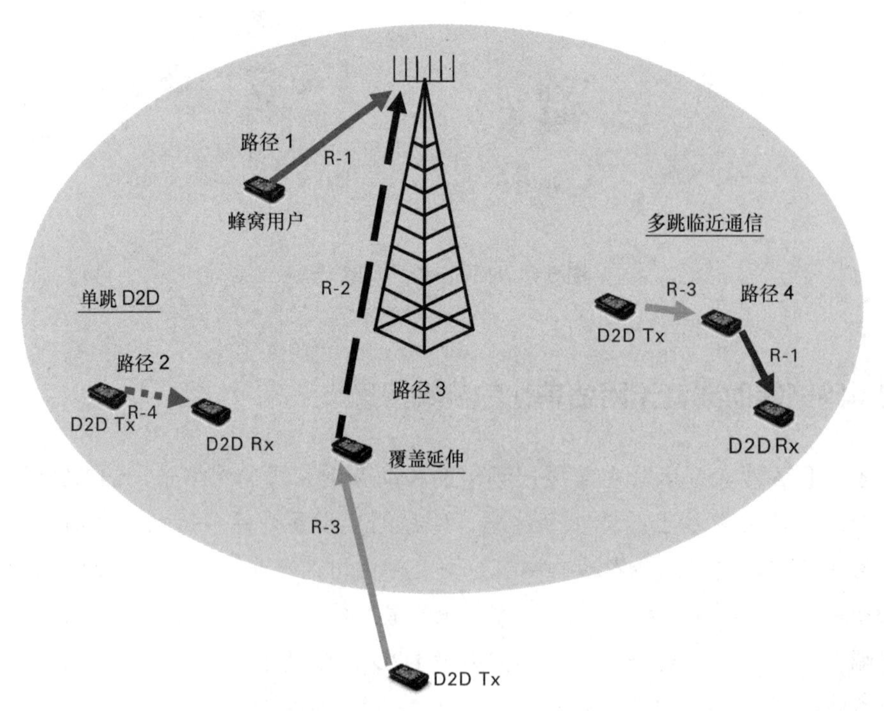

图 5.7　部分网络覆盖的单跳和多跳路径 [29]，使用许可（授权编号：3664040827123）

在每一组信源—信宿（S-D）配对中，需要定义路由，也需要分配路由中每一链路的资源。图 5.7 中给出了不同线条，代表不同的时间和频率资源（资源块，RB），不同链路上相同的线条代表复用相同的资源块。并且假设在中继的入链接和出链接需要使用正交的资源块。给定的 S-D 配对可能使用基站蜂窝模式，或者单跳或者多跳（MH）D2D 通信。前面提到 D2D 通信使用蜂窝频谱时，MoS 和资源分配（调度）以及功率控制是必需的。但是，要把这些重要的 RRM 算法延伸到 MH D2D 通信却并非易事。原因如下。

（1）现有的单跳 MoS 算法必须延伸，允许选择单跳 D2D、MH D2D 路径和蜂窝通信。

（2）现有的单跳资源分配算法必须进一步扩展，需要不仅能够管理蜂窝和 D2D 层的频谱资源，也能够处理 MH 路径中的资源限制。

（3）当前的 D2D PC 算法需要考虑 MH 路径的速率限制。特别地，需要考虑在给定的多个链接中，中间结点不需要大型缓存或者不会发生缓存溢出条件下，可以保持的单一速率。

5.3.4　多跳 D2D 无线资源管理

适合 MH D2D 网络中 RRM 算法的系统模型由两部分组成。第一个是路由矩阵，用于描述网络拓扑结构和相关链路资源；第二个是 S-D 关联的能力函数，用于呈现 S-D 配对的端结点之间支持通信速率的能力。图 5.7 中，MH D2D 通信可以用于两个不同的场景。在临近通信中，D2D 中继节点帮助 D2D 配对完成通信。在覆盖和延伸场景中，D2D 中继辅助覆盖受限的 D2D 发射机提升到达基站的链路预算，或者在 NSPS 场景中，作为簇首节点（CH）承担蜂窝基站的核心功能[26][28]。在临近通信场景，模式选择问题是决定 D2D 发射节点应当通过下列哪个方式和 D2D 接收节点进行通信：

（1）通过直接 D2D（单跳）链接；

（2）通过 D2D 中继节点双跳链接；

（3）通过蜂窝基站 BS 或者专用簇首节点 CH。

相对而言，在覆盖延伸场景，模式选择问题是决定 D2D 通信是应当通过基站接入，还是通过 D2D 中继节点接入。下面介绍临近通信场景和覆盖延伸场景的模式选择算法（见图 5.7）。

5.3.4.1 临近通信的模式选择

在临近通信场景中，文献[29]提出等效信道的概念，即由D2D发射终端（Tx）到D2D接收终端（Rx）的等效信道。等效信道是从D2D Tx到D2D中继信道的均值（G_{TxRe}）和从D2D中继到D2D Rx等效信道的均值（G_{ReRx}）计算得出。

$$\frac{1}{G_{eq}}=\frac{1}{G_{TxRe}}+\frac{1}{G_{ReRx}}$$

根据等效信道定义，直觉告诉我们，只有当两个合成信道的增益高时，合成信道的增益才会高。因此等效信道的增益适合做为模式选择的单一标准。基于直觉的模式选择算法列举如下（算法1），其中从D2D Tx到BS的信道均值为G_{TxBS}，从D2D Tx到D2D Rx的信道均值为G_{TxRx}。

算法1：临近通信和协调模式选择（HMS）

1：如果$G_{eq}\geqslant \max\{G_{TxRx};\ G_{TxBS}\}$那么

2：选择D2D双跳通信

3：否则，如果$G_{TxRx}\geqslant G_{TxBS}$那么

4：选择D2D单跳通信

5：否则

6：选择蜂窝模式，即D2D Tx和Rx通过BS通信。

7：结束

5.3.4.2 覆盖延伸模式选择

在覆盖延伸的场景，D2D Tx设备和BS或CH设备之间，只有两个可能的通信模式（直接或者中继辅助）。因此，等效信道必须进行修改，使其包含中继终端和基站之间路径增益G_{ReBS}：

$$\frac{1}{G_{eq}}=\frac{1}{G_{TxRe}}+\frac{1}{G_{ReBS}}$$

因此可以使用下述的改进和协调模式选择（HMS）算法：

算法2：覆盖延伸和协调模式选择（HMS）

1：如果$G_{eq}\geqslant G_{TxBS}$那么

2：选择D2D中继辅助通信

3：否则

4：选择蜂窝模式，即D2D Tx直接发射到BS。

5：结束

5.3.5 临近 D2D 通信性能

有效控制功耗和系统速率相互平衡的方法是使用 D2D 功率控制，对于固定发射功率或者著名的 LTE 路径损耗开环方法，这个方法不是必要的。在这里，提出了若干个功率控制的算法，其目标不仅是确保高速率和高能效，而且需要保护蜂窝层不受来自 D2D 层的干扰。特别地，文献 [20] 和 [29] 提出的算法可以调整功耗和单跳 D2D 场景中，蜂窝层和 D2D 层的速率。其中需要设置一个可以被视为单位功率投资成本的参数（较高的单位功率成本意味着通过发送较高的功率来提升系统速率，此时需要较高的投资）。这个基本的想法被引伸到多跳 D2D 通信场景，包括图 5.7 所示的覆盖延伸场景和临近通信场景。

下列示图给出了采用固定发射功率（“Fix”），或者原有开环（“OL”）功率控制算法（在蜂窝和 D2D 层同时采用，设定 12 dB 作为 SNR 目标）可达到的性能对比。采用了使用最大化（UM）方法，其中一些参数 ω（“UM $\omega = 0.1$” 和 “UM $\omega = 100$”）。参数 ω 代表功耗和使用最大值之间的折中[10][20][29]。特别地，图 5.8 和 图 5.9 分别展示了在覆盖延伸场景和临近通信场景投入功率和可达到速率的相互关系。这些结果来自于 7 个小区的系统仿真，每个小区的半径为 500m。D2D 用户随机地分布在小区覆盖范围内，因此他们之间的距离是在 75 ～ 125m。其中每个小区有 18 个上行物理资源块。其他的系统参数见文献 [29]。而且，在这个系统中 D2D 通信由 UL 物理资源块承担，采用协调模式选择算法，详见 5.3.4 节。

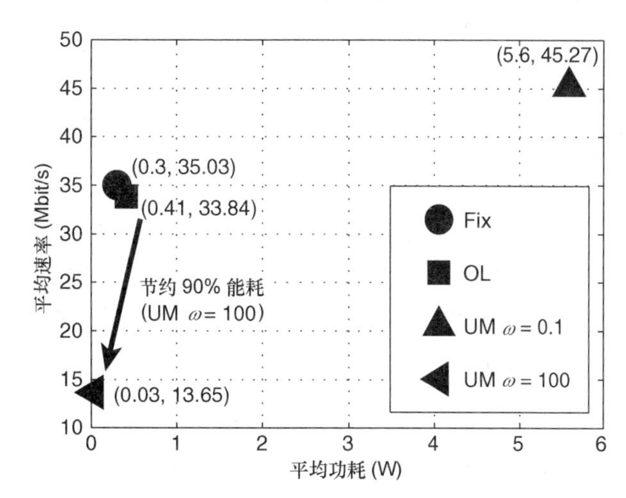

图 5.8 覆盖延伸场景中功率控制对功耗和速率的影响

图 5.8 给出了覆盖延伸场景的仿真结果。其中固定功率方法的固定功率选择是达到和开环“OL”算法相似的性能。注明接近每个符号的（x，y）代表 x 轴（功耗，W）和 y 轴（速率 Mbit/s）的值。和传统的 OL 对比，利用率最大化功率控制算法（UM $\omega = 100$）减少总体功率损耗，代价是系统速率下降。对于 UM $\omega = 0.1$，利用率最大化功率控制算法达到最高的平均速率，相对于传统 LTE OL 功率控制的增益大约是 34%。尽管如此，这个增益来自发送非常高

的功率。相反，当 $\omega = 100$ 时，使用最大化功率控制，以降低速率的代价达到最小化功耗的结果。显然，利用率最大化功率控制算法，当 ω 值较小时，可以达到高速率，当 ω 值较高时，可以利用较低的功率发射。

图 5.9 给出临近通信的仿真结果。类似于图 5.8，当 UM $\omega = 0.1$ 时，相对于 LTE OL 算法，平均速率的增益较大（大约 69%），代价是使用了大约额外的 26% 的功率。需要指出在图 5.9 中，平均功耗包括基站的功耗。但是，当 UM $\omega = 100$ 时，使用类似于 LTE OL 的功率，平均速率的增益大约为 20%。UM $\omega = 100$ 提升平均速率的同时也小幅提高了发射功率水平。如果在达到一定速率的条件下，需要保持低功率，ω 值较高的利用率最大化算法和传统的 LTE OL 功率控制算法是不错的选择。

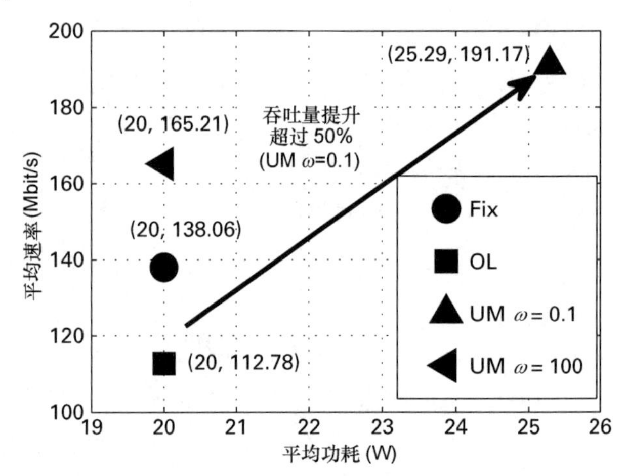

图 5.9　临近通信中功率控制算法对功耗和速率的影响

5.4　多运营商 D2D 通信

如果不允许不同运营商之间的 D2D 通信，D2D 通信的商业潜力将十分有限。跨运营商的 D2D 也是实际 D2D 场景的需要，如 V2V 通信[7]。一般而言，相对于单运营商的 D2D 通信，跨运营商 D2D 更为复杂。比如，运营商或许不愿意相互分享其专有的信息，如网络负载、网络利用率，而且运营商也不愿意和外部机构分享这些信息。这些信息可以用来识别分配给跨运营商 D2D 通信的频谱资源的多少。本节讨论跨运营商 D2D 搜索、模式选择和频谱分配方法。本章最后讨论单跳单播 D2D 通信。

5.4.1　多运营商 D2D 搜索

在多运营商的场景，除非运营商达成一致，否则 D2D 搜索不能够基于时间同步和公共的同伴搜索资源分布。而且，D2D 搜索依赖于 D2D 配对两端的终端和两个运营商的网络。图 5.10 给出了一个允许多运营商 D2D 搜索的过程示意图。在这个例子中借用 LTE 术语。D2D 终端仅在其所属运营商的频谱内发出搜索信息，因此不需要改变管制机构的频谱分配或者漫游规则。以 UE#A 为例，在注册为 D2D 通信用户之后，完成 UE#A，MME#A 和 MODS（多运营商 D2D 服务器）之间的授权，基于所属运营商广播的信息，UE#A 可以获得搜索资源的信息（既包括来自所属运营商，也包括来自其他运营商的信息）。MODS 是一个新的逻辑网络设备，它可以和运营商其他网络设备共址，也可以独自存在，例如第三方提供的网络服务。MODS 的功能可以包括 D2D 登记管理、网络接入控制、集中安全和无线资源管理等。来自所属运营商的被广播的重要参数包括不同运营商的资源信息，如运营商标识和跨运营商搜索工作的频段。UE#A 将会接收来自所属运营商和其他运营商的资源，来检测搜索信息。

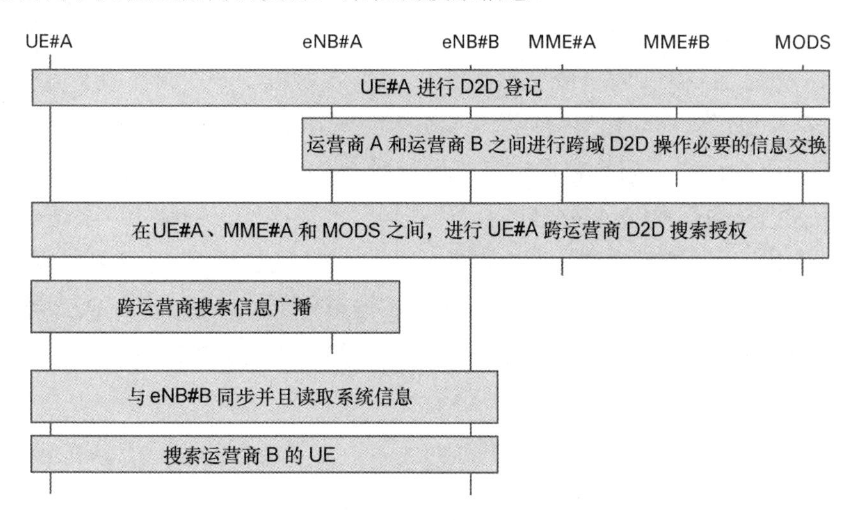

图 5.10　多运营商 D2D 搜索过程

5.4.2　多运营商 D2D 模式选择

为单运营商开发的 D2D 模式选择算法或许不能直接应用到多运营商的场景。运营商或许不愿意分享有关信息，如用户位置、路径损耗 [30]、D2D 和基站之间信道的 CSI 信息（如第 5.2.3 节描述的模式选择算法所需要的信息）。而且运营商也许不愿意合作来估计 D2D 配对之间的距离 [31]，这个距离可以作为模式选择的标准。

在单运营商网络，要么专用的频谱可以分配给D2D用户（D2D overlay），要么D2D和蜂窝用户可以使用相同的资源（D2D underlay）。在多运营商D2D underlay场景，蜂窝用户暴露在跨运营商D2D用户产生的干扰之中。因此，解决跨运营商蜂窝和D2D用户之间的干扰，不应当要求运营商之间过度交换信息。显然，在第一阶段，overlay的多运营商D2D部署方式，相比之下实现比较简单。在overlay D2D设置中，主要的设计问题是在蜂窝和D2D用户之间分割频谱以及通信模式选择。一个不需要过多通信信令开销的模式选择的方法是基于D2D接收机收到的信号电平来选择。这样的算法参见文献[32]，而且因为不需要运营商交换专有信息，所以这一算法可以直接延伸到多运营商场景。

模式选择算法

划定分配给跨运营商D2D的频谱资源，D2D接收机对干扰电平进行测量，并把量化的干扰告知基站。基站将测量报告和设定门限对比，仅当测量干扰低于门限时，才选择D2D通信模式。D2D接收机应当发信号给D2D发射机，告知选择的通信模式，即信源UE登记在其他运营商，而通信或许将会在该运营商的网络发生。这里模式选择门限影响着整个网络的性能，因为它决定了跨运营商D2D通信的流量以及和蜂窝网络用户的比例。模式选择的门限应当事先约定，即在运营商之间优化的结果。上述模式选择的算法，也可以用下面的方式实现：干扰测量可以在D2D发射机侧，而不是接收机侧进行。这样，发射机需要向所属基站报告测量结果。在5.4.3节讨论跨运营商D2D频谱分配的算法时，假设了模式选择发生在发射机侧，因为性能可以用解析的方法评估（只要D2D配对较近）。

5.4.3 跨运营商D2D频谱分配

D2D通信可以采用授权频谱也可以采用非授权频谱。在非授权频谱的D2D通信会受到不可预测的干扰的影响。授权频谱将会被用于LTE D2D通信。特别是在安全相关的场景，例如V2V通信，见第4章和第7章。跨运营商Overlay D2D通信可能采用来自运营商双方专有的频谱。对于FDD运营商，频谱资源或许是指OFDM子载波，而对于TDD运营商或许是指时间频率资源块。在TDD系统中，支持跨运营商D2D需要运营商之间的时间同步，也更具挑战。图5.11中，两个FDD运营商分别拿出部分蜂窝频谱，即β_1和β_2，给跨运营商D2D通信。而且每一个运营商i=（1, 2），分配比例为β_i^c和β_i^d给蜂窝和 D2D 通信。当涉及多于两个运营商的频谱分享时，可能采用的方式是跨运营商 D2D 的双边协议，或者所有运营商承诺分配一定的频率资源，组成公用频谱池。关于更多基于频谱租赁和频谱池的跨运营商频谱分享的讨论，参见第 12 章。运营商应当通过谈判决定分配的资源，而不是强制作出决定。但是，一旦运营商达成在一定的时间内分享频谱的共识，并承诺将一定的资源用于跨运营商 D2D 业务，就不允许破坏达成的协议。协议的时间应该提前决定，而且需要考虑预期的网络流量的动态范围。

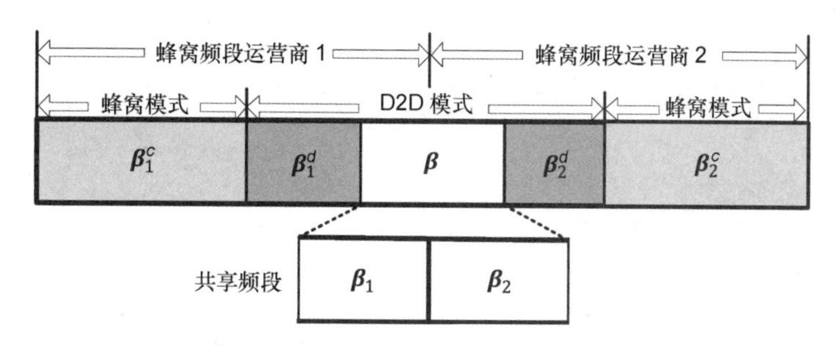

图 5.11　两个运营商支持 D2D 通信的频谱划分

通常，运营商是竞争对手。他们也许不希望泄露私有信息，例如网络利用率和网络负荷。理想条件下，多运营商 D2D 频谱分配的谈判应当在不交换专有信息的条件下完成。一个可能的方法是假设运营商都是自私的，并采用非合作游戏方法论。例如，一个运营商可以参照自己的回报和竞争对手的建议，提出愿意共享的频谱资源的数量。所有运营商能够基于竞争对手的建议，更新他们自己的建议，直到达成共识。这种更新的过程也被称为最优响应迭代，也是在 one-shot 非合作游戏中识别 Nash 均衡点的通用方法 [33]。在非合作游戏中，最重要的问题之一是存在唯一的 Nash 均衡点。可能出现一个包括多个均衡点的情形，因为实际的均衡点将依赖于选择的顺序和运营商起始的建议。最终需要指出运营商或许只感兴趣存在唯一 Nash 均衡点的频谱分享。到目前为止，频谱分配并不符合运营商之间的制约。因此，也许存在无限多的归一化的均衡点 [34]。因此，也许需要大量的运营商之间的信息交换才能获得有效的均衡点。

5.4.3.1　频谱分配算法

运营商愿意贡献多少频谱来支持多运营商 D2D 通信的共识，是通过顺序更新的过程达成的。每个运营商各自的策略包括了对其他运营商策略的响应。这个策略是一维的。而且每个运营商仅仅考虑各自网络的使用和性能制约。众所周知，对于凹性效用和限制存在一个平衡点。尽管如此，为了获得唯一性，最优响应运营商应采用缩减原则 [35]。对于一维的战略，缩减原则可以退化成优势解决的可能性，即本质上运营商控制自己的利用率的能力要强于其他运营商的控制。幸运的是，每个运营商可以独立的检查其优化标准是否是凹函数，并且确认优势可解决性条件成立。运营商可以交换关于这些条件的二进制的信息，当所有这些指示为正，运营商自动获知这里的均衡点是唯一的。因此，可以开始最优响应迭代。任何运营商都可以被第一个评级。当运营商网络的性能相对于不分享条件时有所下降时，应当立即打破协议。图 5.12 总结了最优响应更新过程。

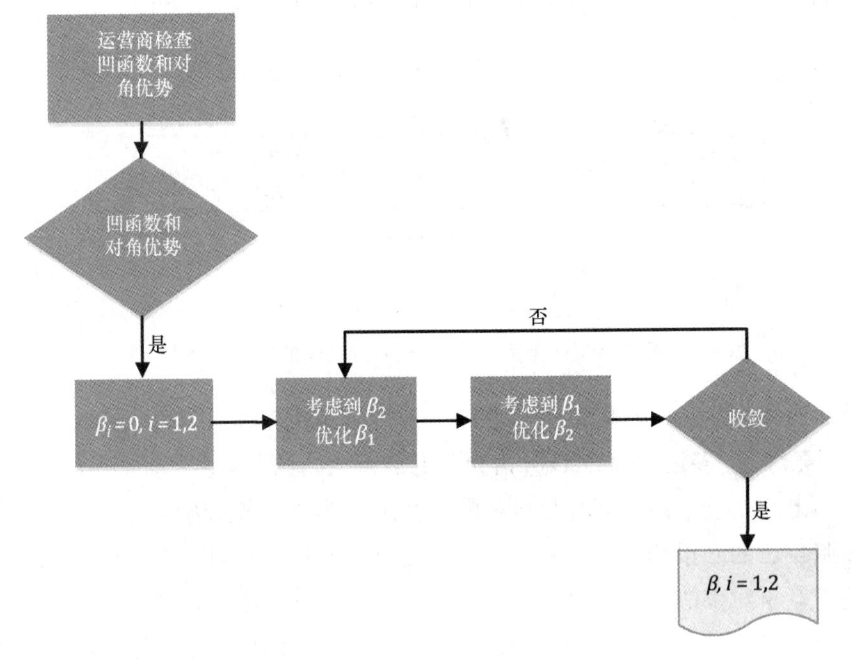

图 5.12 多运营商 D2D 通信频谱分配的最优响应迭代算法

5.4.3.2 数值举例

假设每一个运营商希望最大化各自的平均 D2D 用户的速率，包括运营商之间的 D2D 用户，但是受制于蜂窝通信模式和运营商 D2D 用户的传输速率。利用 5.4.3.1 节介绍的 MoS 方法，可以证明利用率和制约条件是凹函数[36]。此外，在两个运营商分享频谱的场景，解决问题的主要可能性条件始终是存在的，与用户密度无关[36]。运营商网络模型采用了 Voronoi 棋盘型布局[1]，平均站间距为 100 m。假设全缓存流量模型，用户密度和网络负载直接相关。蜂窝用户和运营商间 D2D 用户密度是 30 用户 / 平方千米（每运营商），以此来模拟密集城区基站的密度。运营商 1 的 D2D 用户密度是 30 用

[1] 基站均匀分布，且平面中的每一个点都和最近的基站关联。

户 / 平方千米，而运营商 2 的用户密度不同，来模拟运营商之间非对称网络负载的情况。仿真使用 3GPP 的瑞利衰落的传播模型[37]，平均的 D2D 链路距离是 30 m。对于运营商之间和运营商各自的 D2D 用户 MoS 的固定门限是 −72 dBm。这个门限影响用户选择 D2D 通信模式的密度。采用其他门限的性能仿真结果参见文献 [36]。性能对比的参照是不允许多运营商进行 D2D 通信的性能，即这种情况下所有的跨运营商 D2D 流量都被路由到蜂窝网络。图 5.13 中，性能的增益以两个运营商平均速率来衡量。当两个运营商的网络负载相同，它们的性能提升都是 50%。当运营商 2 的网络负载降低，两个运营商都获得更高的性能提升。在这种情况下，运营商 2 可以贡献更多的频谱资源用于多运营商 D2D 通信，此时由于分享频谱和临近 D2D 通信，两个运营商的性能增益都接近 100%。

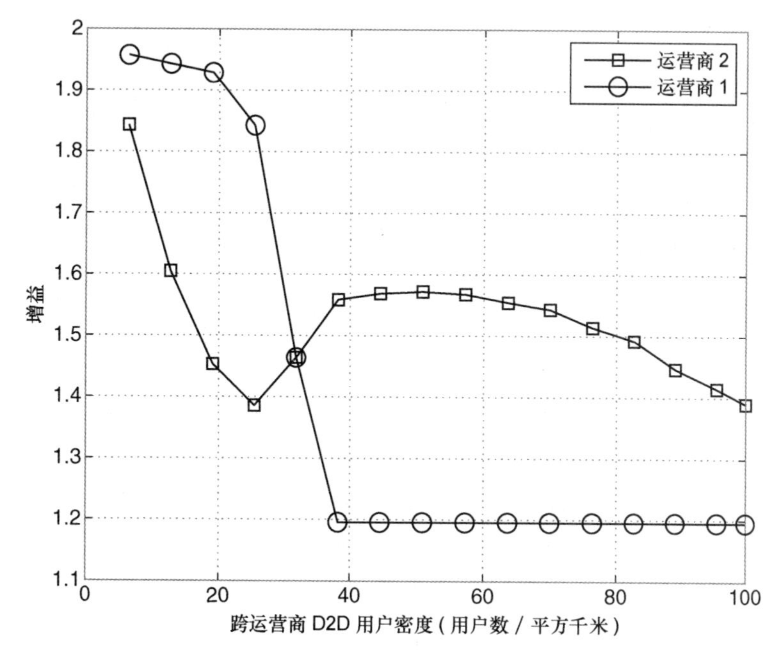

图 5.13　两个运营商支持多运营商 D2D 通信时，用户平均速率的增益

图 5.14 描述了多运营商 D2D 用户的速率分布，这里假设对称的运营商。在没有频谱分享的情况下，所有的跨运营商的 D2D 流量都被路由到蜂窝网络，因此所获得的 D2D 用户速率很低。同时可以看到多运营商 D2D 可以增加 D2D 用户中值速率达 4 倍之多。因此，需要支持多运营商 D2D，来获得 D2D 通信的商业潜能，例如，高效交通和

安全交通中的车辆通信。

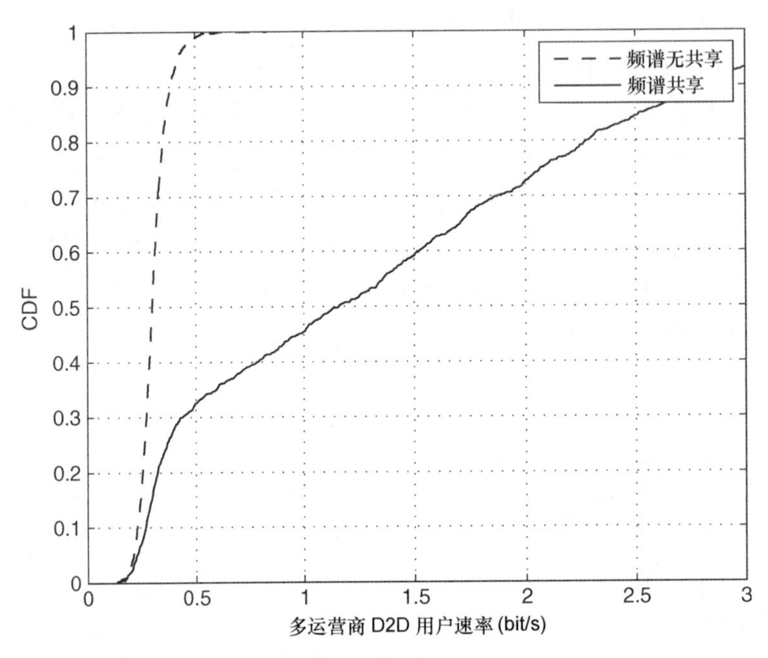

图 5.14　支持和不支持多运营商 D2D 通信的用户速率分布

5.5 小　结

在未来 5G 系统中集成 D2D 通信将起到重要的作用，对网络和终端用户都将带来优势。同时实现负载分流，达到极高的速率，显著降低时延，并降低功耗。而且 D2D 提升了潜在的通信可用性和可靠性，增加了分集增益。从服务和应用的角度，D2D 具备赋能大量新应用的能力，例如 V2V 和机器类通信。最后，为了充分利用，并从根本上获得 D2D 系统的优势，需要在未来几年讨论新增的挑战，如移动性管理（见第 11 章）和安全性。

第 6 章

毫米波通信

某些 5G METIS 场景[1]，惊人的速度，最好的用户体验，为密集人群服务等，这些对数据速率，业务处理能力，高容量传输的可用性提出了极高的要求。这些场景映射到不同的需求，如需要支持超过 10Gbit/s 的数据速率，相对于 IMT-Advanced，要支持 10 ～ 100 倍数量的连接设备，1000 倍的业务流量，端到端的延迟需要降低 5 倍。这些场景的峰值数据速率的要求将需要几百兆赫兹的频谱。这些需求不能代表 5G，而是在一组有限维度上强调系统能力的一个途径。一些业务预测[2][3]也表明从现在到 2020 年业务量将会增加十倍。

本章所讨论的 5G 的需求，可以通过使用在以往各代移动网络的测试和实验过的技术来满足。这些技术包括：（1）获得新的频谱；（2）提高频谱效率；（3）使用更小的小区。对于 5G，有两种途径使这些技术有了新的生命力：利用毫米波（mmW）频谱，这样有可用的连续大块频谱；以及随后的采用波束赋形，它也是高频谱效率的推动者。物理上毫米波的传播自然会把覆盖减少到更小范围。因此超密集网络（UDN）是高频段频带选择的结果，并会导致在覆盖面积中的业务容量有巨大增加。频谱效率的增加主要由于干扰相对于信号急剧减少，这也是得益于高增益的波束赋形。

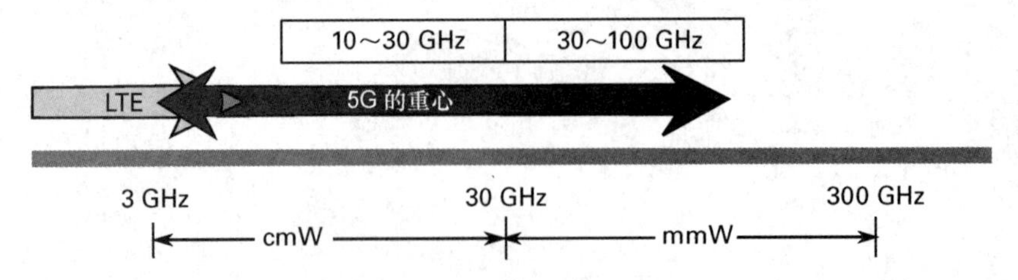

图 6.1　5G 部署的重心在高达 100GHz 的频段，越低的频段越受欢迎。LTE 将扩展到 6GHz 左右的高频段

6.1 频谱与法规

使用毫米波的主要动机是在 30 GHz 以上有丰富的频谱资源。虽然毫米波频谱的跨越范围从 30 ～ 300 GHz，人们普遍认为，大量市场的半导体技术将延伸到约 100 GHz，而且随着时间推移，将不可避免地超越这个限制。3 ～ 30 GHz 的微波频段只是为了满足 5G 极端要求，本章很多讨论与现有系统的覆盖范围之外的厘米波（cmW）频段，即 10 ～ 30 GHz 有关。无论如何，半导体行业的技术能力，不会自动转化为可行的网络架构。在一般情况下，低频段在实现上更具有吸引力，而且系统化风险较小，而较高的频率可以使用更大的带宽，但对于终端和系统具有更多的复杂性。低于 60 GHz 的大部分频段已经分配给不同的服务，包括移动业务，这些分配方案是由 ITU-R 定期召开的世界无线电通信大会（WRC）的三个区域内的条约决定的。在目前使用的毫米波频段主要用于雷达、地球探测、点至点服务和卫星通信等，这些频带也分配给移动业务，当然目前没有运营在 6 GHz 以上的地面移动服务。在世界大部分地区 60 GHz ISM 频段的确提供了高达 7 GHz 的频谱，作为非授权频段使用，IEEE 802.11 定义的最近的“ad”的修订案已经开始使用，这个方案创建了物理层和媒体访问控制（MAC）层设计，能够使峰值速率高达 7 Gbit/s[4]。这个规范正在被 WiGig 用在超过 2.16 GHz 信道上的点到点毫米波链路，用于视频和数据传输。此外，IEEE 802.11 的 802.11ay 工作组正在考虑使用信道绑定和 MIMO 作为解决方案，用于更高速率系统（超过 30 Gbit/s），进行视频传输，数据中心应用和点对点通信 [5]。

行业的广泛关注进一步扩大移动服务到微波频谱，包括毫米波频谱。由美国联邦通信委员会（FCC）[6] 和英国监管机构 Ofcom [7] 发起的咨询，也尝试来考察产业界进入这样的频谱的严肃性。产业界的合作伙伴的参考和随后的响应对监管问题提供了一个不完整，但不断更新的视图。关于 5G 系统的频谱更多和更深入的讨论见第 12 章。

在由 FCC [8] 和 ICNIRP [9] 独立地撰写的电磁场（EMF）公开限制要求中，对于 6GHz 和 10GHz 以频段的功率限制已经产生了不一致 [10]。是否允许在过渡频率以上概率进行厘米波或毫米波的移动服务，适用于 EMF 的这些政策指导方针可能需要修改。

6.2 信道传播

毫米波频段给无线电通信提出了独特的挑战。可视距路径的大尺度损耗通常遵循自由空间的损耗值，与相对于各个方向的辐射衰减值以及工作频率的增加的平方成正比。必须指出的是，在不同的频率，如果发送或接收天线的孔径大小保持不变，则恒定耦合损耗可以保持与频率无关；各个方向的频率相关的辐射衰减，也就是自由空间损耗，通常比用在发射器和接收器高增益天线的补偿更多。在毫米波段，任何移动的无线系统将需要自适应天线阵列或高阶扇区的波束赋形。

毫米波路径损耗受其他附加因素影响，这些因素通常都是与频率相关：（1）由于气体的大气损耗，特别是水蒸气和氧气；（2）雨衰；（3）寄生损耗；（4）绕射损耗。低于 100 GHz 的频段中，在 24GHz 和 60GHz 会产生两种大气吸收峰，这是由于水和氧气造成的。氧气的存在会增加额外 15dB/km 的特定衰减的。短距离情况下，这种额外的衰减不严重。在信号路径中的障碍通常可作为反射能源，寄生损耗的影响沿着反射入射信号路径和漫散射可以使信号迅速衰减。衍射衰减随着波长变短而增加 [11]。

小尺度损耗变化可使用各种模型模拟，如特定站点的几何模型，基于传播一般特征的统计模型以及混合方法的模型。采用高增益天线的窄波束赋形一般将降低信道的离散。波束跟踪是在建模传播模型中的一个有用的工具，在这种模型中，统计变化包括由于环境中的物体和表面非光滑的特征引起的漫散射和由于角效应产生的衍射。建筑物材质在吸收、反射率和传输特性等方面有所不同，并且表面的入射角不同也会产生不同的影响。打开的窗口可以为信号提供入口，而外墙通常是不透明的。在建筑物内的墙壁损耗可能是严重的，室外到室内的连接会经常需要通过在建筑物放置天线的站址规划，特别是在较高的毫米波频率。身体损耗和由于移动带来的衰减也是显著的。

本书的 13 章提供了传播模型的详细的讨论。对于毫米波的传播测量可参见文献 [12][13]。

6.3 毫米波系统的硬件技术

6.3.1 设备技术

射频（RF）模块的性能一般随着频率升高而下降。如图 6.2 所示，频率每升高 10 倍，对于给定的集成电路（IC）技术的功率放大器能力大致会下降 15dB，这种衰减是有根本原因的。根据约翰逊限制定律[12]，提高输出功率的能力和提高频率的能力是相互矛盾的。总之，更高的运行频率需要小的几何尺寸，随后导致较低的运行功率，以防止增加的场强会击穿电介质。摩尔定律不利于我们的工作。然而可以在 IC 材料的选择上找到一种补救的办法。毫米波集成电路历来使用所谓的 III-V 的材料制成，即周期表第 III 和第 V 组元素，如 GaAs 和 GaN 元素的组合。基于 III-V 材料的集成电路的技术基本上比传统的基于硅的技术更加昂贵，此外，它们的复杂性也较高，不像数字电路或用于蜂窝手机的无线调制解调器。尽管如此，GaN 基技术正在迅速地成熟，并且相比传统技术，提供的功率电平的数量级更高。因此，在新的实践中，大家希望有一个经济高效的方式。在这种实践中不同的技术可以混合使用（异构集成）并利用各自的优势。这样的实践也正好是波束赋形架构的低成本所期望的。

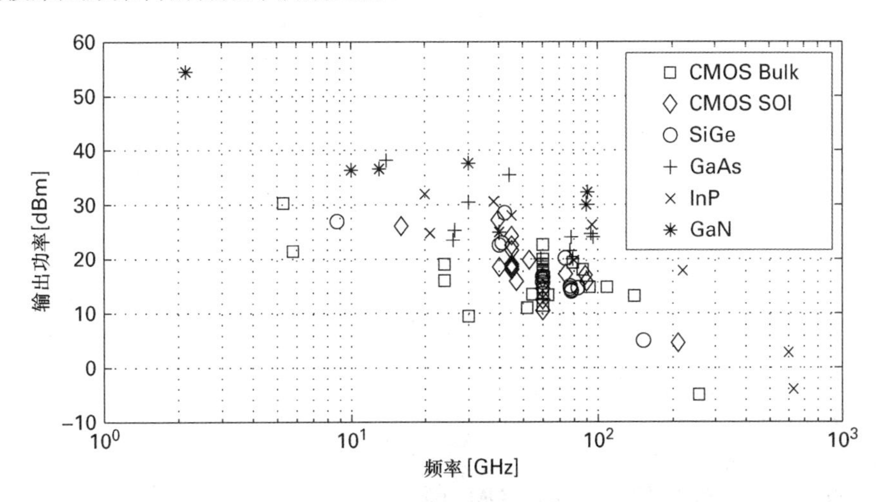

图 6.2 在不同的技术下各种功率放大器与频率的关系

集成本地振荡器（LO）的相位噪声是另一个随着频率升高而恶化的关键参数，并最终限制了可达到的误差矢量幅度（EVM）。用于产生 LO 信号的锁相环（PLL）有一个压控振荡器（VCO），压控振荡器用于控制功率消耗和相位噪声。VCO 的性能是通常通过一个品质因子（FOM）衡量，从而允许对不同 VCO 的实现进行比较，它被定义为

$$FoM = PN_{\mathrm{VCO}}(\mathrm{d}f) - 20\lg\left(\frac{f_O}{\mathrm{d}f}\right) + 10\lg\left(\frac{P_{\mathrm{DC}}}{1\mathrm{mW}}\right) \tag{6.1}$$

这里 $PN_{\mathrm{VCO}}(\mathrm{d}f)$ 是在 VCO 的相位噪声，单位为 dBc/Hz，$\mathrm{d}f$ 为频率偏移，f_0 为振荡频率（单位均为赫兹），P_{DC} 为功率功耗单位为毫瓦（mW）。此表达式的一个明显的结论是，相位噪声和功耗都和 f_0^2 成比例。虽然 FOM 的定义可能看起来是不受频率影响，但存在与较高频率相关联的恶化，图 6.3 对最近发表的 VCO 设计进行了比较。因此，从今天的蜂窝系统的低频段到毫米波波段，如果要保持相同的集成相位噪声水平，需要重新评估如何实现 LO。一种抑制 VCO 的相位噪声中的方法是增加 PLL 的带宽。一个 LO 相位噪声特性很大程度上取决于晶体振荡器（XO）的相位噪声，晶体振荡器（XO）的相位噪声是作为 PLL 参考，这样从而推动对 XO 提出更高的要求。此外，因为现在的 XO 相位噪声被放大到 20lg（fO/fXO）时，在低频段时常低于几十兆赫兹，在高频段将需要提高到 200 ～ 500 MHz。这里的 fXO 为 LO 信号的 XO 频率。虽然在这个频率范围内可以容许晶体有更高的偏差和漂移，但这反过来可能影响终端和基站的同步时间，并导致终端跟踪晶体漂移的复杂性。

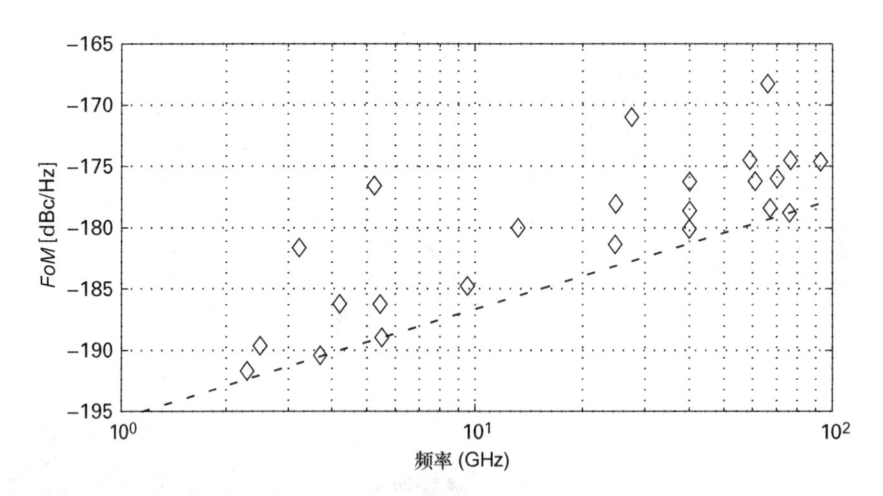

图 6.3　最近公布的 VCO 中 VCO FOM 与频率的关系，虚线表示目前最先进的性能

毫米波通信预期更大的带宽对在接收器和发射器中的模拟和数字域之间的数据转换接口，即模拟 - 数字转换器（ADC），带来更大挑战。类似与 VCO 也有衡量 ADC 设计性能的 *FoM*，如瓦尔登 *FoM*，它定义为 $FoM = P_{DC}/(2^{ENOB}f_S)$，其中 P_{DC} 为功率消耗，单位为 W，ENOB 为 ADC 中的有效比特数，f_S 为采样频率，单位为 Hz。图 6.4 显示了大量公开的 ADC 设计中瓦尔登 *FoM* 相对于奈奎斯特抽样频率的关系 [15]。瓦尔登 *FoM* 可以解释为每次转换步骤中的能量，这个图形清楚地表明了超出几百兆赫兹的采样速率时，ADC 性能的恶化，采样速率大致增加 10 倍，性能恶化就增加 10 倍。通过 IC 技术的持续发展虽然预计这个包络（曲线图中的虚线）会向更高的频率慢慢推近，在 GHz 范围的射频带宽中模拟—数字转换的功率效率仍然会很差。

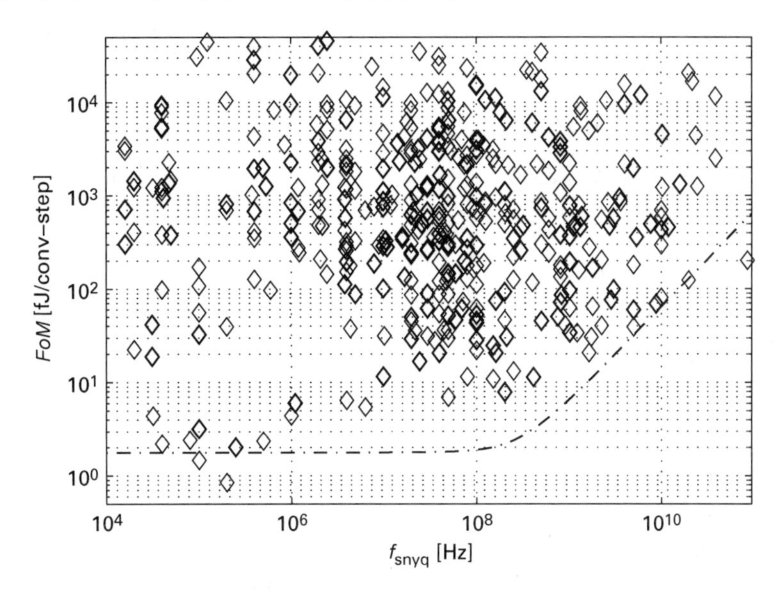

图 6.4　大量公开的 ADC 中设计中瓦尔登 *FoM*（每次转换中的能耗）相对于奈奎斯特样频率的关系。*FoM* 的包络（虚线）代表在 2015 年左右使用的技术可以达到的下限

更大的信号带宽也影响数字电路的复杂性和功耗。虽然摩尔定律已经使复杂性在几十年来几乎成指数级地增长，但这一技术演进的寿命在近几年不容乐观。问题在于这种几何特征的进展很快接近其极限。解决这个问题的方案包括使用 III-V 材料，新器件结构（FinFET 器件，纳米晶体管等）以及 3D 集成。然而，这些方案没有一个能够保证持续的指数提高。另一个问题是，当 CMOS 技术特征尺寸低于 28nm 时，每个数字晶体管的成本或功能的成本已经变平甚至增加。尽管如此，预期在 2020 年之前出现一些技术周期，可以降低数字处理方面的功耗。

除了上面提到的，还有更多的模块以及相关的限制。上面的这些被看作是最具挑战性的，是值得进一步研究的。

6.3.2 天线

毫米波频率上天线元件的小尺寸与驱动天线元件的射频前端电路的小尺寸类似。与低频段的运行相比，这有些变化。毫米波的天线可以与射频前端集成在同一芯片上。这样消除了芯片和独立的天线基板之间复杂低损耗的 RF 互连。由于高介电常数和基片的典型高掺杂，芯片上的天线通常效率很低。因为基片的性质已经紧紧与使用中的 IC 技术紧紧耦合在一起了，想通过基片的特性来减轻这种效应通常是不可能的。此外，由于芯片面积的成本（美分 / 平方毫米）随着每一代 IC 工艺在增加，不得不缩小芯片上的天线，除非在旧的 IC 技术实现低性能，低成本的解决方案。与 RF 前端芯片和天线基板封装在一起的天线，相比集成在芯片上的天线提供了更高的效率，但由于更复杂的封装工艺，它们具有更高的成本。

较大的天线阵列有利于保持较高频率的天线孔径。因此，方向性增强和天线阵列应被实现为相控阵列，这些相控阵列可以通过电子方式控制波束方向，或能够使用更一般的波束赋形结构来形成波束。

6.3.3 波束赋形架构

如图 6.5（a）所示，数字波束赋形器中，每个天线单元都有其相应的基带端口，这样提供了最大的灵活性。然而，运行在数吉赫兹的采样率的 ADC 和数字—模拟转换器是非常耗电的，几百个天线单元采用全数字波束赋形器是不可行的，或即便可行，但是非常耗电和复杂。因此预期早期的毫米波通信系统被将使用模拟或混合波束赋形架构。

如图 6.5（b）所示，在模拟波束赋形时，一个基带端口给模拟波束赋形网络馈送，其中波束赋形的权重直接施加在模拟基带分量、中频或者射频上。例如，一个 RF 波束赋形网络可以由几个相移器组成，每个天线元素有一个，并且可选的还可能有可变增益放大器。在任何情况下，一个模拟波束赋形网络通常会产生物理波束，但不能产生复杂的波束图案。特别是在一个多用户环境中，如果纯波束隔离不充分，这可能会导致干扰。

如图 6.5（c）所示，混合波束赋形是上述两种波束赋形的折衷，由一个运行在几个基带端口的数字赋形器和一个模拟波束赋形网络组成。这种架构是关于模拟和全数字波束赋形器之间的复杂度和灵活性的一个折衷。

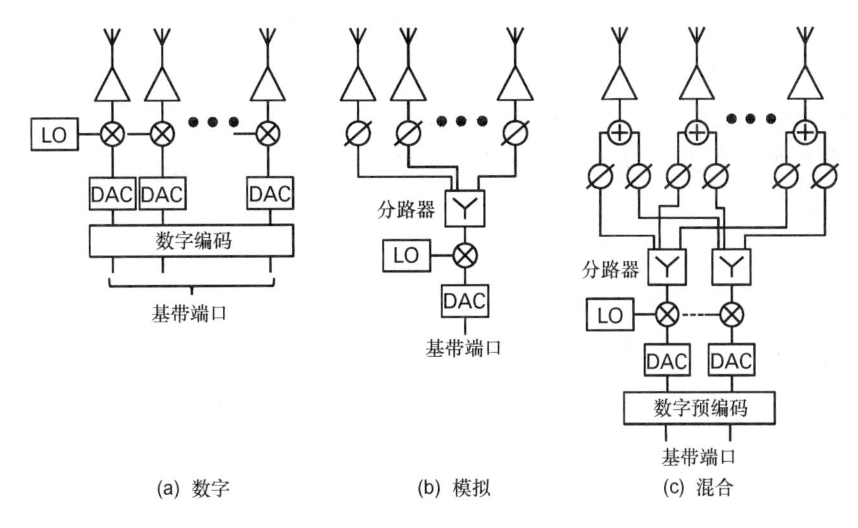

图 6.5　波束赋形架构

波束赋形接收机提供了空间选择性，也就是在有效地接收需要方向的信号，同时抑制在其他方向的信号。然而单个天线元素不能做到空间选择性，对于一个数字波束赋形接收机，这意味着从每个天线元素上的每个信号路径不得不容纳需要的信号和不需要的信号。这样，为了处理很强的不需要的信号，在信号路径上的所有模块的动态范围的需求就会很大，与此对应有很大功率消耗的影响。然而，在模拟波束赋形中，已经在射频进行了波束赋形，在随后的各模块中就不需要像数字波束赋形接收机中的很大动态范围。数字波束赋形需要一个完整的模拟 RF 前端包括 ADC 和 DAC，它不需要与模拟射频波束赋形那样长距离分配 RF 信号到大量的天线元件上。但是，如此节省的功耗也不能弥补数字波束赋形架构中的功耗。

在给定的方向上创建一个物理波束的能力，不需要波束赋形权重的高分辨率和精度。在许多情况下，关于天线增益，模拟波束赋形器和数字波束赋形器一样好。我们面临的挑战在于旁瓣抑制的程度，在辐射图案中定向抑制的精度就更难实现。在这些问题上，特别是对于更高的频率，模拟波束赋形就不如数字或混合波束赋形。

读者可以参考第 8 章得到更多的波束赋形的信息。

6.4 部署场景

5G 毫米波网络最初的大部分室外部署将出现在 10 GHz 频段以上，将包括在城市地区基础设施节点的非常密集的部署。尽管使用高度方向性的传输可以显著提高信噪比（SNR），在良好的信道下可以实现大范围覆盖，但是由于硬件的技术限制，天线端口的低功率将限制面积覆盖率。典型的部署将采用目前 LTE 使用的低毫米波频段的站址网格，这些站址之间的距离大概为 40 ～ 200m。一个典型的部署将主要采用部署在屋顶以上的宏站来提供覆盖，而街道的微站主要提供覆盖延伸。考虑使用 cmW 技术的主要原因是为了希望改进低于 30 GHz 的室外到室内的性能。

30 GHz 以上的频谱在视距的环境中非常有用，这些都是通常部署在允许电磁场的传播的典型内部或外部空间。在这种环境中的覆盖是通过部署密集网络节点来提供的，这些节点往往部署在汇聚业务的热点内部周围。

高于 60GHz 的毫米波频带，更适合用于回传的短距离点对点链路。这些波段通常支持比接入链路更高的带宽，并可以支持对数据平面的高可靠性的性能要求，以及提供用于链路管理和无线系统监控的额外带宽。这样的频带也将用于对带宽需要非常高的短距离应用，如视频传输，虚拟办公室或增强和虚拟现实应用。

在毫米波频段系统的一个部署场景是自回传，其可以被定义为使用一个集成的空中接口通过一跳或多跳提供多个接入和传输，它们具有相同的基本物理层，一个或多个 MAC 模式，并很可能使用相同的频带。在室内和室外的环境下，有一些使用自回传的场景：

- 宏站到微站的部署，通常从屋顶到下方；
- 从地面往上打的仰角覆盖；
- 室外到室内的覆盖；
- 沿着道路或者空旷区域的连续连接。

一个自回传场景的一般拓扑结构是网状结构（mesh），其他拓扑结构，如单路径路由结构，树结构等可以作为补充。

自回传有两个主要目的，不需要提供光纤接入的短距离覆盖扩展，以及用于连接的不同分集。所以基础设施的基站可以共享信息，并且支持从最好的接入资源快速传输到其他需要区域的移动性。不同的回传提供一定的冗余性，通过这种方式就无需非常高的

SINR 也能改善链路的可靠性。据预计，从任何节点到达光纤基础设施的跳数将不超过两跳或三跳。

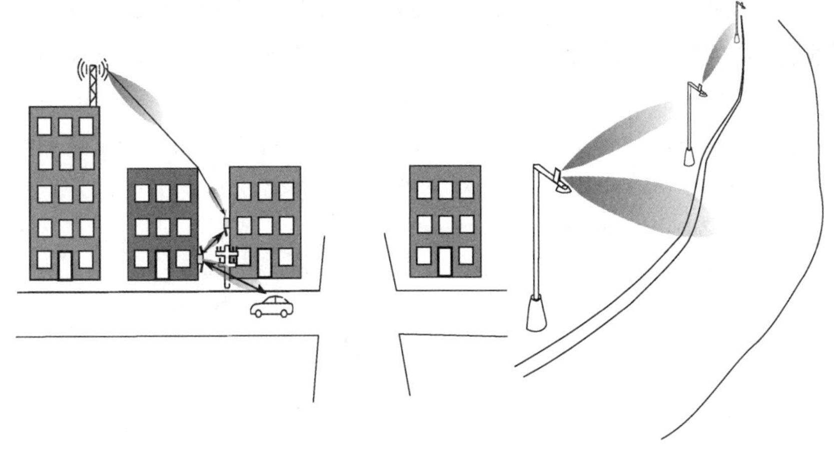

(a) 用于 small cell 连接的室外自回传　(b) 沿着道路的使用自回传的接入和传输

图 6.6　用于 small cell 连接的室外自回传和沿着道路的使用自回传的接入和传输

尽管自回传预计会和接入空中共享相同的物理和 MAC 层，适用于回传通信的特定 MAC 协议模式可能和用于移动用户的 MAC 过程会不同。在大多数情况下，基础结构节点将是固定的，通过自回传链路一个发射点可以达到多个接收节点，调度算法可以决定任意两个节点之间的激活速率，以及节点发送或接收的角色。根据业务量分布的变化和干扰环境的变化，自回传 MAC 协议可以动态地改变路由和带宽分配。因此，在干扰统计数据不可预测时，自回传都可以配置为多接入链路提供更高程度的可靠性。

IEEE 802.15.3c 和 IEEE 802.11ad 标准修订已经确定了其他几个用例。IEEE 802.11 内部 802.11ay 的新项目正在考察回程这种应用情景下的信道捆绑和 MIMO。毫米波无线电也被认为是数据中心机架之间的通信和芯片间的通信[16]。

6.5　架构和移动性

要认识到 5G 系统将不会是一个完全替换 LTE 的一个新的空中接口。在低频段的 LTE 未来版本将给 5G 提供一个基础来确保广覆盖。重要的是，在较高频段的新 5G 空中接口会被集成到移动网络，在这里他们可以通过改善的延迟，可靠性，数据速率或数据量，转变一个运营商的能力，提高网络处理业务的能力，并改善网络效用和具有很大灵活性的用户体验。可以通过核心网中革命性的设计来达到这些提升目标，例如，使用软件定义网络（SDN）来配置和隔离网络资源，并采用网络功能虚拟化（NFV）动态地提供处理或存储。10 GHz 以上频带的空中接口也需要与 LTE 集成，以提高连接性和移动性。

第 3 章包含了对 5G 架构的全面讨论，本章将重点讨论与 mmW 通信系统特别相关的三个方面：双连接，使用影子小区的移动性处理和终端制定的服务簇。有关影子小区的移动性管理的其他信息，请参见第 11 章。

6.5.1 双连接

当引入一个新的毫米波空中接口，双连接将是防止覆盖损失的一个重要功能。即使是同一地点的部署，由于较低的传播损耗和改善的室内覆盖，较低频率将提供更好的覆盖。双连接的主要特征是可以确保终端可以使用低频段传输控制信令。如果毫米波频段连接丢失，可以快速地回落到一个有更好覆盖的连接。5G 中为了可以部署有无线自回传的密集网络，或者可实现高可靠性或低延迟，将导致 MAC 层与 LTE 的 MAC 层相当不同。现在也不确定 LTE 中的无线协议栈的较高层是否在 5G 空中接口被重用。LTE 和 5G 毫米波无线电接入技术的紧密集成很有可能在 3 层或以上的多协议汇聚层。汇聚层将独立处理数据面和无线资源控制流[17]。双连接不仅是一个需求，更是一个便利的手段。

6.5.2 移动性

6.5.2.1 影子小区

在有覆盖小区和小小区的异构网络部署中，如果能够透明处理小小区之间的移动性，这将是很方便的。小小区层的终端移动性的透明跟踪由 overlay 网络处理，被称为影子小区[18][19]。这种概念已经被广泛知晓，并且被用于 LTE，可以以类似的形式用于毫米波空中接口，尽管 overlay 网络和 5G 毫米波空中接口之间的确切定时关系将不会和 LTE 不同。

影子小区概念是双连接的一种特殊形式，并且使 overlay 小区和小小区中的控制面和用户面分离开，这样附属于小小区的控制和信令通过 overlay 小区来完成。这样做的结果是，移动性只在 overlay 网络进行，而把相应于小小区底层的无线设备看作是属于 overlay 网络难以区分的天线资源。传统的网络和 5G 空中接口之间的数据传输速率和时延的差异，将给影子小区带来挑战，但原则上对于 5G 肯定是有用的。

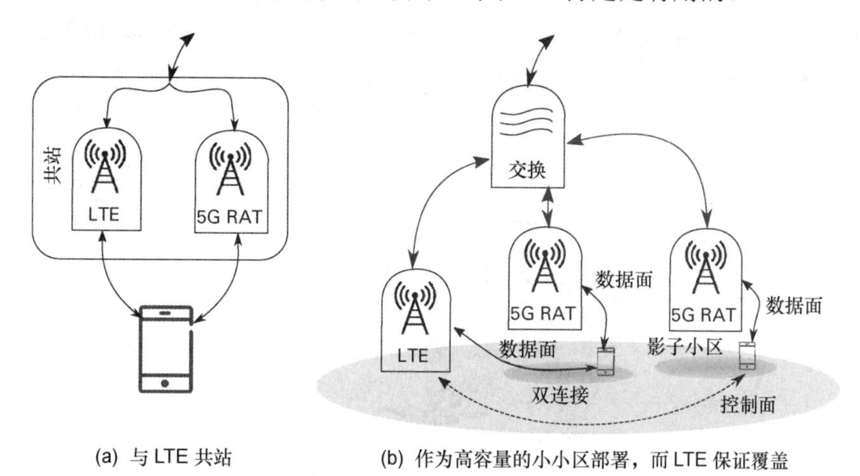

(a) 与 LTE 共站　　(b) 作为高容量的小小区部署，而 LTE 保证覆盖

图 6.7　5G 毫米波可以支持双连接

6.5.2.2　终端专用服务簇

在毫米波频率上，由于其他移动物体的遮蔽，终端很快失去服务基站的连接。一个终端准备好一个备用连接就很重要（或者通过另一个路径与同一基站或另一基站连接），这样，在需要时可以快速切换。以这种方式，当前服务基站和这些准备备份的连接基站为该终端形成一个终端专用服务簇（SVC）[20]，它一般由在终端的附近的基站组成。出于不同的目的，传统的蜂窝频段中也提出了一个相关的概念 [20]。

在每个 SvC 中一个主服务接入节点（P-SAN）负责 SvC 与其相关的终端之间的连接。大部分的终端和网络之间的数据流将直接通过 P-SAN。在 SvC 的其他基站是辅助服务接入节点（A-SAN），其作用是当 P-SAN 和终端之间的连接丢失（如由于障碍物）时提供分集接入，如 6.8 所示。P-SAN 管理在 SvC 中的成员，并能够主动唤醒沉睡的基站，把它列入 SvC。SvC 中 P-SAN 和每个 A-SAN 之间需要具有足够低延时，高可靠的回传连接。

A-SAN 通常是负载较轻的节点，并且必须具有空闲的无线资源和处理能力，在 SvC 中协助 P-SAN。在 A-SAN 中可以提供过量存储主动缓冲用户数据，并随时可以立即转发到终端。

不同终端的 SvC 可以重叠。因而，一个基站可同时作为两种不同的 SvC 的 A-SAN 和 P-SAN。A-SAN 的作用是暂时使用备用资源，帮助一个 P-SAN 与其终端进行通信。

当大量的数据长时间经过 A-SAN 时，A-SAN 将代替 P-SAN 的角色，同时把相关的信息从原始的 P-SAN 转移到新的 P-SAN，而后将进一步招募新的 A-SAN 或从 SvC 删除旧的 A-SAN。这种 SvC 的迁移提供了一个方法，来慢慢跟踪在整个网络中的长期运动的终端。当终端在密集、不规则的网络中，为了避免快速地变换连接点，同样需要考虑迟滞效应。这种方式也非常适合于分布式移动性管理，没有集中的移动性管理实体。这对于用户配置，自组织网络尤其具有吸引力。

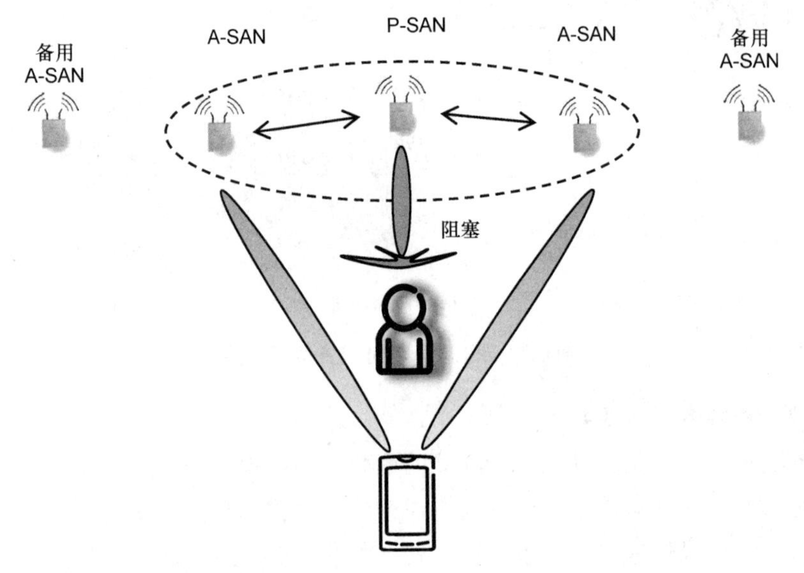

图 6.8　终端专用服务簇示意图，其中从 P-SAN 来的波束被阻塞

6.6　波束赋形

6.6.1　波束赋形技术

如 6.3.3 节概述，波束赋形功能可以以多种方式来实现。图 6.5（b）给出了模拟波束赋形器的示意图，其中通过模拟移相器的相位的改变可以实现所期望的波束方向。创建的波束是宽带的，即横跨整个系统带宽，波束方向是相同的。数据速率可以使用极化分

集来增加，不同的极化可以使用不同的模拟波束赋形器达到空间复用的效果。

原则上，如果传播环境是足够丰富以及源和目标之间存在多个强路径，每个波束可以传送多达两个层[21]，每一层需要一个模拟波束赋形器。但是，模拟波束赋形只支持简单的波束形状，但并不能支持灵活的波束形状，如在发射和/或接收方向产生特定的零陷。因此波束之间的干扰可能是巨大的。

这个问题可以通过使用混合波束赋形来解决[22]。混合波束赋形器如图6.5(c)所示。模拟波束赋形器创建指向所需的用户波束，而数字波束赋形器具有充分的灵活性，甚至可以使用具备频率选择性的波束权重。由数字波束赋形器引入的灵活性可以被用于产生在所需方向的零陷，以抑制干扰或实现更复杂的预编码器。这里描述的是发送端的情形，但相同的原理也可在接收端使用。抑制干扰的能力，使该结构适合于使用多个波束或者甚至多用户通信的传输。信道的秩通常是相当小；如果射频通道数量达到信道秩的大小，混合波束赋形的性能接近于数字波束赋形[22]。

在图6.5(a)显示的数字波束赋形器中，波束赋形权重可以是连续的（取决于基带的准确度），甚至可以是频率选择性的调节，允许了波束形状的最大灵活性。然而，如6.3.3节指出，这样的代价是高的复杂性和功率消耗。因此早期的毫米波通信系统被预期使用模拟或混合波束赋形的架构。

6.6.2 波束发现

在毫米波频率为了实现覆盖所需的阵列增益，在发射器和接收器的发射和接收波束方向必须正确对齐。由于窄波束较高的空间选择性，在选择波束方向的轻微错误可导致信噪比的急剧下降。因此，有效的波束发现机制在毫米波通信中是很重要的。

因为不同的天线阵列可被用于传输和接收，方向的互益性并不总是成立。其结果是，有可能是不得不依赖于基于反馈的波束发现机制，其中在不同的波束方上，周期性地发射同步导频信号，确保任何接收机可以接收到，并确定产生最佳的接收质量的波束方向，把波束索引发送回发射机。由于每个基站潜在地不得不支持多个终端，这样的波束发射过程最好不是针对某个特定的接收机。接下来，我们简要讨论了三种不同类型的波束扫描方法及其优缺点。

6.6.2.1 线性波束扫描

最简单和最常用的波束扫描方法如文献[23]所示，是使发射机的定期地以轮询调度方式从波束码本 $\wp_T$ 中选择一个波束，并在相应的资源块上（时间或频率）以及相关联

的波束方向上发送导频信号。接收机观察在每个资源块的导频信号质量并把最佳资源块或最佳性能波束的波束识别，报告回发射机。我们把这种方法作为线性波束扫描。如果总共有 $N \equiv |\wp_T|$ 个波束，这种方法需要总共 N 个资源块。因此，线性波束扫描的反馈为 lb$N$ 个比特位。

6.6.2.2 树扫描

一种更有效的方法是将波束扫描过程分成多个阶段的线性波束扫描，并在每个阶段使用一组不同的波束图案。每一组以不同的方式划分覆盖区域。在各阶段中接收器将达到最大接收信号功率的时间或频率资源索引反馈给发射机，发射机可以确定最佳波束发送方向。这样的反馈无须在每个阶段之后立即进行，而是可以集体观察波束扫描的所有阶段后进行。我们将该波束扫描方法称为树扫描。

针对均匀天线阵列的树扫描的简单且实用的方法是，在每个阶段使用不同的天线间隔来采样和激活天线阵子的子集，以形成每个阶段唯一的一组波束图案，图 6.9 所示为八个天线阵子的均匀线性阵列的情况。在第一阶段，这些天线元件可以彼此相邻，并且因此形成宽波束图案。在后续阶段，每个子阵列中相邻天线阵子之间的间隔增加，从而形成故意减小宽度的栅瓣。在接收器功率受限的低 SNR 处，线性扫描和树扫描两者需要相同数量的资源块以使接收器累积足够量的能量来识别最佳波束方向。然而，在高 SNR 下，该方法仅需要总共 2lb$N$ 个资源时隙，相比线性波束扫描更有效，数量呈指数地减少。树扫描所需的反馈量大致为 lb$N$ 比特，大致与线性波束扫描相同。

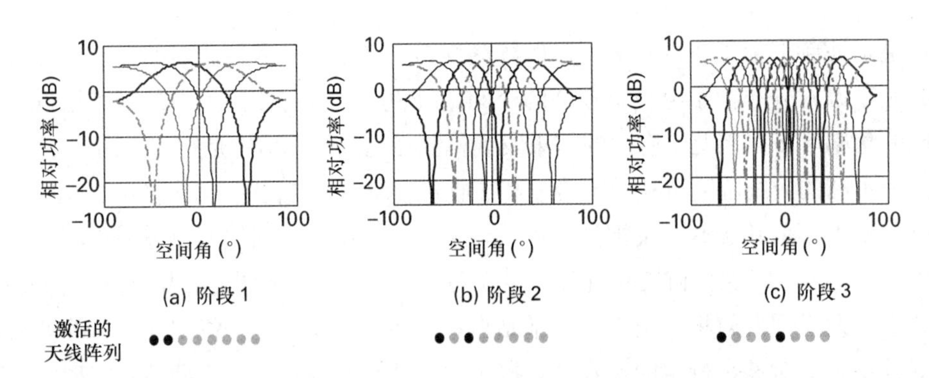

图 6.9　使用的波束图案的角度功率分布以及八个天线阵子均匀线性阵列中的激活天线阵子（黑点）

6.6.2.3 随机激励

另一种有效的波束扫描方法 [24] 是使用根据伪随机序列选择的波束权重，在每个资源块中在伪随机方向上发送导频信号。例如，波束权重可以由伪随机相移组成。如果接收机知道发射机在所有资源块上使用的可能的伪随机波束权重的集合（如通过共享随机种子），则接收机可以通过使用压缩感测技术，利用经历的散射环境的稀疏度，以高概率确定每个信道路径的复增益。通过这些复增益，接收机然后可以在波束码本 $\wp_T$ 中导出最佳波束，并反馈其索引。反馈量也是 lb$N$ 比特。与树扫描类似，在接收机功率受限的低 SNR 处，随机激励和线性波束扫描都需要相同数量的资源块来识别最佳波束方向。在高 SNR 处，用于随机激励所需的资源块的数量与环境中存在的有效散射体的数量成正比，可以大幅度地小于发射机的天线的数量。然而，用于该方法的接收器需要比线性波束扫描和树扫描更复杂的处理。

6.7　物理层技术

6.7.1　双工方式

毫米波通信系统预期部署在小小区中，这些小小区的密度从室内到非常密集的宏小区。因此小区覆盖区域内的用户数量很少，导致不同的小区在不同的时间上行链路和下行链路业务量有强烈变化。这有利于动态资源划分，其中可以根据需要将资源分配给两个传输方向。

毫米波通信系统可能在从几百兆赫兹到高达 1GHz 及更高的大带宽上运行。这种大量的频谱一般是不对称的频谱，主要由于目前双工滤波器技术还难于基于对称频谱来实现。

灵活双工将数据的传输资源动态分配给任一传输方向，从而允许更有效地使用带宽进行通信。为了终端的功率能高效的使用，控制资源在大多数情况下仍然遵循固定结构。

6.7.2　传输方案

10GHz 以上的移动系统带宽将比目前的蜂窝系统大得多。根据终端能力，并非所有终端都可以实现对完整系统带宽的支持。由于较少的数据或功率的限制，终端可能不总是需要其当前传输的全带宽 [25]。

基于这些观察，支持在系统部分带宽的操作的传输方案似乎是有利的。因此已经在LTE中使用的正交频分复用（OFDM）和离散傅里叶变换扩频OFDM（DFTS-OFDM）仍然是5G的良好选择，关于5G的传输方案将在第7章中分析。

一旦系统支持在系统部分带宽上的传输和接收，甚至可以考虑采用频分复用（FDM）和频分多址（FDMA），即使用系统带宽的剩余部分来服务其他终端。当引入FDM（A）时，需要记住，许多mmW系统将需要高增益波束赋形，以在这些存在的挑战性传播条件的频率下工作。

通常，在一个波束的覆盖区域中只有一个用户。对FDM（A）的支持需要硬件决定一定能力，能够实现频率选择性波束方向，或多个宽带波束的波束赋形。第一选项需要数字波束赋形，而后者可以使用模拟或混合波束赋形来实现。

在文献[26]中描述了用于72GHz频带基于时分多址（TDMA）和时分复用（TDM）的单载波方案的mmW通信系统。这个方案与DFTS-OFDM基本无关。该设计是很直接的，用非常短的传输间隔来复用用户。保护间隔（也称为空循环前缀）使频域均衡变得容易。该方案的峰均功率比（PAPR）低于OFDM，并且其具有较低的带外发射，但复杂性高于OFDM。

协调这些矛盾观点的一种尝试可以根据不同的操作频率。本书中的讨论试覆盖从10～100 GHz的范围，而文献[26]讨论侧重在大约70 GHz的频率。预计运行在70 GHz的系统将覆盖更少的用户，比运行在接近10 GHz的系统使用更短的传输时间，这两个事实使得纯TDM（A）更具吸引力。

mmW通信系统工作在大的频率范围（10～100 GHz）并在较高频谱范围内支持更高带宽的能力，因此建议mmW改变信号波形的数字参数。低于1GHz的频带也可能被引入5G系统。图6.10说明了跨越1～100 GHz范围的OFDM（或DFTS-OFDM）参数的三种不同选择[27]。较高频带使用较宽的子载波带宽，从而提高对多普勒和相位噪声的顽健性。

在下文中，提供了单载波调制（包括DFTS-OFDM）和OFDM之间的简单的定性比较，文献[28]提供了更详细的比较。

OFDM具有比单载波调制更高的PAPR，因此在较高输出功率下需要较大的功率回退。这不仅限制峰值发射功率，而且还将功率放大器偏置到功率效率较低的操作区域中。此外，动态范围随着PAPR而增加，针对相同量化噪声将需要较高分辨率的ADC。6.3.1节中显示功率放大器的功率能力和ADC的分辨率是mmW硬件设计的重要参数。

OFDM和单载波调制之间的链路性能不考虑硬件的不完善性，通常最终有利于OFDM。在频率选择性信道上OFDM通常优于单载波调制，而在平坦衰落信道上，两者差异小得多。频率选择信道常出现于非视线传播（NLOS）条件，而在平坦衰落信道中，仅一个路径（通常是LOS路径）占主导地位。当考虑硬件的不完善性时，差距就比较模糊了[28]。

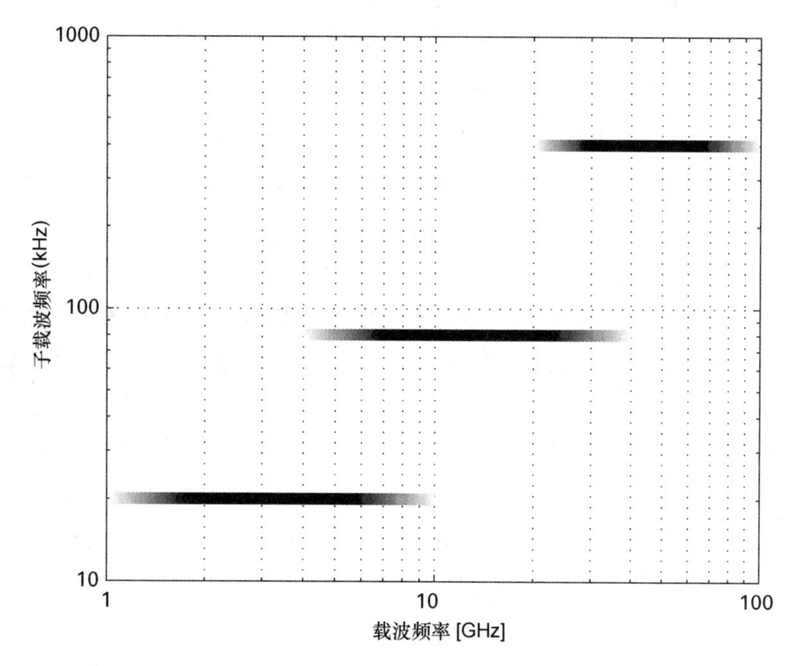

图6.10　1～100 GHz的三种不同的OFDM数字参数

单载波调制限制信号在时域的复用，因此它比OFDM对系统设计提出更多的限制。如果多个信号（如数据和参考信号）不从同一功率放大器同时传输，则单载波调制提供比OFDM更低的PAPR，这是它的一个主要优点。

对于5G mmW通信系统的传输方案目前还没有明确的共识。考虑到从10～100GHz的大的频谱范围，这是不奇怪的，答案取决于工作频率和应用。这也反映在已经标准化的mmW通信系统的蓝景中，没有哪种方案占优：IEEE 802.11ad是在60GHz频带中运行的无线LAN标准，规定了基于OFDM和单载波调制的几个物理层；无线高清是一种旨在60 GHz频段内高清晰度视频的无线传输的私有标准，它定义了基于OFDM的多个物理层；在60GHz频带中运行的个人局域网络标准IEEE 802.15.3c规定了基于OFDM和单载波调制的物理层。

6.8 小　结

本章已经涉及 mmW 通信，事实上也很大程度覆盖了 cmW 频率，提供了在 10 ～ 100GHz 频率范围内为无线回传和接入使用大量频谱的潜力。很清楚的是，毫米波的使用取决于是否可以解决各种挑战，特别是在所述高端频率范围。

毫米波所经历的传播因素影响，特别是受寄生传播，衍射和物体损耗的影响，使得其很大程度需要波束赋形。这些无线电条件意味着对于较高频率，对控制信号也必须进行波束赋形，并且必须使用波束发现和波束扫描技术。

此外，在硬件方面必须克服各种挑战，如降低的功率效率和更高频带来的相位噪声，以及降低的 A / D 转换功率效率和随系统带宽增加的设备复杂性。这些方面需要在硬件方面的进一步创新，同时 5G 无线系统的设计能够补偿或减轻其影响。从积极的方面来说，较短的信号波长可以实现高天线集成，从而实现天线集成到芯片或者封装中。

显然，较高频率会带来更恶劣的无线条件（如突然的信号阻塞的可能性），这要求 mmW 通信解决方案允许快速备份连接，如通过另一 mmW 节点或较低频率的无线接口，例如演进的 LTE 。在这方面，本章已经指出了不同的双连接选项，例如在所谓的影子小区中，在较低和较高频率层之间的控制和用户平面分割。

最后，本章已经比较了用于 mmW 通信的不同物理层技术，虽然还没有达成一致，但已经表明基于 OFDM 的解决方案可能与所考虑的大部分频率范围最相关。对于较高的频谱范围，由于单载波方法可以提高功率效率，因此可能是合适的。

第 7 章

5G 无线接入技术

5G 的无线接入必须要应用于大量不同的新服务［诸如在第 2 章讨论的大规模机器类型通信（mMTC）和超可靠机器类型通信（uMTC[1]）]，所以提出了多种多样的需求。因此对目前无线系统中普遍存在空中接口的“一刀切”的解决方案可能不再是未来的恰当选择，因为它只能提供不充分的折衷。相反，系统应该提供更多的灵活性和可扩展性，以使系统配置能够适应服务类型及其需求。此外，随着移动通信系统提供的数据速率不断增加，需要设计合适的技术在稀缺的频谱资源中使用好每一个比特。本章详细介绍了解决上述问题的新型无线接入技术，这些技术可以被认为是 5G 系统的有希望的候选技术。值得注意的是，近期针对 5G 的潜在无线接入技术已经蓬勃发展，对于该领域的重要研究活动可参见文献 [1] [2]。

本章 7.1 节首先介绍了多用户通信的接入设计原则，为本章介绍的新型接入技术奠定基础。然后，7.2 节介绍了基于滤波的新型多载波波形，其在系统设计中提供了额外的自由度，以实现灵活的系统配置。7.3 节中给出了增加频谱效率的新的非正交多址方案。接下来的三个部分详细介绍了为特定应用场景量身定制的无线接入技术和可扩展解决方案，这些被认为是 5G 无线系统的关键驱动因素：7.4 节着重于超密集网络（UDN），其场景预期将使用超过 6GHz 的更高频率；7.5 节介绍了用于车辆到任何（V2X）内容的点对点无线接入解决方案；7.6 节提出了机器类型通信（MTC）设备的大规模接入的方案，其特征在于低开销和高效的能量传输。

表 7.1 概述了本章所介绍的无线接入技术，突出了它们的一些特性和属性。应当注

---

[1] 译者按：目前又叫 C-MTC。

意，所列的信息仅列出最重要的方面。

表 7.1　5G 多址和媒体接入方案

名　称	类型[1]，方向[2]	资　源	优　点	缺　点
OFDM	多址，上下行	时间，频率	实现简单，均衡简单	大旁瓣需要紧密同步和大保护带
FBMC-OQAM	多址，上下行	时间，频率	小旁瓣实现共存和松弛同步	在真实场中的正交性需要重新设计所选择的算法
UF-OFDM	多址，上下行	时间，频率	减少的旁瓣，与 OFDM 兼容，降低同步要求	易受大的延迟影响
SCMA	多址，上下行	码字和功率	有限的 CSIT	复杂的接收机（MPA）
NOMA	多址，上下行	功率	有限的 CSIT	SIC 接收机
IDMA	多址，上行	码字	有限或者不需要 CSIT	迭代接收机
码本时隙的阿罗华	媒体	不适用	需要较小协调的高可靠性	复杂接收机
预留编码接入	媒体，上行	不适用	兼容 LTE	小包的高开销
随机编码接入	媒体，上行	不适用	适合小包	多用户检测

有关综合信息，读者可参考本章中提供的详细信息。

7.1　多用户通信的接入设计原则

多个通信链路共享相同的频率带宽，所以需要适当的信号设计，使得它们不会彼此影响。这一般是通过向每个用户分配不同的波形来实现。假设对于给定的以 Hz 为单位的带宽 W，我们应服务尽可能多的用户。在没有外部干扰的情况下，当使用相干检测（基于公共相位参考）时，可以获得高达 $2WT$ 的正交波形，当使用非相干检测时，可以获得高达 WT 的正交波形（相位参考），其中 T 是波形持续时间 [3]。正交波形的基本原理是在不同用户之间划分无线资源（时间或频率）。

扩频信号是允许许多个用户共享相同频谱的一种波形，这种波形在最大化用户数量的同时最小化用户之间的干扰。这些波形背后的理念是在不同用户之间划分无线资源时，

1　有两种类型的无线接入：多址和媒体接入。

2　传输方向可以是上行链路或下行链路。

在时间上或频率上没有物理分离，而是通过使用彼此正交（或至少适度正交）的不同的编码。扩频波形允许一些受控的内部干扰，但是具有抑制外部干扰的能力，并且在频率选择性衰落信道中相当顽健。

适当的波形选择将提供一定数量的信道，其中多个节点可以共享通信媒体来发送其数据。但是，这些波形不规定如何共享它们。媒体接入控制（MAC）协议是主要负责调度共享媒体接入的协议。由于无线通信中的错误和干扰以及其他挑战，MAC 协议的选择对网络传输的可靠性和效率有直接影响。MAC 协议的设计应该考虑无线电信道以及能量效率和等待时间，吞吐量和 / 或公平性之间的折衷。MAC 方案可以分为两类：无竞争和基于竞争的协议。无竞争媒体接入通过每个节点独享其分配的资源来避免冲突。无竞争协议有固定分配，诸如频分多址（FDMA），时分多址（TDMA）和码分多址（CDMA）等，以及动态分配，例如轮询，令牌传递和基于预留的协议。基于竞争的协议允许某种形式的竞争，其中节点可以同时发起传输。这种竞争将需要一些机制来减少冲突的数量并且在冲突发生时从冲突中恢复。对于基于竞争的 MAC，最常见的协议是 ALOHA，时隙 ALOHA 和带冲突避免的载波侦听多路接入（CSMA/CA）[4]。

7.1.1 正交多址系统

正交多址系统是在不同用户之间划分无线资源（在时间或频率上）。相应的多址方案分别是 FDMA，TDMA 和正交频分多址（OFDMA）。FDMA 和 OFDMA 非常相似，但是 FDMA 具有非重叠的频率子带，而 OFDMA 具有重叠的频率子带。在具有 AWGN 信道的单小区环境中，所有正交多址方案在容量方面几乎是等效的 [5]。当传输信道呈现频率选择性和时间变化性时，多址方案之间的差异就体现出来了。

7.1.1.1 频分多址系统

在 FDMA 中，总带宽被划分为一组频率子带。如图 7.1 所示，各个频率子带被分配给不同的用户。由于子带在频率上不重叠，用户信号容易通过带通滤波检测，这消除了所有相邻信道干扰。因为其简单性和适用于模拟电路技术，到目前为止，FDMA 是最常用的复用方法。在所有信道之间保持用户信号的正交性，并且多用户彼此独立地通信。为了避免相邻信道干扰，在相邻子带之间插入频率保护带。对于窄带信号，FDMA 系统的信道是平坦衰落信道，但有外部干扰。FDMA 在模拟高级移动电话系统（AMPS）和全接入通信系统（TACS）中使用。如果只选择 FDMA 作为多址方案不得不降低频率复用来应对小区间干扰，此外还需要在无线网络设计时考虑频率规划。

7.1.1.2 时分多址系统

非常适合于数字传输的复用方案是时分复用，如图7.2所示，时分复用不是将可用带宽划分给每个用户，大家共享整个信号带宽，但在时间上分开。可以给用户分配以循环方式重复的短时隙。TDMA中的时隙数量对应于FDMA系统中的信道的数量。

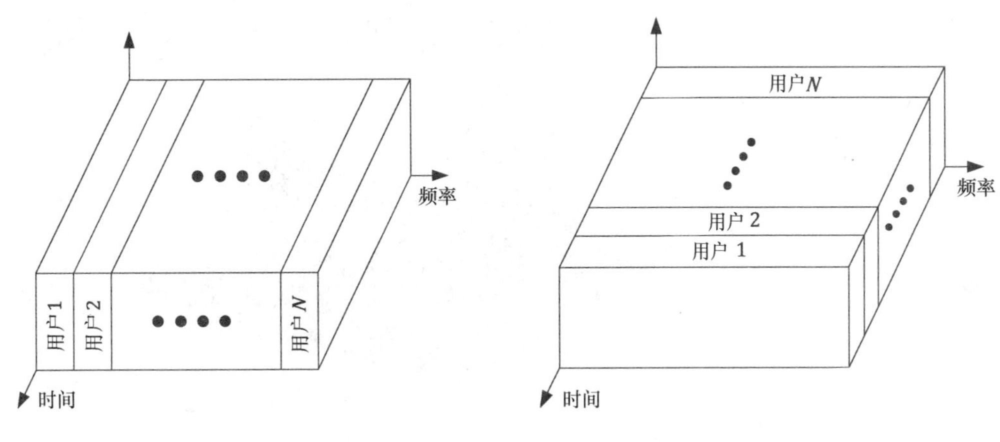

图7.1 FDMA系统的时间 / 频率图

图7.2 TDMA系统的时间 / 频率图

在TDMA系统中需要用户之间的协调，使得用户不会相互干扰。通常，由于不同用户信号的传播延迟和延迟扩展，在连续时隙之间需要时间保护间隔，以确保避免不同用户之间的干扰。由于每个用户在激活时占用整个带宽，所以传输将是频率选择性衰落信道，会需要时域（或频域）均衡。时域均衡具有随用户数据速率增加而增加的复杂性，而频域均衡的复杂性虽然增加，但保持在相同的数量级。这使得频域均衡更适合于高数据速率系统，如4G和5G系统。将TDMA与FDMA组合对于无线系统是非常有效的。这种组合可以平均掉外部干扰并避免深衰落情况。例如，GSM基于具有频分双工（FDD）的混合TDMA/FDMA方案。事实上，大多数2G蜂窝系统基于TDMA原理。

7.1.1.3 正交频分多址系统

解决由于频率选择性衰落信道引起的符号间干扰问题的有效方式是使用正交频分复用（OFDM）。采用OFDM是将非常高的数据速率流变换为一组低速率数据流，然后每个流在不同子载波频率上并行地发送。利用这种结构，可以将频率选择性衰落信道变换成一组频率平坦的衰落信道。更精确地，OFDM将可用带宽划分为多个等间隔的子载波，并且在每个子载波上承载用户信息的一部分。OFDM可以被视为FDMA的一种形式；然而，OFDM具有重要的特殊性，即每个子载波与其他的每一个子载波正交。OFDM允许每个子载波的频谱重叠，并且因为它们是正交的，所以它们彼此不干扰。通过允许子载波重叠，与 FDMA 相比，OFDM 减少了所需的频谱的总量，这样的接入方案具有更高的带宽有效性，如图 7.3 所示。

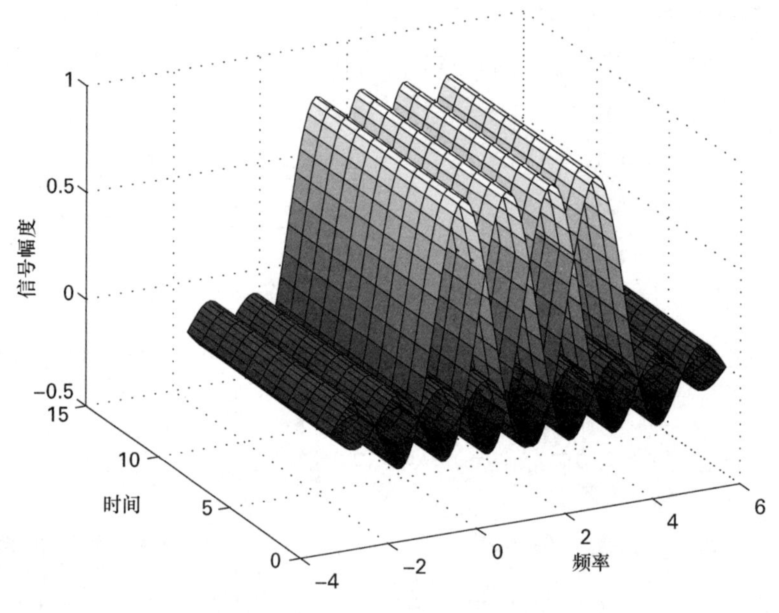

图 7.3　OFDM 的时间 / 频率图

图 7.4 给出了 OFDM 系统的离散表示。输入二进制数据 X 被映射到频域中的基带调制星座中，然后使用 IFFT 转换为时域信号。然后，信号的最后部分被附加到信号的开始，称为循环前缀（CP），部分地对抗符号间干扰（ISI）并保持子载波之间的正交性。OFDM 的一个重要特征是其能够在每个子载波使用简单的一抽头均衡器在频域中实现均衡。CP 持续时间应该大于系统所处环境的信道最大延迟扩展，并且补偿发射机和接收机滤波器的影响。此外，CP 设计还旨在处理小区的同步失配和定时误差。通常，OFDM 信号对时间/频率同步误差非常敏感。例如，由实现技术和硬件设计引起的相位噪声（PN）会导致 OFDM 系统中的公共相位误差（CPE）和载波间干扰。

作为多址技术，可以向不同的用户分配单独的子载波或者子载波组。然后，多个用户以这种方式共享给定的带宽，这称为 OFDMA。由于 OFDMA 基于 OFDM，所以它可以避免符号间干扰，并且可以实现频率选择性衰落信道的简单均衡。在 OFDMA 中，当用户要发送信息时，可以向每个用户分配预定数量的子载波，或者，可以基于用户需要发送的信息量向用户分配可变数量的子载波。

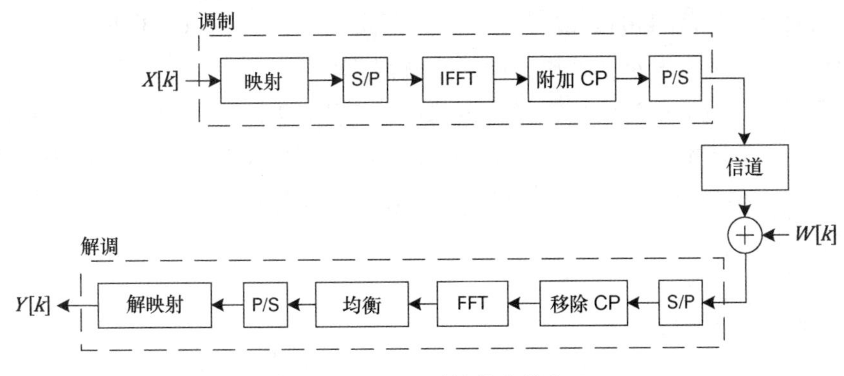

图 7.4 OFDM 系统的离散表示

OFDM 的波形用于若干个当前的系统中，如 LTE 和 WLAN。

7.1.2 扩频多址系统

这里通常指码分多址（CDMA）方案，其特征在于信号带宽比用户数据速率大得多。最常用的两种方案是跳频（FH）系统和直接序列（DS）系统。

7.1.2.1 跳频码分多址系统

跳频 - 码分多址（FH-CDMA）系统是 FDMA 和 TDMA 的组合方案，可用带宽被分成多个窄带信道，并且时间也被分成时隙。用户在这个时隙期在一个频率上发射，在下一个时隙期在不同的频率上发射。这样，用户根据跳频序列从一个频率跳到另一频率。发射机和接收机两者都具有已知的唯一代码。接收机在每个时隙中跟踪发射机来恢复信息。通常，可以分为快速跳频和慢速跳频。快速跳跃的 FH-CDMA 系统具有大于或等于用户数据速率的跳频速率，而慢跳跃的 FH-CDMA 系统具有小于用户数据速率的跳频速率。后者的示例是 GSM，在每个频率上发送整个突发。

7.1.2.2 直接序列码分多址系统

在直接序列 - 码分多址（DS-CDMA）中，用户使用不同的扩频波形，允许它们共享相同的载波频率并同时发射扩频信号。不同用户的信号之间没有时间或频率上的物理分离。与 TDMA 和 FDMA 不同，来自不同用户的扩频信号确实相互干扰，除非用户完全同步，使用正交扩频码，并且传播信道是频率平坦的。DS-CDMA 蜂窝系统采用双层扩频码。这种扩频码分配提供了灵活的系统部署和操作。事实上，多个扩展码使得可以在相同小区的所有用户之间提供近似波形正交性，同时保持不同小区的用户之间的相互随机性。正交性可以通过信道化码层，一组正交短扩频码来实现，例如可变长度沃尔什正交序列集[6]，其中每个小区使用相同的正交码集合。长扰码被用作第二层，以减少外部干扰（小区间干扰）的影响。在下行链路中采用小区特定的扰码（该小区中的所有用户共用），而在上行链路中使用用户特定的码。因此，每个传输的特征在于信道化码和扰码的组合。IS-95 和 WCDMA 标准采用了 DS-CDMA。

7.1.3 多址方法的容量限制

在要考虑的大量问题中，有两个非常基本的方面影响多址方案对特定系统的适用性。一个是快速适应衰落信道的可能性，另一个是在发射机和接收机侧的复杂性。这两个方面是过去设计接入方案（例如在前面部分中描述的 FDMA，TDMA，CDMA 和 OFDMA）时主要考虑的因素。

本节描述了多址方法的基本容量限制。重点基本上是在于多址接入信道（MAC）的信息理论概念，通常用于描述移动通信系统的上行链路，其中多个用户向一个公共接收机发射；而在广播信道（BC）上，对应到从一个发射机到多个用户的下行链路传输。

7.1.3.1 多址信道（上行链路）

图 7.5 描述了两个用户的多址无记忆信道的容量区域。可以看出，容量区是一个五边形

$$C_1 = \mathrm{lb}\left(1+\frac{P_1}{WN_0}\right) \tag{7.1}$$

$$C_2 = \mathrm{lb}\left(1+\frac{P_2}{WN_0}\right) \tag{7.2}$$

和

$$C_1 + C_2 = \mathrm{lb}\left(1+\frac{P_1+P_2}{WN_0}\right) \tag{7.3}$$

其中 W 是总可用带宽，N_0 是加性噪声功率谱密度，P_i 是用户 i 的功率。一般来说，为了保证多址信道的容量，在接收机处需要联合解码。在该图中，容量区域的角段部分为两个用户在相同时间并且在相同频带中进行发送（叠加编码）。然

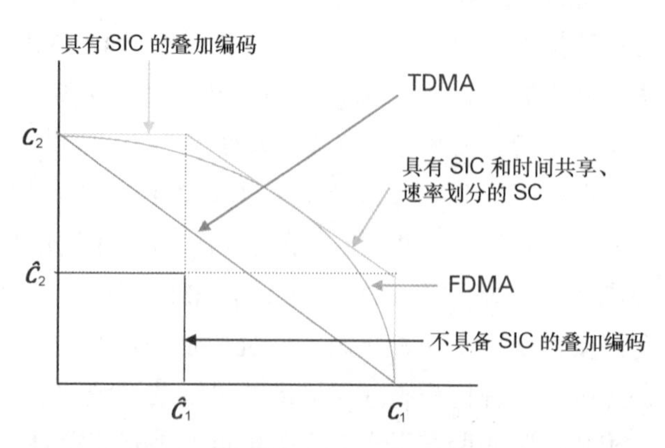

图 7.5 上行链路中不同多址方案的容量区域

后，使用连续干扰消除技术在接收机处分离组合信号，即首先解码一个用户，然后在解码第二用户之前减去其影响。如果可以根据信道条件适当地选择速率和功率时，具有连续干扰消除（SIC）的这种叠加编码（SC）对于多址信道是最优的。但是，发射机必须提前知道信道条件以确定最优速率和功率分配。如果这是不可能的，例如，由于信道信息缺失或过时，可以使用迭代接收机或多用户检测（MUD）代替 SIC，但是在这种情况下，可能使用的目标速率要比有干扰消除（SIC）和叠加编码（SC）时的低，以增加成功的概率解码。这里的考虑基本适用于静态和频率平坦的信道。在时间和 / 或频率选择性信道中，可以每个用户不总是使用整个带宽，而是进行一些时间和频率选择性调度来实现附加的多用户分集。对于这种方法，需要在发射机侧知道可靠的信道信息。

对于频率平坦和静态的信道，多址信道的最佳传输策略要求整个频带由两个用户同时使用。因此，除了在一些特殊情况下，正交接入方法不是最优的。例如，对应于 FDMA 的容量区域由下式给出

$$C_1 = \alpha \mathrm{lb}\left(1 + \frac{P_1}{\alpha W N_0}\right) \tag{7.4}$$

$$C_2 = (1-\alpha) \mathrm{lb}\left(1 + \frac{P_2}{(1-\alpha) W N_0}\right) \tag{7.5}$$

其中 α 是第一用户使用的总带宽的比例。如图 7.5 所示，FDMA 的容量区域严格地小于最佳容量区域，FDMA 仅在单个点是最佳的。

对于 TDMA 系统，每个用户在活动时占用整个带宽。因此，用于无记忆多址信道的 TDMA 的容量区域由下式给出

$$C_1 = \alpha \mathrm{lb}\left(1 + \frac{P_1}{W N_0}\right) \tag{7.6}$$

$$C_2 = (1-\alpha) \mathrm{lb}\left(1 + \frac{P_2}{W N_0}\right) \tag{7.7}$$

并绘制在图 7.5 中。因此，取决于上述 α 的选择，TDMA 只能实现该区域的角点和在这些边缘之间的直线上的点。

早期的移动通信系统应用诸如 TDMA 或 FDMA 的正交方案，因为它们是简单和公平的，但是如上所述是次优的。在 3G 中，CDMA 采用正交和随机扩频码的组合，目的是减少外部干扰并通过在全带宽上扩频来利用频率分集。由于系统设计的速率和功率适配相当缓慢（至少在引入 HSDPA 之前），因此尽管有某些类型的用户叠加，但离最佳容

量很远。由于次优功率和速率分配，SIC 并不适合，因此使用简单的检测机如 Rake 或 MMSE 接收机。此外，编码相当弱，是由类似重复的扩展码和前向纠错码（FEC）的组合形成，这里前向纠错码包括 Turbo 码和卷积码。

LTE 中的 OFDMA 使用快速速率和功率自适应以及快速调度，可以获得相对于非自适应方案的显著增益，但是在实际系统中，除了在多用户 MIMO（MU-MIMO）的情况下的空间叠加之外，没有用户叠加。从信息理论的角度来看，OFDMA 可以实现 FDMA 容量区域，但不能实现完全多址容量区域。在 7.3 节中，给出了非正交多址（NOMA）技术如何能够克服这种限制。

7.1.3.2　广播信道（下行链路）

在图 7.6 中描绘了两用户的高斯广播信道的容量区域。如果发射机将两个用户的信息叠加传输并且使用被称为脏纸编码（DPC）[7] 的非线性发射策略，则可实现最佳容量。该编码策略确保到一个用户的传输不受来自向其他用户传输的干扰的影响。事实上，DPC 可以被看作是上行链路中 SIC 的对应方法。对于多址信道，两个用户叠加传输并在接收机使用 SIC 接收可实现最佳容量，这里使得一个用户在解码时可以没有来自其他用户的干扰（在理论上），因为来自其他用户的干扰被消除了。对于广播信道，容量实现的方法是在发送机侧通过 DPC 应用干扰消除，这样导致其中一个传输没有来自另一个传输的干扰（在理论上）。原则上，上行链路多址信道和下行链路广播信道之间的对偶性适用，即给定相同的总发射功率约束，相同信道的上行链路和下行链路容量区域是相同的。在实践中，上行链路和下行链路之间的关键差异是上行链路通常受到每用户功率约束，而在下行链路中，总发射功率是有限制的，可以自由地分配给任一用户的。实际上，可以看到下行链路广播信道的容量区域为在上行链路中用不同功率设置下的上行链路多址信道的所有容量区域周围的凸包（假设可以在上行链路中自由地给用户分配联合功率），如图 7.6 中带有虚线的五边形所示。

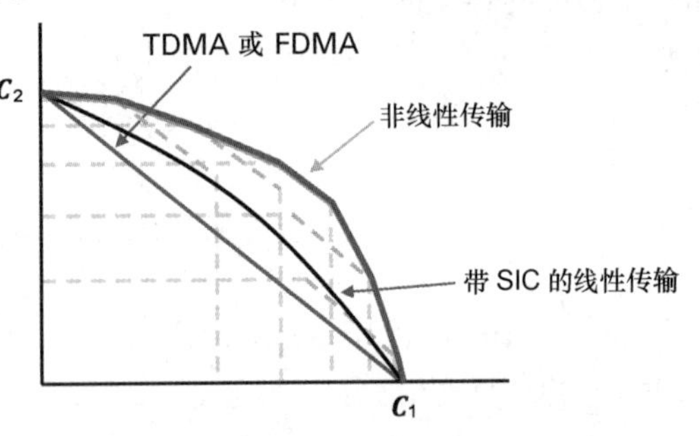

图 7.6　下行链路中不同多址方案的容量区域

在下行链路中，在用户之间共享总发射功率。用 β 表示针对两个用户情况下分配给用户 1 的功率的比例，对应于 FDMA 的容量区域可以用如下公式表示：

$$C_1 = \alpha \mathrm{lb}\left(1 + \frac{\beta P_{\mathrm{t}}}{\alpha W N_0}\right) \tag{7.8}$$

$$C_2 = (1-\alpha)\mathrm{lb}\left(1+\frac{(1-\beta)P_\mathrm{t}}{(1-\alpha)WN_0}\right) \tag{7.9}$$

其中 α 是第一用户使用的总带宽的比例，P_t 是总发射功率。假设向两个接收机的信道增益是相同的，则容易验证（i）当 $\alpha=\beta$ 时总和容量最大化；（ii）FDMA 的容量区域减小到上行链路 TDMA 的容量区域。

从上述表达式可以看出，在下行链路中对于两个用户的时分或频分传输的性能是相同的直线，因为不管用户是否在时间或频率上正交化，总是有相同的总功率约束。然而，在上行链路中，频率上的传输正交化允许每个用户将其发射功率使用到小部分频谱中，增加其功率谱密度，这正如在图 7.5 中所示的频分传输情况下的曲线。

虽然在上行链路多址信道中 SIC 或其他联合检测策略可以在实践中以合理复杂度来实现，但问题是 DPC［或其次优选变体，例如 Tomlinson-Harashima 预编码（THP）[8]］通常被认为对其实际实施来说太复杂。此外，它还依赖于发射机侧需要预知非常精确的信道状态信息。为此，通常考虑在发射机侧使用线性预编码，如在第 8 章和第 9 章中描述的 MIMO 和协调多点（CoMP）中所使用的。在两个用户之间的路径损耗存在非常大的差异的情况下，如 7.3.1 节中所研究的，在接收机侧可以使用 SIC。事实上，对于所谓的退化广播信道，其中向一个用户的信道是向另一个用户的信道的简并形式（例如具有缩小的信道系数或增加的噪声水平），在接收机侧使用 SIC 策略是可以达到最佳容量的。

总而言之，对于下行链路广播信道来说，对多个用户的正交传输实际上是次优的，应当考虑将到多个用户的传输叠加。

7.2　滤波的多载波：一个新的波形

经典的多载波波形 OFDM 可以通过集成滤波组件来扩展，从而提供发射信号良好的频谱遏制特性。这种新的波形特性使得可用于无线传输的频谱划分为独立的子带，这些独立的子带可以被单独地配置为最优地适应于单个用户链路的信号状况或特定无线业务的要求，这与当今系统设计中所遵循的范例相反。在当今系统设计中，其中波形参数的选择总是作为“最佳折衷”选出来的，以满足整个服务的整体需求并匹配期望在系统中出现的所有链路的信号条件。对于基于 OFDM 的系统，例如，这种最佳折衷通常转化为固定的子载波间隔和 CP 长度。由于滤波的多载波信号的良好频谱遏制，即使这些信号仅松散同步，单独配置的子频带之间的干扰也可以保持最小。因此，可以促进传输频带中的不同服务的独立和不协调运行，并且可以实现异步系统设计。因此，具有滤波的多载波波形可以被认为是用于灵活空中接口设计的关键因素，其已经被识别为未来5G系统的关键组件之一。两个有前途的候选方案正在研究中，即基于滤波器组的多载波（FBMC）和通用滤波 OFDM（UF-OFDM）；后者在术语上也同样叫作通用滤波多载波（UFMC）。虽然两个候选方案都针对相同的情况，并可以从频谱的灵活配置实现类似增益，但他们使用不同的手段来实现这些。因此，它们在系统要求和实现方面也不同。在 UF-OFDM 中，对由最小数量的子载波构成的子带进行滤波，这是为了兼容性原因而维持常规 OFDM 信号结构。与此相反，FBMC 由于单个子载波的单独滤波而提供了用于系统设计的放大的自由度，这伴随着信号结构的一些改变，需要重新设计一些信号处理过程。在下面的两个小节中，简要描述了两个候选波形，并且总结了最近研究中获得的主要进展，为 5G 系统中的潜在应用铺平了道路。

7.2.1 基于滤波器组的多载波

FBMC 是一个多载波系统，其中单个子载波信号用原型脉冲单独滤波。通过在频域中选择具有陡峭功率滚降的原型脉冲来实现多载波信号的频谱遏制。这些可以通过脉冲的时域表示在 FFT 窗口的大小上扩展来实现，如果在时间上连续地发送多个 FBMC 符号，则导致重叠的脉冲。正交脉冲的设计确保重叠脉冲可以（接近）完美重建而不产生任何相互干扰。重叠因子 K 的实际值为 1 ～ 4，其中 K 为指定时域脉冲跨越的 FFT 块的数量。有关 K=4 的重叠脉冲的说明，见图 7.7（顶部），其中 x 轴的所选分区表示 FFT 窗口大小。由于每个 FBMC 子载波信号利用原型脉冲进行滤波，因此可以通过汇聚任何数量的相邻子载波来构成子带，从而呈现期望的频谱遏制。因此，FBMC 为系统设计提供了最大数量的自由度。FBMC 多载波信号的功率谱密度（PSD）如图 7.7（底部）所示。

为了在 FBMC 系统中实现最大频谱效率，应当选择与等效 OFDM 系统相同的子载波间隔（由所选择的 FFT 窗口大小确定）。然而，脉冲的频谱遏制将使相邻子载波信号在频域中重叠，如图 7.8 所示，如果在相邻子载波上使用复值信号，将会导致载波间干扰。这个问题可以通过引入称为偏移 QAM（OQAM）信号的特殊调制格式来克服，其中正交性被约束到实值信号空间（也称为“实数场正交性”）。利用 OQAM，FBMC 符号在子载波上仅携带实值数据，并且以复值模式调制子载波信号，以使单个（实值）子载波信号在正交复数维被携带（实数值）数据的信号包围。如图 7.8 所示，其中具有偶数索引的子载波在实信号空间中携带数据，而具有奇数索引的相邻子载波在虚信号空间中携带数据。通过该调制方案，确保从一个子载波到其两个相邻子载波所引起的干扰与这些子载波上的调制信号正交。为了补偿由于将数据的信号空间减小到实际维度而导致的数据速率的损失，以符号速率的两倍 $2/T$ 来发送连续的 FBMC 符号。对于在由网格 $1/T$ 的时隙之间发送的附加 FBMC 符号，用于调制子载波信号的复值模式被反转，即现在具有偶数索引的子载波在虚信号空间中携带数据，而具有奇数索引在实信号空间中的携带数据。类似于子载波间干扰，这种方法再次确保符号间干扰总是落入与感兴趣的信号正交的信号空间中。因此，可以保持数据信号的实数场正交性。

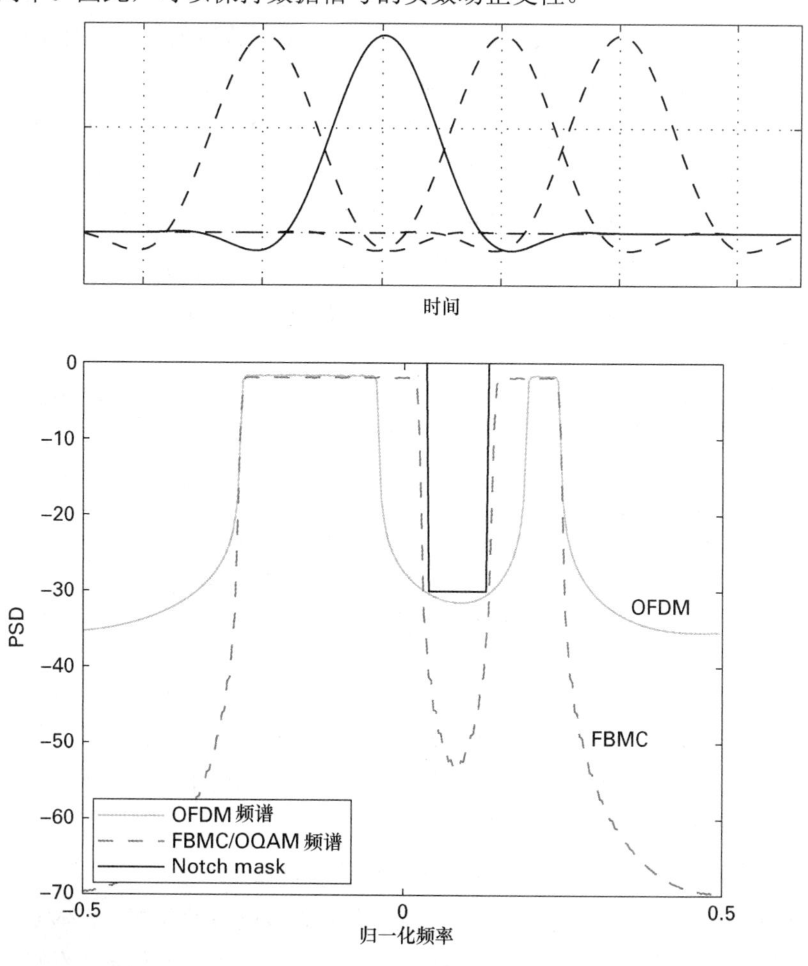

图 7.7　原型滤波器的脉冲响应（顶部）与带凹口的 FBMC 信号相对于 OFDM 的功率谱密度（底部）

由于OQAM中的正交性仅存在于实数域中而不再存在于如OFDM中的复数域中，因此针对OFDM而设计的若干方案不能直接传送到FBMC，而是需要对所选择的信号处理程序进行一些重新设计。

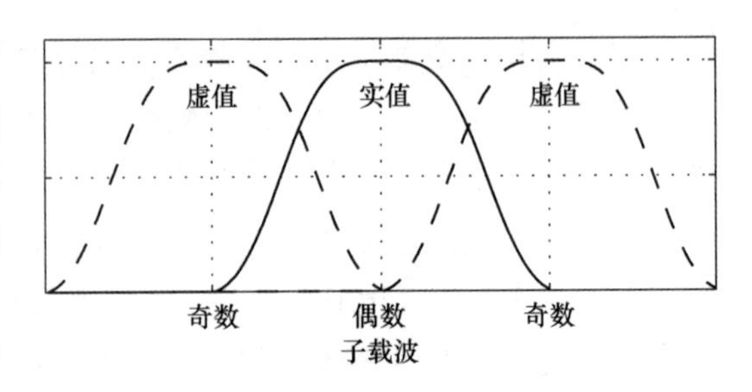

图7.8　频域中的重叠子载波信号和OQAM信令的复调制模式

通过适当地设计脉冲形状，FBMC可以显著增加针对多普勒失真的顽健性以及减少时间和频率同步不完善引起的损失。与OFDM相比，FBMC进一步提供了更高的频谱效率，因为脉冲功率的良好频谱抑制，它在频带边缘需要更少的保护频带，并且它不需要任何循环前缀。与在LTE中使用的OFDM相比，频谱效率提高13%（参见文献[9]中的TC6评估）。

FBMC收发器的原理图如图7.9所示，其中与等效OFDM收发机不同的信号块用灰色阴影标出。如图所示，FBMC需要额外的滤波器组。FBMC调制/解调的整体框架可以使用快速傅立叶变换（FFT）和多相滤波[10]有效地实现。最新的研究结果表明，将FBMC的收发器复杂度与基于OFDM的解决方案进行比较，实现子载波滤波所需的附加复杂度仅为中等，在发射机处增加30%，在接收机处增加到2倍[11]。

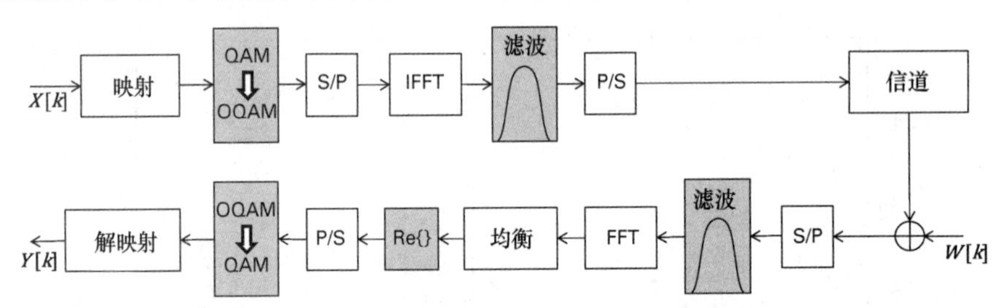

图7.9　FBMC收发机

FBMC在过去已经被广泛研究，但其作为无线电波形的实际应用关注点还较少。然而，最近的研究突出了FBMC的最重要的方面，作为灵活的空中接口设计的一个推动者，并且重点关注在应用FBMC作为未来移动无线系统的波形时出现的实际挑战的解决方案。最重要的发现和成果总结如下。

7.2.1.1　FBMC：一种用于灵活空中接口设计的使能者

信道自适应脉冲成形。为了将系统配置与给定的信道条件匹配，FBMC允许相应地适配给用户的子带的脉冲形状或子载波间隔。在双重色散（2D）信道上传输时（考虑延迟和多普勒扩展）利用文献中 FBMC 的最突出的脉冲形状候选以及动态子载波间隔去重构接收机处的信号之后测量的可实现的 SIR 有增益。考虑的脉冲形状候选是具有可变功率分布的 Phydyas 脉冲 [12] 和增强高斯函数（EGF），由 α 因子指示。对于具有恒定多普勒 / 延迟扩展乘积 $f_{\mathrm{D}}\tau_{\mathrm{rms}} > 0$ 的 2D 瑞利衰落信道，结果在图 7.10 中给出。多普勒频谱根据 Jakes 建模，而延迟被建模为指数衰减。在子载波间隔 $1/T$ 的情况下，x 轴分别示出归一化的延迟扩展 τ/T（底部）和对应的归一化多普勒扩展 $f_{\mathrm{D}}T$（顶部）。改变子载波间隔意味着在 x 轴方向上沿着一条曲线移动，而改变脉冲形状意味着在 y 轴方向上在不同曲线之间切换。根据这些，可以清楚地看出，通过适配脉冲形状，在多普勒失真是主要性能降级原因（多普勒控制区域：图的左侧区域）的情况下，可以实现与 OFDM 相比高达 7dB 的增益，而将子载波间隔改变 2 倍提供了 6dB 的 SIR 增益。这些增益转换为针对来自多普勒和延迟扩展的失真的发射信号的更高顽健性以及相应的更高的吞吐量。为了将信号适当地隔离到具有不同配置的相邻子带，单个子载波防护已经被证明是足够的。研究的细节可以在文献 [13] [14] 中找到。

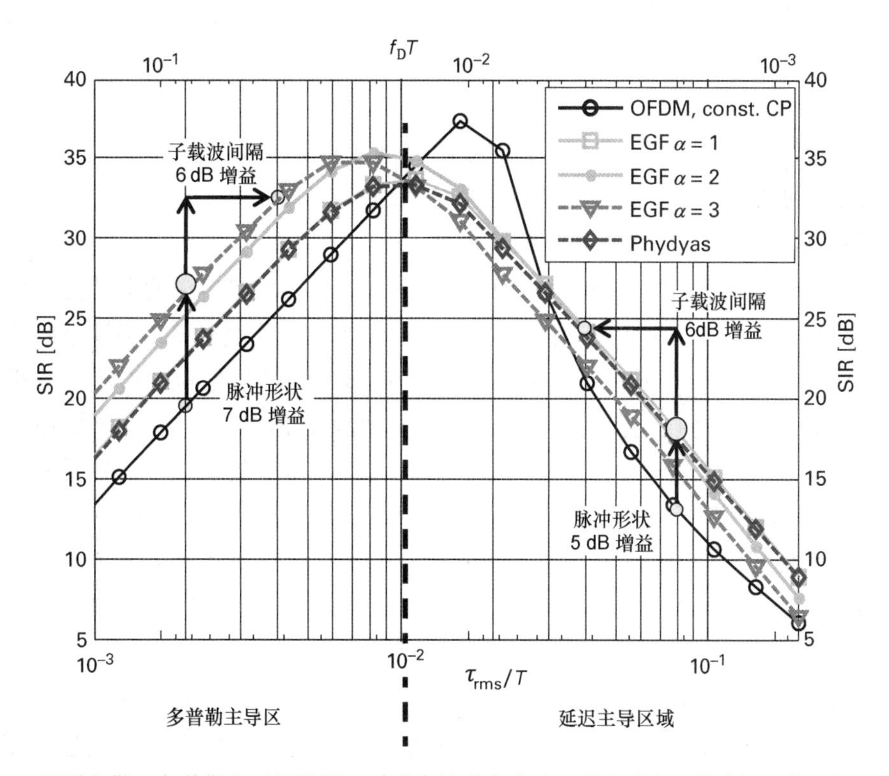

图 7.10　双重色散（多普勒和延迟扩展）时适应信道中脉冲形状和动态子载波间隔获得的 SIR 增益

同步顽健性。原型滤波器的选择对系统抵抗同步误差的顽健性有很大的影响。文献 [15] 中的分析表明，具有良好频率定位的滤波器对时间同步误差更加宽容，而具有良好时间定位的滤波器更容忍载波频率偏移（CFO）失真。在该工作中，利用文献中选择的一组原型滤波器在接收机处的信号重构之后，与 OFDM 相比在 SIR 方面的增益的评估显示可以高达 4 ～ 10dB。此外，考虑到多用户情况，脉冲整形 FBMC 信号的良好频谱遏制允许在相邻频带中的不同用户的时间进行异步传输。调查表明，如果一个子载波用作相邻子带之间的保护带，则可以实现大于 60dB 的干扰隔离 [16]。因此，在 LTE 中的用于对准多用户信号的定时提前过程不再是必要的。

短原型滤波器。如上所述，通过在时域中扩展 FFT 块大小的原型滤波器（使用重叠因子 K>1）来实现频域中的陡峭的功率滚降。然而，如文献 [17] 中所介绍的那样，如果有像 OFDM 中的信号的严格的时间定位，对于 K=1 的情况（没有符号重叠）也可以使用具有优化的时间—频率定位（TFL）的原型滤波器。关键思想是将作为图 7.9 中 IFFT 操作的输出获得的单个 FFT 块与展现平滑边缘的窗相乘，这实现了子载波滤波。这些原型滤波器可以提供用于在移动无线系统中非常短的消息（例如 ACK/NACK）的有效传输的装置。

7.2.1.2 解决实际挑战

短包传输中的滤波尾部。对于重叠因子 K> 1，原型滤波器的尾部使 FBMC 符号在 FFT 块大小上扩展，如图 7.7 所示 K=4 的情况（底部），其中原型滤波器跨越四个 FFT 块大小（由网格示出）。因为突发的长度被滤波器尾部扩展直到最后一个 FBMC 符号衰减到零，这些尾部在数据突发的传输中引起信令开销。在短包传输的上下文中，该开销被认为是 FBMC 的劣势，因为其相对于突发的长度来说可能变得突出。这个问题的解决方案已经由尾切割方法 [12] 提供，然而，会稍微降低 FBMC 信号的 PSD。一种新方法是通过对后续 FBMC 符号块进行循环卷积来实现原型滤波器，这样滤波器尾部被包装到符号块中。滤波器的输出信号是周期性的，使得可能需要额外的窗以使信号平滑地衰减到 0，来建立信号功率需要的时间和频率定位。窗口化所需的开销一般远小于原始滤波器尾部的开销。最近已经提出了该方法的两种变体。在文献 [18] 中，该方案被命名为窗口循环前缀循环 OQAM（WCP-COQAM）。除了解决拖尾问题，它还解决了 FBMC 的其他关键问题，即其对大信道延迟扩展的灵敏度及其与经典 MIMO Alamouti 方案的不兼容性。在文献 [19] 中，另一种基于循环卷积的方案被称为“加权循环卷积（FBMC）”。

信道估计。针对 FBMC 提出的信道估计方案在具有长延迟扩展的信道中表现出大的性能衰减，为了克服这个问题，最近开发了一种新导频设计和估计方案，使得能够在与具有分散导频的OFDM系统相同的导频开销下改进估计。该新方案重复使用在文献[20]中引入的辅助导频的想法，其中预先计算的符号被放置在信道估计导频旁边，以消除从周围数据符号对该导频的复杂干扰。新方案的关键思想是使用两个而不是一个辅助导频，这两个辅助导频在时间网格中彼此相对地放置（在信道估计导频的左边和右边一个），并且与发送的数据叠加。在延迟扩展信道中，两个辅助导频都遭受相移。然而，由于它们的相对布置，相移在相反方向并且因此相互补偿。可以看出，利用新的估计方案，FBMC可以在典型的LTE情况下实现与OFDM相同的编码BER性能[21]。

MIMO。在文献中已知，如果使用线性MMSE均衡，则FBMC-MIMO可以实现与OFDM-MIMO相同的性能[22]。

在多用户系统中，MIMO预编码需要在分配给不同用户的频率块之间使用保护载波，以避免由有效信道传递函数中的不连续性导致的块间干扰。这个问题归因于FBMC的实场正交性，并且被认为是迄今为止的主要瓶颈。避免这种块间干扰而不牺牲子载波作为保护频带的新方法是在相邻块之间建立复数场正交性，使得它们变得对预编码器的相位差不敏感[23]。已经提出了不同的方法来实现。一种方法是对于边界子载波使用复调制符号而不是实值，并通过预编码器和接收机设计（CQMB-CP-QAM调制边界）来消除块内干扰。另一个是在边界子载波上使用复值原型滤波器（而不是实值）[23]。

射频（RF）缺陷。对于多载波传输，对实际系统中使用的非线性放大器提出了挑战，因为它们可能引起信号的失真，并且可能负面地影响PSD。然而，1.8GHz载波频率下输出功率为45dBm的商用LTE FDD无线射频单元的测量已经揭示了当前实际RF单元的线性足以维持FBMC的PSD信号的所有优点，具有高达50 dB的带内衰减[16]。在该参考文献中提出的关于FBMC中RF缺陷的影响的进一步的结果表明对缺陷（如I/Q不平衡，相位噪声和功率放大器非线性）的灵敏度接近于OFDM，并且它们用适当的补偿方法的抑制导致相对于现有技术而言，性能差距很小，甚至没有。

7.2.2 通用滤波OFDM

通用滤波OFDM，也称为通用滤波多载波（UFMC），是公知的4G波形CP-OFDM的。它对每个子带滤波，而不是使用CP。这样做改进了频域中的单个子带的分离，允许根据给定的链路特性或服务要求独立地调谐每个子带。用于每个子带12个子载波的UF-OFDM的示例性设置的PSD（滤波器长度L=80，旁瓣衰减60 dB）和相应的时域UF-OFDM符号，如图7.11所示，与传统的OFDM相比，顶部的图强调了UF-OFDM信号的频谱抑制的显着改善，底部的图给出了 UF-OFDM 信号的时间定位，其定位在 FFT 窗口大小（由虚线描绘）内，并且其滤波器尾部在等于 OFDM 中的 CP 的持续时间内衰减到 0。

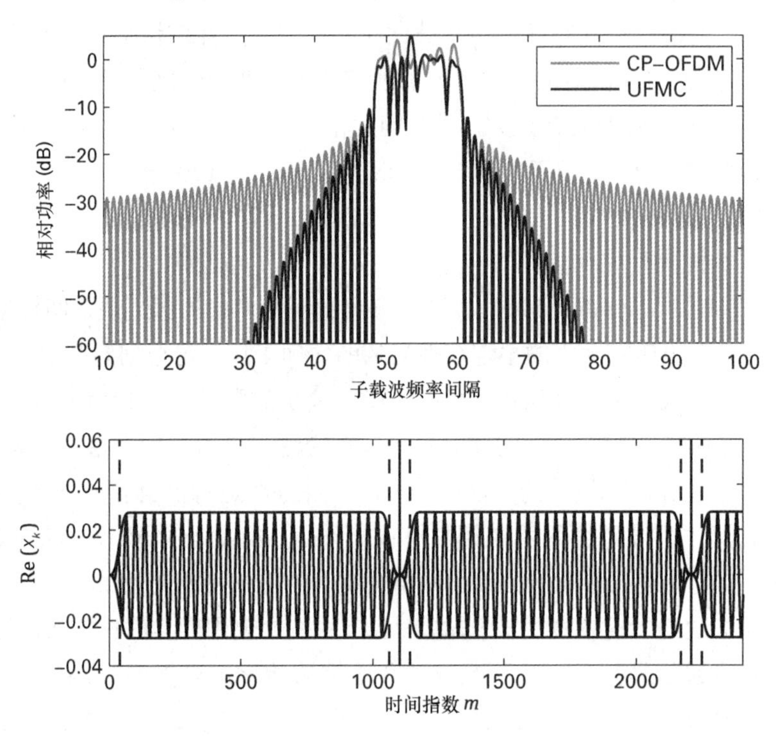

图 7.11 UF-OFDM 信号的功率谱密度与 OFDM 的比较（上）与时域中 UF-OFDM 信号（下）

图 7.12 描述了示例性的 UF-OFDM 收发机的框图，解释了信号生成的基本原理。注意，在文献 [24] 中提出了在频域中执行滤波的替代发射机结构，这样可以显著降低复杂度。用于用户 u 的特定多载波符号的时域发射向量 $\boldsymbol{S}_u$ 是子带方式滤波分量的叠加，其中滤波器长度为 L 和 FFT 长度为 N(为了简单起见，时间索引 k 被忽略)。

$$\boldsymbol{S}_u=\sum_{i=1}^{B}F_{iu}V_{iu}X_{iu} \tag{7.10}$$

对于索引为 i 的 B 个子带中的每一个子带，通过 IDFT 矩阵 $\boldsymbol{V}_{iu}$ 将在 $\boldsymbol{X}_{iu}$ 中收集的 ni 个复 QAM 符号变换到时域。根据总体可用频率范围内的相应子带位置的，$\boldsymbol{V}_{iu}$ 包括逆傅里叶矩阵的相关列。$\boldsymbol{F}_{iu}$ 是由滤波器脉冲响应组成的 Toeplitz 矩阵，执行线性卷积。到目前为止，使用了 ni=12，导致合理的性能测量并且与 LTE 参数兼容。然而，允许更宽的子带（例如，在保持滤波器设置的同时 *ni*=36），实现子带之间甚至更强的隔离。在叠加之后，信号被上变频和 RF 处理。检测器接收所有用户传输的噪声叠加。在转换到基带之后，可以选择性在时域中处理接收信号向量，例如，通过加窗，抑制多用户干扰，从而提高整体信号质量。在 FFT 转换到频域之后，可以使用针对 CP-OFDM 的任何过程，例如与信道估计和均衡有关的那些过程。

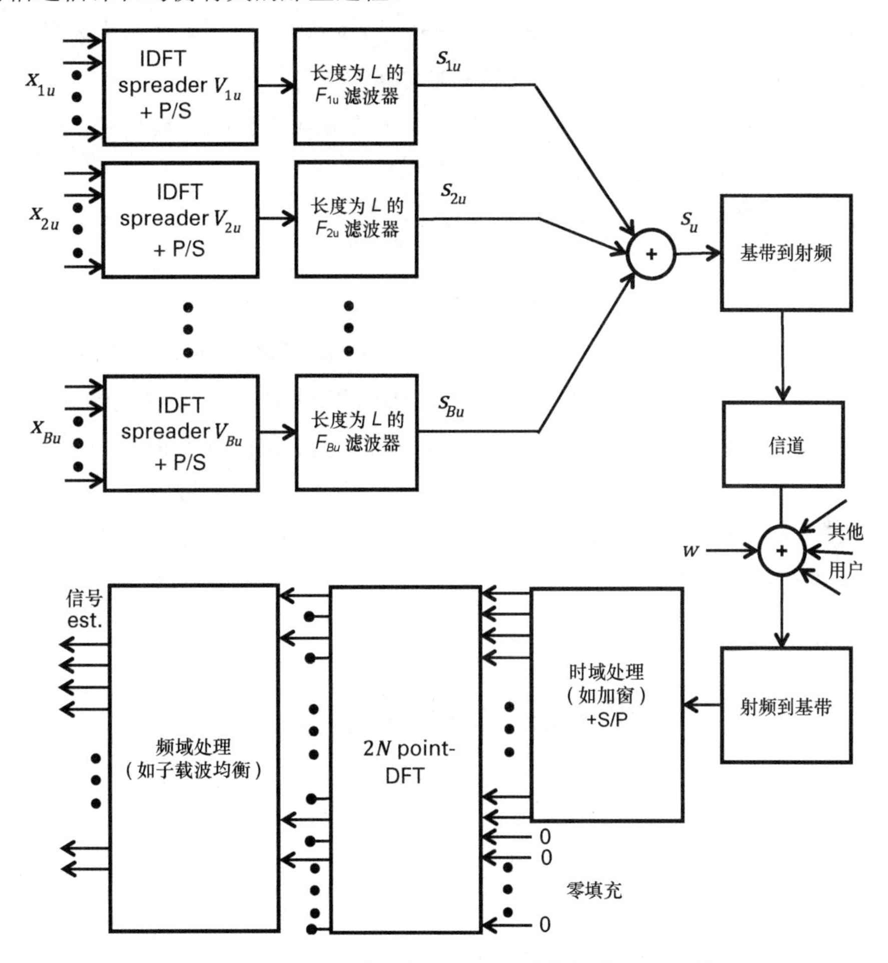

图 7.12　UF-OFDM 收发机（这里：接收机基于 FFT 处理）

我们通常习惯于假设 UF-OFDM 在背对背模式中丢失子载波之间的正交性。然而，这仅适用于遵循匹配滤波器原理的特定接收机类型。如果使用如上所述的基于 FFT 的接收机，则可以保持子载波之间的正交性（参见文献 [16] 中的证明）。

UF-OFDM 的关键特征是其与 OFDM 的向后兼容性，因为完全保持了 OFDM 信号结构。这允许重新使用为 OFDM 设计的所有方案而没有任何主要修改。此外，UF-OFDM 提供以下特征和优点。

➢ 支持相对于定时和载波频率的松散同步（源自例如应用开环同步和便宜的振荡器），可以使：（1）有效地引入 MTC 业务而不引入严重的干扰[25]；（2）CoMP 联合传输和联合接收[26]。

➢ 由于 UF-OFDM 的良好时间定位（类似于 CP-OFDM），支持短突发传输而不引入过多的信号开销，同时改善子带级上的频率定位[27]。

➢ 支持子带中的动态子载波间隔，使得符号周期与信道相干时间匹配，减少时延并改善 PAPR，详细的研究可以在文献 [16] 中找到。

➢ 与 CP-OFDM 相比，因为需要更少的频率保护，可以以更高的频谱效率实现分段频谱接入[27]。

由于在这里讨论的 UF-OFDM 版本中不使用 CP，当在长延迟扩展信道中发送信号时，正交性丢失。然而，对于合理的设置（例如 15kHz 间隔）和对于相关信道分布（如 eVEHA），相对于合理的 SNR 工作点的噪声，出现的符号间和载波间干扰低到可以忽略不计[28]。对于具有极端延迟扩展特性的信道，提倡使用零尾 DFT 扩展，或者，可相应地调整波形的参数。

对于基于 UF-OFDM 的整体系统设计，包括帧结构、同步机制、波形设计选项和多址方案，读者可参考文献 [29]。

7.3 用于高效多址的非正交方案

新型的多址方案允许通过在功率和码域中复用用户来使频谱超载，导致非正交接入，其中同时服务的用户的数量不再被正交资源的数量绑定。这种方法使连接的设备的数量增加 2 ～ 3 倍，并且同时获得高达 50% 的用户和系统吞吐量的增益。候选方案是非正交多址（NOMA）、稀疏码多址（SCMA）和交织分多址（IDMA）。所有方案可以与开环和闭环 MIMO 方案良好地组合，可以实现 MIMO 空间分集增益。如果在有大量 MTC 时使用，SCMA 和 IDMA 可以通过无授权接入过程进一步减少信令开销。

如 7.1.3 节所讨论的，上行链路多址信道的信息理论容量实际上可以仅在来自多个用户的传输在时间和频率上的相同资源上发生并且在接收机侧使用连续干扰消除或联合检测。对于下行链路广播信道，利用非线性预编码策略把向多个用户的传输叠加，是可以达到理论容量，但是这在复杂性和在发射机侧对非常精确的信道状态信息的要求通常被认为是不可行的。在下行链路中对多个用户的路径损耗都不同的情况下，结合在接收机侧的连续干扰消除使用叠加的传输是有益的。本节讨论的所有方案旨在利用实际移动通信系统的上行链路和下行链路中的非正交接入的这些潜在益处。

更确切地说，NOMA 直接使用叠加编码和 SIC 接收机，而不是与频率选择性调度组合，在某种程度上依赖于发射机处的信道状态信息（CSIT）。备选选项（名为 SCMA）允许对具有不同级别的 CSIT 的系统的灵活使用。称为 IDMA 的第三选项的目的在于改进 CDMA 的扩展码以提供进一步的编码增益并且使用具有合理复杂度的接收机，如迭代接收机。这种方案可以在具有或不具有最优功率和速率分配的情况下工作，因此适合于不具有 CSIT 的系统。还有其他方法来改进多址方案，但这三个选项将在后续更详细地解释。

7.3.1　非正交多址（NOMA）

NOMA [30] 的主要思想是利用功率域，以便在相同的资源上复用多个用户，并且在接收端依靠诸如 SIC 的高级接收机分离多路复用的用户。如 7.1.3 节所述，它基本上是结合高级调度，直接实现的重叠编码与 SIC 的理论思想。NOMA 假定 OFDM 作为基本波形，并且可以应用于例如 LTE 之上，但是基本思想不限于特定波形。应当注意，CSIT 的所需范围相当有限，即，关于 SNR 的一些信息足以进行适当的速率和功率分配，并且不需要像 MIMO 预编码所需要的详细或短期 CSIT。这使得 NOMA 甚至适用于开环传输模式，诸如，例如高速移动下的开环 MIMO。主要目标场景是上下行的经典宽带业务，但是 NOMA 可以在提供一些低速率 SNR 反馈的任何场景中工作。为了说明基本思想，本节的重点将放在下行。

图 7.13 给出了发射机和接收机的下行 NOMA 的基本原理，并且在图 7.14 中给出了两个用户的不同的可实现容量区域。由于叠加和 SIC，具有发射功率 P_1，P_2 和信道系数 h_1，h_2 的两用户系统的可实现速率 R_1 和 R_2 变为如下公式所示，这里假设 $|h_1|^2/N_{0,1} > |h_2|^2/N_{0,2}$ [31]

$$R_1 = \mathrm{lb}\left(1 + \frac{P_1|h_1|^2}{N_{0,1}}\right),\quad R_2 = \mathrm{lb}\left(1 + \frac{P_2|h_2|^2}{P_1|h_2|^2 + N_{0,2}}\right) \tag{7.11}$$

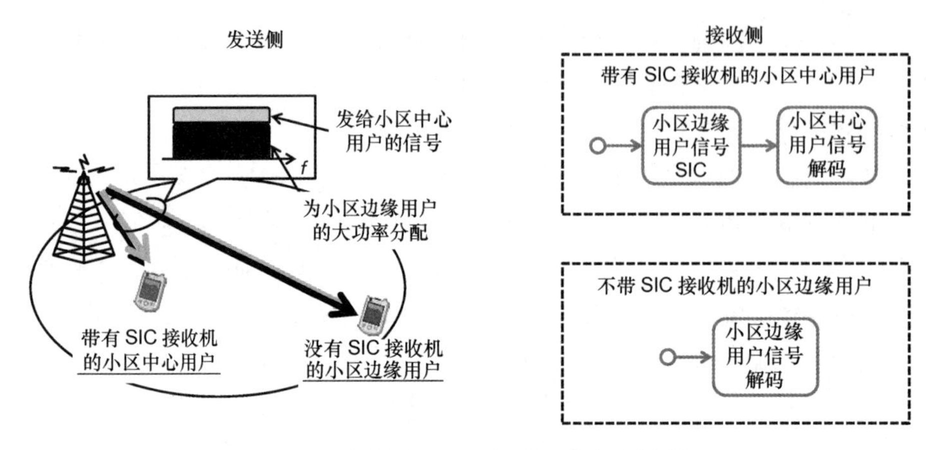

图 7.13　下行链路中 NOMA 的发射机和接收机

可以看出，每个 UE 的功率分配极大地影响用户吞吐量性能，并因此影响用于每个 UE 的数据传输的调制和编码方案（MCS）。通过调整功率分配比 P_1/P_2，基站（BS）可以灵活地控制每个 UE 的吞吐量。

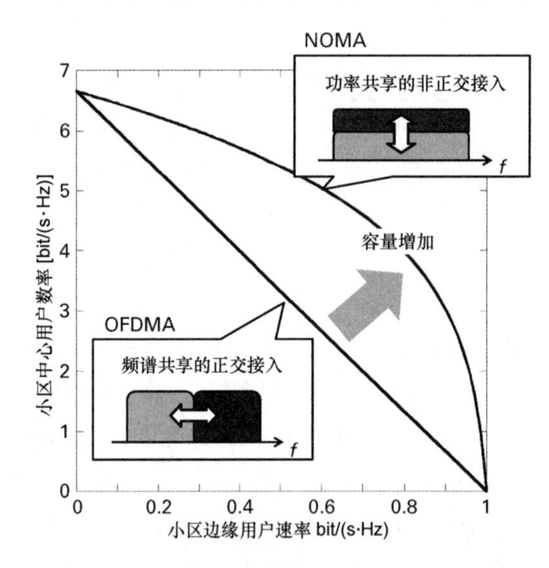

图 7.14　在下行链路中 NOMA 的容量区域

在小区中具有几个用户并且每个用户具有不同信道条件的实际系统中，一个挑战是如何对叠加在特定时间 / 频率资源上的用户进行分组，以便最大化吞吐量。当用户数量和可能的资源增加时，用户分组的最佳调度将变得不可行，因此需要次优方案。

在文献 [32] 中提出了在实际设置中进行这种分组的有效算法，如图 7.15 所示，可以在小区和小区边缘吞吐量方面观察到与 OFDMA 相比获得的增益。NOMA 可以同时提高小区吞吐量和小区边缘吞吐量，并且可以通过在调度中使用的公平性参数 α 来控制这两个测量的优先级。作为示例，对于 1Mbit/s 左右的目标小区边缘吞吐量，总小区吞吐量可以增加 45%，或者对于 55Mbit/s 左右的给定小区吞吐量目标，小区边缘吞吐量可以大致加倍。

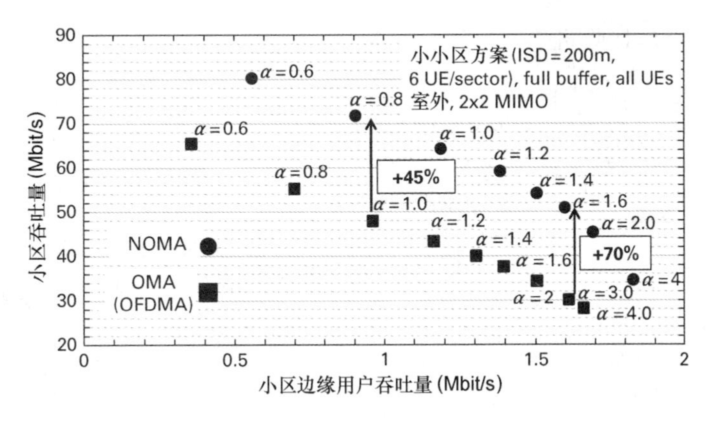

图 7.15　与 OFDMA 相比，NOMA 增加了小区吞吐量和小区边缘吞吐量

由于 MIMO 在未来的无线通信系统中仍将是高吞吐量的主要实施手段，因此多址与先进 MIMO 方案的兼容性至关重要。多个文献对最相关的 LTE 特征的适用性进行了深入分析，表明 NOMA 可以与单用户 MIMO（SU-MIMO）[33] [34] 以及 MU-MIMO 很容易地组合。进一步的结果可以在文献 [9] 和 [16] 中找到。

7.3.2　稀疏码多址（SCMA）

稀疏码多址是非正交码和功率域复用方案，其中数据流或用户在下行链路（DL）或上行链路（UL）中复用在相同的时间 / 频率资源上。信道编码比特被映射到稀疏多维码字，并且由一个或几个所谓的层组成的不同用户的信号被叠加并且承载在 OFDMA 波形上，如图 7.16 所示。因此，层或用户在码和功率域中重叠，并且如果层的数量高于码字长度，则系统过载。与 CDMA 相比，SCMA 应用更先进的扩展序列，通过码本的优化来提供更高的编码增益和附加的成形增益 [35]。为了实现高吞吐量增益，需要接近最优检测的高级接收机，如基于消息传递算法（MPA），其通常被认为太复杂而无法实现。然而，由于码字的稀疏性，可以显著减少 MPA 的复杂性，例如受到在稀疏图上工作的低密度奇偶校验（LDPC）解码器的启发 [36]，在 CSIT 可用的情况下，可以适当地适配功率和速率，因此也可以实现多址信道容量区域。与 NOMA 类似，SCMA 对 CSIT 的要求相当宽松，不需要全信道信息，仅需要信道质量以便支持 SCMA 叠加，使得它也能够应用于开环 MIMO 中。由于在如 NOMA 中的功率域叠加和在 CDMA 中的码域叠加的组合，SCMA 可以非常灵活地应用于基于调度的 DL [37] 以及基于非调度的 UL [38] [39]。然而，SCMA 需要更比 SIC 更复杂的接收机。

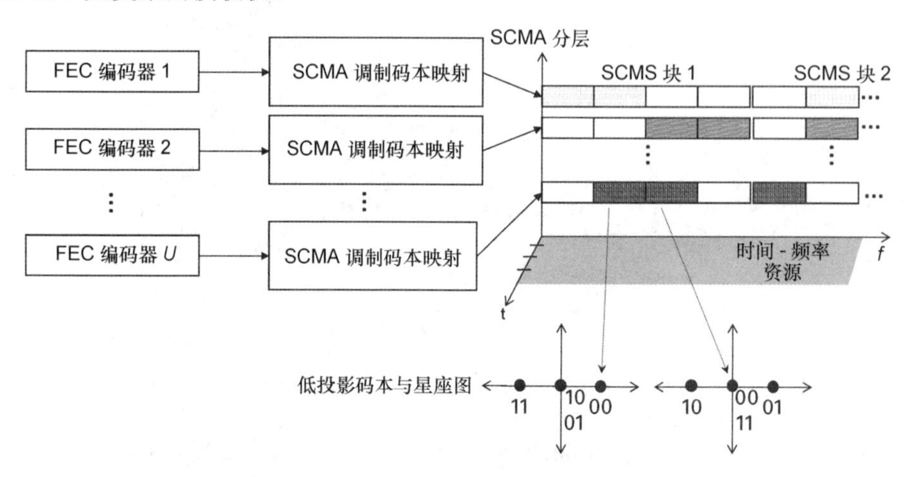

图 7.16　SCMA 发射机的示意图

在图 7.17 中，针对 SCMA 的可能应用场景，显示了大量部署传感器和制动器的场景的仿真结果。对于非延迟敏感的应用，对于失败的分组允许多达三次重传，比较了 LTE 基线和 SCMA。对于 SCMA，增益是由于没有 LTE 的动态请求和授权过程的基于竞争的传输，以及物理资源的 SCMA 重载。根据包大小，增益范围从在 125 字节有效负载的大约 2 倍到在 20 字节有效负载的 10 倍[9][39]。LTE 基线是具有 4x2 MIMO 的 LTE 版本 8 系统，假设 20MHz 带宽运行在 2.6GHz。

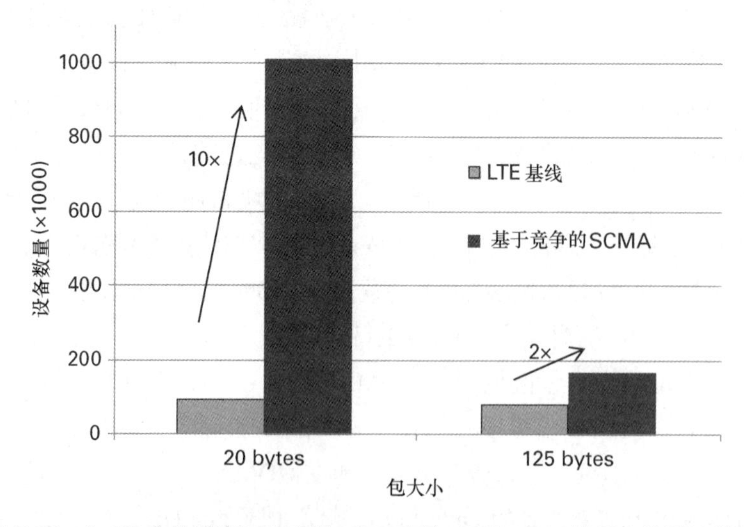

图 7.17　在 1% 包故障率下大容量 MTC 容量（以每 MHz 的设备数量计算的）

在使用全缓冲业务，且假定用户速度为 3km/h ～ 50km/h 的不同宏小区 MIMO 设置中，多用户 SCMA（MU-SCMA）相对于 OFDMA 的相对小区平均吞吐量和小区边缘吞吐量增益，在空间复用（SM）模式时为 23% ～ 39%，以及在使用 Alamouti 码的发射分集模式是为 48% ～ 72%。这些结果证实了 MU-SCMA 提供高吞吐量和高质量的用户体验的能力，其独立于用户的移动性状态和它们的速度。进一步的结果可以在文献 [9] 和 [16] 中找到。

7.3.3　交织分多址（IDMA）

IDMA [40] 旨在提高异步通信中码分多址（CDMA）系统的性能 [41]，提出了一种 turbo 类型的多用户检测器，包括最简单的接收机，如基本信号估计（ESE）或软 RAKE 检测机，其由软解调器组成，提供的性能与异步用户的复杂得多的线性接收机相当。基本框图如图 7.18 所示。

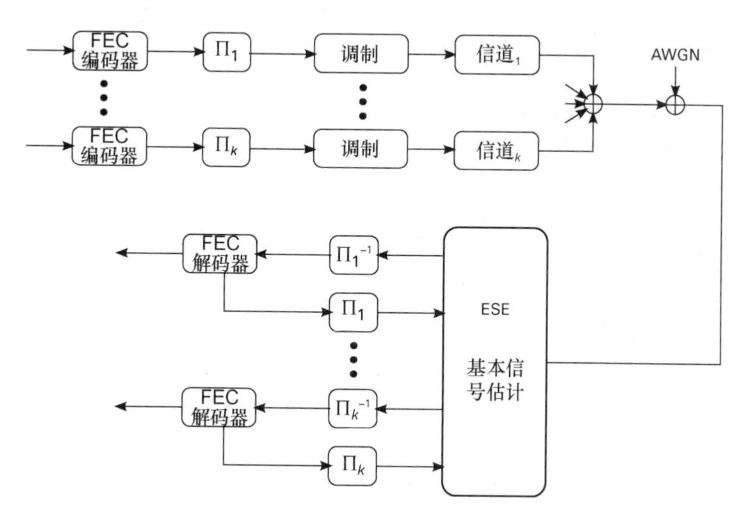

图 7.18　IDMA 系统的框图

与 CDMA 类似，IDMA 通过应用低速率信道码（在图中示为“FEC 编码器”）来对信号进行某种扩展。与 CDMA 的主要区别在于信道码不包含重复码，并且对于所有用户可以是相同的，而用户的区别由不同的交织器 Π_k 来实现；它们通常是系统的一部分以解耦编码和调制。扩展可以在时间上或频域中进行，如果假定多载波波形或 FDMA 的组合或 OFDMA，则频域可能是优选的。

由于使用迭代接收机而不是 SIC，IDMA 对异步性和次最佳速率和功率分配是顽健的，因此它特别适合于包括非调度通信的上行。由于在频域中的扩展，即使没有频率选择性调度也可以利用频率分集。作为特殊情况，如果使用适当的速率和功率分配，IDMA 可以类似于 NOMA。在这种情况下，迭代接收机降级为 SIC 接收机。

由于机器类型通信（包括具有非常短消息的传感器）的预期增长，确保完全同步的用户并将 CSIT 反馈到 BS 可能不太现实。对于用于长分组的同步和自适应传输，以及对于短分组没有 CSIT 的非同步传输，需要一个解决方案可以提供良好的折衷。由于对异步性的顽健性，这种共存场景可以由 IDMA 有效地支持 [42]。这里所示的结果考虑了共存情形，其中非严格同步的用户在特定频率资源中传输，而其他频率资源用于同步用户。FDMA 被假定为其中上行链路用户在频域中分离的基线。两个方案的实现速率是相同的。图 7.19 中所示的结果说明了与 FDMA 相比，IDMA 在编码误码率方面的优越性能。这证实了 IDMA 对松弛同步和次最佳速率和功率分配的情况的适用性，将在 5G 系统设计中发挥重要作用 [43]。

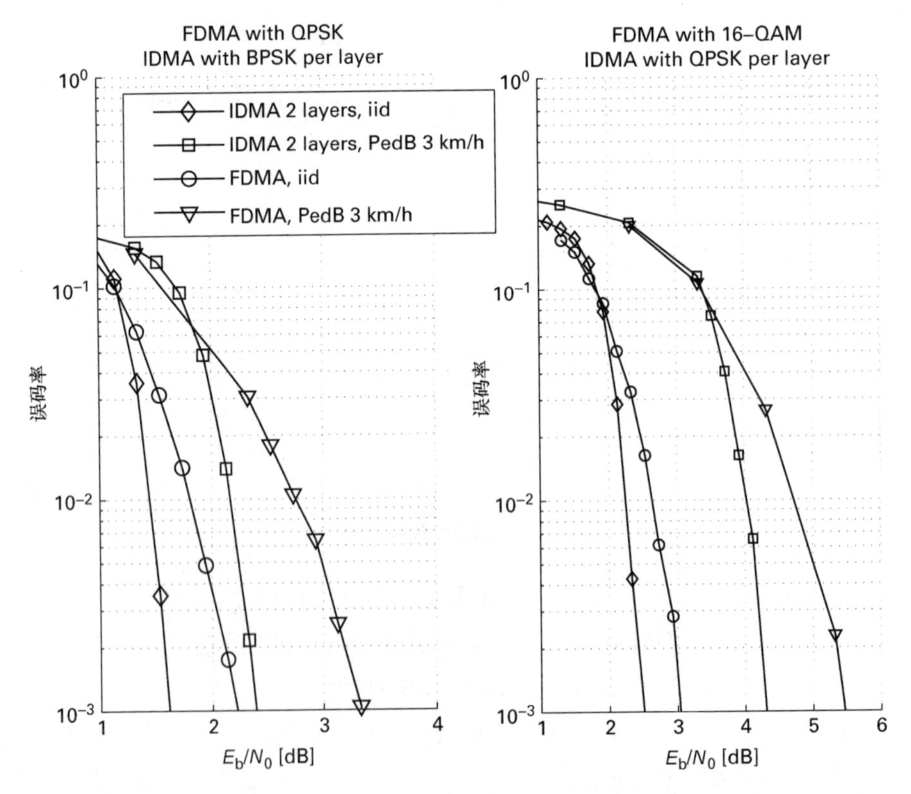

图 7.19　独立同分布（i.i.d.）和 Pedestrian B（PedB）信道模型的异步 FDMA 和 IDMA 的性能比较（相对延迟 0.45，码率 1/4，不同的调制方案）

7.4 密集部署的无线接入

小小区部署可以预见为实现具有每秒几千兆的极端数据速率需求的普遍存在的5G极端移动宽带（xMBB）的可能解决方案。由于短且多的可视的无线链路，更低的输出功率和对新频谱的接入，致密化可以实现能量高效的高数据速率传输。具有大量天线元件的高增益波束赋形提供额外的能量效率并且补偿在较高频率处的较高路径损耗。同时，减少来自使用相同物理资源的其他链路的干扰。

小小区的突发和可变业务导致需要有效的频谱使用和资源管理。时分双工（TDD）可以灵活且动态地将可用带宽分配给任何链路方向。此外，TDD具有较低的无线电组件成本，其不需要双工滤波器，与FDD相比可用带宽量更大，并且能够利用信道互易性。由于这些原因，TDD被认为是在5G xMBB中比FDD更有吸引力的双工方法。

5G数据吞吐量的大量增加导致需要传输和处理更大量的数据，因此对基带处理提出了更高的要求。基带系统可以通过减少等待时间来处理增加的吞吐量需求。因此，除了实现高数据速率之外，空中接口级别上的等待时间减少也变得至关重要，如帮助实现长的电池寿命。在需要几个TDD周期来传送一个控制或数据往返传输的调度TDD系统中，低空中接口等待时间尤其重要。在空中接口级别上，等待时间的要求提出了对快速链路方向切换和短传输时间间隔（TTI）长度的需求，进一步导致在更短的时间块和在更宽的频率块上的传输。

本节描述了针对密集网络中的xMBB服务的空中接口的概念，其特征在于高数据速率和减少的等待时间。协调的OFDM概念允许对于高达厘米波（cmW）和毫米波（mmW）频带的宽范围的载波频率使用统一的基带设计，能够在运行频率的范围上可缩放的TDD帧结构，同时促进能量高效的解决方案和低硬件成本部署。

7.4.1 小区部署的OFDM数字参数

7.4.1.1 协调的OFDM和可扩展的数字参数

为了满足增加频谱量，需要使用比现有4G适用频率更高的频率。为了简化终端复杂性，优选大的连续可用的频谱。或者，可要求用户聚集具有不同特性的多个频带。此外，诸如接入和自回程链路的不同链路类型的公共频谱使用将降低部署和硬件成本，提高部署灵活性和频谱使用效率。因此，空中接口设计需要协调，使得相同的框架可以与不同的链路类型一起用于不同的频带和带宽。为了在 xMBB 中实现这一点，因此提出遵循可扩展的无线电数字参数的思想，如第 6 章所示（图 6.10）。换句话说，当载波频率从常规蜂窝频谱向 cmW 和 mmW 范围增加时，所使用的带宽和子载波间隔同时增加，而 FFT 大小保持在一范围量化值内。在时域数字参数中进行类似的缩放，意味着 CP 长度可以根据载波频率进一步调整。

7.4.1.2 OFDM 时间数字参数

现有的 4G 标准（例如 LTE-A）不是为小小区环境设计的，并且在利用演进的技术时具有遗留限制。5G 小小区环境特性与演进的技术方面（例如减少 TDD 切换时间和增强的数字信号处理性能）使得能够使用更短和 5G 优化的时间数字参数[16]。在本章中，重点是介绍小小区数字参数特别是 cmW 频率，而 mmW 相关数字参数已经在第 6 章中给出。传输方向切换点会分配保护期（GP），以保证发射机来得及关断功率，并且以便补偿基于小区大小的往返延迟。事实上，在 cmW TDD 系统中运营的小小区中的 GP 所需的时间可以小于 0.6μs（对于大约 50m 的小区大小）[16]。在这种小小区情形中由于有限的传播延迟而不使用精确的定时控制过程（例如定时对准），并且由于 UE 与 DL 信号同步，因此需要在 CP 内补偿的时间不确定性可以是估计为双向最大传播延迟。因此，所需的总的 5G CP 时间可以估计为大约 1.0μs。在文献 [16]、[44] 中，通过研究不同信道模型（如室内热点和户外城市微信道）的 OFDM 频谱效率性能，进一步扩展了 CP 长度分析。这里还得出结论，1μs 的 CP 长度似乎足以克服在 cmW 频率范围内的从室内热点到至少室外微小区的信道中的信道延迟扩展。这引入了子载波间隔 60 kHz 的小于 6% 的开销。定时对准必须在较大的小区中使用以补偿传播延迟。

7.4.1.3 OFDM 频率数字参数

在用于密集部署（特别是在较高频带）的物理层设计中，具有大量天线元件的波束赋形是基本组件，这包括片内天线和集成射频硬件。使用这样的解决方案，如果使用当前可用的技术，相位噪声（PN）将对最大接收信噪比（SNR）设置了上限。这可以随着时间通过技术进步，通过使用大的 CP 开销的大的子载波间隔，或通过接收机对 PN 的估计和补偿来改进。补偿可以分为公共相位误差（CPE）补偿和全相位噪声补偿。CPE 补偿仅需要每个 OFDM 符号的单个相位误差估计，以便使用该单个估计去估算整个符号。另一方面，完全相位噪声补偿需要在每个 OFDM 符号期间跟踪 PN。对于有效的全相位噪声补偿，在每个 OFDM 符号中可能需要在系统带宽的某一部分上插入特殊相位噪声导频信号。接收机可以使用该已知信号来估计 PN，然后对其进行补偿。可以补偿发射机侧和接收机侧的 PN。图 7.20 说明了在带有和不带有 PN 补偿的情况下，在 mmW

和信道测量上的链路性能 [45] - [47]，包括 2 码流 MIMO 仿真中的两个流的单独曲线。分析表明，即使具有相对低的子载波间隔值，例如 360kHz，对于具有 0.180 dBc/Hz 的品质因数（FOM）值的良好振荡器，由于 PN 的性能损失对于 16QAM 和 2 码流 MIMO 是可以忽略的。对于 64QAM，损耗则较大，但是可以通过使用一些导频来估计相位误差的简单 PN 补偿来提高性能。至少在假设理想的信道估计下，对较低成本的振荡器和更具挑战性的传输方案，通过 PN 补偿获得相同的 PN 性能改进。基于对 OFDM 数字参数进行的初步分析，可以得出结论，即使对于 mmW 频率区域，估计的子载波间隔值仍然相当低，并且与所需的更短 CP 长度一起，开销可以保持在可行的限度。CPE 和不同的 RF 技术可以通过增加少量开销来解决，可以稍微增加子载波间隔以及增加用于载波间干扰估计的比较少的导频。有关详细信息，读者可参考文献 [16]。

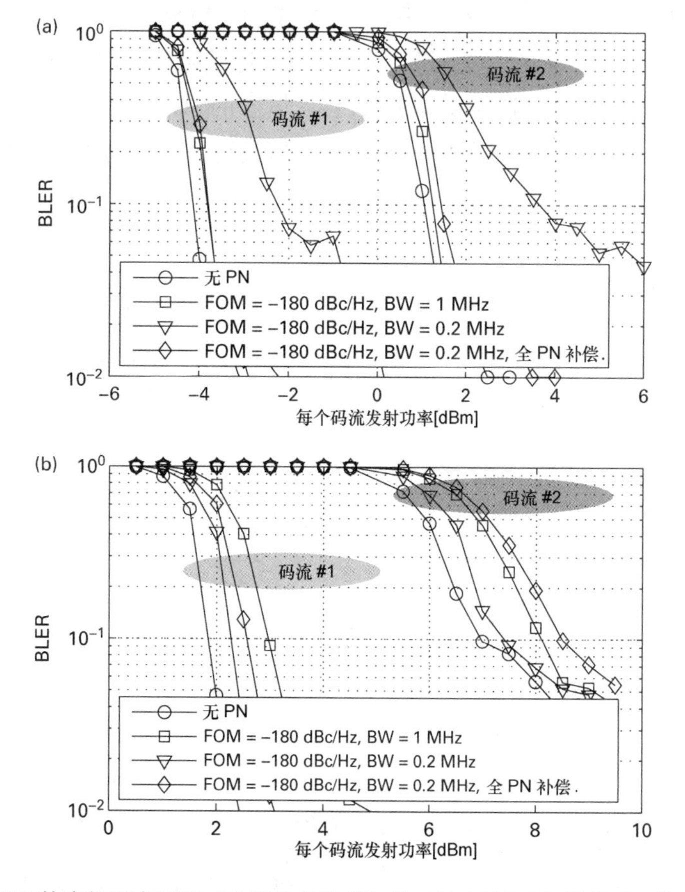

图 7.20　MIMO 仿真的两个码流（左和右曲线集）的 OFDM NLOS 下的 PN 的 BLER 性能：（a）16QAM，（b）64QAM

7.4.2 小小区子帧结构

7.4.2.1 小小区优化子帧结构的主要设计原则

之前介绍的密集部署优化的 TDD 数字参数使得能够使用较短的帧长度和设计小小区优化的物理帧结构，在发送和接收之间快速且完全灵活地切换（网络级性能评估可参见第 11 章）。用于小小区系统的 TDD 优化的物理子帧结构在图 7.21 中示出。这里，将双向控制部分嵌入每个子帧。这允许网络中的设备在每个子帧中接收和发送控制（ctrl）信号，诸如调度请求和调度许可。除了调度相关的控制信息之外，控制部分还可以包含参考信号（RS）和同步信号。一个子帧中的数据部分包含用于发送或接收的数据符号，以便简单地实现。用于估计信道和干扰协方差矩阵的解调参考信号（DMRS）符号位于动态数据部分中的第一个 OFDM 符号中，并且可以用与数据相同的向量 / 矩阵来预编码。从保护和控制开销的观点来看，短子帧长度如当假定子载波间隔 60kHz 时在 cmW 频率上 0.25ms 是可行的 [16]。通过遵循协调的 OFDM 概念的原理，当移动到 mmW 时，帧数字参数被进一步缩放，导致甚至更短的帧长度，如大约 50μs。在频率方向上，频谱可以被划分为单独的可分配频率资源。

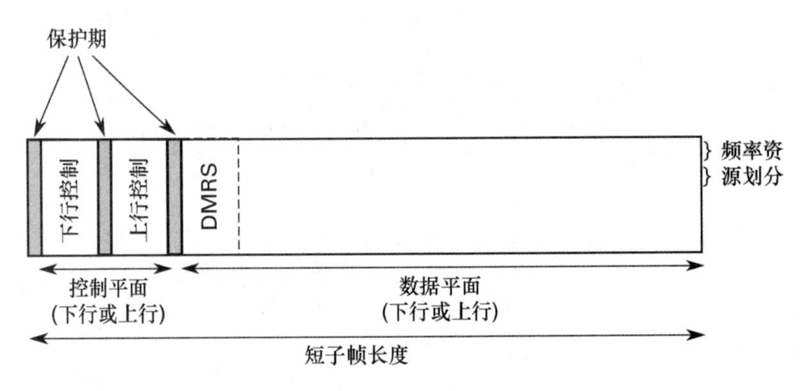

图 7.21 小小区优化的子帧结构

7.4.2.2 控制部分设计原则

多小区传输和大规模 MIMO 或这些的组合是实现 5G 容量目标的基本启动器，因此，还需要由控制信号和 RS 结构来支持。因此，除了广播 /PDCCH[1] 类型的控制之外，还需要对具有设备特定预编码的 EPDCCH[2] 类型的控制信令以及对频域调度的支持。这两种

---

[1] 在 3GPP 版本 8 中的 PDCCH 使用小区特定参考信号（CRS）用于解调，不允许 UE 特定波束赋形。

[2] 在 3GPP 版本 11 中引入 EPDCCH，以便支持增加的控制信道容量和频域 ICIC，以实现控制信道资源的空间重用，以及支持波束赋形和 / 或分集。解调基于用户特定的 DMRS（使用盲解码）。

控制类型都需要自己的 RS 信号。如图 7.21 所示，控制符号（包括 PDCCH 和 EPDCCH 类型的控制）位于数据符号之前。这是为了允许接收机中的快速和成本有效的流水线处理，并且如果没有为该用户调度数据，则允许设备跳过剩余的子帧（DRX）。因此，可以相对于 LTE-A 实现处理和能量消耗减少。在 LTE-A 中，EPDCCH 与数据频分复用，破坏了处理流水线。

7.4.2.3　子帧结构特性及增益

5G 小蜂窝优化的物理 TDD 子帧结构实现了相对于现有 4G 技术提供增益的多个属性。这些属性和提供的灵活性不仅适用于接入链路，而且适用于小小区环境中的其他通信类型，例如回程、D2D 和机器类型链路。将子帧的数据部分分配给 DL 或 UL 方向的可能性实现了用于数据传输的完全灵活的 UL/DL 比率切换。与 TDD LTE-A 相比，减少的保护开销（例如降低的 GP 和 CP）以及 UL/DL 比的灵活性提高了每链路方向的最大可实现的链路频谱效率。嵌入在每个子帧中的简化的双向控制平面使得控制信令独立于分配到 UL 或 DL 的数据部分。此外，可以利用不依赖于 UL/DL 比的固定 HARQ 定时来实现清晰的 TDD 混合自动重复请求（HARQ）方案。因此，所提出的方案降低了 TDD HARQ 复杂度并且相对于 TDD LTE-A 减少了相关的 HARQ 延迟。通过使用提出的 5G 子帧结构，可以实现小于或等于 1ms 的总 HARQ 往返时间（RTT）[16]。减少的 HARQ 等待时间导致使用较少的 HARQ 过程，进一步减少了所需的接收机 HARQ 缓冲器的数量，从而导致较低的存储器消耗和设备成本。此外，由于较短的 TTI 长度，减少的 HARQ RTT 和通过流水线处理实现的较短的 BS 和 UE 处理时间，可以减少用户平面的延迟。用户平面延迟 [48] 在这里被定义为单向传输时间，即服务数据单元（SDU）分组从发射机的 IP 层发送到接收机的 IP 层需要的时间。针对 cmW，表 7.2 中给出了 5G 小小区概念的用户平面延迟和与 LTE-A [49] 的比较。可以得出结论，可以相对于 LTE-A，用户平面时延降低为大约 1/5。

表 7.2　具有 10%BLER 的 TDD 用户平面延迟

时延组成	DL		UL		
	5G 小小区 (cmW)	LTE-ATDD	5G 小小区 (cmW)	LTE-A TDD	LTE-A FDD
BS 处理	0.25 ms	1 ms	0.25 ms	1 ms	1.5 ms
Frame 定位	0.125 ms	0.6 ～ 1.7 ms	0.125 ms	1.1 ～ 5 ms*	
TTI 时间	0.25 ms	1 ms	0.25 ms	1 ms	1 ms
UE 处理	0.375 ms	1.5 ms	0.375 ms	1.5 ms	1.5 ms

续表

时延组成	DL		UL		
	5G 小小区 (cmW)	LTE-ATDD	5G 小小区 (cmW)	LTE-A TDD	LTE-A FDD
HARQ 重新传输 (10% × HARQ RTT)	0.1 ms	0.98 ～ 1.24 ms	0.1 ms	1.0 ～ 1.16 ms*	0.8 ms
总时延	约 1 ms	5 ～ 6 ms*	约 1 ms	6 ～ 10 ms*	约 5 ms

* 取决于 TDD 的配置

由于允许在每个子帧的控制部分中嵌入同步信号的帧结构，可以由网络设备实现非常快速的网络同步。

通过利用快速网络同步和减少的控制和数据平面延迟，可以实现设备睡眠和活动模式之间的快速转换，进一步降低总能量消耗 [44]。关于电池寿命的简单理论分析如图 7.22 所示 [50]。利用所提出的子帧结构，与 LTE-A 相比，可以实现相当低的能量消耗。

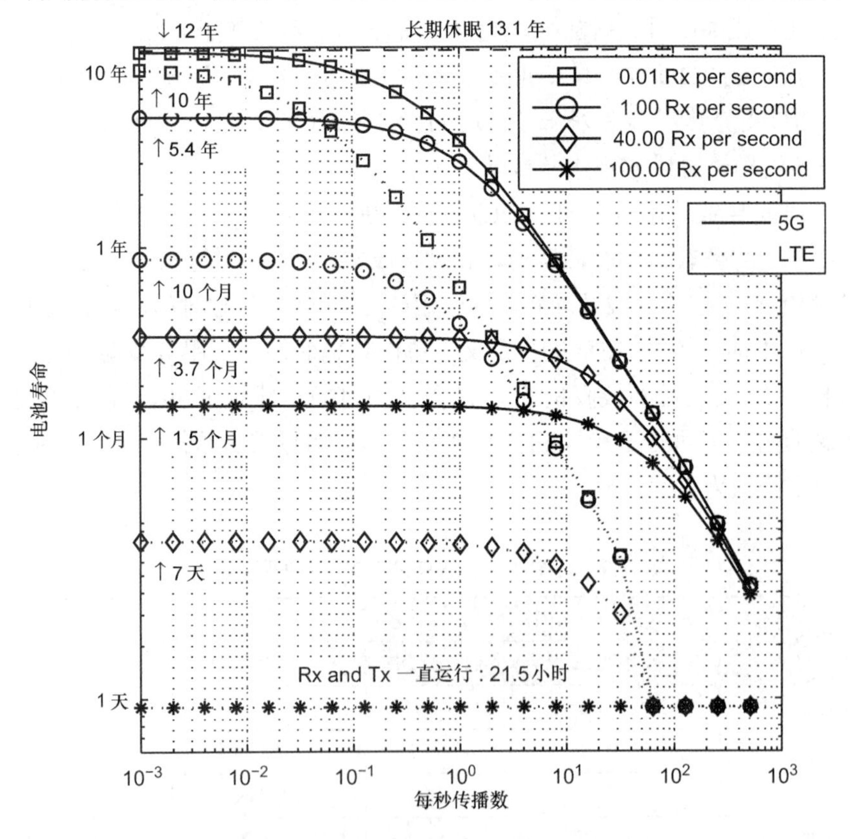

图 7.22　针对不同接收（Rx）机会的 LTE 和 5G 小小区概念之间的电池寿命时间比较

此外，所提出的子帧结构允许（UL/DL）对称 DMRS 设计。DMRS 可以被嵌入例如数据部分中的第一符号。由于链路之间的 DMRS 符号完全对准，可以设计链路之间的正交参考信号，能进一步使用高级接收机[16]。

7.4.2.4 自回程和多天线方面

为了支持增加的用户数据速率，可能希望为稠密的 BS 提供高容量回程，将 BS 通过其他 BS 无线地连接到一个或多个聚合节点。可能需要 UE/BS 之间的多跳中继，以便为最高比特率提供改进的覆盖。此外，接入点的网格中的多跳将提供针对单个节点的故障的顽健性。中继方面在第 10 章有更详细的讨论。

对于要部署在高频带中的小小区，由于较小的无线电波长，甚至在具有小物理尺寸的节点中也可以植入相当多数量的天线元件。虽然具有空间复用的 MIMO 或波束赋形在较低频率也是可行的，但预期 mmW 频率处的密集部署网络主要依赖波束成形来满足链路预算并达到某个期望的吞吐量。使用极化分集，即使对于 LOS 链路也可以复用两个层，并且一个 UE 的最小假设是接收两个空间层。使用不同反射链路，可以实现更高的层空间复用。此外，高增益波束赋形是链路的空间隔离的有效手段，这样利用简单和低成本接收机也可以获得频率复用。在文献 [16] 中对于具有 9 个 Tx-Rx 链路的小型开放办公环境进行的仿真表明，在 60GHz 载波频率下，2GHz 带宽可以达到 14 ～ 22Gbit/s/ 链路（原始比特）的信道容量，这里使用 64 个发射天线元件和 16 个接收天线元件，以及具有最大比合并（MRC）接收机的单流接收。大规模天线解决方案在第 8 章中有更详细的介绍。

7.5 V2X 通信的无线接入

本节将重点介绍车辆到任何（V2X）通信的特定无线接入的考虑。为了提供可靠的 V2X 通信，需要在 OSI 栈的各层中改进用于 V2X 的技术组件。本节重点在于介绍 MAC 层，或者更准确地说，移动网络的自组织 MAC。

应当注意，对超可靠服务的接入可以由超可靠通信（URC）框架来规范。部分地，这通过引入指示符来通知应用当前通信链路是否是可靠的[51]-[53]。有关 URC 主题的更多细节可以在第 4 章中找到。

此外，值得一提的是，其他重要的技术组件将有助于实现 V2X 的可靠性。例如，与现有技术解决方案相比，V2V 场景中的信道预测和信道估计提供了显著的性能改进[54][55]。

移动节点的媒体接入控制

V2X 通信可以通过 D2D 链路或通过传统的上行链路 / 下行链路。某些服务，例如交通安全和交通效率，依赖于彼此靠近的车辆之间的 V2V 通信。对于这些服务和类似的 V2X 服务，使用 D2D 链路是有吸引力的。此外，当对固定基础设施（固定基站）有限连接或没有连接时，服务的安全可靠性要求链路也可工作，因此，期望具有可以应对不同程度的网络连接性的灵活 MAC 方案。在一种极端情况下，没有网络连接，自组织 MAC 方案是唯一的替代方案，即没有预先分配的中央实体来控制媒体接入的方案。由于网络拓扑在车辆网络中是相当动态的，因此使用需要最少协调的方案是有吸引力的。用于自组织 V2V 通信的当前的现有系统基于 IEEE 802.11 MAC，即载波侦听多路接入（CSMA）。不幸的是，CSMA 不能很好地缩放，即随着信道负载的增加，性能会急剧下降。更好地可扩展的方案是编码时隙阿罗哈（CSA）。在下文中，给出了如何适应 CSA 以保证等待时间（这对于标准 CSA 是不可能的）。此外，还研究广播到广播的情况，即当彼此附近的所有车辆想要彼此广播分组时。由于使用了时隙方案，因此假定节点（车辆）能够以足够的精度建立时隙和帧同步。帧持续时间适应于等待时间要求。也就是说，帧持续时间等于 MAC 层延迟预算。时隙持续时间也必须足够长以携带完整的分组。该方案类似于 7.6.3 节中描述的方案，区别在于该方案为支持广播到广播通信而设计。

正如在常规 CSA 中，节点在一个帧期间发送具有相同有效载荷的多个分组。根据节点度分布$\Lambda(x)=\sum_{k=1}^{N}p_k x^k$，在每个帧的开始处随机选择某个节点在帧中发送的分组的数量。其中p_k是在k个时隙中发送的概率，N是帧中的时隙的个数。在帧上随机并均匀地选择传输时隙。因此，时隙可以包含零个，1个或多于1个分组。此外，假设并且仅当在时隙中没有冲突时，接收机可以解码分组。这样的时隙被称为单片时隙，该过程的示例在图7.23中。这里，5个用户在8时隙帧中发送2或3次。如图所示，存在从时间$3T$开始的单个时隙，并且存在两个空时隙。

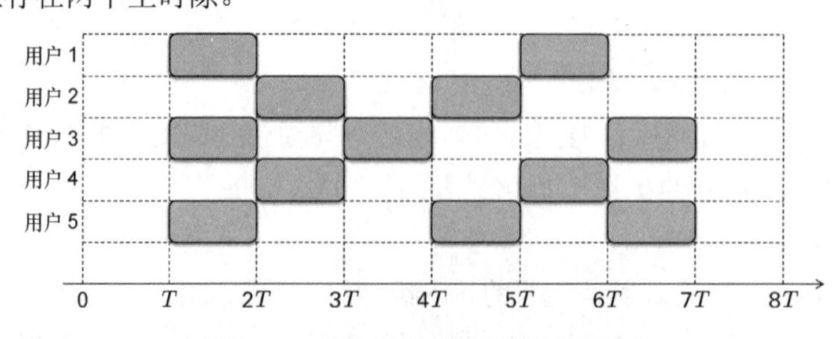

图 7.23　CSA 随机时隙分配的示例

尽管存在大量的冲突，但是在该示例中，接收机可以通过遵循以下过程来恢复所有发送的分组。

解码的分组包含指向包含分组副本的时隙的指针。接收机从这些时隙中消除这些分组，这可能显示新的单独（即可解码）时隙。这个解码和消除过程继续，直到不再显示新的单独时隙。因此，整体分组错误率为 $P_e=1-K_{dec}/K$，其中 K_{dec} 是解码用户的数量，K 是用户的总数[56]。

图 7.24 中的仿真结果是具有 NT=100ms 长帧的系统，其中选择时隙持续时间 T，这样使得完整的分组适合于一个时隙。考虑两个分组长度：200 字节和 400 字节，分别意味着 N=315 和 N=172，这里使用了 802.11p 协议开销和 6Mbit/s 的数据速率，这是用于交通安全应用的 802.11p 的默认速率。对于 N =172，节点分布由 $\Lambda(x)=0.86x^3+0.14x^8$ 给出，对于 N=315 由 $\Lambda(x)=0.86x^7+0.14x^3$ 给出。通道负载被定义为 $G=K/N$。如图 7.24 所示，对于 N=315，当包错误率为 10^{-3} 时，CSA 可以支持比 CSMA 多 125% 的用户数据，而 N=172 时的增益约为 75%[57]。

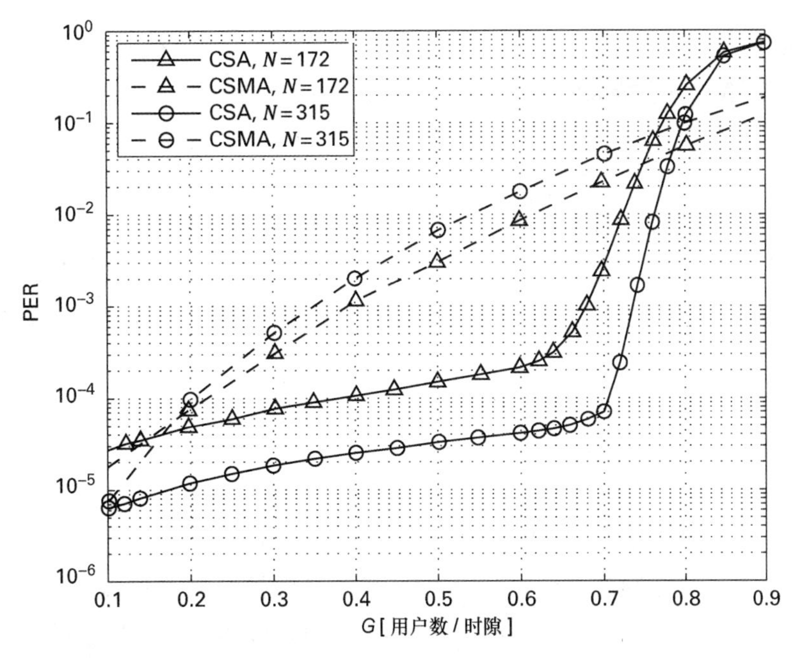

图 7.24　与 CSMA 相比，具有 N 个时隙的 CSA 的包错误率与信道负载的关系

7.6 用于大规模机器类型通信的无线接入

为了解决第 4 章中讨论的大规模 MTC（mMTC）的挑战和特性，需要新的无线接入技术。第 7.3 节中讨论的非相干多址方案为 mMTC 提供了基础，但是大规模接入问题需要新颖的 MAC 协议和 PHY 层算法，而不仅仅是处理大量用户的接入技术。因此，本节重点介绍用于大量设备的竞争或基于预留的接入的 MAC 和 PHY 方案。作为 LTE RACH 的扩展，针对大分组包的 mMTC 讨论了编码接入预留。为了减少小分组包 mMTC 的信令开销，避免了调度的接入，并且由编码随机接入来替换。该替代接入方案利用遵循码类型的重复传输来实现解决冲突。这种新颖的 MAC 方案的关键组成部分是在接收机处的合适的物理层处理，以解决已经在 PHY 层上的潜在冲突。为此，讨论了基于压缩感知的多用户检测（CS-MUD），因为它提供与 MAC 协议的自然协同，以实现形成一个高效接入大量 mMTC 设备的强大技术。评估显示，与 LTE RACH 相比，该方案支持设备数量增加了 10 倍。

7.6.1 大规模接入的问题

本节中讨论的 5G 的核心问题是大量设备的媒体接入控制。在下文中，分析 LTE 随机接入信道（RACH）的限制以给出对新的 MAC 解决方案的需求。此后，考虑与 mMTC 有效载荷大小相比的 MAC 信令开销。之后，简要概述了 5G MAC 解决方案的要求。注意，这里假设了关于 LTE（P）RACH 定义和过程的知识，有关详细信息，请参考文献 [57] ～ [60]。

7.6.1.1 LTE/LTE–A RACH 限制

为了获得对 LTE 基站的接入，每个用户必须首先通过随机接入过程来接入系统，以使他自己知道该网络并获得执行它的通信的资源。与 UMTS 相反，LTE RACH 不允许直接数据传输，这样即使最小的消息也需要首先被调度。LTE RACH 过程的基本概述是众所周知的，图 7.25 做了简要总结。初始消息 msg1 是随机的 Zadoff-Chu 序列，其同时充当 ID 和顽健的物理层方案。如果基站（eNodeB）成功识别该序列，则其确认其 ID 并且提供用于与用户进一步通信的一些资源。然后，使用为 ID（不是用户）提供的物理资源块（PRB）来发送第二用户消息msg3。仅在RRC连接请求之后，用户是已知的，从而使用共享信道。

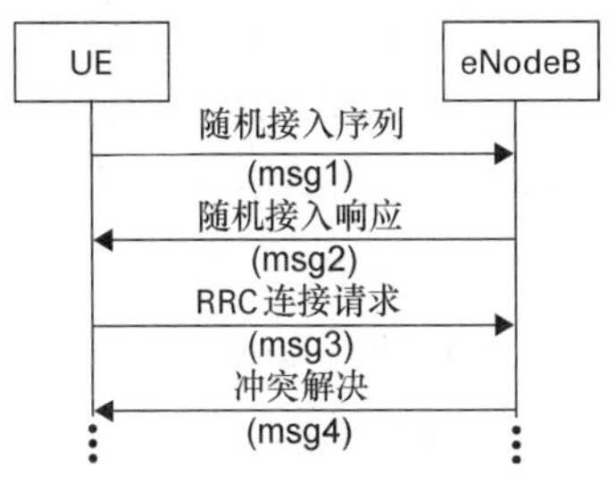

图7.25 LTE RACH过程的概述

这种方法的主要优点是Zadoff-Chu序列对噪声的高顽健性以及通过PRACH设计中的传播延迟和定时偏移来适应异步接收。一旦建立了连接，基站就可以通过调度来完全控制接入。然而，如果多个用户试图同时获得接入，每个用户使用随机序列，则可能发生冲突。如果两个用户使用完全相同的序列，并且基站在msg1之后不能识别这一点（导致没有确认），则两个用户将在相同的资源中发送msg3，因此再次冲突。因此，可以以最坏情况性能估计的msg3冲突的数目的简化方式来分析LTE RACH。

图7.26显示了使用64个Zadoff-Chu序列的单个PRACH时隙有越来越多的竞争用户时发生这种冲突的概率。LTE提供了不同的PRACH配置以适应不同的小区大小和小区负载，但是这个简单的示例已经表明，如果许多用户正在争夺接入，则成功接入的概率迅速减小。增加PRACH时隙的数量可以减少每时隙的用户数量，并且可以用于中等级别的机器类型设备接入。然而，即使这样，考虑到大规模接入问题和增加的冲突，也具有其限制，这导致重试和进一步拥塞。因此，需要新的策略来解决接入预留问题，这在7.6.2节中讨论。

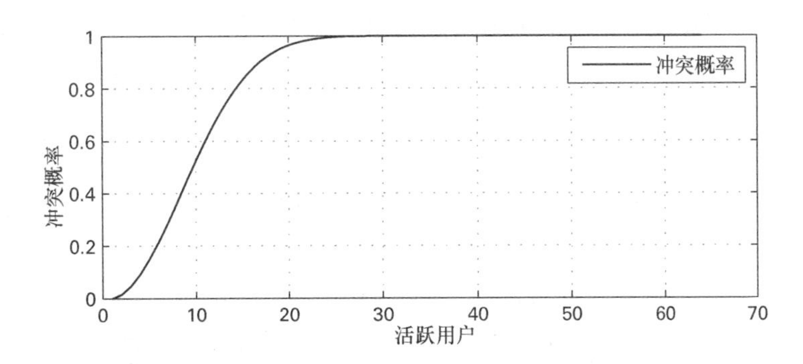

图7.26 RRC连接请求（msg3）冲突的概率与一个LTE PRACH时隙中并发活动用户数量的比较，这里假设使用64个Zadoff-Chu序列

7.6.1.2 mMTC的信令/控制开销

除了所讨论的纯接入策略之外，在接入设计中还必须考虑第二个方面：有效载荷大小（参见第4章中的4.2.1节）。根据用户需要发送的数据量，由诸如LTE-PRACH的接

入预留方案引入的信令开销可能变得过高。

LTE/LTE-A 建立连接和发送数据分组所需的确切信令 / 控制开销很难量化，因为需要在用户（安全地）连接到网络之前完成大量的不同的过程，同时请求资源并最终发送其数据。此外，它取决于用户的先前状态（第一连接，唤醒等）。因此，mMTC 的 MAC 层上连接的 RACH 过程的总相关开销建模仅考虑 msg3。注意，在这个意义上的任何比较肯定有利于 LTE，并且实际的增益甚至可能更高。

回到有效载荷大小，用于 mMTC 的 5G MAC 实际上必须解决两个问题：（A）用于大分组包的高效接入策略，（B）用于小分组包的有效接入策略。问题（A）发生于高数据速率的 MTC 应用，例如图像或视频上传，大量测量数据集，并且类似于由基于人的通信驱动的当前使用的情况。潜在的解决方案是扩展接入预留，这将在 7.6.2 节中讨论。然而，问题（B）描述了 MTC 的主要部分，其中短状态更新，单个测量，控制消息等导致大量的小分组包。这里，需要比接入预留和调度更简单的方法来避免拥塞。为此，将讨论基于竞争的具有直接数据传输的随机接入策略。这种策略通常称为“直接随机接入”或“一次传输”，利用新的媒体接入控制方案以及新颖的物理层算法来有效地解决大规模接入问题。

7.6.1.3 5G 性能的 KPI 和方法

考察用于 5G 的新 MAC 解决方案的第一步是性能度量，这个性能度量允许与当前技术状态（LTE）的公平比较。由于这里提出两种可能的接入解决方案，需要两种方法。对于 7.6.2 节中给出的扩展接入预留策略，使用了 MAC 协议的效率用于一般比较，由下式给出

$$\rho = \frac{pU}{N} \tag{7.12}$$

这里，U是在一个竞争周期中接入系统的所有用户的数量；p是用户的成功概率；N是用于竞争的资源的数量。

然而，对于 7.6.3 节中给出的直接随机接入方案，这种“每时隙”测量是不够的。该方案促进直接数据传输，而 LTE 接入预留协议仅促进接入并且使用单独的资源用于数据传输。因此，必须考虑两个方面：（1）在时间和频率方面的实际资源需求应被考虑，以给出两个方案的“每资源”比较；（2）实际物理层性能现在与整体 MAC 性能相关。将可用于直接随机接入的时间 / 频率乘积固定为等于 LTE PRACH 和数据传输，即标准中定义的所需 PRB 和 PRACH 资源，来解决第一个方面的问题。第二方面通过数值仿真来考虑直接随机接入方案的物理层性能，但这里假设 LTE 数据传输是无错误的。注意，

这次再次 LTE 有利，并且所呈现的结果因此仅示出在 LTE 上的“最坏情况增益”。

7.6.2 扩展接入预留

考虑如图 7.25 和图 7.26 所示的问题（A），LTE 接入预留方案的主要限制是有限的竞争空间，即用于每个 PRACH 时隙的 msg1 的正交 Zadoff-Chu 序列的有限数量。如果竞争用户 U 的数量接近序列 L 的数量，则冲突概率接近 1，实际上将不服务用户。一方面，简单地增加时隙数量不能解决这个问题，因为每个 PRACH 时隙被独立处理，并且用户将再次冲突。另一方面，增加 Zadoff-Chu 序列的数量需要更多的资源用于接入预留，并且可能需要改变 LTE 帧结构定义。

为了以 LTE 帧兼容的方式扩展竞争空间，并且不需要用于 PRACH 的附加资源，编码接入预留已经被提出[61]-[63]。编码接入预留收集多个 PRACH 时隙并联合处理检测到的 Zadoff-Chu 序列。因此，每个竞争用户可以在多个时隙中发送多个随机序列，以构造扩展竞争空间的更大的竞争码字。这种方法的缺点是引入所谓的“虚拟码字”，这是不被任何用户使用的 Zadoff-Chu 序列的联合，但仍然可以从 PRACH 时隙观测中扣除。

图 7.27 描绘了使用具有 64 个正交 Zadoff-Chu 序列的 4 个 PRACH 时隙的编码接入预留方案在（7.12）中定义的 MAC 效率，每个序列实现更大的竞争空间。此外，独立地使用 PRACH 时隙的基本 LTE 方案用来比较。可以看出，对于 440 个激活用户的用户负载，标准 LTE PRACH 提供了最佳性能。然而，超过 440 个活动用户，编码接入预留总是优越的。最重要的是，编码接入预留在大量的激活用户数上显示出稳定的性能。

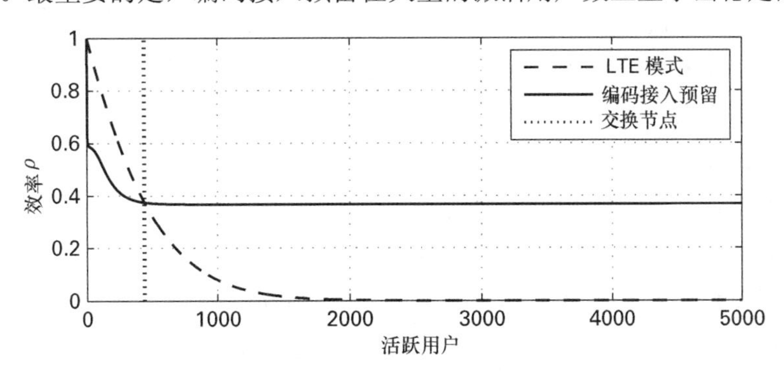

图 7.27　使用 4 个 PRACH 时隙和 64 个正交 Zadoff-Chu 序列的不同用户负载下的编码接入预留和 LTE PRACH 过程的 MAC 效率

编码接入预留的主要优点是与当前 LTE 标准的潜在兼容性，允许其以更进化的方式进行调整。然而，性能是有限的，并且仅以低效率将接入预留的能力扩展到大约四倍的用户数量。此外，由接入预留方案引入的信令开销对于小分组包来说可能变得过高。

7.6.3 直接随机接入

为了解决小分组包的大量接入问题（问题 B），需要替代类似于 LTE 的接入预留方法。如前所述，允许在与其他用户竞争的同时直接传输数据的随机接入方案似乎是避免预留开销的良好替代方案。然而，诸如 ALOHA 的大多数基于竞争的协议也会快速拥塞，因此不是可预见的大规模接入的候选。MAC 协议的最新发展扩展了 ALOHA 的捕获效应，以至少部分地解决了冲突 [64]。捕获效果描述了如果用户可以被充分区分（例如通过不同的接收功率电平或通过其他信号属性），则它们的冲突仍然可以被隔离。在物理层上，这样的技术通常由多用户检测算法描述。这已经暗示了联合 MAC 和 PHY 方案的必要性。

基于捕获效应和图解码方法可以应用于时隙 ALOHA 的观察，在文献 [65] [66] 中已经提出了多个增强版本。迄今提出的最有希望的方法是无框 ALOHA，也称为编码随机接入 [67] [68]。编码随机接入的主要思想是：（1）所有竞争用户在竞争周期的随机时隙中发送其数据的多个副本；（2）基站在类似于连续干扰消除的图上解码冲突；（3）基站控制每个用户的平均复制数；（4）基站基于实际吞吐量估计灵活地停止竞争阶段。这里的想法与第 7.5.1 节中介绍的类似，区别在于这是专门为在单个接收机（BS）中接收多个数据流而设计的，它可以控制副本的数量和使用信令信道的竞争阶段。

图 7.28 示意性地描述了协议。首先，基站发送开始竞争周期的信标，并告诉用户要用于副本的时隙的平均数量。然后，用户在随机时隙中竞争和发送多个副本，并在他们的数据包中包括指向其分组中所有副本时隙的指针。右侧的结构图描述了用户到占用时隙的映射，然后将其作为一个整体的竞争周期进行解码。该方案工作的关键要求是存在无冲突时隙，即在这些无冲突时隙只有单个用户活动。如果没有这些，图形解码的起始点丢失，并且所有用户的解码失败。

通过捕获效应或者更一般地通过多用户检测算法可以减轻这种限制。一种合适的物理层方案，其能够基于功率差异来分离用户（NOMA，参见 7.3.1 节）或者采用诸如 CDMA，IDMA（参见 7.3.3 节）和 SCMA（参见 7.3.2 节）的非正交媒体接入可以解决时隙中两个或更多用户的冲突。因此，即使在拥塞的情况下，它也可以提供 MAC 图解码所需的起始点。与标准媒体接入假设相反，激活用户的集合以及对应的资源（CDMA 中的扩展码）不是预先已知的，而是必须通过多用户检测算法来估计。例如基于子空间的估计的经典方法[69]-[71]主要能够解决未知用户激活的多用户检测问题。然而，这些方法仅适用于资源数量（例如扩频码和交织器等）大于或等于潜在用户数量（与激活用户数量相比）的系统。这种情况通常被称为“满载”或“欠载”，并且它意味着可用于时隙中的随机接入的资源的数量需要大于并发的激活用户的潜在数量。因此，系统设计将是浪费并且需要关于预期用户负载的相关信息。

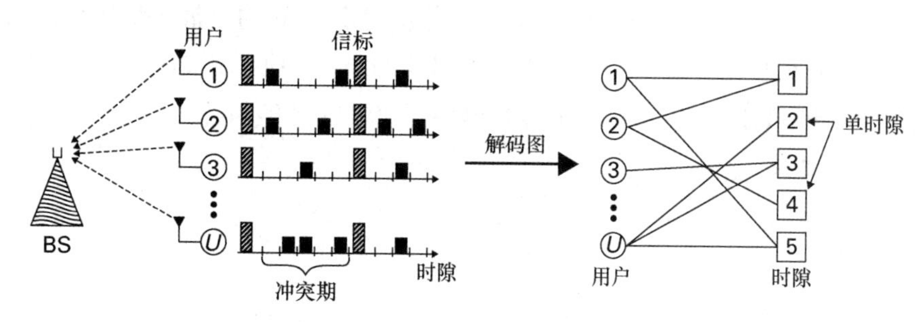

图 7.28　编码随机接入和解码策略的示意图。左：随机接入，开始的时隙由 BS 的信标指示出。右：利用副本包接入不同时隙的用户的图形表示

对于未知用户活动的多用户检测问题的两种新颖方法是所谓的基于压缩感知的多用户检测（CS-MUD）[72]和压缩随机接入[73] [74]。两者都纳入来自稀疏信号处理和压缩感测的想法，来有效地解决针对 mMTC 的随机接入的多用户检测问题。使用这些方法，仍然可以解决高度过载的系统。此外，CS-MUD 已经在整个系统（信道编码、信道估计、假警报 / 漏检测等）中进行了研究，并且根据 MAC 方案的需要提供了许多工具来调整物理层性能[75]-[78]。编码随机接入和 CS-MUD 的组合能够在 MAC 效率方面实现顽健的冲突解决和高 MAC 性能[79]。图 7.29 描述了 U=128 个用户在一个竞争周期的性能，这里工作点的 SNR=10dB。时隙的数量是编码随机接入中的设计变量，并且应当被选择以使效率最大化。这里，使用总共 3 个时隙中每个时隙 24 个用户的最大结果，将提供用于与 LTE RACH 进一步比较的基础。有关更多结果和详细信息，请参见文献 [16] [79]。

如 7.6.1.3 节所讨论的，由于物理层性能和对所需资源的完全不同的假设，这里纯 MAC 层效率与 LTE 的比较没有意义。作为比较，LTE PRACH 性能可以通过在 3 个连续 PRACH 时隙的情况下，在 msg3 处没有冲突时，服务的平均用户的数量来计算（参见第 7.6.1 节）。无冲突用户的平均数量由 $U(1-1/B)^{U-1}$ 给出，其中 B 是正交资源的数量。假设每个时隙有 3 个时隙和 64 个 Zadoff-Chu 序列，我们令 B=192，因此，在给定 192 个正交资源的情况下，LTE 可以服务 128 个用户中的大约 66 个用户。然而，接入被分成为两个阶段，因此对于整个 PRACH 过程需要总共 3 个 PRACH 时隙和 3 个 PRB。此外，

LTE 为 839 个符号的 Zadoff-Chu 序列的 PRACH 时隙分配了 800μs 和 1.08MHz。在这个例子中，利用 CS-MUD 的编码随机接入需要 3328 个符号，即大约 4 个 PRACH 时隙。最后，在随机接入期间发送数据，这在 LTE 中的接入预留之后需要每个用户至少 2 个 PRB（调度中的最小尺寸）。考虑到如上所述的针对非常小的消息的 PRB 中浪费的资源，使用 CS-MUD 的编码随机接入为每个时间 - 频率资源服务多达 10x 个用户，包括数据传输。注意，由于之前概述的假设，该增益仍然是相对于 LTE 的“最坏情况的增益”，并且可以预期实际增益甚至更高。因此，本节中概述的新型 MAC 和 PHY 方案可能为满足第 4 章中提出的 mMTC 要求（见 4.3.1 节）提供了重要的基础。

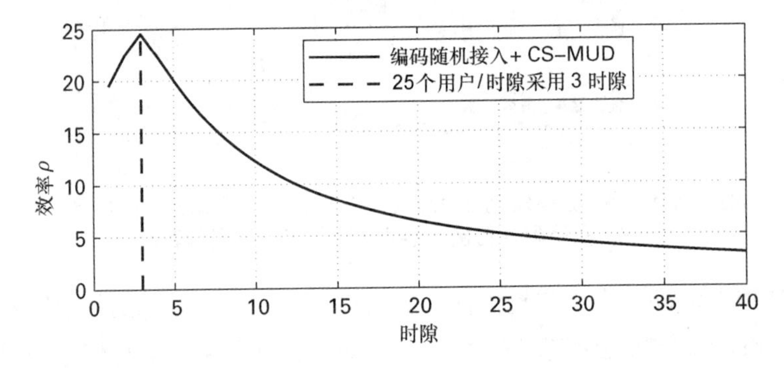

图 7.29　联合的 MAC 编码随机接入和 PHY CD-MUD 相对于的使用时隙数目的 MAC 效率，这里是 4 倍过载的 CDMA 示例，U=128 个用户， SNR = 10dB，假设优化控制的用户激活水平 [16] [79]

7.7　小　　结

针对 5G 移动通信系统预见的各种服务的多样化需求在系统设计中需要更大的灵活性和可扩展性。本章中介绍的用于无线接入的新技术可以被认为是灵活空中接口的关键推动因素，可以对这些未来挑战作出应对。用于 5G 空中接口的有前景的构建模块是基于过滤的新波形，能够将传输带划分成可以根据服务的需要单独配置的子带，以及允许过载以获得极限频谱效率的多址接入方案。针对 UDN 定制的新颖的空中接口设计提供了能支持各种载波频率的可扩展性，并且以显著减少的等待时间产生高效的数据传输。为了解决与 V2X 和 mMTC 场景相关的要求，空中接口补充了用于车载设备之间的自组织接入的新型 MAC 方案，与 CSMA 相比，可以支持高得多的用户容量，以及用于机器类型设备大规模接入的联合的 MAC/PHY 方案，与等效的 LTE 设置相比，支持多出 10 倍的设备。

第 8 章

大规模多输入多输出（MIMO）系统

8.1 介　　绍

如第 2 章所述，5G 的主要需求[1]之一是，与目前的长期演进（LTE）相比，支持 1000 倍的更大容量，但是与当今蜂窝系统有相似的成本和能量损耗。此外，如果同时增加对系统容量有贡献的所有三个因素：更多频谱，每个区域更大数量的基站，以及每个小区的频谱效率的提高，则容量将增加。

大规模多输入多输出（MIMO）系统对上面提到的最后一个因素起了关键作用，因为它大大提高了每个小区的频谱效率。大规模 MIMO 系统通常被定义为至少在无线通信链路的一侧［通常在基站（BS）侧］使用大量（100 或更多）可单独控制的天线元件的系统[2][3]。在 BS 侧的大规模 MIMO 的使用示例如图 8.1 所示。大规模 MIMO 网络利用天线提供的空间自由度（DoF），以在相同的时间—频率资源（称为空间复用）上为多个用户复用消息，将辐射的信号聚焦到目的用户，并且最小化小区内和小区间干扰[4]-[7]。通过从多个天线点发射相同的信号，但是对于每个天线施加不同的相移（并且可能针对系统带宽的不同部分可能有不同的相移），这种可以在特定方向上对辐射信号进行聚焦，如信号在预期目标位置处相干地重叠。注意，在本章的剩余部分中，当对各个发射天线在整个系统带宽上应用相同的相移时使用术语波束成形，而当对系统带宽的不同部分应用不同的相移处理小规模衰落效应时，如通过在频域中应用相移，使用术语预编码。利用该定义，波束成形可以被看作是预编码算法的子集。不管是应用预编码还是波束成形，在接收点获得信号的相干重叠的增益通常被称为阵列增益。

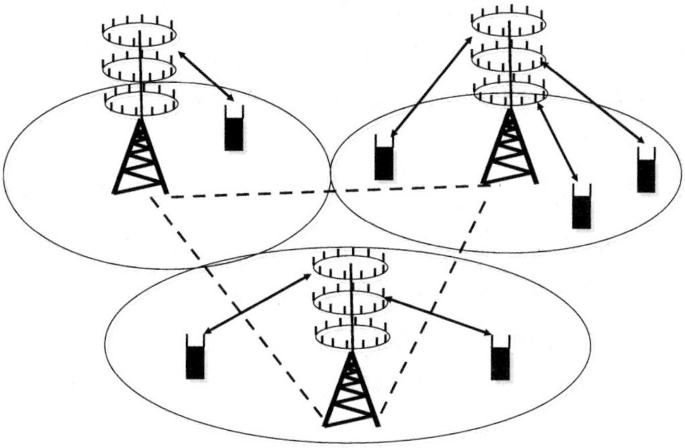

图 8.1 具有大规模 MIMO 基站的多用户和单用户

除了用于接入链路之外，大规模 MIMO 还可以在多 Gbit/s 回程链路方面发挥关键作用，这些回程链路可以部署在频分以及时分双工（FDD/TDD）系统中的基础设施节点之间。

虽然雷达系统中的大型天线阵列自 20 世纪 60 年代后期开始广泛使用，但是最近才考虑到大规模 MIMO 系统的商业部署，即用于移动通信系统的接入和回程。特别地，最近的研究和实际的实验已经指出了必须克服的关键挑战，可以实现大规模 MIMO 在蜂窝通信中的潜在益处 [7]，这些将在后续中列出。

由于在发射机侧需要准确的信道状态信息（CSI），这是其中一个最严重的挑战。原则上，可以通过从每个天线元件发射正交导频信号（也称为参考信号）以及从接收机到发射机反馈观察到的空间信道，来获得 CSI。该方法具有以下缺点：所需的 CSI 的导频信号开销随着发射天线的数目线性增长。在发射机获得 CSI 的另一个选项是利用信道互易性，例如在 TDD 系统中是可能的。使用互易性的成本是其需要进行阵列校准以便考虑不同天线元件的发射 / 接收射频（RF）链中的差异。在时变信道中，导频传输、信道估计、信道反馈、波束成形器计算与实际波束形成的数据传输之间的延迟将降低大规模 MIMO 的性能。幸运的是，如在 9.2.1 节中讨论的，可以使用信道预测技术来减少这种延迟。

另一个挑战是大规模 MIMO 对多小区多层网络设计的影响 [8]。其中一个问题是导频污染的影响 [4][9]。在多天线系统中分配给导频信号和数据传输的时间、频率、码、空间和功率资源之间的权衡是众所周知的，参见例如文献 [10] ～ [13] 中的经典结果以及在

文献 [14] ～ [16] 中最近的贡献。在多小区多用户大规模 MIMO 系统中，导频数据资源分配权衡与导频和数据信号上的小区间干扰（也称为污染）的管理相互缠绕，并且要求重新思考在传统系统中的导频信号设计，如第三代合作伙伴计划（3GPP）LTE 系统。最近的工作为多小区大规模 MU-MIMO 系统中的导频和数据信道的联合设计提供了宝贵的见解[17]。

此外，由于天线阵列的大小，小小区的超密集部署而在网络中利用大规模 MIMO 可能在实践中是困难的。如第 6 章的 6.3.2 节所讨论的，对更高的频率，例如毫米波（mmW），这不是一个问题。一种方法是在宏基站侧部署大规模 MIMO，在宏小区和小小区之间的同信道部署的情况下，并利用空间自由度（DoF）降低宏小区和小小区之间的干扰。另一种方法是考虑在小小区侧部署大规模 MIMO，特别是在高频系统中，其中小天线尺寸允许根据实际部署大规模天线阵列。

基于上述一般观察，目前很多研究机构正在研究不同的技术解决方案，其目的是释放有希望的潜力，并且使得能够有效地使用 5G 中的大规模 MIMO。

本章的其余部分结构如下。首先，8.2 节提供了关于大规模 MIMO 的理论背景，研究了 大规模 MIMO 系统中预期的主要容量缩放行为。包括所有相关挑战（如上述导频污染）的导频信号设计在 8.3 节中给出。8.4 节中给出了对资源分配方法的讨论，这对于在大规模 MIMO 环境中理解如何利用空间 DoF 是至关重要的。然后，8.5 节引入数字，模拟和混合波束成形，这是硬件中的预编码和波束成形实现的基本形式，考虑了在大规模 MIMO 增益和实现的成本效率之间提供不同的权衡。最后，8.6 节给出了关于大规模 MIMO 合适的信道模型的一些想法。

LTE 中的 MIMO

历史上，3GPP 的 LTE 被设计为具有 MIMO 的标准，其中一个目标是增加容量。LTE 已经采用了各种 MIMO 技术。在 LTE 版本 8 中，下行链路传输在 BS 处支持多达四个天线。对于上行链路传输，只支持单个天线用于来自用户的传输，也存在用多达两个发射天线执行天线切换的选项。

上行链路中也支持多用户 MIMO（MU-MIMO）。此外，LTE 版本 10（也称为 LTE-Advanced）提供了增强的 MIMO 技术。实现新的码本和反馈设计以支持具有多达八个独立流的空间复用和增强的 MU-MIMO 传输。在上行链路中，单用户 MIMO 在用户侧可以利用多达四个发射天线。在 LTE 版本 12 中，由于定义了新的 CSI 报告方案，下行链路 MIMO 性能得以增强，这允许 BS 用更准确的 CSI 进行发射。LTE 版本 13 研究了在 BS 处具有高达 64 个天线端口的更高阶 MIMO 系统，以变得适合于使用更高频率。

8.2　理论背景

本节讨论了基站配备大量天线单元的无线网络的基本边界和行为。特别地，评估了大规模 MIMO 基础，包括对多用户 / 小区 MIMO 通信的基本原理的简要介绍和随机矩阵理论的分析。

在 Marzetta 的开创性工作 [4] 之后，大规模 MIMO 在学术界和工业界都获得了极大的关注。假设 MIMO 系统的天线数变多，可以应用随机矩阵理论（RMT）的结果来提供简单的近似，例如，用户特定的信号干扰加噪声比（SINR）的表达式 [18] [19]。

在涉及多用户（多小区）资源分配的线性 MIMO 发射机—接收机的设计在文献中已经受到相当大的关注，可参见文献 [9]、[20]、[21]。一般来说，（近）最优设计以最大化某个优化目标通常导致迭代，其中每个子问题被呈现为优化问题，并且在每次迭代时，一些信息需要在相邻小区之间交换。在大规模 MIMO 设置中，与基于现有技术的基于迭代优化的方案相比，可以潜在地简化协调的收发器设计。

在特殊情况下，在基站侧的独立衰落发射天线数 n_t 或接收机天线数 n_r 与小区中的用户数量 K 之间的不平衡变大，即 n_t>>K，可以简化处理，使得在理想的独立和相同分布（iid）信道中使匹配滤波器（MF）和迫零（ZF）可以作为近最佳检测和预编码 [4]。然而，在一般设置和给定的实际非理想条件下，例如天线之间的非零相关和天线阵列大小的物理限制，相邻小区之间具有一些有限协调的更复杂的预编码器设计仍然是非常有益的 [22] [23]。

为了理解基本知识，接下来考虑单用户和多用户 MIMO 情况的更多细节。两种情况被合并为如图 8.2 中给出的通用单小区 MIMO 系统，其中 n_t 是发射天线的数目，n_r 是接收天线的数目，M 是向所有用户同时发射的空间数据流的数目。

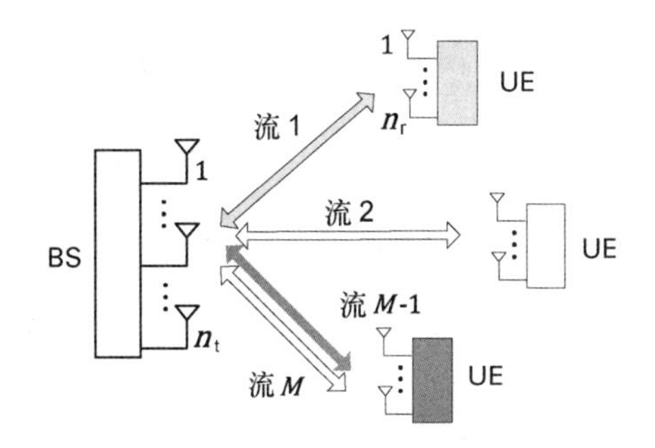

图 8.2　通用的单用户和多用户 MIMO 系统

8.2.1 单用户 MIMO

假设有 n_t 个发射（Tx）天线和 n_r 个接收（Rx）天线的，信道为窄带时不变 MIMO 信道，在符号时间 m 处的接收信号向量可以由下面描述

$$\boldsymbol{y}[m] = \boldsymbol{Hx}[m] + \boldsymbol{n}[m] \tag{8.1}$$

其中 $\boldsymbol{x} \in \mathbb{C}^{n_t}$ 是发送信号，受限于 $Tr(E[\boldsymbol{xx}^{\mathrm{H}}]) \leqslant P|$，$\boldsymbol{y} \in \mathbb{C}^{n_r}$ 是接收信号，$\boldsymbol{n} \sim \mathrm{CN}(0, N_0 I_{n_r})$ 表示具有噪声方差 N_0 的复高斯白噪声，$\boldsymbol{H} \in \mathbb{C}^{n_r \times n_t}$ 是信道矩阵。信道 H 的可实现速率可以用每信道使用的比特数来测量，它的上界是输入 x 和输出 y 之间的互信息，

$$\begin{aligned} C &= \max_{Tr(E[xx^{\mathrm{H}}]) \leqslant P} I(\boldsymbol{x}; \boldsymbol{y}) \\ &= \max_{K_x:\, Tr[K_x] \leqslant P} \log \left| \boldsymbol{I}_{n_r} + \frac{1}{N_0} \boldsymbol{HK}_x \boldsymbol{H}^{\mathrm{H}} \right| \end{aligned} \tag{8.2}$$

其中 $\boldsymbol{K}_x = \boldsymbol{QPQ}^{\mathrm{H}}$ 是 $x \sim \mathrm{CN}(0, \boldsymbol{K}_x)$ 的协方差矩阵：$\boldsymbol{Q}$ 是单导向矩阵，$\boldsymbol{P} = \mathrm{diag}(p_1, ..., p_{n_t})$。当在发射机侧已知信道时，最佳策略是将 $\boldsymbol{Q}$ 分配给 H 的右奇异向量 $\boldsymbol{V}$，同时通过注水进行功率分配 $\boldsymbol{P}$。

另一方面，当 H 的元素是独立同分布的 CN(0, 1)，并且信道在发射机处是未知时，则最佳 $\boldsymbol{K}_x$ 是

$$\boldsymbol{K}_x = \frac{P}{n_t} \boldsymbol{I}_{n_t} \tag{8.3}$$

在这种情况下，MIMO 信道（8.2）的容量被简化为 [24]

$$C = \log \left| \boldsymbol{I}_{n_r} + \frac{P}{n_t N_0} \boldsymbol{HH}^{\mathrm{H}} \right| = \sum_{i=1}^{n_{\min}} \log \left(1 + \frac{P}{n_t N_0} \lambda_i^2 \right) \tag{8.4}$$

其中 $n_{\min} = \min(n_t, n_r)$，$\lambda_i$ 是 H 的奇异值，$\mathrm{SNR} = \frac{P}{N_0}$。

让我们现在关注方形信道 $n = n_t = n_r$，并定义

$$C_{nn}(\mathrm{SNR}) = \sum_{i=1}^{n} \log \left(1 + \mathrm{SNR} \frac{\lambda_i^2}{n} \right) \tag{8.5}$$

现在假设天线的数量变大，即 $n \to \infty$，则$\lambda_i / \sqrt{n}$的分布成为确定性函数

$$f^*(x) = \begin{cases} \frac{1}{\pi} \sqrt{4 - x^2} & 0 \leqslant x \leqslant 2 \\ 0 & \text{其他} \end{cases} \tag{8.6}$$

对于增加的 n，每个空间维度的归一化容量 $C(\mathrm{SNR}) = C_{nn}(\mathrm{SNR})/n$ 变为 [24]

$$C(\mathrm{SNR}) = \frac{1}{n} \sum_{i=1}^{n} \log \left(1 + \mathrm{SNR} \frac{\lambda_i^2}{n} \right) \xrightarrow{n \to \infty} \int_0^4 \log(1 + \mathrm{SNR} \cdot x) f^*(x) \mathrm{d}x \tag{8.7}$$

这个积分的闭合形式解是 [24] [25]

$$C(\mathrm{SNR}) = 2\log\left(\frac{1+\sqrt{4\mathrm{SNR}+1}}{2}\right) - \frac{\log e}{4\mathrm{SNR}}(\sqrt{4\mathrm{SNR}+1}-1)^2 \tag{8.8}$$

最后，当 $n\to\infty$ 时，$n\times n$ 点对点 MIMO 链路的容量可以近似为

$$\lim_{n\to\infty}\frac{C_{nn}(\mathrm{SNR})}{n} = C(\mathrm{SNR}) \to C_{nn}(\mathrm{SNR}) \approx nC(\mathrm{SNR}) \tag{8.9}$$

图 8.3 中将实际遍历容量 $E_H\lceil C(\boldsymbol{H})\rceil$ 与 n 近似值进行比较，其中 n=2，4，8，16 和 32。可以看出，即使对于相对小的 n 值，近似值也非常接近。假设天线单元的数量在传输链路的两端变大，上述结果可以扩展到发射和接收天线之间的任何固定比率 [25]。即使容量表达式对于大的 n 变得确定，速率最优传输策略仍然通常需要用 $\boldsymbol{H}$ 的右奇异向量作为最佳发射方向。

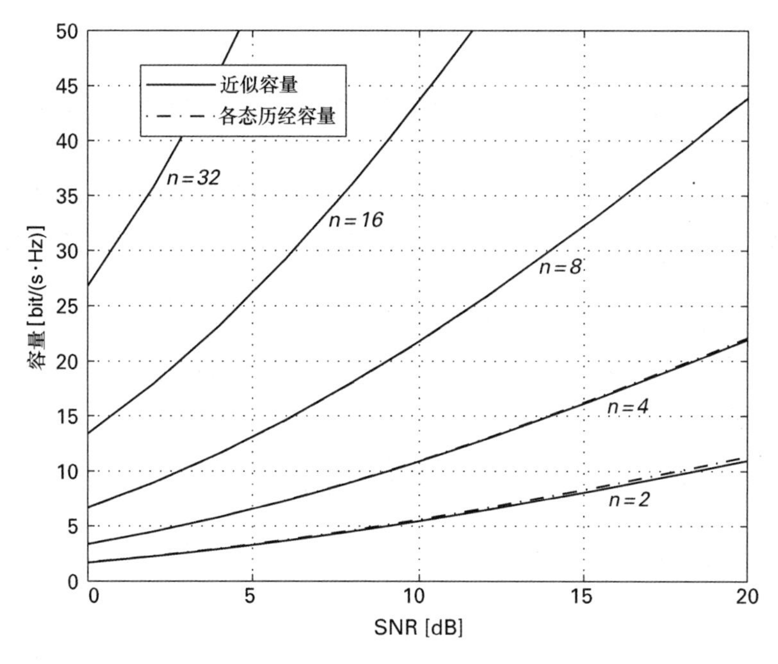

图 8.3　容量与 SNR 的关系

现在假设 $n_r>>n_t$，$\boldsymbol{H}$ 的元素为 i.i.d. CN(0, 1)。当 n_r 变得非常大时，$\boldsymbol{H}$ 的列 $\boldsymbol{H}=[\boldsymbol{h}_1, ..., \boldsymbol{h}_{n_t}]$ 变得接近正交，即

$$\frac{\boldsymbol{H}^{\mathrm{H}}\boldsymbol{H}}{n_r} \approx \boldsymbol{I}_{n_t} \tag{8.10}$$

通过插入该近似，具有或不具有 CSIT 的 MIMO 链路的容量可以近似为

$$\log\left|\boldsymbol{I}_{n_r}+\frac{P}{n_tN_0}\boldsymbol{H}\boldsymbol{H}^{\mathrm{H}}\right|=\log\left|\boldsymbol{I}_{n_t}+\frac{P}{n_tN_0}\boldsymbol{H}^{\mathrm{H}}\boldsymbol{H}\right|$$
$$\approx\sum_{i=1}^{n_t}\log\left(1+\frac{P|\boldsymbol{h}_i|^2}{n_tN_0}\right)\approx n_t\log\left(1+\frac{Pn_r}{n_tN_0}\right) \tag{8.11}$$

因此，对于 $n_r>>n_t$，MF 接收机是渐近最优解。

类似地，当 $n_r>>n_t$ 且 $\boldsymbol{H}$ 的元素是独立同分布的 CN(0, 1)，$\boldsymbol{H}$ 的列 $\boldsymbol{H}^{\mathrm{T}}=[\boldsymbol{h}_1, ..., \boldsymbol{h}_{n_t}]$ 变得接近正交，即

$$\frac{\boldsymbol{H}\boldsymbol{H}^{\mathrm{H}}}{n_t}\approx\boldsymbol{I}_{n_r} \tag{8.12}$$

然后，没有 CSIT 的速率表达式简化为

$$\log\left|\boldsymbol{I}_{n_r}+\frac{P}{n_tN_0}\boldsymbol{H}\boldsymbol{H}^{\mathrm{H}}\right|\approx n_r\log\left(1+\frac{P}{N_0}\right) \tag{8.13}$$

因此，没有获得具有 n_t 个发射天线的阵列增益。这是由于在发射机处缺乏信道信息，因此，功率从所有 n_t 个天线均匀地发出。

因为 H 的行是渐近正交的，所以 n_r 个主导奇异向量渐近地等价于 $\boldsymbol{H}$ 的归一化行，因此可以将发射协方差矩阵 $\boldsymbol{K}_x$ 近似为（对于高 SNR，假设相同的功率负载）

$$\boldsymbol{K}_x=\boldsymbol{V}\boldsymbol{P}\boldsymbol{V}^{\mathrm{H}}\approx\frac{P}{n_rn_t}\boldsymbol{H}^{\mathrm{H}}\boldsymbol{H} \tag{8.14}$$

其中矩阵 $\boldsymbol{V}$ 对应于 $\boldsymbol{H}$ 的右奇异向量。因此，在发射机处使用 MF 预编码器是渐近最优解。在这种情况下，具有完全 CSIT 的速率表达式可以简化为

$$C=\log\left|\boldsymbol{I}_{n_r}+\frac{1}{N_0}\boldsymbol{H}\boldsymbol{K}_x\boldsymbol{H}^{\mathrm{H}}\right|\approx n_r\log\left(1+\frac{n_tP}{n_rN_0}\right) \tag{8.15}$$

这里提供了 n_t/n_r 的阵列增益。

8.2.2 多用户 MIMO

8.2.2.1 上行信道

假设一个时不变上行链路信道具有 K 个单天线用户和具有 n_r 个接收天线的单个 BS，使得 $n_r>>K$，在符号时间 m 处的接收信号向量表示为

$$\boldsymbol{y}[m]=\sum_{k=1}^{K}\boldsymbol{h}_kx_k[m]+\boldsymbol{n}[m]=\boldsymbol{H}\boldsymbol{x}[m]+\boldsymbol{n}[m] \tag{8.16}$$

其中 x_k 是用户 k 的 Tx 符号，每个用户功率约束为 $E[\|x_k\|^2] \leqslant P_k$：$\boldsymbol{y}\in\mathbb{C}^{n_r}$ 是 Rx 信号，$\boldsymbol{n}\sim CN(0, N_0 I_{n_r})$ 表示复高斯噪声，$\boldsymbol{h}_k=\sqrt{a_k}\overline{\boldsymbol{h}}_k\in\mathbb{C}^{n_r}$是用户 k 的信道向量，其中 a_k 是大规模衰落因子，h_k 是归一化信道。多用户 MIMO 的总容量表达式等于没有 CSIT 的单用户（SU）MIMO 的容量，即

$$C_{\text{sum}}=\log\left|\boldsymbol{I}_{n_r}+\sum\nolimits_{k=1}^{K}\frac{P_k}{N_0}\boldsymbol{h}_k\boldsymbol{h}_k^{\text{H}}\right|=\log\left|\boldsymbol{I}_{n_r}+\frac{1}{N_0}\boldsymbol{H}\,\boldsymbol{K}_x\boldsymbol{H}^{\text{H}}\right| \tag{8.17}$$

其中 $\boldsymbol{H}=[\boldsymbol{h}_1, ..., \boldsymbol{h}_K]$ 及 $\boldsymbol{K}_x=\text{diag}(P_1, ..., P_K)$.

假设 $n_r>>K$，并且归一化的信道向量$\overline{\boldsymbol{h}}_k$的元素是独立同分布的 CN(0, 1)，那么

$$\frac{\boldsymbol{H}^{\text{H}}\boldsymbol{H}}{n_r}\approx\boldsymbol{A}_K \tag{8.18}$$

其中 $\boldsymbol{A_K}=\text{diag}(a_1, \cdots, a_K)$，然后，和速率可以近似为

$$\begin{aligned}C_{\text{sum}}&=\log\left|\boldsymbol{I}_{n_r}+\frac{1}{N_0}\boldsymbol{H}\,\boldsymbol{K}_x\boldsymbol{H}^{\text{H}}\right|=\log\left|\boldsymbol{I}_K+\frac{1}{N_0}\boldsymbol{K}_x\,\boldsymbol{H}^{\text{H}}\boldsymbol{H}\right|\\&\approx\sum\nolimits_{k=1}^{K}\log\left(1+\frac{P_k a_k\|\overline{\boldsymbol{h}}_k\|^2}{N_0}\right)\approx\sum\nolimits_{k=1}^{K}\log\left(1+\frac{n_r P_k a_k}{N_0}\right)\end{aligned} \tag{8.19}$$

并且匹配滤波器接收器再次是渐近最优解。

8.2.2.2　**下行信道**

由于用户之间的总功率约束，下行的情况有些不同。假设一个时不变下行链路信道，有 K 个单天线用户和 n_t 个发射天线的单个 BS，使得 $n_t>>K$，在符号时间 m 处的用户 k 处的接收信号向量是

$$\begin{aligned}y_k[m]&=\boldsymbol{h}_k^{\text{H}}\boldsymbol{x}[m]+n_k[m]\\&=\boldsymbol{h}_k^{\text{H}}\boldsymbol{u}_k\sqrt{p_k}d_k[m]+\sum\nolimits_{i=1,i\neq k}^{K}\boldsymbol{h}_i^{\text{H}}\boldsymbol{u}_i\sqrt{p_i}d_i[m]w_k[m]\end{aligned} \tag{8.20}$$

其中 $\boldsymbol{x}\in\mathbb{C}^{n_t}$ 是 Tx 信号向量，受功率约束$E(Tr[\boldsymbol{x}\boldsymbol{x}^{\text{H}}])=\sum\nolimits_{k=1}^{K}p_k\leqslant P$。$\boldsymbol{u}_k\in\mathbb{C}^{n_t}$是归一化的预编码器，$\|\boldsymbol{u}_k\|=1$；$d_k\in\mathbb{C}$ 是归一化数据符号，$E[|d_k|^2]=1$：$y_k\in\mathbb{C}$ 是 Rx 信号，$n_k\sim CN(0, N_0)$ 是复高斯白噪声和$\boldsymbol{h}_k=\sqrt{a_k}\overline{\boldsymbol{h}}_k\in\mathbb{C}^{n_t}$是用户 k 的信道向量，并假设在发射机处已知。下行链路和速率的最大化可以通过双上行链路重组来表示，其中发射机和接收机的角色被反转 [24]。总和速率最优解是从约束优化问题获得的

$$\max_{q_k}\ \text{lb}\left|\boldsymbol{I}_{n_t}+\frac{1}{N_0}\sum\nolimits_{k=1}^{K}q_k\boldsymbol{h}_k\boldsymbol{h}_k^{\text{H}}\right| \tag{8.21}$$

其中 q_k 是双上行链路功率，被定义为上述双上行链路重组的上行链路功率，这样

下行链路和双上行链路功率之间的总功率保持$\sum_{k=1}^{K} q_k = \sum_{k=1}^{K} p_k = P$。当 n_t>>K 时，式（8.21）的目标简化为

$$\max_{q_k} \ \log\left|\boldsymbol{I}_K + \frac{1}{N_0}\boldsymbol{K}_x \ \boldsymbol{H}^{\mathrm{H}}\boldsymbol{H}\right| \approx \max_{q_k} \ \sum_{k=1}^{K} \log\left(1 + \frac{q_k n_t a_k}{N_0}\right) \tag{8.22}$$

其中 $\boldsymbol{K}_x$=diag$(q_1, \cdots, q_K)$ 及$\frac{\boldsymbol{H}^{\mathrm{H}}\boldsymbol{H}}{n_t} \approx \mathrm{diag}(a_1, \cdots, a_K)$。由于当 n_t>>K 时用户间干扰消失，所以双上行链路功率分配和下行链路功率分配相同，即p_k=$q_k \forall k$。结合上述关系，可以通过简单的注水原理找到最佳功率分配

$$p_k^* = \max\left(0, \ \mu - \frac{N_0}{n_t a_k}\right) \tag{8.23}$$

其中最佳水位 μ 必须满足功率约束 $\sum_{k=1}^{K} p_k \leqslant P$。

表 8.1　假定发射和接收天线之间存在大的不平衡的大规模 MIMO 的渐近容量缩放行为

模　式	传　输	CSIT 反馈	渐近的容量缩放行为
SU-MIMO, n_t>>n_r	DL & UL	无 CSTT	$n_r \log\left(1 + \frac{P}{N_0}\right)$
SU-MIMO, n_t>>n_r	DL & UL	CSIT	$n_r \log\left(1 + \frac{n_t P}{n_r N_0}\right)$
SU-MIMO, n_t>>n_r	DL & UL	无 CSIT	$n_t \log\left(1 + \frac{n_r P}{n_t N_0}\right)$
MU-MIMO, n_t>>K	DL	CSIT	$\max_{q_k} \sum_{k=1}^{K} \log\left(1 + \frac{q_k n_t a_k}{N_0}\right)$
MU-MIMO, n_t>>K	UL	无 CSIT	$\sum_{k=1}^{K} \log\left(1 + \frac{n_r P_k a_k}{N_0}\right)$

8.2.3　大规模 MIMO 的容量：总结

假设在发射和接收天线之间存在大的不平衡，并且在接收机处有完全 CSI，如表 8.1 所示，总结了大规模 MIMO 系统的渐近容量缩放行为，包括各种 MIMO 模式和方向。注意，对于有限不平衡，近似的精度取决于天线之间的相关性。

8.3 大规模 MIMO 的导频设计

频谱和能量效率在很大程度上依赖于在无线系统中的发射机和接收机处获取精确的 CSI，尤其是在正交频分复用（OFDM）和大规模多天线系统中。因此，很多机构已经广泛地研究了信道估计方法，并且在文献中已经评估并提出了大量的方案，包括盲估计、数据辅助和决策指导的非盲技术。其中一个原因是，对于常规的相干接收机，为了恢复所发射的信息，必须估计信道对发射信号的影响。只要接收机准确地估计信道如何修改所发送的信号，它就可以恢复所发送的信息。实际上，由于在快速衰落环境中的优越性能以及商业系统的成本效率和互操作性，基于导频信号的数据辅助技术被采用 [26]-[28]。

随着 BS 处的天线数量增大，期望有一种导频的方案在所需导频符号方面可缩放，并为上行链路数据检测和下行链路预编码提供高质量的 CSI。为此，大规模 MIMO 系统依赖于信道互易性并且使用上行链路导频在 BS 处获取 CSI。虽然对于非互易系统（例如以 FDD 模式操作的系统）的有可用的解决方案 [29]，但通常认为大规模 MIMO 系统在 TDD 模式下能更好地操作 [4][5]。

导频复用通常导致信道估计的污染，这被称为导频污染（PiC）。由于在大规模 MIMO 系统中有大量信道要估计，并且可用的导频的数量是有限，这成为一个重大的挑战。因此，PiC 限制了非协作 MU-MIMO 系统的性能增益 [4][30]。此外，随着 BS 天线的数量增加到非常大的时候，PiC 可能在 SINR 中引起饱和效应。这与没有 PiC 时的情况相反，那里 SINR 几乎随着的天线数量而线性增加 [30]。

在下面的小节中，给出了在大规模 MIMO 设置中 CSI 误差对的导频性能的影响。此外，提出了用于在大规模 MIMO 系统中对抗导频污染的两种方法。第一种方法，基于开环路径损耗补偿（OLPC）的导频功率控制（PPC），提供了针对 PiC 的有害影响的有效措施。第二种方法，用于大规模 MIMO 系统的编码随机接入协议，带来了一种基本上新的方法来减轻导频污染，而不是避免小区内干扰。

8.3.1 导频数据之间的权衡和 CSI 的影响

虽然基于导频的 CSI 获取在快衰落环境中是有利的，但是当为各种目的而设计信道估计技术时，必须考虑其固有的权衡。这些目的包括解调、预编码或波束成形、空间复用和其他信道相关的算法，例如频率选择性调度或自适应调制和编码方案（MCS）选择[11]-[13]。将资源分配给导频和数据符号之间的固有折衷包括以下几点。

➢ 向导频分配更多的功率、时间或频率资源改善了信道估计的质量，但也为上行链路或下行链路数据传输留下较少的资源[11]-[13] [16] [31]。

➢ 构造较长的导频序列（例如，采用正交符号序列，诸如基于 LTE-Advanced 系统中的公知的 Zadoff-Chu 序列等）有助于避免在多小区系统中紧密的导频复用，这有助于减少或避免小区导频干扰。另外，在导频上花费更多数目的符号增加了导频开销并且不能保证相干的带宽[13] [32] [33]。

➢ 具体来说，在多用户 MIMO 系统中，增加正交导频序列的数目可以增加空间复用用户的数量，代价是在创建正交序列时花费更多符号[12]。除了这些固有的权衡之外，在时间、频率和空间域中的导频符号的布置在实践中已经被指出对 MIMO 和大规模 MIMO 系统的性能具有显著影响，具体可参见文献 [11] [12] [33]。

信道状态信息错误对大规模 MIMO 系统吞吐量的影响

当 CSI 受信道估计误差影响时，信道自适应算法（例如符号检测或 MIMO 传输模式选择）的性能会降低。这导致系统性能在频谱或能量效率以及提供的最终用户数据速率或服务质量（QoS）方面的总体降级[34]。例如，在文献 [34] 中报道了在 BS 使用 50 个天线的系统中由于错误的 CSIT 导致每小区总速率衰减，从 17bit/(s·Hz) 下降到 5bit/(s·Hz)，而[35]总速率降级在很大程度上取决于 BS 是否对下行链路传输使用最大比传输（MRT）或 ZF，见图 8.4，该图比较了 7 站点 TDD 系统的每小区和速率性能，这里站点间距离为 500m，其中每个站点容纳 3 个小区并且每个小区服务 12 个用户。比较了最小平方（LS）和最小均方误差（MMSE）估计方法。可以注意到，利用不完美的 CSI，即使在中等数量的 BS 天线下，ZF 预编码的性能劣化比 MRT 预编码的性能劣化更严重。

8.3.2 减少导频污染的技术

为了减少导频开销，可以以小区间导频干扰为代价重新使用附近小区中的导频序列，这会导致前面介绍的 PiC。已经显示 PiC 限制非协作 MU MIMO 系统的可达到的性能[36]。

具体来说，当 BS 天线的数量增加到无穷大时，PiC 可以导致 SINR 的饱和，而在不存在 PiC 的情况下，SINR 随着 BS 天线的数量 n_t 大致线性地增加。更精确地，如文献 [36]

所指出的，当用户数量与天线数量相当时，有污染估计的简单匹配滤波器的性能受到导频干扰的限制。这些见解促使研究界找到有效的措施，在非渐近和渐近的域去减轻 PiC 的影响 [37] [38]。

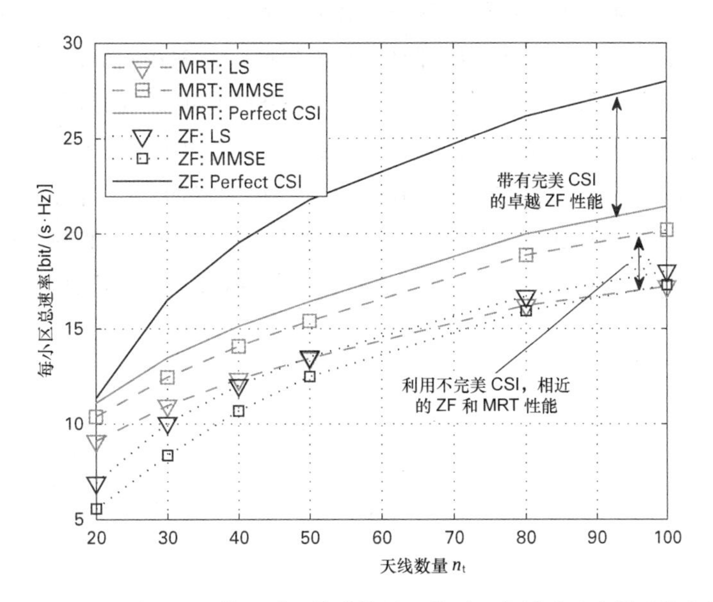

图 8.4　MRT 和 ZF 预编码时，信道估计误差对下行链路速率影响的比较

由于准确的 CSI 的重要性以及获得的 CSI 质量的强烈负面影响，在文献中已经评估了大量的 PiC 减轻方案。这些方案在复杂性和关于多小区合作的假设方面不同，对它们在时间，频率或功率域中如何操作也不一样。

在文献 [39] 中提出了预编码方案，根据该方案，每个 BS 发送不同小区的用户的消息进行线性地组合，以重用相同导频序列的。BS 之间的这种有限协作可以解决 PiC 问题并允许严格的导频复用。

改进信道估计的另一种方法涉及使用贝叶斯估计器，其对于空间上分离得很好的用户能够减轻 PiC[34]。然而，贝叶斯估计器的实现依赖于有用和串扰信道的二阶统计的信息。获得这种信息需要估计协方差矩阵和计算复杂度的一些开销。可以采用迭代滤波器来避免协方差矩阵的显式估计，但是其收敛仍然是开放的问题 [36]。

在文献 [40] 中提出了一种低复杂度贝叶斯信道估计器，称为多项式扩展信道。该方法在存在 PiC 的情况下是有效的。

在文献 [34] 中提出了一种有限合作，其基于二阶信道统计的交换并利用贝叶斯信道估计。在该方法中，通过将相同的导频分配给空间上分离得很好的用户，可以几乎完全消除 PiC。在文献 [37] 中提出了一种不激进的导频复用的不同方法。这种方法可以通过空间分离不同小区中的用户来有效地组合[38]。

8.3.2.1 基于开环路径损耗补偿的导频功率控制

在当前 LTE 测量和采用 LS 估计器的框架内，基于 3GPP LTE 系统的 OLPC 方案和导频重用方案的导频功率控制也可以提供针对 PiC 有害影响的可行和有效的改进措施[35]。图 8.5 给出了对发射的导频符号采用 OLPC 方案的积极影响。该图示出了当 LS 或 MMSE 估计被 BS 用于获取 CSI 时，所估计的信道的平均归一化均方误差。这里假定了多小区系统，导频传输或者使用了全功率或者使用了 OLPC。如图 8.5 所示，相对于最大导频功率的更复杂的 MMSE 估计，具有 OLPC 的 LS 产生了更低的平均 NMSE。

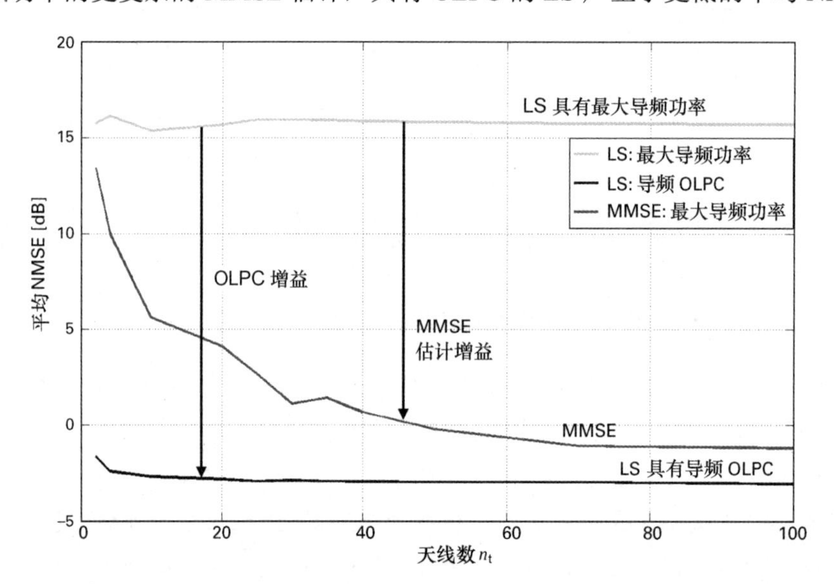

图 8.5 LS 和 MMSE 信道估计的平均归一化均方误差（NMSE）性能

8.3.2.2 大规模 MIMO 系统中的编码随机接入

为了降低小区间干扰量，在蜂窝网络上使用导频序列的原理正在面临挑战[41]。事实上，对于具有变化的业务模式的非常密集的用户群，集中式导频分配可能变得不可行。相反，随机访问协议可以是更合适的选择。可以考虑一种方案，其中在小区内的导频信号池可用于用户随机选择。不同小区的池是正交的。在这个随机选择之后，来自相同小区的用户将选择在随机接入过程中导致冲突的相同导频序列。因此，PiC 被视为碰撞。然而，PiC 被限制在小区内，冲突可以更容易地被处理和减轻。为了避免小区内干扰，常规的大规模 MIMO 系统以 $\tau \geqslant K$ 操作，其中 τ 是导频序列的长度，并且由此是相互正交的序列的最大数目，K 是小区中的活动用户的数目。在文献 [41] 中，提出了一种从根本上不同的减少导频污染的方法，其中 $\tau<K$。其原理是将来自小区外的不可避免的干扰移动到小区内，从而可以通过适当的媒体接入程序来处理。τ 的减小使得可以应用更大的导频复用因子，使得小区间干扰实际上不存在。因此，小区内干扰问题代替了小区间导频污染干扰问题，小区间导频污染干扰问题需要导频规划的，而小区内干扰需要媒体接入控制（MAC）协议的帮助。特别是在要服务成千上万的用户人群的单个小区场景中（例如在第 2 章中呈现的大型户外活动或体育场的使用情况），要坚持 $\tau \geqslant K$ 变得非常昂贵，因此这种方法是有趣的。此外，随机 MAC 协议，如 ALOHA 的不同变体，特别适合于具有不可预测的业务模式的人群情况。编码随机接入的重要动机是渐近归一化吞吐量，即用于增加 K 的每个资源块的解码消息，接近 1 [42]，这是最佳的。

最近，擦除编码领域的灵感进一步发展了随机访问协议（见第 7 章）[43] [44]。多个用户随机选择相同资源时，不是把冲突作为浪费的资源，而是使用 SIC 处理它们。这可能解决冲突，从而提高了总吞吐量。随机访问协议和 SIC 的组合类似于擦除码，这样可以使用在该领域中发展的理论。在文献 [41] 中，在联合导频训练和数据传输方案的提案中采用了编码随机接入的框架。因此，对导频污染问题的解决方案成为 MAC 协议的组成部分。图 8.6 描绘了在三个时隙中上行链路传输使用编码随机接入的示例。联合信道和数据采集由低复杂度和低存储器要求驱动，这排除了在空间处理之前解决冲突，在空间处理之前解决冲突要求存储许多接收的矢量信号。这意味着导频污染没有解决：污染的信道被用作匹配滤波器，将冲突传送到后处理数据域。利用大规模 MIMO 的两个基本性质来解码数据：（1）用户信道之间的渐近正交性：（2）在短时间间隔上从用户接收的功率的渐近不变性。在下文中，针对上行链路和下行链路传输分析了编码随机接入。

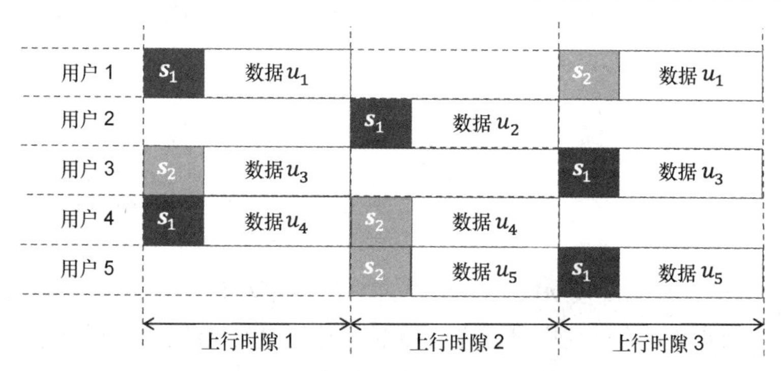

图 8.6 使用编码随机接入的上行传输的示例，这里有具有 5 个用户 u_i 和一组 2 个导频序列 s_1 和 s_2

上行

上行传输如图 8.6 所示。每个用户具有概率 p_a 在一个时隙中激活。激活用户在大小 τ 的集合中随机选择一个导频序列 $\boldsymbol{s}_k=[s_k(1)s_k(2)\cdots s_k(\tau)]$ 发送，并发送数据分组。一个给定用户在每个活动时隙重传相同的数据，这确保在几个编码消息中每个消息都被代表，类似于擦除码。$A[v]$ 表示时隙 v 中的所有活动用户，$A^j[v]$ 表示使用 s_j 的子集。根据图 8.6 中的示例，$A[2]=\{u_2, u_4, u_5\}$, $A^1[2]=\{u_2\}$, $A^2[2]=\{u_4, u_5\}$，在时隙 v 中接收到的上行链路导频信号可以被表示为

$$\boldsymbol{S}[v] = \sum\nolimits_{j=1}^{\tau} \sum\nolimits_{k \in A^j[v]} \boldsymbol{h}_k[v]\boldsymbol{s}_j + \boldsymbol{N}_S[v] \tag{8.24}$$

其中 $\boldsymbol{h}_k[v]$ 是在时隙 v 中的用户 k 到具有 n_t 个天线的大量阵列的信道向量。假定用户配备有单个天线。$\boldsymbol{S}[v]$ 是在导频阶段中对所有接收的矢量信号进行分组的 $n_t\times\tau$ 矩阵。$\boldsymbol{N}_S[v]$ 是 i.i.d 高斯噪声分量的矩阵，其包含在大规模阵列处的噪声矢量。

所有激活用户在上行数据阶段发送长度为 T 的消息。来自第 k 个用户的消息被表示为 $\boldsymbol{x}_k$。然后，在时隙 v 中接收的上行链路数据信号被表示为

$$\boldsymbol{Y}[v] = \sum\nolimits_{k \in A[v]} \boldsymbol{h}_k[v]\, \boldsymbol{x}_k + \boldsymbol{N}[v] \tag{8.25}$$

如果基于接收的导频信号执行信道估计，则出现导频污染问题。在时隙 v 中使用 s_j 的用户的导频信号的最小二乘估计$\hat{\boldsymbol{h}}^j[v]$可以表示为

$$\hat{\boldsymbol{h}}^j[v] = (\boldsymbol{s}_j\boldsymbol{s}_j^{\mathrm{H}})^{-1}\, \boldsymbol{Y}[v]\, \boldsymbol{s}_j^{\mathrm{H}} = \sum\nolimits_{k \in A^j[v]} \boldsymbol{h}_k[v] + \boldsymbol{N}_S^j[v] \tag{8.26}$$

其中$\boldsymbol{N}_S^j[v]$是源自 $\boldsymbol{N}_S[v]$ 的后处理噪声项。代替估计单个信道向量，而是估计信道向量的总和，即包含小区内干扰。不丢弃污染的估计，而是将其用作接收信号的匹配滤波器，以便产生如下的线性组合：

$$\boldsymbol{f}^j[v] = \hat{\boldsymbol{h}}^j[v]^{\mathrm{H}}\, \boldsymbol{Y}[v] = \sum\nolimits_{k \in A^j[v]} \|\boldsymbol{h}_k[v]\|^2\, \boldsymbol{x}_k + \overline{\boldsymbol{N}}^j[v] \tag{8.27}$$

和

$$\boldsymbol{g}^j[v] = \hat{\boldsymbol{h}}^j[v]^{\mathrm{H}}\, \boldsymbol{S}[v] = \sum\nolimits_{k \in A^j[v]} \|\boldsymbol{h}_k[v]\|^2\, \boldsymbol{s}_j + \overline{\boldsymbol{N}}_S^j[v] \tag{8.28}$$

$\overline{\boldsymbol{N}}^j[v]$和$\overline{\boldsymbol{N}}_S^j[v]$包含后处理的噪声项以及仅渐近地为零的跨用户信道标量积。两个空时方程系统被联合利用来恢复数据。式（8.27）和式（8.28）中的线性组合的系数是所涉及信道的二范数$\|\boldsymbol{h}_k[v]\|^2$。在大规模MIMO系统中，与许多单独信道系数的快速衰落相反，这些可以被假定为缓慢衰落。这样可以在滤波的信号使用简化的SIC，以便求解等式系统。最初，识别没有污染的信号，其直接提供相应的信道功率和数据。然后在可能包含这些

信号的任何其他信号中消除这些识别了的信号。继续这样的迭代过程，直到恢复所有数据。作为一个简单的例子，考虑图8.6中的时隙1和3以及无噪声接收。信道能量$\|\boldsymbol{h}_k[v]\|^2$在时间上是稳定的，从而没有写入时间索引。用户1和用户4在时隙1中冲突：与导频s_1的传输相对应的信道估计是$\boldsymbol{h}_1+\boldsymbol{h}_4$。在训练和数据域中使用这个污染的估计作为匹配滤波器，获得两个信号，即（$\|\boldsymbol{h}_1^2\|+\|\boldsymbol{h}_4\|^2$）$\boldsymbol{s}_1$和$\|\boldsymbol{h}_1\|^2\boldsymbol{x}_1+\|\boldsymbol{h}_4\|^2\boldsymbol{x}_4$。在时隙3中，用户1具有未受污染的传输：与导频s2的传输相对应的信道估计是h_1。应用它作为匹配滤波器，获得以下信号$\|\boldsymbol{h}_1\|^2\boldsymbol{s}_2$和$\|\boldsymbol{h}_1\|^2\boldsymbol{x}_1$。知道$h_1$和$\|\boldsymbol{h}_1\|^2$：可以在时隙3中估计$x_1$。去除用户1在时隙1中的贡献，可以净化用户4的信号，使得能够估计$\|\boldsymbol{h}_4\|^2$，从而得到x_4。这类似于擦除码中的置信传播解码。通过适当选择p_a，可以将度数（多个冲突）遵循一定的分布，这有利于置信传播解码。

现有文献没有考虑为大规模 MIMO 系统特别设计随机 MAC 协议。因此，性能比较的唯一参考是传统的时隙 ALOHA 协议。在文献 [41] 中表明，编码随机接入相比时隙 ALOHA，吞吐量大约可以加倍（n_t=500）。关于编码随机访问的更多细节，见 7.6.3 节。

下行

通常，在大规模 MIMO 系统中的下行链路操作依赖于在上行链路中获得的信道估计和互易性的假设。然而，当在上行链路中应用 SIC 时，不能保证这样的估计可用，因为在成功解码之后仅获得信道范数。解决方案是执行数据辅助信道估计。如果 x_k 足够长，则对于所有 k，可以假设它们是相互正交。因此，在成功解码 x_k 之后，$\boldsymbol{h}_k[v]$ 的估计可以表示为

$$\hat{\boldsymbol{h}}_k[v] = (\boldsymbol{x}_k\,\boldsymbol{x}_k^{\mathrm{H}})^{-1}\,\boldsymbol{Y}[v]\,\boldsymbol{x}_k^{\mathrm{H}} = \boldsymbol{h}_k[v] + \boldsymbol{N}_k[v] \tag{8.29}$$

因此，每当上行链路消息被成功解码时，用户 k 的下行链路传输是可能的。

8.4　大规模 MIMO 的资源分配和收发机算法

为了利用大规模 MIMO 的优点，特别是空间复用和阵列增益，需要仔细分配用户之间的资源。特别地，应考虑多个问题：应同时调度哪些和多少个用户，如何选择天线权重（在发射机和接收机处），收发机（天线权重向量）是否应和调度联合设计等。此外，本节特别研究了为大规模 MIMO 系统设计的两种资源分配方案。

第一方案建议如何设计大规模 MIMO 系统的收发机，以避免 CSI 在 BS 之间完全的集中交换。具体地，利用 BS 之间有限的回程信息交换，在每个 BS 本地获得优化的最

小功率波束形成器。

第二种方案是使用干扰分簇和用户分组。它允许通过适当地组合用户分簇，分组和预编码在大规模 MIMO 系统中服务大量用户。

8.4.1 用于大规模 MIMO 的分布式协调收发机设计

一般来说，协调的资源分配问题可以被归类为优化问题，在一定限制条件下最大化网络中的期望效用，其可以迭代地解决，每次迭代处在节点之间交换一些信息 [45]-[48]。然而，在大规模 MIMO 中，与基于迭代优化的方案相比，可以潜在地简化协调的收发机设计方法。协调多小区最小功率波束形成方法在过去已经被广泛研究，其在使总发射功率最小化的同时满足所有用户的给定 SINR [46] [48] [49]。该方案是更一般问题的基础，基于上行链路—下行链路二元性和优化分解方法，已经提出了用于解决该优化问题的各种解决方案。当维度（即天线数量 n_t 和用户数量 K）增长很大时，或者当处理快速衰落情况时，在有延迟约束和有限回程容量时共享节点之间的瞬时 CSI 成为一个重要问题。

一个避免 CSI 的完全交换的方案是基于在文献 [46] 中开发的解耦方法，其仅依赖于 BS 之间的有限回程信息交换，可以在每个 BS 处本地获得最优最小功率波束成形器。原始集中式问题在下文中被重新表述，并且被称为分散式协调收发机设计，使得 BS 与真正的小区间干扰项耦合。集中的问题可以通过原始或双分解方法来解耦变成分布式算法。基于收敛的迭代解可以获得最佳波束成形器，其解决局部问题并在每次迭代时交换所得到的小区间干扰（ICI）值。

分散协调收发机方案由一组规则组成，如何设计大规模 MIMO 系统的收发机，以避免在 BS 之间集中的 CSI 完全交换。具体地，现在依赖于 BS 之间的有限回程信息交换，在每个 BS 处本地获得最优最小功率波束成形器。该方案利用随机矩阵理论（RMT）的结果，同时利用斯蒂尔吉斯（Stieltjes）变换 [22] [23]。

8.4.1.1 系统模型

蜂窝系统由 N_B 个 BS 和 K 个单天线用户组成：每个 BS 具有 n_t 个发射天线。分配给 BS b 的用户为集合 U_b。用户 k 的信号包括有用信号、小区内和小区间干扰。令 $\boldsymbol{h}_{b,k}$ 是从 BS b 到用户 k 的信道。假设 w_k 是用户 k 的发射波束赋形因子，在受限于用户特定 SINR 约束 $\gamma_k \forall k \in U_b, b \in B$ 的情况下，下面的协调最小功率预编码问题可以得到求解 [46]：

$$\min \sum_{b \in B} \sum_{k \in U_b} \|\boldsymbol{w}_k\|^2$$

当 $$\frac{|\boldsymbol{w}_k^{\mathrm{H}}\ \boldsymbol{h}_{b_k,k}|^2}{\sigma^2+\sum_{l\in U_{b_k}\ k}|\boldsymbol{w}_l^{\mathrm{H}}\ \boldsymbol{h}_{b_k,k}|^2+\sum_{b\neq b_k}\varepsilon_{b,k}^2}\geqslant\gamma_k\quad \forall k\in U_b, b\in B\ 和 \tag{8.30}$$

$$\sum_{l\in U_b}|\boldsymbol{w}_l^{\mathrm{H}}\boldsymbol{h}_{b_l,k}|^2\leqslant\varepsilon_{b,k}^2\quad \forall k\neq U_b, b\in B,$$

其中优化变量为 w_k 和小区间干扰变量 $\varepsilon_{b,k}^2$。

引入通用的每用户信道相关模型，使得

$$\boldsymbol{h}_{b,k}=\boldsymbol{\theta}_{b,k}^{\frac{1}{2}}\boldsymbol{g}_{b,k} \tag{8.31}$$

其中 $\boldsymbol{\theta}_{b,k}$ 是用户 k 相关矩阵，$\boldsymbol{g}_{b,k}$ 是独立同分布（i.i.d），方差为 $1/n_{\mathrm{t}}$ 的复向量。这种每用户信道相关模型可以在各种传播环境中使用。

上述优化问题使用上行链路—下行链路对偶来迭代地解决，可以首先计算双上行链路中的功率分配和波束成形器 [46] [48]。结果表明，通过使用大型系统分析，通用模型的近似最优上行功率 λ_k 可以表示为 [22] [23]

$$\lambda_k=\frac{\gamma_k}{\boldsymbol{v}_{b_k,\boldsymbol{\theta}_{b_k,k}}(-1)} \tag{8.32}$$

其中 $v_{b_k,\theta_{b_k,k}}$（z）是由 $z\in\mathrm{C}\backslash\mathbf{R}^+$ 定义的度量的斯蒂尔吉斯（Stieltjes）变换 [23]，以及

$$v_{b_k,\theta_{b_k,k}}(z)=\frac{1}{n_{\mathrm{t}}}tr\boldsymbol{\theta}_{b_k,k}\left(\frac{1}{n_{\mathrm{t}}}\sum_l\frac{\lambda_l\theta_{b_k,l}}{1+\lambda_l v_{b_k,\theta_{b_k,l}}(-1)}-z\boldsymbol{I}_{n_{\mathrm{t}}}\right)^{-1}. \tag{8.33}$$

下行链路功率的近似可以类似地导出，详见文献[22]、[23]。基于本地CSI和其他BS信道的统计，上述的公式近似地给出最优上行链路和下行链路功率的算法。然而，近似中的误差导致所得到的SINR和速率有变化。因此，不能保证前面的SINR约束，并且那些实现的SINR可能高于或低于目标SINR。在这种情况下，随着用户和天线的数量增大，可以渐进地满足SINR的约束。

接下来，描述了在 BS 处解耦子问题的替代方法。遵循与文献 [46] 中相同的逻辑，ICI 被认为是 BS 之间的主要耦合参数，基于信道统计，ICI 项的大尺寸近似被导出为 [22]：

$$\varepsilon_{b,k}^2\approx\sum_{l\in U_b}\frac{1}{n_{\mathrm{t}}}\frac{v'_{b_k,\theta_{b_k,l}}(-1)}{\left(1+\lambda_l v_{b_k,\theta_{b_k,l}}(-1)\right)^2}, \tag{8.34}$$

其中$v'_{b_k,\theta_{b_k,l}}(-1)$是斯蒂尔吉斯（Stieltjes）变换$v_{b_k,\theta_{b_k,l}}(z=-1)$的导数（参见文献 [23]）。$\delta_l$ 是下行功率加权标量，其与用户 k 的最优下行和上行预编码 / 检测向量相关，即 $\boldsymbol{w}_k=\sqrt{\delta_k}\widetilde{\boldsymbol{w}}_k$，其中$\widetilde{\boldsymbol{w}}_k$是用户 k 的 MMSE 上行链路检测向量。基于用户信道的统计，这

种方法可以近似地导出最佳 ICI 项。每个 BS 需要关于用户的特定的平均统计，即来自其他 BS 的用户的特定的相关属性和路径损耗信息（这些统计可以在协调网络节点之间的回程上交换）。此外，每个 BS 需要知道协调簇内的每个用户的本地的 CSIT。基于统计，每个 BS 可以在本地并且独立地计算出近似最优的 ICI 值。将近似 ICI 插入原始问题使 BS 处的子问题解耦，并且所得到的 SINR 满足目标约束，与最优方法相比，具有稍高一点的发射功率的。耦合参数仅取决于信道统计，因此可以降低回程交换速率和处理负载。此外，当信道统计（路径损耗，相关特性）变化比瞬时信道实现慢时，该算法可以应用于快速衰落场景。

8.4.1.2 **性能结果**

即使系统的尺寸（用户和天线的数量）在实际上受限，在前面的章节中针对具有大尺寸的多单元系统开发的两种算法也能提供良好的近似。为了显示近似算法的性能，本节中给出了一些数值示例，给出了基于 ICI 近似的算法的结果。这个算法满足所有用户的目标 SINR，然而，近似中的误差导致 BS 处有稍高的发射功率。这里考虑具有 7 个小区的环绕网络，并且用户在小区内均匀分布。每个用户使用指数路径损耗模型，

$$a_{b,k}=\left(\frac{d_0}{d_{b,k}}\right)^{2.5} \tag{8.35}$$

其中$d_{b,k}$是BS b和用户k之间的距离。路径损耗指数为2.5，参考距离(d_0)为1m。从一个基站到相邻基站参考距离的边界的路径损耗被固定为60dB。简单的指数模型被用来作为信道条目之间的相关性

$$[\boldsymbol{\theta}_{b,k}]_{i,j}=\rho^{|i-j|} \tag{8.36}$$

其中ρ表示相关系数，在下面的仿真为0.8。对于每个试验，用户被随机地放置，总共放置了1000个用户用于计算平均发送功率。每个BS处的天线的数量从14变化到84，并且用户的总数等于每个BS处的天线的数量的一半。因此，随着天线数量的增加，空间负载是固定的。图8.7（a）给出了在0 dB SINR目标下发射SNR对天线数量的关系。显然，随着天线和用户的数量的增加，近似和最优算法（表示为集中式）之间的差距在减小。在小尺寸情况下的小间隙表示近似算法可以具有有限数量的天线和用户的实际情况下使用。从结果可以很明显地看到，集中式算法和近似的ICI算法优于ZF方法。注意，ZF和最优和近似方法之间的间隙是固定的，这是由于天线数量与用户总数的固定比率。性能上的差距主要是因为ZF算法浪费了一定程度的自由度来抵消对远处用户的干扰，而集中式算法在干扰抑制和最大化有用信号电平之间找到最佳平衡。MF波束成形必须更仔细地对

待，因为它完全忽略了（小区内和小区间）干扰，因此SINR目标低于图8.7（b）所示的目标SINR。注意，MF波束成形可以在非常特殊的情况下，即当天线数量与用户数量的比率接近无穷大时，渐近地满足目标SINR。

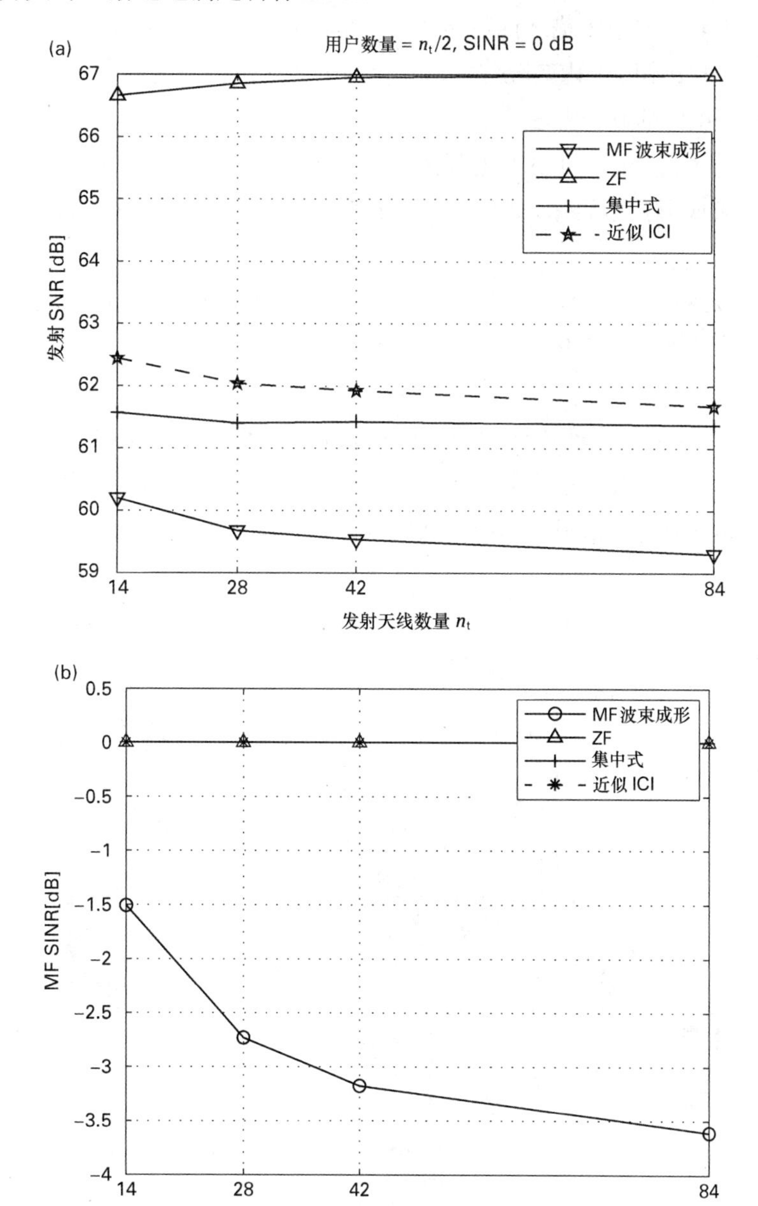

图 8.7　在 0 dB SINR 目标时所需发送 SNR 的比较

8.4.2 干扰分簇和用户分组

虽然大规模 MIMO 的传输显著地减少了用户间干扰，但是多小区干扰仍然是限制整个系统性能的因素。本节中描述的特定干扰分簇和用户分组方案可以解决干扰，这些方案在每个 BS 处将多小区干扰减轻与多用户复用分离开。特别地，考虑了组合用户分簇，分组和正则化预编码的联合方法 [50]。

该方案如图 8.8 所示。可以被划分为三个步骤，使用了两级波束成形预编码。应当注意，两级波束成形预编码概念仅可以在数字域中实现，或者以如 8.5.3 节所示的混合形式中实现。

➢ 第一（波束成形）阶段：将位置相同的用户利用组间干扰感知簇分组，这样可以实现宽带多用户波束成形。从信道的二阶统计量，更精确的信道协方差信息中提取波束成形。

➢ 第二（预编码）阶段（针对每个用户组）：优化多用户 SINR 的条件，例如，基于正则化 ZF 预编码约束。基于小规模衰落 CSI 反馈，进行在相同时频资源上的下行链路传输的用户选择和对所选用户的小区间干扰感知预编码器设计 $\boldsymbol{P}(k)$。

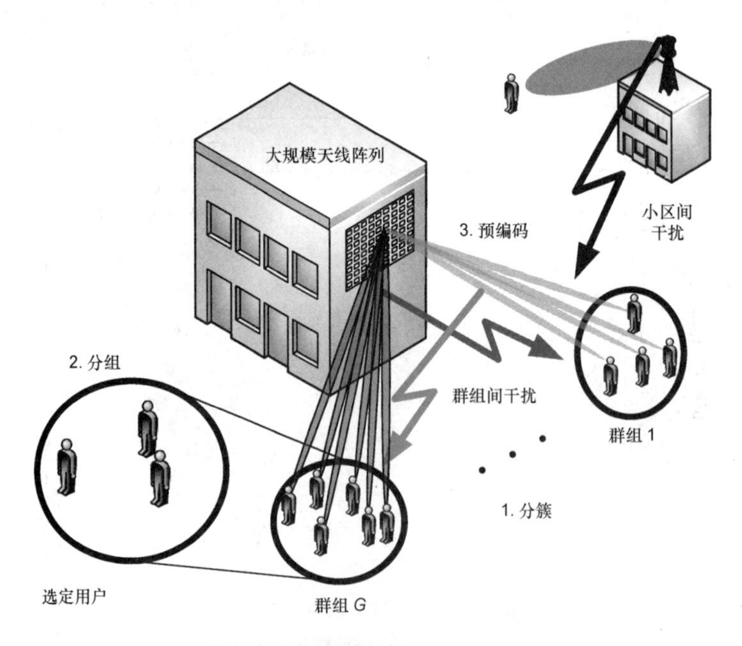

图 8.8 具有大规模 MIMO 天线阵列的群间干扰分簇，用户分组和小区间干扰感知预编码

在步骤一中，进行用户分簇，将用户集合 K 划分为具有相似二阶信道统计量的 G 个用户组。第一阶段波束成形的联合空分复用（JSDM）概念在空间上分离每个用户组的信道。这里采用基于密度的分簇算法，也称为基于密度的应用与噪声的空间分簇（DBSCAN）。该算法针对特定的用户密度进行一个自适应数目的群分组，这个用户密度自适于应群间干扰的水平。

在步骤二中，是针对每个组独立完成的，基于分组的半正交用户选择（SUS）[51] 来找到一个用户子集，这个用户子集在相同时间—频率资源上但在不同空间层上同时进行下行传输。除了选择用于下行链路传输的组外，该步骤还包括资源分配。注意，可以在时间和频率上选择组，而 SUS 对应于空间域资源分配。根据文献 [52]，使用了基于投影的速率近似，利用最大和速率目标去适应 SUS 算法。因此，这样确保了总吞吐量增加，而有限的发射功率预算在所有激活的空间数据流之间划分。

在步骤三中，在 BS 处设计第二阶段预编码器。为了平衡有用信号和抑制多用户干扰与剩余的未处理的小区间干扰，考虑正则化的 ZF 预编码。这是很重要的步骤，因为 BS 可以通过互易性获得信道，但是不具有在用户处的干扰或 SINR 的任何信息。由于不能选择与用户处的 SINR 条件匹配的调制和编码方案，使用正则化的迫零预编码，这样可以利用正则化权重考虑小区间干扰。为了获得用户处的 SINR 的信息，引入一个标量宽带功率值，这个功率值是在用户处对测量的干扰协方差矩阵的对角元素的平均而获得的 [52]。该功率值从用户反馈到 BS，独立于时分双工系统或频分双工系统。

组合所有这三个步骤，与具有 8 个发射天线的基准情景相比，总吞吐量的性能增益可以达到 10 倍的量级。

性能结果

以下性能评估集中在 FDD 下行链路上。为了评估该方法的第一步，利用具有 1×256 天线阵列的单个扇区和 6 个物理上很靠近的用户簇，每个簇由 6 个用户组成。这种到空间正交组的分簇必须针对组间干扰进行。众所周知的具有联合空分复用（JSDM）的 K 均值和 K 均值 ++ 算法的分簇对于该任务是不实际的，因为它们需要组数 G 作为输入参数，而这个不是已知的参数。穷举搜索每个用户星座的最佳 G 几乎是不可行的。因此，通过适应 DBSCAN 算法引入了基于密度的分簇算法。

在图 8.9 中 K-means ++ 和 DBSCAN 算法与基准情景进行比较。对于基准情景，考虑 8 个发射天线，使用多用户正则化迫零波束成形。相对于每组处理的 JSDM，ZF 预编码的增益相对较小，并且对于 DBSCAN 用户分簇来说为 11%。注意，在 JSDM 中，仅在同一用户组内的多用户干扰通过 ZF 波束成形（第二级）来减轻，而组间干扰仅在第一阶段编码中考虑。

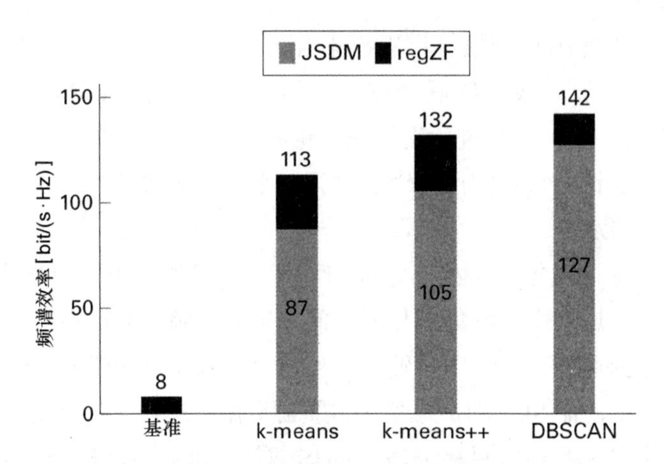

图 8.9　有 8 个（基准）和 256 个（大规模 MIMO）发射天线时，具有每组预编码的 JSDM 与联合正则化 ZF 相比

假设在 BS 处知道用户下行信道的完美信道信息，图 8.10 给出了将候选用户的数目 $K=|\mathcal{K}|$ 从 40 增加到 120 时的复用增益。此外，分析了以下两种用户分组模式。

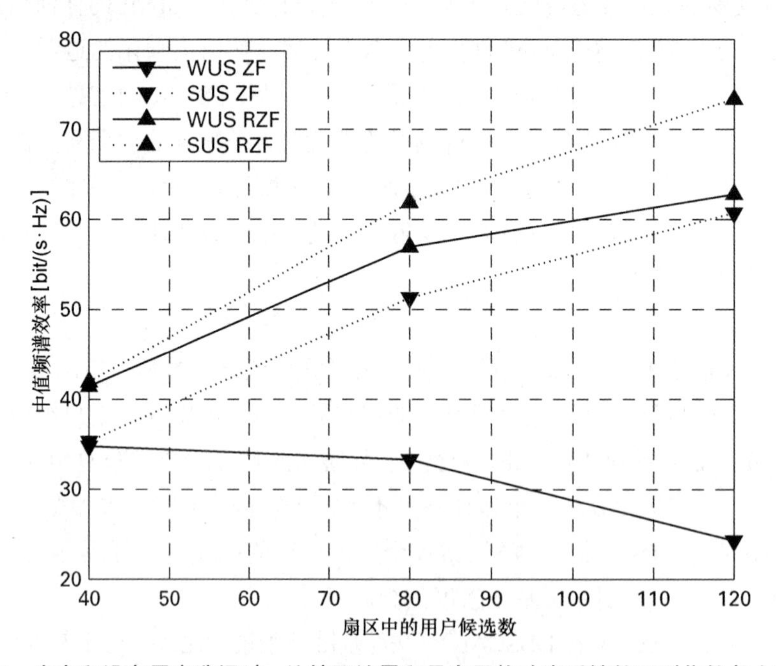

图 8.10　在有和没有用户选择时，比较了迫零和具有干扰功率反馈的正则化的多小区性能

➢ WUS：无用户选择，其中调度的用户集是 $\mathcal{K}_{\mathrm{WUS}}=\mathcal{K}$

➢ SUS：使用 SUS，其中调度的用户集是 $\mathcal{K}_{SUS} \subset \mathcal{K}$

图 8.10 中带有上三角形的实线和虚线考虑了干扰感知正则化 ZF（RZF）预编码。可以观察到，对于用于 SUS 和 WUS，RZF 预编码（与 ZF 相比）在 K=120 处产生 150% 和 20% 的增益。作为主要结果，多用户干扰被降低为噪声加小区外干扰的水平，导致每个用户的更高的信号功率，以及由于预编码器归一化而导致的更小的损失。对于少量用户，即 K=40，SUS 相对于 WUS 的 RZF 的增益消失，并且对于 K=120 位用户，增益增加到高达 16%。注意，SUS 需要更大的用户集合来提供反馈，从而显著增加反馈开销。对于简单的 ZF 预编码，高级用户分组（如 SUS）是强制性的，否则系统性能显著降低，可参考下三角形的实线。

8.5　大规模 MIMO 中基带和射频实现的基本原理

8.5.1　大规模 MIMO 实现的基本形式

除了对于 SU 和 MU 大规模 MIMO 的理论分析外，大规模 MIMO 的一个主要限制的方面与硬件的约束有关[54]。显然，RF 硬件复杂度随着系统中的有源天线元件数目 n_t 而缩放。这被认为是理所当然的、并且在大规模 MIMO 的背景下不能被避免。然而，根据在数字频率 / 时间或模拟时域中进行预编码和波束成形的程度，大规模 MIMO 实现的复杂性可以大大不同。如本章开始所述，预编码在这里指对每个天线和系统带宽的每个子部分使用单独的相移，而波束成形指在整个系统带宽上使用公共的相移。在本节中，给出了大规模 MIMO 硬件实现的可能的基本形式。

为了利用大规模 MIMO 信道的所有自由度并从中提取所有增益，需要对每个天线单元和每个子载波引入信道相关的个体相移。如图 8.11 所示，频率选择性预编码应当在数字基带中进行。基带链的数量表示为 $L \geqslant M$，其中 M 表示所有用户的 MIMO 流的数量。使用预编码来处理 L 个波束的波束间干扰。注意，可以通过一次矩阵乘法同时执行波束成形和预编码，矩阵乘法将预编码矩阵与数字 BF 矩阵组合。在该设置中，基带链的数量等于 RF 链的数量，即 L=n_t。在图 8.11 中，不同的信号处理模块指的是在数模转换（DAC）之前使用离散傅里叶逆变换（IDFT）和引入循环前缀（CP）。这种方法显然非常复杂和昂贵，因为基带信号处理链的数量必须等于发射天线的数量，并且需要每个子载波上的每个信道系数的CSI，这将意味着大量的导频和信道估计和反馈开销，除非在TDD中可以使用信道互易性。

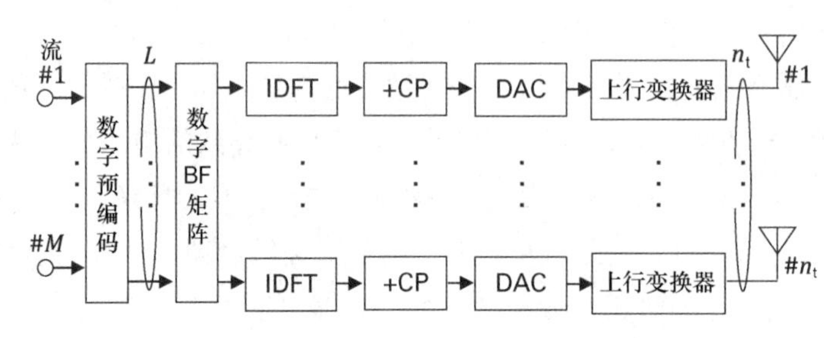

图 8.11　采用数字预编码的大规模 MIMO OFDM 发射机

通过在整个系统带宽上使用相移，即通过在模拟域中应用波束成形，可以显著减少实现的复杂性和成本，如图 8.12 所示。这里，为了服务多达 M 个不同的流，仅使用 M 个不同的基带信号处理链，并且对于每个流，发射天线之间可配置的相移可以在 RF 电路中引入。由于用于模拟波束成形的相移的搜索时间应该被缩短，所以只有非常有限的一组不同的相移配置可用。这具有积极的效果，因为只将优选相移配置的索引从接收机反馈到发射机，这样 CSI 反馈大大减少。同时，模拟波束成形的方法意味着从不同天线发送的信号不能像在数字的频率选择性预编码的情况下那样完全相干地对准（建设性地或破坏性地）。这使得阵列增益不像在数字预编码情况下那样大，并且还引入了流或用户之间的一定程度的残留干扰。此外，在传播信道是高频率选择性的情况下，在整个系统带宽上使用所有相同的相移显然不是最佳的。

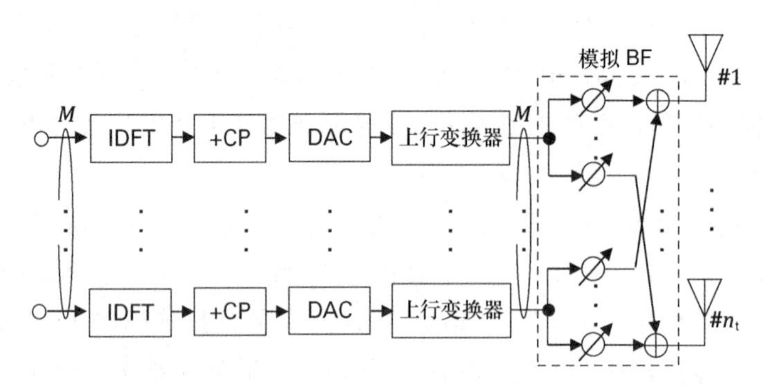

图 8.12　采用模拟 BF 的大规模 MIMO OFDM 发射机

由于这些原因，在大规模 MIMO 的情况下更适合的预编码和波束成形的方法是使用混合波束形成的方法 [55]-[58]，即其中在数字基带中执行一定程度的频率选择性预编码以及在模拟 RF 电路中应用进一步的波束成形，这种方法如图 8.13 所示。这里，M 个流在数字基带中并且基于每个子载波被预编码为每个子载波有 L 个不同的信号，以处理模拟波束之间的残留干扰，并且提取附加的波束成形增益，然后使用模拟波束形成来映射这些信号到 n_t 个发射天线。在这种情况下，仅需要 L 个基带信号处理链。在这种情况下的性能明显是在完全数字预编码和完全模拟波束成形情况之间的折中。

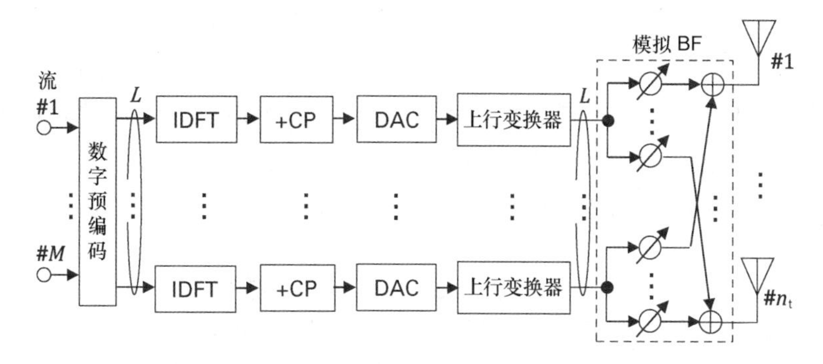

图 8.13　采用数字预编码和模拟波束成形的混合的大规模 MIMO OFDM 发射机

这种方法更适合用于频率选择信道，但是模拟波束成形部分的有限灵活性仍然留下一些残留的流间或用户间干扰。此外，现在 CSI 的反馈是完全数字预编码和完全模拟波束成形方法之间的折中。

对于后者的混合方法，存在不同的机制来确定数字基带域中的预编码权重和模拟域中的相移。接下来，提出了一种基于混合固定 BF 和基于 CSI 的预编码（FBCP）[59] 的特定方案，其执行两个波束成形域的连续优化。

8.5.2　基于 CSI 的预编码的混合固定波束成形（FBCP）

FBCP 有时被称为模拟 FBCP，但在本书中被重新称为混合 FBCP，以便强调其是使用数字基带中的预编码和模拟的波束成形的混合来实现的。FBCP 方法由两个连续的步骤组成。首先，其选择一定数目的模拟固定 BF 权重，这个数目大于流的数目且远小于发射器天线的数目。更精确地，基于任意 2D 角度的导向向量并根据最大总接收功率标准，最初从一些模拟固定的 BF 权重候选中，选择 L 个固定的 BF 权重 W[59]。

接下来，对等效频域信道矩阵 $\boldsymbol{H}(k)\boldsymbol{W}$ 进行 SVD 分解，计算在第 k 个子载波处的基于本征模（EM）的预编码矩阵 $\boldsymbol{P}(k)$，这里等效频域信道矩阵 $\boldsymbol{H}(k)\boldsymbol{W}$ 是将频域信道矩阵 $\boldsymbol{H}(k)$ 乘以所选择的固定 BF 权重 W。注意，利用所选择的固定 BF 的导频信号来估计 $\boldsymbol{H}(k)\boldsymbol{W}$。

FBCP 的性能

这里给出了以TDD模式运行的单用户大规模MIMO采用了FBCP方法的下行链路吞吐量性能方面的链路级仿真结果，其中载波频率为20GHz。仿真的参数在表8.2中给出，发射机天线的数量n_t被设置为16或256，并且接收机天线的数量n_r固定为16。流的数量M固定为16。UE接收机通过后编码（接收权重）矩阵来检测空间复用的流，这个后编码（接收权重）矩阵从等效信道矩阵$\boldsymbol{H}(k)\boldsymbol{W}$的SVD计算出来的。发射机和接收机都采用2D均匀平面阵列（UPA）作为天线阵列结构。如图8.14所示，θ和ϕ是天顶角和方位角。根据所设置的参数，最大比特率达到31.4Gbit/s，其中调制和编码方案是使用turbo码的编码速率R为3/4的256QAM。假定理想的自适应调制和编码（AMC）。信道模型基于Kronecker模型，包括视线（LOS）和非视线（NLOS）分量。

表8.2　大规模MIMO的仿真参数

概　念	值
传输方案	下行链路 MIMO OFDM
信号带宽	400 MHz
激活的子载波	导频32；数据2000
天线数	n_t:16, 256；n_r:16
数据流数量M	16
调制方式	QPSK: 16QAM, 64QAM, 256QAM
信道编码	Turbo码：R = 1/2, 2/3, 3/4
最大比特率	31.4 Gbit/s (256QAM, R = 3/4)
天线阵列结构	UPA
角度功率谱	θ：拉普拉斯分布，ϕ：绕回的高斯分布
平均角度（θ,ϕ）	Departure: (90°, 90°) Arrival: (90°, 90°)
角度扩展（θ,ϕ）	Departure: (5°, 5°) Arrival: (20°, 20°)
信道模型	Kronecker模型
衰落信道	Nakagami-Rice (K = 10 dB)；16个径

图8.15示出了针对L的不同选择的FBCP的吞吐量性能。假设了理想的信道估计，并且在吞吐量计算中不考虑导频和反馈开销。在天顶和方位角中的可能的模拟BF步长的角度间隔固定为5°。为了比较，图8.15给出了全数字大规模MIMO（L=n_t）的EM预编码的吞吐量性能。可以看出（对于n_t = 256的情况）当L增加时，FBCP的吞吐量接

近完全数字的基于 EM 的预编码，并且在 L 等于 32 时收敛。此外，与具有 n_t=32 的常规全数字 MIMO 相比，FBCP 在 n_t=256 及 L=32 时可以通过利用更高的 BF 和分集增益，将 20Gbit/s 吞吐量所需的 SNR 减少大于 9dB，然而需要相同数量的基带信号处理链。

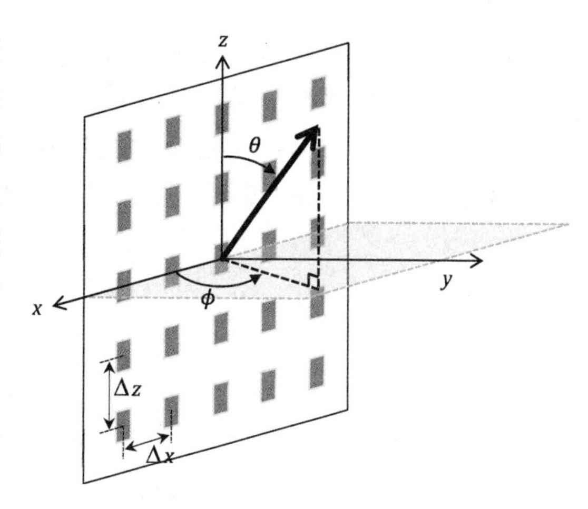

图 8.14　球面坐标中用于 3D BF 的 UPA

图 8.16 显示了当受到 CSI 错误时 FBCP 的吞吐量性能。再次，将完全数字基于 EM 的预编码的吞吐量性能添加到用于比较的图中。对于所有方案，根据具有零均值和方差 σ_e^2 的高斯分布来生成 CSI 误差。σ_n^2 表示每个天线的噪声功率，σ_e^2 被设置为 σ_n^2–10 dB 或 σ_n^2–20 dB。图 8.16 表明，随着 CSI 误差的增加，全数字基于 EM 的预编码方法的吞吐量急剧下降，而 FBCP 对 CSI 误差是顽健的。这可以通过以下事实来解释：全数字方法需要精确的 CSI 以利用全阵列增益。还发现当 σ_e^2=σ_n^2–20 dB 时，FBCP 可以实现与全数字方法相同的吞吐量，尽管复杂度显著降低。

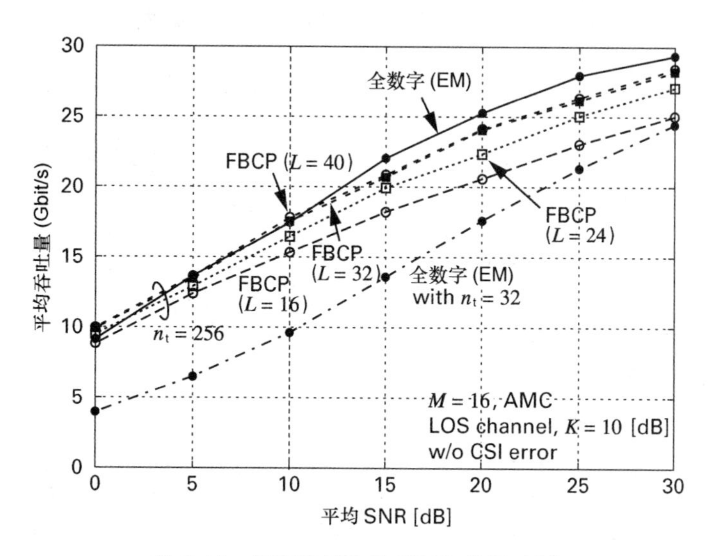

图 8.15　不同选择 L 的 FBCP 的吞吐量

最后，受相位误差影响的 FBCP 的吞吐量性能如图 8.17 所示。相位误差反映了

FBCP 的 RF 移相器中的硬件损伤，并且由具有零均值和方差 σ_{p}^2 的高斯分布产生。标准偏差 σ_{p} 设定为 3° 或 5°。从图 8.17 可以看出，与相位误差无关，FBCP 实现了相同的吞吐量，而且对于该硬件损害是相当稳健的。由于模拟 BF 权重是基于最大接收功率标准来选择的，并且固有地考虑了相位误差，所以 FBCP 对相位误差是顽健的。

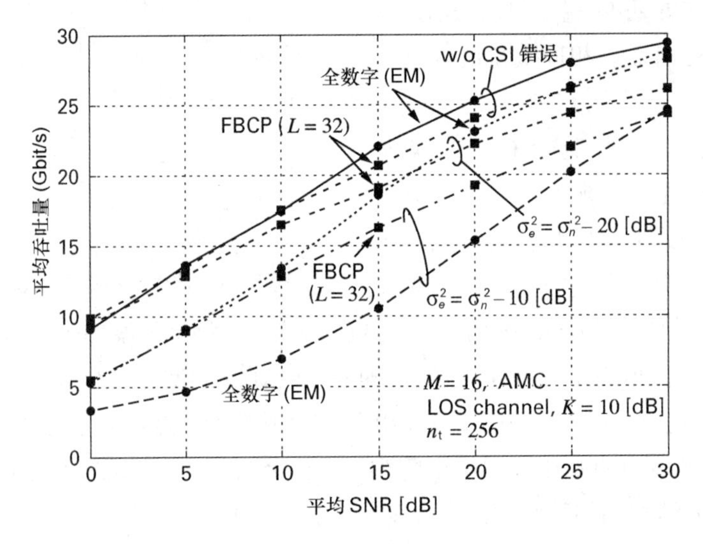

图 8.16　具有 CSI 错误的 FBCP 的吞吐量性能

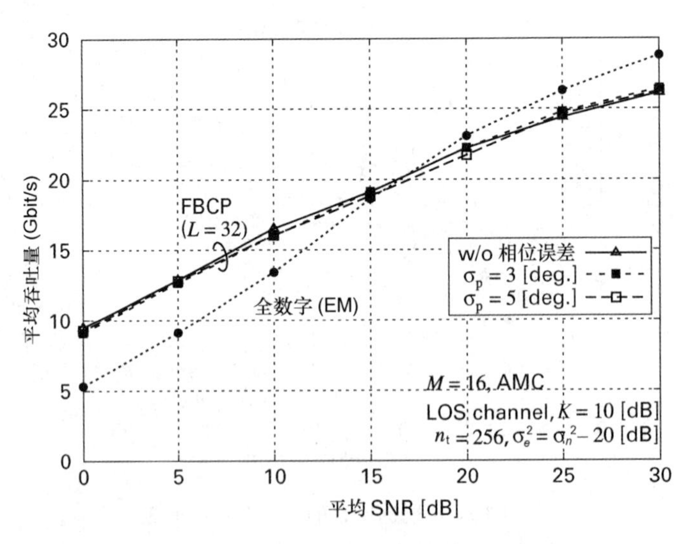

图 8.17　具有相位误差的 FBCP 的吞吐量性能

8.5.3 用于干扰分簇和用户分组的混合波束成形

在本节中，对于在 8.4.2 节中给出的干扰分簇和用户分组方案，指出了使用混合波束成形的优点。图 8.18 说明了使用混合 BF 实现的干扰分簇和用户分组方案，其中射频链的数量是 L，数据流的数量是 M。此外，假设是有 K 个用户的 $L=M$ 个流的系统以及在 BS 处的 n_t 个天线。与图 8.13 中所示的混合 BF 相反，这里假设每个 RF 链馈送单组子阵列天线。此外，天线阵列被划分为若干组 $\vartheta=n_t/L$ 个元素[17]。

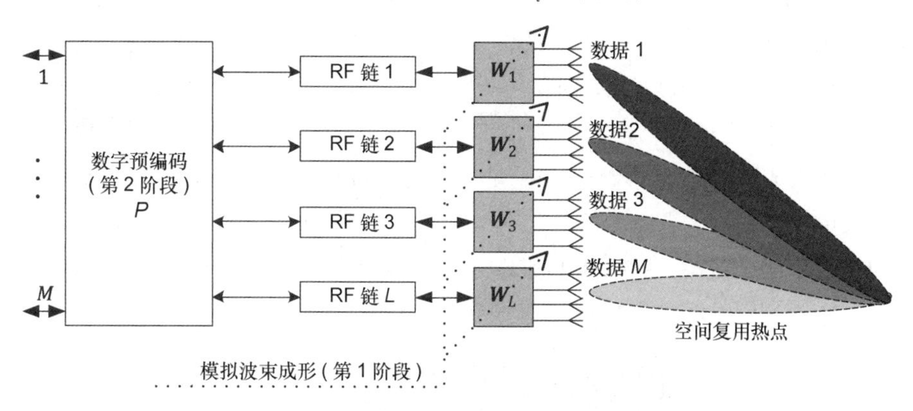

图 8.18 混合波束成形的天线的波束控制

数学上，这意味着 $L\times n_t$ 矩阵 W 被限制为 L 个对角块的矩阵，每个块的维度为 $\vartheta\times 1$，每个（列）块是对应波束控制天线的导向矢量。考虑一种情况，目标是服务属于组 1 的 M 个用户并且同时对组 2 中的用户产生低干扰。对于不受约束的第一阶段波束形成矩阵 W，在用低复杂度混合 BF 实现波束控制天线的情况下，这可以通过块对角化来实现（参见上文和文献 [40] 中的细节）。然而，当对 W 施加块对角约束时，对于多用户多小区下行链路的波束成形矩阵的优化是很不明显的。由 LOS 的直觉驱动，如果矩阵 W 定义多个波束，可以将这些波束指向期望的用户组 1 的方向，并且在不期望的用户组 2 的方向上放置最小值。通过基带预编码矩阵 $\boldsymbol{P}(k)$ 在用户组 1 中使能多用户复用，这里也需要结合模拟波束成形时的 CSIT。然而，这是否可行以及在何种程度上为每组用户实现多用户复用增益，必须通过准确的统计信道模型和广泛的系统仿真来验证。

干扰抑制的混合 BF 性能

为了评估混合 BF 的两阶段的波束成形 / 预编码，如图 8.19 所示，考虑以下部署。考虑面向彼此的两个发射 BS 和在小区边界处的两个接收机组，每个接收机组具有 8 个用户。本节的重点是展示混合 BF 的潜力，因此部署有意保持简单。用户组 1 和 2 分别由 BS 1 和 2 服务。

如图 8.18 所示，BS 发射机天线是均匀线性的阵列，由 ϑ=4 个块组成的，相互之间分隔 2λ，其中每个块由间隔为 $\lambda/2$ 的 4 个天线形成。关于假设的更多细节，见文献 [17]。

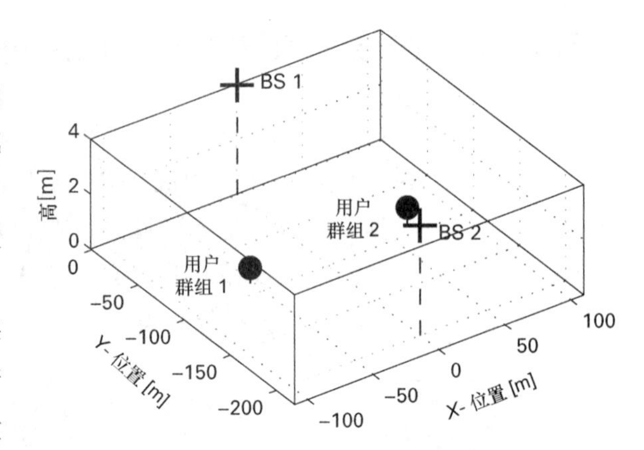

图 8.19　用户和基站的部署

为了利用用户组的复用增益，每个天线块产生相同“宽波束”，使用着相同波束成形向量 $\boldsymbol{w}_L$，波束成形向量一般是从 DFT 矩阵选择的。在更一般的形式中，波束成形矩阵 $\boldsymbol{w}=\boldsymbol{w}_1\cdots\boldsymbol{w}_{L-1}\boldsymbol{w}_L$ 是从任何码本矩阵选择的多个行向量的级联，其中每个波束成形向量 $\boldsymbol{w}_L$ 可以具有不同的权重。对于单个天线块，在图 8.20 中给出了这种波束的有效信道 $\boldsymbol{H}(k)\boldsymbol{W}g(k)$［其中 $g(k)$ 是频率块 k 上的信道增益］，为了简化可视化，忽略了多径分量。可以看出，功率被引导到用户组 1，并且同时减轻了对组 2 的干扰。

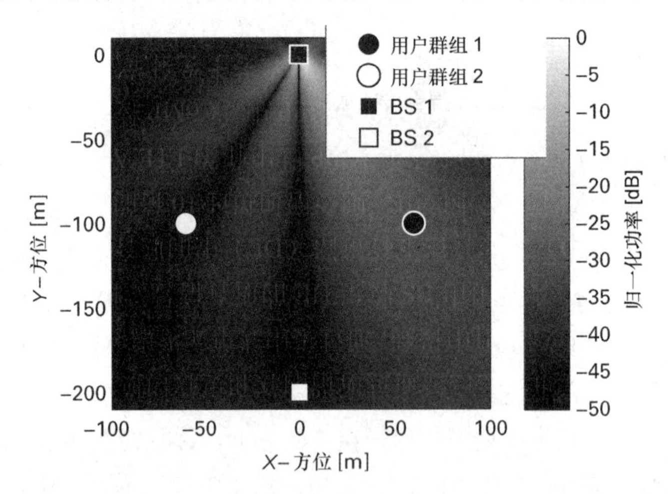

图 8.20　从图 8.18 中的第一个天线块发射的模拟波束成形的数据流 1 的接收功率

系统仿真的性能结果如图 8.21 所示。为了比较，首先给出了天线间隔为 $\lambda/2$ 的 ULA 的性能结果，然后再给出了天线间隔为 2λ 的性能。在这种情况下的最佳性能被认为是具有标记为 1BS 的一个用户组的无干扰的单基站的情况。如图 8.19 所示的两个 BS 和两个用户组的情况用 2BS 标记。观察一个发射机和用户组的粗线，可以看到天线间隔从 $\lambda/2$ 到 2λ 的波束形成增益。

在没有波束成形和干扰减轻的情况下，两个发射机的总频谱效率（SE）小于单个发射机。相比之下，图 8.21 中的波束形成的总频谱效率从 13 bit/(s·Hz) 增加到 20 bit/(s·Hz)。将总性能除以发射机数量可以得到每基站 10 bit/(s·Hz)，与两个发射机同时服务两个用户组而没有任何相互干扰的最佳情况相比，这仅有 3 bit/(s·Hz) 的损失。这种损失是由于信道中多径分量的残余干扰造成的，由于其受约束的块对角形式，多径分量的残余干扰不能完全由模拟波束成形投影消除。

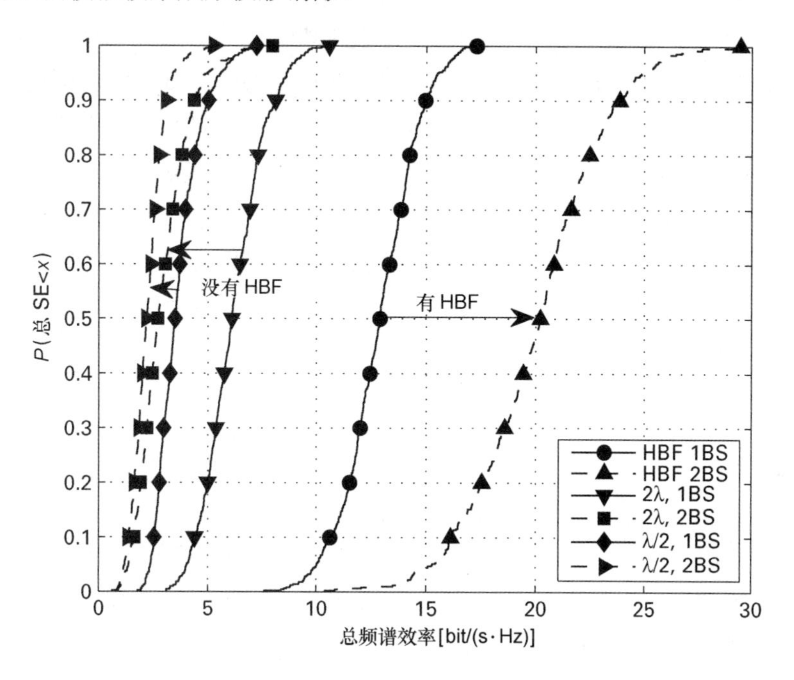

图 8.21　有和没有混合波束成形的一个和两个 BS 的性能比较

8.6　信道模型

大规模 MIMO 和联合传输具有巨大的潜力来提高移动通信系统中的频谱效率。这种技术的现实性能评估需要具有反映无线信道真实行为的信道模型[60]。现有的基于几何的随机信道模型，诸如空间信道模型（SCM）、WINNER 和 QuaDRiGa 模型，允许天线和传播效应的分离，并且因此是用于评估新传输方案的理想候选者。然而，许多现有模型缺少诸如时间演变和全 3D 传播的特征以及许多重要场景的参数表。此外，测量数据对这种模型的验证仍是一个开放的问题。

无线信道的物理特性从根本上定义了诸如 5G 的新无线系统的潜力和限制。对于理论分析，在这方面的假设通常是相当理想的，如完全可缩放数量的 Tx 天线、容易处理的瑞利衰落信道或完全校准的 Tx 阵列、完美的波束图案、最终无限小的半功率波束宽度、可以忽略的多用户或小区间干扰等。

可以在第 13 章中看到，新信道模型的定义范围从 6 GHz 以下的 RF 频率到 cmW 以及 mmW。此外，空间信道模型的 3GPP 扩展增强到所谓的全维度 MIMO 信道模型可能是很吸引人的[61]。时间演变和全 3D 传播建模也包括在 QuaDRiGa 信道模型中[62]。

对于 mmW，已经和正在进行着广泛的测量运动。感兴趣的读者可参考文献 [63] [64]。对于 cmW，有趣的结果可以在文献 [65] 中找到，证明了即使在几百米的距离，28GHz 频带中的强空间复用也是可行的。

在建筑物内部的局部场景中的大规模 MIMO 阵列是另一个非常具体的应用，其受室外到室内以及墙壁穿透损耗的影响（参见文献 [66] 以及文献 [67] 中的一些结果）。

8.7 小　结

本章讨论了作为 5G 的关键技术组成部分之一的大规模 MIMO。虽然对于大量天线和用户，容量缩放行为通过分析看起来非常有希望，但是已经变得清楚的是，大规模 MIMO 有着必须克服的各种挑战。

一个关键挑战是所谓的导频污染，即对于具有要估计的许多信道分量的大规模 MIMO 星座，如果导频开销要保持合理，则信道估计受到影响是不可避免的。本章多处讨论了克服导频污染的多个选项，例如基于导频功率控制，利用稀疏信道属性的编码导频或者小区内导频序列的随机使用。

进一步的挑战涉及资源分配，即要对由大规模 MIMO 服务的用户正确分组，以及混合波束形成中的实际收发器的设计，其中预编码的一部分在数字基带中执行，一部分在模拟域中执行。

第 9 章

5G 中的协调多点传输

9.1 介　绍

用户的性能体验很大程度上取决于用户在小区中的位置。更精确地，在小区边界处的UE(用户设备）通常比接近发射基站（BS）的UE体验速率低得多。这主要是由于存在其他小区中的并发传输产生的小区间干扰。小区间干扰对于现代无线通信系统是特别重要的，诸如通用移动电信系统（UMTS）或长期演进（LTE)，以及5G，它们的频率重用因子是1或非常接近1。在这种情况下，系统主要是干扰受限的，并且不能简单地通过增加发射功率来提高性能。因此，需要针对小区间干扰的技术来提高小区边缘和平均吞吐量。因此，这些替代技术允许在整个网络上有更平滑的用户体验。

原则上，可以采用以下技术来解决小区间干扰。

➢ 干扰可以简单地被视为白噪声。这显然是次优的，因为它忽略了干扰信号的特性，这些特性可以被利用以便改善接收信号质量。

➢ 如第11章所讨论的，可以通过静默一些小区中的一些发送资源（例如频分复用），或者以其他方式限制资源的使用，或者通过小区之间的协调调度来避免干扰。

➢ 干扰的影响可以通过各种接收机来减轻，如干扰抑制组合（IRC)，其中多个接收天线和随后的接收滤波器在一定程度上衰减干扰。

➢ 干扰可以被解码和取消，例如在3GPP中研究的网络辅助干扰消除（NAIC）技术。

➢ 在发射机侧，也可以通过执行干扰感知预编码来部分地避免干扰，即使用预编码以减少对相邻小区造成的干扰。

➢ 最终，如果（在下行链路中）多个节点联合发送信号，这个信号在预期接收机处相干重叠，并且在受干扰的接收机处破坏性地重叠，则来自其他小区的信号实际上可以被视为有用的信号能量而不是干扰。在上行链路（UL）中，多个节点可以联合接收和解码来自多个 UE 的信号，这样在这种形式中利用干扰，而不是将其视为负担。

后两种技术通常在被分类为协调多点（CoMP）[1]，其通常指网络中的多个节点协调或协作以减轻干扰的影响，或实际上在物理层利用干扰。

从信息理论的角度来看，从多个节点（如 BS）到多个 UE 的联合传输类似于广播信道，并且多个节点对多个 UE 的联合检测类似于多址信道，对高斯通道来说，其容量域是已知的 [1]。在蜂窝系统中，事实上已经通过所谓的软和更软切换在码分多址（CDMA）系统中引入了联合检测。在文献 [2] 中提到，通过集中式单元考虑多个小区之间的联合检测。集中式单元作为接收机，会利用由 BS 收集 UE 的所有信号，将整个系统视为网络范围的多输入多输出（MIMO）方案。在下行链路（DL）中的联合传输在文献 [3] 中进行了研究，并且显示如果应用于大量小区中，则会增加超过 10 倍的频谱效率 [4]。

受这些结果的启发，CoMP 已经在 3GPP [5] 中作为 LTE Advanced（LTE-A，即 LTE 版本 11 和 12）的特征之一被广泛研究。在 3GPP 中，CoMP 技术被分为三组 [6]。

➢ 联合传输（JT），其中与 UE 相关的数据在若干发射节点处都有，并且由每个节点通过相同的频率 / 时间资源同时发射。这种传输可以是相干的（并且在这种情况下有时被称为网络 MIMO）或非相干的。一致性是指以利用与不同传输点相关联的信道之间的相位和幅度关系的方式进行预编码的能力。

➢ 动态点选择（DPS），其中，与 UE 相关的数据由单个发射节点在对应的频率 / 时间资源发射，而其他节点可以专用于发射其他 UE 的数据或者使用动态点关闭（DPB）。然而，由于所选择的点可以从一个传输时间间隔动态地改变到另一个点传输，所以数据应该仍然在所有协作发射机处都有。

➢ 协调式调度器 / 协作波束赋形（CS/CB），在这种情况下，与单个 UE 相关的数据在一个节点上并且仅由一个节点发送。尽管如此，相邻小区共享信道状态信息（CSI）以便协调它们的调度、功率控制和波束成形，并且减少相互干扰。

文献中使用的另一分类是需要 CSI 和用户数据（有时称为合作方法）交换的 CoMP 技术和仅涉及 CSI 交换（协调方法）的 CoMP 技术。虽然 JT 和 DPS 属于第一类，但 CS/CB 属于后者。在过去几年中，在第二类中出现了其他新的方法。这些方法对信号进行预编码和发送，使得干扰总是被限制在每个接收机处受限的信号子空间。这允许接收机有效地拒绝干扰。这个想法被称为干扰对准（IA）[7]，旨在通过组合“对齐”和“抑制”策略来管理干扰。

虽然 CoMP 看起来有前途，但有几个实际不完善可能阻止它达到理论界限的全部增益。带宽和延迟方面的回程限制，现实的估计过程对 CSI 的不完善，量化效应，信令延迟或限制以及不完美的频率 / 时间同步都对潜在的 CoMP 增益具有影响，因此应当小心地在 CoMP 方案的设计中考虑 [1]。

在诸如 LTE 这样的成熟的无线通信系统中考虑所有这些方面更加困难，LTE 在一开始未被设计为支持 CoMP，并且由于其标准成熟性不允许引入主要变化，例如物理层。因此在本章中，重点在于通过在其初始设计中考虑所有上述方面，一个没有后向兼容的 5G 系统如何可以更好地支持 CoMP 技术。

本章的剩余部分集中讨论 JT CoMP，因为 JT CoMP 是最有希望的，但也是最具挑战性的 CoMP 技术，其结构如下：第 9.2 节研究了关键的 JT CoMP 使能器，特别详细阐述了 5G 系统比传统系统如何更好地支持 CoMP。然后，第 9.3 节讨论了如何在小小区中具体地使用 CoMP。第 9.4 节研究了分布式 CoMP 方案，分布式 CoMP 放宽对合作小区之间的数据和 CSI 交换的需求。最后，第 9.5 节在干扰感知接收机中讨论了 JT CoMP，第 9.6 节总结了本章。

9.2 JT CoMP 使能器

CoMP，特别是 JT CoMP 已经被研究多年 [8]-[10]。这种持久的兴趣是由于 JT CoMP 消除相对高数量的中等到强干扰的独特能力。迄今为止来自 3GPP [5] 的结果表明，与智能调度的多用户 MIMO（MU-MIMO）解决方案相比，JT CoMP 的直接实现只能达到适度的增益，实现的性能仍然与理论值有较大差距。因此，为了更有效，JT CoMP 必须被集成到总体干扰减轻框架中 [11]。

此外，JT CoMP [1] 需要以下关键使能器。

➢ 低延迟回程或前传。JT CoMP 需要在协作节点之间交换用户数据和 CSI（信道状态信息）。虽然用户数据可以在某种程度上被缓冲，但是必须以非常低的等待时间交换 CSI，以避免在用于预编码器计算之前过时。预期在 5G 时代中，至少宏小区和微小区会有更大范围的强大的光纤回程，或者甚至将通过有光纤前传和远程无线头（RRHs）的集中 RAN（C-RAN）来服务多个节点（RRH）。这种部署将固有地提供 CoMP 所需的低延迟回程或前传架构。在不具备这种低延迟回程或前传的部署场景中，可能需要使用分布式CoMP，如第9.4节所述。

➢ 时间和频率同步。协同节点在时间和频率上的同步对于JT CoMP是必不可少的[12]。关于时间同步，主要问题实际上是CoMP协作区域内的信号传播延迟（固有地限制合作区域的大小），而不是所涉及节点的时间同步的准确性。然而，各节点需要在频域中非常精确地同步，或者在UE侧执行载波频率偏移估计和补偿[12]。在C-RAN部署中，可以在基础设施上容易地获得时间和频率上的同步，而对于分布式架构，可以采用例如在文献[13]和[14]中提到的空中同步。

➢ 在发射机侧的准确的CSI。JT CoMP进行信号分量建设性和破坏性的叠加组合，目的是使期望的接收信号最大化，并且同时最小化相互干扰。特别是，破坏性叠加需要许多信道分量的相位和幅度的精确对准，因此在发射机侧需要非常精确的信道状态信息。在频分双工（FDD）系统中，这通常通过在下行链路中的信道估计以及上行链路将该信息的量化版本反馈到BS侧来实现。在5G时代，预期将使用更高的传输带宽，这意味着可以执行更高分辨率的信道估计[15]。此外，较高载波频率的使用将经历更多的频率平坦的信道，其可以被更准确地估计并更有效地反馈到BS侧。5G中的缩短的传输时间间隔（TTI）长度将允许比传统系统更快的CSI反馈。事实上，时分双工（TDD）传输（见第7章）将进一步允许避免对上行链路反馈的需要，因为基站可以从上行链路和下行链路信道的互易性推断所需的信道信息。然而，即使具有完美的信道估计，合作节点之间的反馈和交换可使得信道估计和用于预编码的应用之间的时间很长，这样可能使JT CoMP性能明显受损。为此，信道预测被看作是现实世界的JT CoMP实现的重要启动器之一，这会在第9.2.1节中详细描述。

➢ 分簇和干扰基底成形。最相关的问题是将大型蜂窝无线网络划分为可管理的子区域来建立合作簇。理论结果显示可实现的性能与协作节点的数量成线性关系，这里通常假设可以有广泛的网络合作[16]。最近，麻省理工学院（MIT）在现实世界办公室的WLAN中验证了，当网络广泛使用JT CoMP时，性能可以随着发射节点的数量而线性增加，这正如在文献[17]所预期的。尽管如此，在蜂窝网络中进行网络规模上的合作是不可行的，因为这将需要在巨大数量的小区之间分发用户数据和CSI。为此，蜂窝网络必须形成协作簇，在这个簇内进行JT CoMP。显然，把合作限制在簇内意味着存在一定程度的簇间干扰，这些干扰不能用CoMP消除。因此，应该使用智能簇和干扰基底成形，这将在第9.2.2节中详细描述。

➢ 用户调度和预编码。具体地，当单个小区的共同位置的发射天线使用JT CoMP时，联合服务的UE之间的信道矩阵可能被严格地限制，这可能导致比非JT CoMP情况下更低UE吞吐量的降低。因此，在先前提及的簇内调度UE组以便创建合适的复合信道特性是非常重要的。用户调度和预编码技术在第 9.2.3 节中详细描述。

9.2.1 信道预测

准确的信道预测已被确定为实现顽健 JT CoMP 的关键因素之一，因为它提供了几个好处，例如：

➢ 由于 CSI 过期引起的最小性能降低，这里是针对预测计算的预编码器，而不是根据所报告的 CSI;

➢ 放松的回程以及调度器延迟要求;

➢ 在 CSI 预测中考虑相位旋转来减少频率同步要求。或者，频率偏移可以被显式地估计和去旋转;

➢ 准确的频率选择性 CSI(当使用基于模型的信道预测 [18] 时)，对于大的频带和大量的相关信道分量，有非常低的反馈开销。

回程延迟通常在从 1 或几毫秒到 20 毫秒的范围内，当提及“非理想回程”时常常使用后一值。现代回程架构原则上可以实现 1 到几毫秒（甚至在包括几个路由器或交换机的情况下）。然而，对于涉及中央单元的 JT CoMP 解决方案，通常必须考虑在 10ms 范围内的总延迟。该延迟应考虑到 CSI 估计、汇报、光纤延迟、调度、预编码和最终传输。

诸如 Wiener 或 Kalman 的信道预测技术和递归最小二乘（RLS）滤波已经在文献 [19] 中应用并且已经被证明适合于真实世界的 JT CoMP 系统。特别地，针对 UE 处的低复杂度信道预测的自适应 RLS 滤波技术可以抵抗由于相干时间 Tc 的高达 20% 的传输延迟造成的损害，如图 9.1 所示（也参见文献 [20]）。应当注意，20% 的相干时间对应于 3km/h 移动性下的 20ms 传输延迟。在多个 n_r 个接收天线的情况下，可以假设基于多用户特征值模型传输（MET）的 CSI 反馈 [21]。对于超过 RF 波长 λ 的十分之一的较大范围的预测，预测质量可能受损。为了进一步稳定系统，信道预测反馈应该伴随有可靠性信息。基于此信息，顽健预编码器可以调整其权重，确保给定预测质量的最佳可能的性能 [22]。或者，较高的反馈速率可以减少 CSI 的超时，但是有较高的开销成本。通常，预测误差以不同的方式在不同的频率子带上变化。为此，当信道演进明显偏离预测时，可以引入低速率和低等待时间反馈链路来报告子带。该信息可以在 UE 侧容易地获得，并且 BS 可以使用该信息来重新调度受影响的 UE。

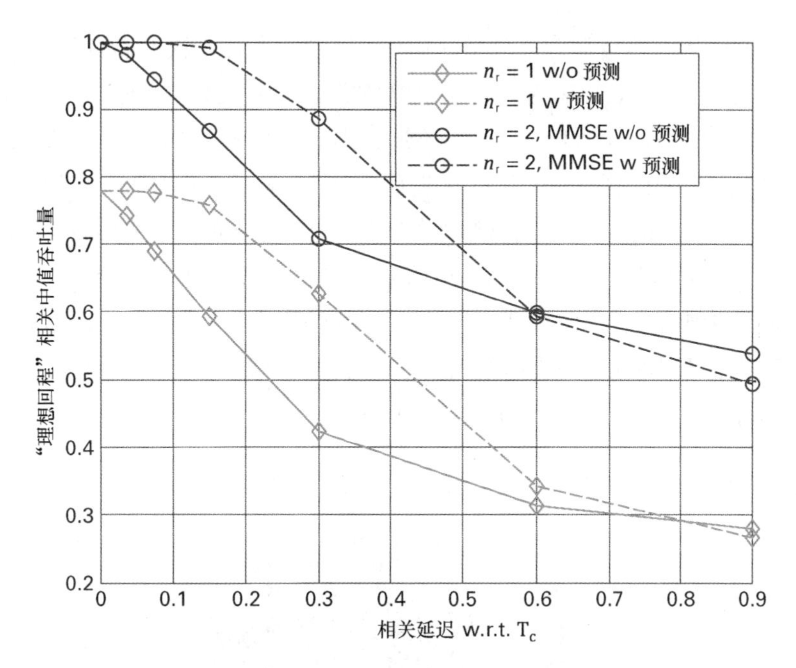

图 9.1　基于 RLS 的信道预测和多天线接收机作为工具来减少在 CSI 反馈和 JT 预编码之前延迟的影响[23]

9.2.2　簇和干扰基底成形

关于系统级增益，将 UE 分簇到合作区域是最重要的挑战，并且是理论和实际性能增益之间有巨大差异的主要原因之一。簇或协作区域成为大蜂窝网络的子部分，以避免在大量发射节点之间交换信道信息和用户数据。因此，引入了一定水平的簇间干扰，这不能通过 CoMP 来解决[24]，并且可能会妨碍系统性能。

当从单个网络宽协作变成两个合作区时，CoMP 性能强烈下降。对于简单的簇方案，性能可以落回到相当接近没有任何合作的情况。另一方面，已经发现，随着协作区域的大小增加，性能增益渐近地变小[25]。事实上，额外消除的干扰源通常略高于干扰基底。因此，网络全面合作不是完全有益的。

在文献 [26] 中提出了动态簇解决方案（部分迭代）。这些解决方案从一个 UE 开始，并搜索最受益于相互合作的最佳配对 UE。该迭代继续，直到添加 UE 后性能会降低。尽管与穷举搜索相比，这种动态簇解决方案已经是获得合理性能的良好基础。

具有基于阈值的 CSI 报告的固定分簇是在大簇的情况下的简单实现。固定分簇将合作分簇限制在相邻站点［见图 9.2(a)］。此外，每个 UE 仅报告其包括在扩大的合作区域中的那些信道分量中的最强信道分量，从而导致在每个合作簇内部有重叠子簇。之后，在用户分组过程期间，UE 以贪婪的方式被添加到激活的 UE 池中，即只要增加和速率就添加 UE。图 9.2（b）给出对 UE_k 固定子簇大小 $M_{c,k}$ 情况下的，每个扇区的中值吞吐量随着合作区域大小 M_c 增加而增加。这里假定从 合作区域大小 M_c 中选出 $M_{c,k}$ 个信道分量作为子簇。此外，$M_{c,k}=3$ 意味着只有三个最强的信道分量是感兴趣的，并且 $M_c=\{6, 9, 12\}$，分别用交叉，菱形和正方形标记。总的来说，联合分簇和用户分组相对于静态分簇，系统性能提高了 10%。由于增加协作区域的大小确保足够数量的 UE，这些 UE 具有最强信道分量集合属于相同的协作区域，因此实现了该增益。应当注意，跨越通常三个相邻站点的跨越合作区域会导致九个小区的合作区域。

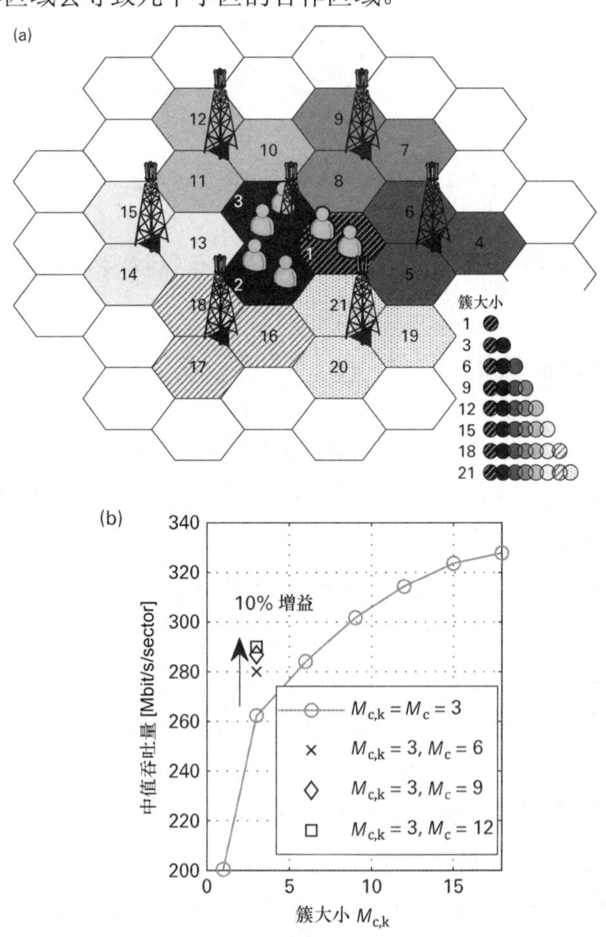

图 9.2（a）在 UE 处具有基于自适应阈值的 CSI 报告的固定分簇；
（b）可实现系统速率中值与子簇大小 $M_{c,k}=M_c$ 的关系（实线）

许多 UE 通常由于位置原因而驻留在合作簇的边界处，因此即使对于扩大的合作簇，这些 UE 也受到簇间干扰，特别是来自相邻合作区域的簇间干扰的影响。

为了克服这个问题，所谓的“覆盖移位”概念（有时被称为超小区 [9]）在不同的频率子带或时隙中进行了扩大合作区域的不同设置。图 9.3 示出了两个可能的覆盖偏移的示例，其对应于在不同合作区域配置下，建立围绕两个 UE 的相同的小区集合的不同方式。在覆盖移位 1 中定义的合作区域可以用于在某个子带（或时隙）中服务 UE，而与覆盖移位 2 对应的合作区域可以在另一子带（或时隙）中使用。在图的上部，属于在覆盖移位 1 的协作区域的小区用黑色粗线围绕，而在下部，覆盖移位 2 的协作区域用灰色粗线强调。图中的两个 UE 从箭头所示的小区接收到最强的信号。在这种情况下，两个 UE 将在与覆盖移位 1 中定义的协作区域相对应的频率子带（或时隙）中没有被有效地服务，因为利用这种配置，没有可以包括其所有三个最强信道分量的合作区域。因此，总是存在至少一个强干扰分量来自被选择用于服务 UE 的协作区域之外。另一方面，如果两个 UE 在使用如在覆盖移位 2 中定义的协作区域的频率子带（或时隙）中服务，则所有最强的信道分量可以包括在协作中。使用这种方法，UE 将被调度到包含 UE 的最大数量的最强干扰源的频率子带（覆盖偏移）[27]。结果是大多数 UE 被调度在它们的服务合作区域的中心，其中最强的干扰在所选择的覆盖偏移一部分的概率很高。

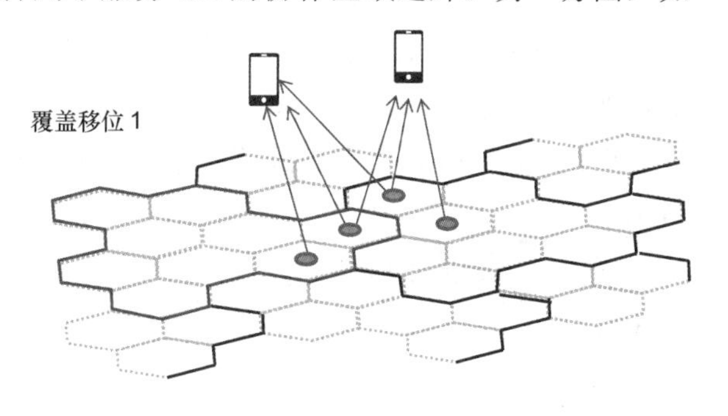

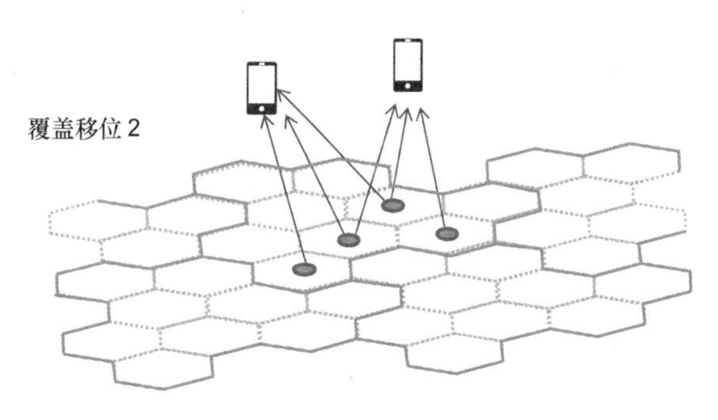

图 9.3　覆盖移位的概念

覆盖移位和扩大的合作簇使 UE 被它们的三个最强小区服务的概率高达 90% [28]，意味着 90% 的 UE 将从 JT CoMP 中受益。

然而，仍然存在显著部分的干扰被遗留在相邻合作区域中。为了改善 UE 在区域边界处的性能，覆盖移位概念可以用所谓的干扰基底成形的机制 [8] 来扩展。实质上，该机制通过使用 3D 波束成形的方法来降低来自其他协作区域的干扰电平。因此，增加的天线倾斜以及相邻小区中的略微降低的发射功率导致协作区域中的干扰功率的快速下降。波束图案根据给定的覆盖移位进行偏移。

因此，由于簇间干扰而经历差的 SINR 的 UE 的数量会强烈地减少。由于来自多个覆盖移位的重叠的接收功率分布的形状，该方案被称为“乌龟”概念 [8]。根据仿真和真实世界测量，其他合作簇中的 UE 所看到的干扰基底减少 10dB 或更多。

9.2.3 用户调度和预编码

JT CoMP 的大多数理论工作假设独立的相同分布的瑞利信道，其实现最佳的 MU-MIMO 性能，而没有复杂的调度考虑。实际上，对于放置在单个位置处的天线，信道系数有很大相关性。对于一个站点的小区，主要是诸如路径损耗的大规模参数是相关的。更重要的是，单个小区的典型 λ/2 间隔均匀线性阵列的小尺度参数也是相关的。因此，降低了信道秩，并且经常性的，每个小区的信道矩阵也被恶劣地制约了。应该注意的是，在几个站点上的合作是有帮助的，因为它通过秩增强来改善整个信道矩阵的条件 [29]。

从调度的观点来说，这意味着强相关主要在小区内出现，这必须通过复杂的每小区的调度来最小化，即通过搜索每个小区的最佳匹配用户组。可以看到，一个小区中的一个坏用户星座可能已经显著地降低了整个协作簇的预编码性能。一个可能的解决方案是下面描述的两步调度方法，恰好与典型的 LTE 调度器很好地兼容 [8]。

在第一步骤或阶段中，通过迭代算法或甚至通过穷尽搜索找到每个小区的最佳 MU-MIMO 用户组，以最小化如上所述的相关问题。对于第一阶段，由于每个小区的活动 UE 的数量有限，相应的复杂度仍然是可控的。

在第二阶段中，形成合作簇的小区决定被采用并被组合去计算总体合作区域的宽的预编码。

除了两阶段调度之外，实际系统的重要组成部分是 UE 接收波束成形器的快速适配，以便一方面部分地克服预编码误差，例如，CSI 超时的影响（见图 9.1）；另一方面消除潜在远端干扰，这些远端的干扰没有被干扰基底成形 [30] 充分抑制。这些远离干扰源通常是在很长的街道中的波导效应的结果。因此，每个 UE 通常将仅具有来自一个方向的一个到几个主要干扰源。IRC 处理是对抗这些主要干扰源的有效解决方案。

9.2.4 干扰减缓框架

从第 9.2.1 节到第 9.2.3 节描述的技术已经被合并到所谓的干扰减轻框架中 [8]。对于站间距为 500m 的典型 3GPP 情况 1 的城市宏场景，该框架在 2GHz 下对 4×2 MIMO 可以有高达 100% 的增益。事实上，对于纯 3GPP LTE MU-MIMO，频谱效率从约 3 增加到 5 ～ 6bit/s/Hz/ 小区 [8]。注意，这些值考虑了由于 LTE 控制或参考信号以及保护间隔的总开销（近似等于 47%）。其他出版物 [24] 也介绍了类似的 JT CoMP 增益。

9.2.5　5G 中的 JT CoMP

如前所述，5G 环境中的下面的一些技术趋势将固有地影响 JT CoMP 的使用。

（1）如第 8 章中所描述的大规模 MIMO 导致稀疏的信道矩阵，使得每个 UE 从有限的相关信道分量中服务。这减少了信道估计和报告的工作量，并且提高了 JT CoMP 预编码顽健性。另外，其增加了合作区域的整体信道矩阵的秩和条件，从而支持具有大量同时服务的 UE 的有效 MU-MIMO 模式。此外，由于强的波束成形增益，几乎所有 UE 都是干扰受限 [31]，因此从 JT CoMP 增益中受益。

（2）超密集网络，小小区将对 5G 起到显著的作用，从而导致每个宏基站点具有更多发射节点的异构网络，其中对 UE 具有不相关的信道实现，因此更适合用于 CoMP。小小区产生进一步的小区间干扰，这可以被 CoMP 完美地利用 / 克服。然而，由于屋顶之上和之下的不均匀布置以及由于宏小区和小小区之间的大的传输功率差异，因此还存在一些挑战，参见文献 [26] 和 [31]。

（3）对于 5G 和 RF 频率，有更多带宽，会增加到几百兆赫兹的趋势。从理论上清楚的是，更高的带宽允许更准确的 CSI 估计和预测，这可以用于改进的信道估计技术。

（4）对于较高的载波频率引入较短的 TTI 长度，如第 7 章描述，将允许更快的 CSI 反馈环，这将固有地提高 JT CoMP 性能。

（5）5G 中更普遍使用的 TDD 将允许利用上行链路—下行链路互易性来计算 JT CoMP 预编码，而不需要或者仅要求较小程度的显式 CSI 反馈。此外，TDD 将使能特定的分布式 CoMP 方案，如第 9.4 节所述。

除此之外，5G 中的简洁的状态可以允许吸取过去几年中关于 CoMP 的许多教训，并且建立一个系统来利用干扰而不是将其视为噪声。例如，简洁的状态可以提供如下优势。

➢ 对动态多小区连接的天然的支持。更精确地，5G 系统可以在某种程度上与“小区”分开，并且从开始使得能够以对于 UE 透明的方式由多个发射节点服务 UE。这可以通过例如探测参考（导频）信号和 CSI 参考信号的动态使用，允许系统“探测”哪组发射点（跨多个发射节点的天线）可最好地以单个多天线虚拟小区的形式服务于单个 UE，而 UE 不知道在形成虚拟小区中涉及哪些发射节点。这样的概念将固有地允许 CoMP 簇的动态设置和使用。

➢ 更高资源效率的信道估计，预测和反馈。具体地，5G 系统可以根据信道条件（例如相干带宽和时间）以及要使用的特定 CoMP 方案的信道估计需求，来动态地调整 CSI 参考信号的密度。类似地，可以灵活地配置从 UE 到网络侧的 CSI 反馈的形式、粒度和频率，以允许优化 CoMP 性能和开销之间的折衷。一般来说，5G 中的关键要求应当是 CSI 反馈方案对任何特定 JT CoMP 设置不感知的（例如所涉及的小区的数量，每个小区处的天线配置等），使得可以使用更多种类的 CoMP 设置而不需要在 UE 侧进行实施改变。

➢ 更好的方法处理簇间和簇内干扰。5G 中的新的帧结构可以允许在处理内部协作区域干扰时更好地抑制或消除簇间干扰。例如，一些 5G 无线概念（参见第 7 章）预见小区是同步的，并且解调参考信号（DMRS）总是包含在相同的 OFDM 符号中。在这种情况下，被干扰实体可以依赖于以下事实：在 DMRS OFDM 符号上测量的干扰协方差将在整个子帧的其余部分保持相当恒定，从而可以使用高效的 IRC（参见第 9.5.1 节）。类似地，5G 系统可以为网络辅助干扰消除（NAIC，参见第 9.5.2 节）提供更好的方法。如第 9.2.3 节所讨论，在一个或非常少的强的簇间干扰的情况下，这将是特别有益的。总之，天然地支持上述的几个方面的 5G 系统可以允许释放的 JT CoMP 的整体潜力，远远超过 LTE。

9.3 JT CoMP 与超密集网络的结合

任何干扰减轻框架的性能增益或多或少地受限于小区间干扰导致的损失上限。对于具有 500m 的站间距的典型的城市宏 MU-MIMO 场景，与集成到具有对应的小区间干扰的蜂窝网络的小区相比，对于单个独立小区，频谱效率通常将高两到三倍，其因此被定义为潜在的 CoMP 增益。

因此，对于目标将频谱效率增益提高十倍或更多的 5G 系统，干扰减轻只是一个因素。其他技术，如大规模 MIMO 和超密集网络（见第 7 和 8 章），如把小小区集成到宏网络中，必须作为附加容量增加器。此外，为了更好地将接收机功率直接集中在 UE 接收机，这些技术的组合是个重要的方向。小小区的 UDN 减小了发射机和接收机之间的小距离以及更高的 LOS 概率，而导致更低的路径损耗，大规模 MIMO 通过强的波束成形增益来聚焦能量，JT CoMP 对发射信号进行建设性叠加。

需要强调的是，将 UDN 集成到同构宏基站的 JT CoMP 干扰减轻框架下不是那么直接可以实现的，需要进一步的考虑。

➢ 宏BS的发射功率通常在49dBm左右，远远高于小小区的发射功率，其通常小于30dBm。

➢ 宏BS的部署通常在屋顶高度以上，其支持大的覆盖区域，而小小区位于屋顶下面或甚至在灯柱高度。这导致小小区的有限覆盖区域，此外，UE将经历更少的频率选择性无线信道。

➢ 宏基站点之间的回程连接一般是低延迟和高容量光纤系统，而小小区到中央单元的连接可能有不同的质量，从DSL上的光纤到带内或带外中继。

➢ 由于每个协作区域具有UDN的大量小小区，用于CSI报告以及预编码的复杂度可能容易变得过高。

最后，UDN中的集成JT CoMP的一个例子是机会性CoMP（OP CoMP）概念[31]，其中小小区的UDN仅在需要的时候在宏层中被激活。此外，小小区和宏小区之间的功率不平衡通过小小区功率提升来降低，被限制到某些频率子带以实现小小区功率约束。

9.4 分布式协作传输

本章前面的部分集中于JT CoMP技术，假设数据和CSI在协作发射节点之间通过低延迟的回程基础设施共享。然而，在一些5G场景和用例中，部署具有JT CoMP所要求的高性能的基础设施是具有挑战性的。例如，考虑大型户外和体育场事件的使用案例（见第2章）。这些用例的特征在于非常密集的UE群，在有限的时间量内请求高容量。因此，安装永久性基础设施以提供高性能回程是一个不经济的解决方案。

因此，为了在这种情况下满足服务需求，需要有能让有限回程工作的新方法。这些方法不得不利用传输节点的协调和合作的增益。

基于有限信息交换的大多数CoMP方案仅专注于通过协调减轻干扰，例如，具有协调调度的CoMP和仅具有CSI共享的CoMP（参见文献[32] [33]）。通过CoMP簇内的发射预编码的联合设计减轻干扰（参见第9.2.2节）。在接收机配备有多个天线的情况下，可以对发射预编码和接收处理滤波器的设计进行联合优化。

最后，CoMP系统中有限信息的交换限制了5G几个场景中所需的合作可实现的收益。因此，应该开发新的方法。接下来，将描述分布式预编码和干扰对准方案，其能够规避受约束回程的 CoMP 系统的迄今已知的限制。

9.4.1 具有本地 CSI 的分布式预编码 / 滤波设计

TDD 结构支持发射和接收滤波器的联合优化。事实上，基于动态 TDD 优化的 5G 帧结构已经被广泛研究（参见文献 [34]）。基于动态 TDD，可以为 5G 设计分布式发射预编码和接收处理方案。

TDD 传输模式允许为 DL 和 UL 分配不同的时隙，这样 DL 和 UL 可以使用相同的频率。在静态 TDD 中，用于子帧 / 帧中的 DL 和 UL 时隙的分配由系统预先固定，与 DL 和 UL 中的业务无关。在动态 TDD 中，系统能够适应于相应业务需求，动态地分配 DL/UL 时隙。这提供了更高的自由度和传输资源的有效使用。由于多径延迟以及 UL 和 DL 发射功率之间潜在的巨大差异，动态 TDD 难以在宏小区中实现[35]。然而，具有小小区和先进交换技术的未来网络驱动了 5G 网络中动态 TDD 的应用，如第 7 章所示。此外，在小小区中，通常每个小区具有更少的激活 UE 以及因此在 DL 和 UL 中有更多不对称的业务，为了高效资源利用的动态 TDD 的需求更高[36]。

动态 TDD 在最佳资源利用方面提供了有吸引力的增益。然而，在实际系统中实现这些增益也存在挑战。在具有小区专门的动态 TDD 操作的多小区系统中，主要挑战之一是减轻额外的 UL 到 DL 干扰（UE 到 UE 的）和 DL 到 UL 干扰（BS 到 BS），其也被称为交叉链路干扰（参见图 9.4）。在文献中，主要关注的是以交叉链路干扰最小化为目标的优化用于高效时隙分配的算法（参见例如文献 [37] - [38] 中的研究及其中的参考文献）。这里面提出的解决方案依赖于第 7 章中提出的动态 TDD 结构（见第 7.4 节和文献 [39]）。它集中于在整个网络上资源分配（空间，频率和时间，包括 UL 和 DL 的分配）和协调的预编码器 / 波束成形器（CB CoMP）设计的联合优化，以最大化各种系统性能。

基于动态 TDD，可以定义用于多小区 MU-MIMO 5G 系统的双向信令概念。该信令概念允许以最小量的迭代来设计分布式协调预编码器 / 解码器。该想法是把先前反向 / 正向迭代优化的接收机用于下一个前向 / 后向迭代的导频预编码器。有了这个概念，就实现两倍的增益。最重要的是，在协作节点之间不需要信息交换。除此之外，其可以用于通过使迭代算法决定在任何给定时刻要服务的 UE/ 流的最优集合来执行每个帧的隐式 UE 选择。显然，对于双向信令存在一些开销。因此，对于可实现的吞吐量增益，训练周期应当足够大以提供有效的预编码器 / 解码器，同时足够短以保证用于实际数据传输的资源。这种多目标优化可以用加权和速率（WSR）最大化[40]来实现，其中考虑每个发射机节点功率约束的 WSR 最大化。

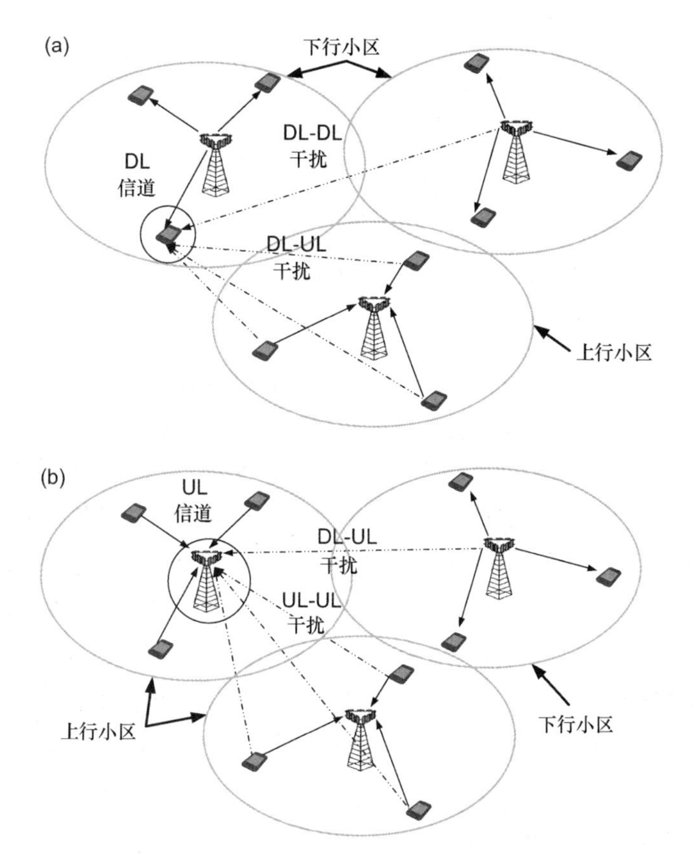

图 9.4　在动态 TDD 模式下在 UL 和 DL 处出现的干扰类型

为了进一步阐述该概念，考虑具有业务感知用户调度的动态 TDD 模式操作的多小区多用户 MIMO 系统。假设每个 TDD 帧根据小区的瞬时业务负载被分配给 UL 或 DL，类似于第 7 章中规定的帧结构（见第 7.4 节中的图 7.21）。在这个结构中，可以对每个 TDD 帧[41]执行双向信令 / 训练，如图 9.5 所示。假设 B 是在所考虑的网络中为服务 K 个 UE 的 BS 的集合，$B_U \subseteq B$ 将是在给定时隙中服务于上行链路业务的 BS 的子集，$B_D \subseteq B$ 将是服务下行链路业务的基站的子集，这里 $B_U \cup B_D = B$。基于该特定 BS 内的 UE 上的平均业务需求，BS 将是 B_U 或 B_D 的一部分。假设 BS 和 UE 使用线性最小均方误差（MMSE）算法来估计接收信号。然后，通过使用最小加权最小均方误差（WMMSE）方法解决 WSR 最大化问题，可以获得最优发射预编码器，如文献 [40] [42] 所示。虽然优化问题是非凸NP hard问题，但是可以通过固定一些优化变量来迭代地求解直到加权和速率收敛。这种方法的性能[36]，即具有分散波束形成的动态TDD，在下文中总结。

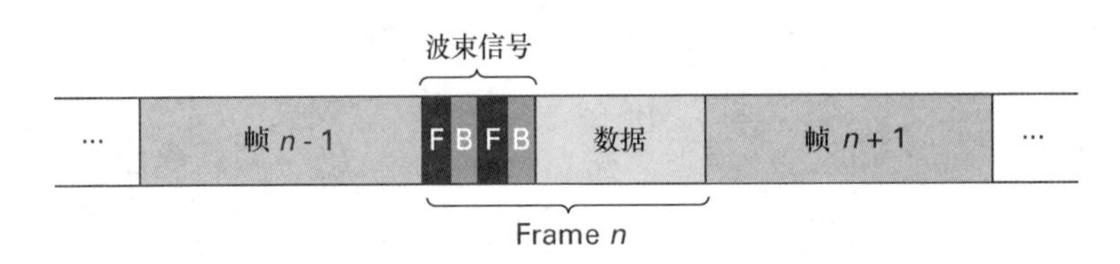

图9.5 具有双向训练的TDD帧序列

性能

对每个小区中具有4个UE的三个小区进行了数值分析。从BS到小区内UE的路径损耗被归一化为0dB。DL传输的功率约束是固定的，使得某个接收SNR，达到10dB或20dB。类似地，选择UL发射功率约束，使得UL UE的总功率等于DL BS的功率约束。所有优先级权重假定为1。在每个BS处的天线数量是n_t=4，并且每个UE处的天线数量是n_r=2。仿真环境由三种类型的隔离（在图9.6中示出）来定义：两个DL小区边缘UE之间的路径损耗是α，DL UE到UL UE的路径损耗是β，以及UL BS到DL BS的路径损耗是δ。假定BS用于DL和UL传输的配置是固定的。然而，在实践中，UL/DL BS分配可以基于瞬时业务需求在每个TDD帧中变化。因此，可能需要在每个TDD帧中重新计算DL/UL预编码器。因此，重要的是观察来自文献[36]中提出的分散式方法对系统性能的空中信令开销的影响。因此，为了分析该方案，引入以下参数。

λ，每个TDD帧的双向预编码器信令迭代的数量。

γ，每个信令迭代的信令开销。

$\rho=\lambda\cdot\gamma$，总信令开销。

R_{BDT}，双向信令后实现的加权和速率。

因此，系统的实际可实现的加权和速率可简单表示为$(1-\rho)R_{BDT}$。

图9.7示出了具有两个DL BS和一个UL BS的三个小区网络的实际总速率与总开销。假设λ迭代等于两个OFDM符号。因此，γ=0.01和γ=0.02分别对应于高达200和100个OFDM符号的帧长度。此外，不协调的预编码器设计被认为是参考情况（在不考虑小区间干扰的情况下在本地计算的预编码器）。图9.7给出了TDD帧长度200（γ= 0.01）以及不同的α，β和δ值的结果。与未协调的系统相比，该图示出了对于较低α，β和δ值下总速率的显著增加。与完全同步的情况相比，开销降低8倍（开销的12%），可以

达到峰值速率。因此，当基础设施仅允许有限的回程能力时，分布的预编码成为 5G 网络中的 JT CoMP 的可靠的替代。

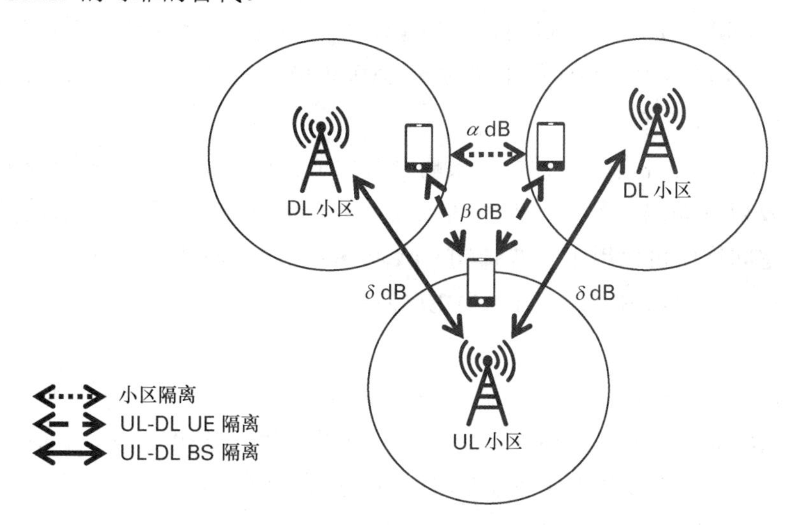

图 9.6　多小区多用户仿真模型

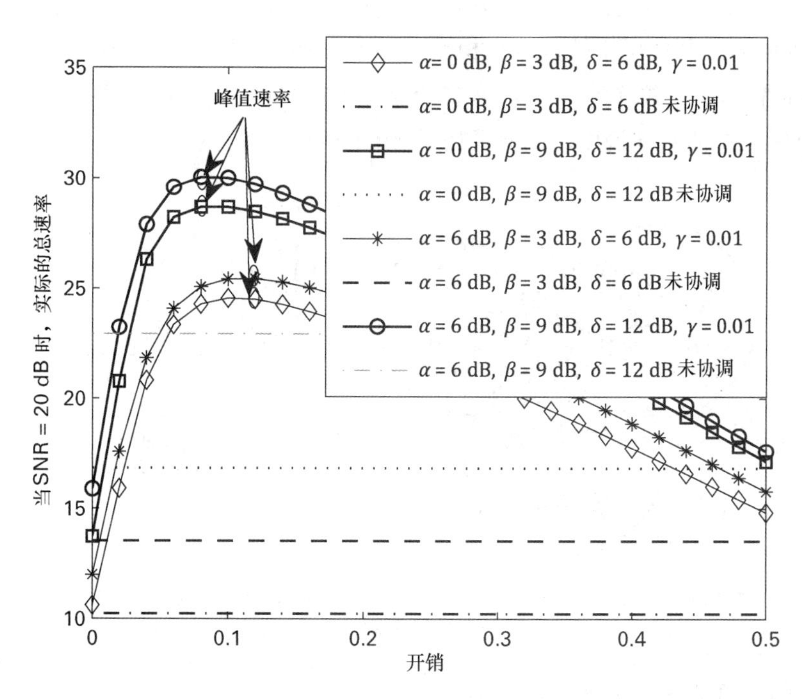

图 9.7　在 SNR = 20 dB 时，不同的 α，β 和 δ 值情况下的实际总速率与开销的关系

9.4.2 干扰对齐

干扰对齐（IA）是一种强大的技术，可以应用于分布式合作场景，其回程容量有限。特别地，基于 IA 的多用户小区间干扰对齐（MUICIA）是分布式波束成形的替代方案，其优点是不限于 5G TDD 系统。

IA 通过使用“对齐”和“抑制”策略来有效地管理干扰[43]。借助于发射机处的多个天线设计发射预编码，可以使得空间维度用于干扰对齐。类似地，借助于接收处的多个天线，空间维度可以用于干扰抑制。IA 与 5G 超密集网络（UDN）（参见文献 [44] 和第 2 和 7 章）场景特别相关，其中 UE（特别是位于小区边缘的 UE）经历非常高的干扰。

迄今为止，现有技术（SoA）提供了用于减轻这种高干扰情况的干扰协调机制（例如在时域和频域中的 LTE [36] 增强的小区间干扰协调机制）。然而，基于 SoA 的解决方案需要回程，并且它们大多数工作在限制网络中一些资源使用的原理。此外，SoA 解决方案主要旨在减轻小区间干扰（ICI），而在 UDN 情况下，小区内 / 多用户干扰（MUI）也对系统性能具有显著影响。除此之外，这些基于协调的解决方案，与基于数字传输技术（如在物理层）的其他可用解决方案相比，协调主要由上层（如 MAC 层）管理。

图 9.8 显示了在每个小区中具有多个激活 UE 的典型 UDN 场景。可以看出 UE1 与 UE2 在小区 1 中的共同调度，因此经历了 MUI 和 ICI。

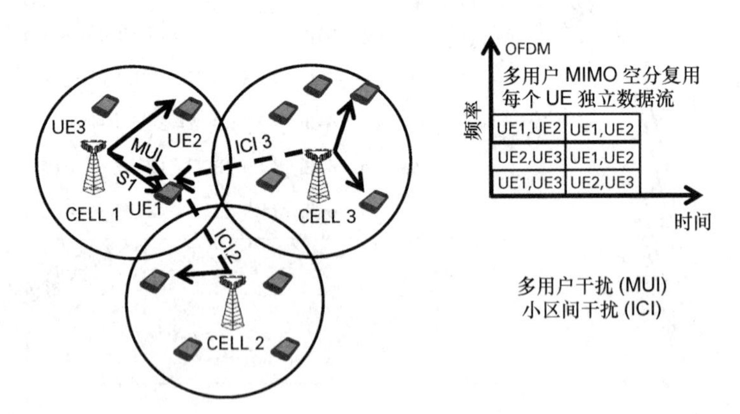

图 9.8　一个多用户多小区 2x2 的系统，其中多个独立数据流使用相同的 OFDM 资源元素给不同的用户（UE）发送

9.4.2.1　多用户小区间干扰对齐

如上所述，MUICIA 基于 IA。它可以有效地应用于具有有限带宽或太高延迟的回程。

MUICIA 不需要 BS 之间的协调，并且仅依赖于每个小区内的本地 CSI [45]。假设在发射机和接收机处的空间维数有限（例如，2x2 MIMO 系统），自由度（DoF）是有限的。因此，不可能在一个子空间中对齐所有的干扰并且把期望的信号放在正交空间中。一种替代方法是将 MUI 与部分 ICI 对齐。部分 ICI 信息基于最大平均 ICI 的方向，其由特征向量表示。特征向量对应于由 UE 估计的 ICI 协方差矩阵的最大特征值。然而，对于 UE 来说，在当前 TTI 中的传输之前估计 ICI 协方差矩阵是困难的。一种可能的解决方案是每个 BS 基于 UE 从先前传输对 ICI 的估计来开拓过时的信息。部分过时的 ICI 的对齐在图 9.9 中示出，其中在 UE 接收机处仅有 2 个空间维度的有限数量的 DoF。注意，BS 仅需要本地信息，即不需要 BS 间协调。每个 UE 估计并向其服务 BS 发送所需的信息。基于此设计原理，此方案适用于有限带宽或无回程场景。最后，BS 设计发射预编码，使得部分且过期的 ICI 子空间在目标接收器处与当前传输的 MUI 子空间对齐。

图 9.9 示出了当前部分 ICI 与过时的部分 ICI 不同的实例，两者间具有角度差 ϕ。即使在接收机处的抑制之后，这种不对齐将在期望的信号子空间中引起泄漏干扰。然而，这种泄漏干扰可以通过适当的接收机设计来最小化 / 抑制。

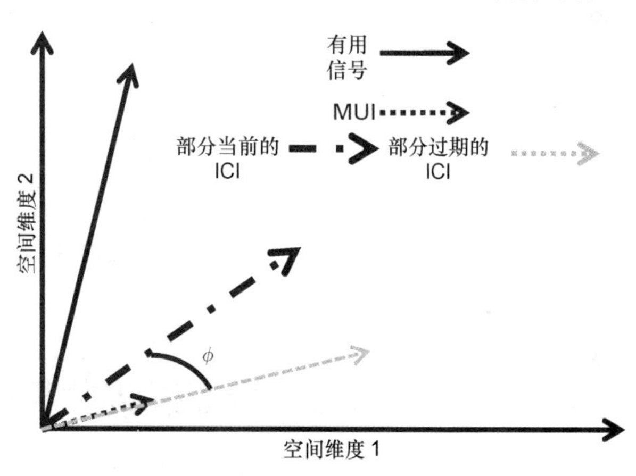

图 9.9　在 UE1 的天线处用向量空间表示的信号空间

9.4.2.2　**性能**

图 9.10 给出了图 9.8 所示的系统的仿真结果，其中有 3 个小区。每个小区配置了 2 个天线，并为具有独立数据流的两个 UE 服务。UE 还配备有两个天线，并且它们根据给定的输入平均信号与干扰加噪声比（SINR）放置在小区的覆盖区域中。假设完全缓冲业务和空间信道模型 [6]，并且还假定在发射机处可用完美的 CSI 和 ICI 信息，没有任何反馈延迟。UE 使用 MMSE 算法来估计和抑制干扰。此外，MUICIA 性能与其他两种基线方法进行比较：第一种方法使用服务信道的奇异值分解（SVD）用于预编码的设计；第二种方法使用期望信号到泄漏干扰加噪声比（SLNR）的优化来设计预编码 [46]。将结果相对于蜂窝网络（如 LTE）中的 UE 的平均 SINR 作图。平均 SINR 表示 UE 在小区中的位置，并且其是输入参数。结果表明，MUICIA 在 SINR 的较低和平均范围内优于基线预编码方法。事实上，在这些条件下，ICI 非常强，并且可以找到主要 ICI 方向来用于对准以及抑制。在更高的 SINR

下，系统更受 MUI 限制，并且使用 SLNR 的预编码方法似乎是系统的同样好的选择。

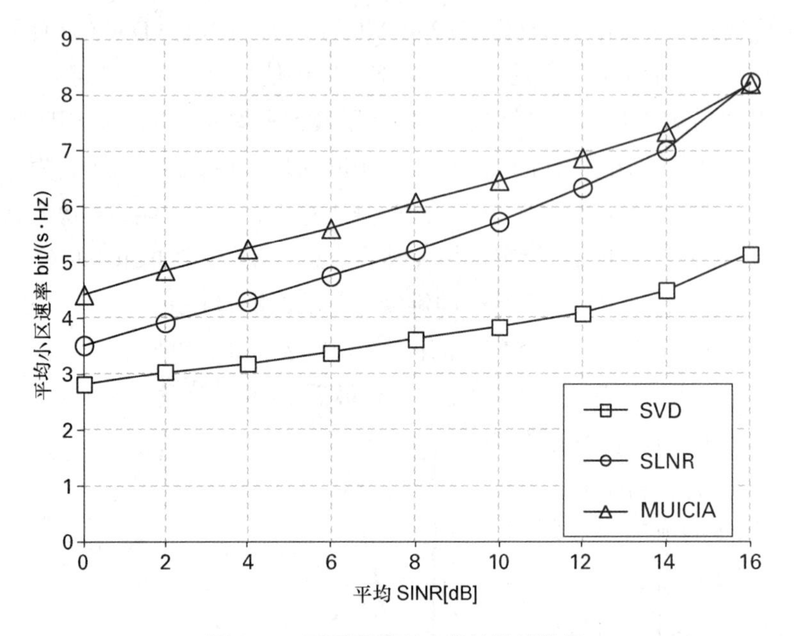

图 9.10　不同预编码方案的性能结果

9.5　带高级接收机的 JT CoMP

如第 1 章和第 5 章所解释的，期望 UE 有更积极的角色，并且设备到设备（D2D）通信将是 5G 的一部分，以便增加网络覆盖 [47] [48]。此外，对于例如视频点播和视频流的服务，在小区边缘处的缓存，如具有高存储器存储的 UE 以及现今的智能电话，已经被最近认为是增加系统吞吐量的方式。在协作多点方案中，文献中的大多数现有工作假设 UE 仅配备有一个或两个天线，即使 LTE-A 已经假设 UE 可能配备有多达八个天线 [50]。虽然这个数字似乎有点乐观，在不久的将来，技术创新将允许智能手机和平板电脑有大量的天线。特别地，这在较高载波频率以及因此较小波长和天线形状因子中将更容易。然后，将通过考虑各种各样的 UE（例如汽车）来设计 5G 网络，这些 UE 可以容易地配备多于一个天线 [44]。因此，考虑到 UE 配备有多个天线来设计 CoMP 方案，并且可以利用这些附加的 DoF 来实现适当的组合器以解决干扰（导致功率增益）或接收和检测多个流的数据（导致复用增益）[51]。

在 9.5.1 节给出了用于多个天线 UE 的下行链路 JT CoMP 的动态联合 BS 分簇类和 UE 调度算法。9.5.2 节给出了网络如何可以辅助和改善 UE 处的干扰消除。

9.5.1 具有多个天线 UE 的 JT CoMP 的动态分簇

在本节中，给出了 JT CoMP（具有多个天线 UE）的动态分簇提高了 CoMP 系统的性能。由于 UE 处额外的 DoF，可以通过利用 IRC 组合器抑制残留干扰和允许多流传输来提高系统吞吐量。

下行链路 JT CoMP 算法的动态分簇 [52] 考虑了如图 9.11 所示的场景，这里假设 UE 有多天线，中心单元（CU）协调 BS 并且使用资源分配算法来联合执行动态 BS 分簇和 UE 调度。此外，UE 使用 IRC 执行连续干扰消除（SIC）。该算法首先定义候选 BS 簇的集合，BS 簇的集合主要取决于每个 UE 相对于干扰 BS 的位置。这些集合更新取决于大规模衰落（几百毫秒的量级）。如图 9.11 所示，给定 UE 的簇的大小限于一定数目的 BS，因为实际上 UE 处的大多数干扰来自最近的 BS。在该图中，描述了两个簇。所描绘的五个 BS 将在两个簇之间拆分：A 和 B。顶部的两个 BS 将是簇 A 的一部分，而三个其他 BS 将属于簇 B。之后，基于在快衰落时间级别的两步过程（几毫秒的量级），CU 调度这些候选簇的子集（与相关联的 UE）来进行下行链路传输。在这两步过程，CU 将 BS 组织成簇并调度每个簇中的 UE，可以总结如下。

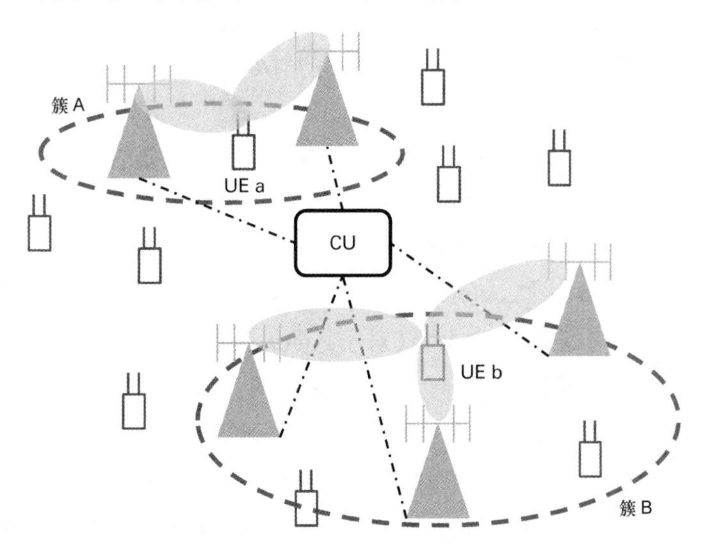

图 9.11　下行链路 JT CoMP 的动态分簇算法中的候选 BS 簇的选择

（1）通过执行 UE 选择和优化预编码器，功率和传输秩，在每个候选簇中估计加权的和速率。特别地，使用多用户特征值模式传输（MET）方案[21]，在流之间具有相等的功率分配和贪婪迭代特征值模式选择算法。

（2）CU 通过最大化系统加权的和速率来选择要用于传输的非重叠 BS 簇的集合。由于优化问题是 NP-hard，可以使用贪婪迭代算法来降低实现复杂度。

注意，根据信号与干扰加噪声比的无线条件，动态分簇的 JT 允许灵活地在连续时隙和不同传输秩上，在不同 BS 簇中调度给定的 UE。

动态分簇的性能

本节从以下两种情况下分析了 JT 的动态分簇。

➢ 一个标准的均匀六边形网格场景，其中 BSs 部署在站点的位置[52]。

➢ 具有 3 个宏观扇区和 18 个微型扇区的马德里网格情景，总共 21 个基站，部署在 3×3 建筑物的网格中，模拟了一个密集的城市信息社会（更多细节参见文献 [26] 的第 8.2 节）。

表 9.1 和 9.2 是分别针对这两种情况下的数值结果，其中给出了平均小区速率和小区边界吞吐量，即 UE 速率的第 5 百分位数，包括动态分簇（最大簇大小为 3 个 BS）和基准设置（没有 BS 协调）。每个 UE 配备有 n_r 个天线。首先，通过在 UE 处添加天线可以观察到重要的性能改进。两个因素有助于该增益：（1）具有较低 SINR 的 UE 使用 IRC 来限制在发送侧未管理的剩余 ICI 的影响；（2）具有较高 SINR 的 UE 可以用多个数据流服务。此外，通过在 UE 侧添加更多的天线，相对于基准，动态分簇获得的吞吐量增益有所减少。实际上，由于使用多个天线 UE 的增益主要原因是 IRC，因此在非协作情况下残余干扰较高，可以更多地看到增加 n_r 的益处。关于结果的更多细节，读者可以参考文献 [52] 和 [9]。

在比较两种不同情况下取得的结果时，应当看到两个重要的方面。首先，在马德里网格实现了更高的数据速率：例如，平均小区速率几乎翻了一番。其次，在马德里网格中动态分簇相对于基准的增益比在均匀六边形网格中的高得多。例如，在小区边界吞吐量方面，当比较 n_r=4 和 n_r=1 时。事实上，在均匀六边形网格中，（基准情况下 CoMP 的）增益是从大约 30%（对于 n_r=4）到 45%（对于 n_r=1）变化，而在马德里网格中的增益是从大约 100%（对于 n_r=4）到 160%（对于 n_r=1）。这两个效应主要是因为马德里网格是具有更高密度的 BS 的异构场景。在这种场景下，UE 通常更靠近它们的锚 BS，它们可以有更好的 SINR 测量，因此，所实现的速率也更高。然后，在异构网络中，干扰的结构通常相对于同构情况下的干扰的结构不同。更精确地，干扰主要来自少数的强干扰，通常是宏 BS。

表 9.1　均匀六边形网格场景中的平均小区速率和小区边界吞吐量

	n_r=1	n_r=2	n_r=4
基准的平均小区速率 bit/(s·Hz)	6.8	8.5	10.8
基准的小区边界吞吐量 bit/(s·Hz)	0.23	0.3	0.4
CoMP 平均小区速率 bit/(s·Hz)	8.3	9.9	12
CoMP 小区边界吞吐量 bit/(s·Hz)	0.33	0.41	0.52

表 9.2　马德里网格情景中的平均小区速率和小区边界吞吐量

	n_r=1	n_r=2	n_r=4
基准的平均小区速率 bit/(s·Hz)	11.1	15.3	21.2
基准的小区边界吞吐量 bit/(s·Hz)	0.25	0.33	0.45
CoMP 平均小区速率 bit/(s·Hz)	19.2	22.6	26.9
CoMP 小区边界吞吐量 bit/(s·Hz)	0.66	0.8	0.91

9.5.2　网络辅助干扰消除

在 9.5.1 节中，给出了 IRC 如何通过抑制 UE 处的残留干扰来有益于系统性能。通过允许 UE 借助于网络辅助（NA）[53] 实现干扰抑制（IS）/ 取消（IC）机制，可以获得进一步的性能改进。关键思想是使 UE 接收机知道主要干扰的附加信息，即与相邻小区传输相关的信息。NA-IS/IC 实现的示例在图 9.12 中给出，其中干扰 BS 与服务 BS 共享关于它们的传输格式的一些特定信息。接下来，服务 BS 将这些参数发送到被调度的 UE（更多细节，参见文献 [9] 中的第 8.16 节）。

这些干扰信号参数可以包括（但不限于）小区 ID、参考信号天线端口、功率偏移值、预编码器选择、传输秩和调制阶数的信息。关于主要干扰的这种附加信息能够使能高级 IS/IC，以及增强的信道估计精度和改进的 MIMO 干扰源的检测。为了在与 NA 信令相关联的开销和 UE 接收机的处理复杂度之间获得适当的平衡，可以由 UE 接收机盲检测某些干扰信号参数。

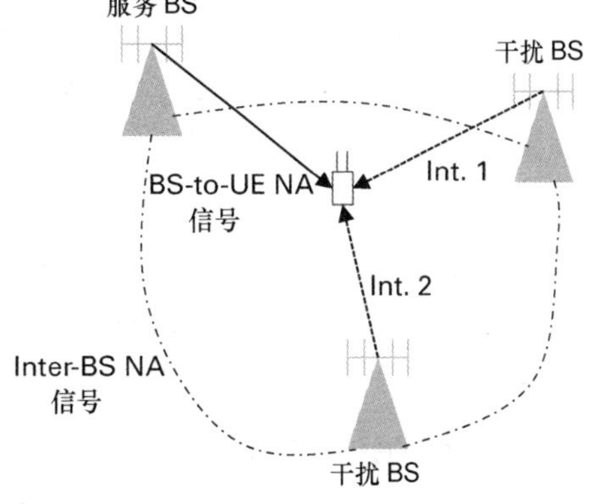

图 9.12　网络辅助（NA）信令组件的概述图

虽然IRC是简单地抑制干扰的线性组合器，但是该附加信息可以由UE用来检测，重建和消除干扰信号，从而进一步提高实现的频谱效率。UE接收机可以执行信号和干扰的符号级IC（SLIC），（降低复杂度的）最大似然（ML）符号级联合检测，或者当关于信道编码的更多信息可用时，执行码字级IC（CWIC）[53]。

网络辅助干扰消除（NAIC）在5G时代可能更加相关，如TDD，其具有用于上行链路和下行链路的资源的灵活使用，以及诸如直接D2D的新的通信形式，将导致新的干扰星座，可能涉及非常强的干扰（比需要解码的信号强得多的干扰信号）。

NAIC也可以在JT CoMP中有作用。例如，可以执行来自多个发射节点的联合传输，使得接收机侧看到一个强干扰，这个强干扰可以被有效地消除，而剩余的用户间干扰非常低。此外，NAIC可以用在CoMP中消除簇间干扰（也参见第9.2.2节）。

9.6 小　结

CoMP，特别是JT CoMP已经被研究了许多年，因为它是可以让负担的干扰转换成有用的信号能量，克服当今蜂窝系统中的主要限制。然而，3GPP LTE版本10及以上版本中JT CoMP的标准化已经遇到困难时期，因为来自传统蜂窝通信系统中的JT CoMP的直接应用的增益非常有限。

在过去几年中，研究表明，如果仔细构建整体解决方案并提供一组额外的使能因素，实际上可以释放JT CoMP方案中大部分预期的增益，这些使能因素包括如下几点。

- 改进信道估计和反馈，即伴随可靠性信息的带有反馈的信道预测；
- 高级分簇选项，利用覆盖移位和乌龟图概念来扩大合作簇；
- 新的调度方法，特别是首先在小区级别上进行调度，然后在协作簇级别上进行调度的两阶段策略。

应当注意，这些特征中的大多数实际上可以是现有4G网络的进一步演进的一部分。例如，如果有足够的支持，改进的反馈设计可以集成在LTE演进中。LTE-A中的现有CSI参考信号可以被增强以适应考虑了CoMP而设计的高级信道估计方法。此外，4G中的现有空中接口，OFDM，已经证明可以与CoMP很好地工作。

综上，4G的演进原则上可以支持许多上述功能，5G的简洁状态的设计将以更有效的方式支持所有这些功能。此外，“小区”的概念的改变可以允许网络通过虚拟CoMP

小区服务UE，而UE不知道涉及哪些发射节点。此外，CSI参考信号及其报告可以是动态可配置的，使得可以针对不同的场景和信道条件获得CoMP性能，参考信号和报告开销之间的最佳折衷。再有，简洁状态的5G可以提供用于簇间干扰抑制或消除的更好的手段。5G中的一些一般技术趋势本质上将更好地促进CoMP的使用。例如，在5G时代中预期的较大带宽将允许更好的信道估计，减少的TTI长度将允许更快的CSI反馈。其他趋势，例如小小区的实质网络密集化，在CoMP中将需要特别注意。

当可用网络基础设施不允许支持完整JT CoMP时，可以使用分布式协作传输技术。此外，还可以考虑接收机在处理网络中的干扰时起主动作用。能够干扰抑制或消除的更智能的用户设备的可用性为新方法打开一条新的道路，这样网络和UE两者可以合作以克服干扰的限制。

第 10 章

中继与无线网络编码

中继与网络编码是非常强大的技术，可以通过例如延伸网络覆盖、扩大系统容量或者提高无线链路的可靠性，提升蜂窝网络的性能。本章将聚焦中继与网络编码技术在5G中的应用。在回顾中继技术的发展历史后，中继技术在5G中的所预计的关键应用场景将被重点分析，也就是常说的提供超密集网络（UDN）的无线回传链路，用于移动的小区，或者在海量机器类通信的应用中用于数据的汇集。然而由于全双工技术发展缓慢，距离成熟还有距离，所以预计在5G中继场景下出于系统复杂度的考虑将会采用基于半双工技术的终端。因此，寻找突破半双工技术限制的方案已然至关重要。本章描述了关于有效的半双工中继的以下三种重要的创新。

➢ 通过将无线网络编码的基本原理应用于分布的多向数据传输，带内中继成为面向超密集小小区网络[1]中无线回传的频谱利用率很高的方案，虽然传统观点并不这样认为。

➢ 物理层网络编码需要的非正交多址技术是提升频谱效率非常重要的手段。在多个并发的数据流通过相同的中继极性交互，交织多址（IDMA）由于它能支持灵活码率的要求而被提出。

➢ 缓存辅助的中继功能成为特色，其中讲述了多种不同的实现缓存的方式，用以改进多样性以及提升速率。这项技术旨在延迟某些有一定容忍度但具有很高数据速率的应用。

[1] 为了简洁起见，小小区的超密集网络将会被简记作小小区。

10.1 中继技术和网络编码技术在 5G 无线网络中的角色

作为一种通用的技术，中继曾用于长距离的传递消息，广泛应用于许多古代帝国，例如古埃及、古巴比伦、古代中国、古希腊、波斯以及罗马[1]。消息被以不同的形式进行传递，例如烽火的烟火信息在塔尖或山峰顶部被传递。一种更为通用的方式则是通过马背上的信使在中继站 / 驿站之间来发送消息，直到送达最终的目的地。随着科学的发展，通信技术得到长足发展。1793 年，法国的沙普（Chappe）兄弟推出了一套电报系统，其中的中继站（Relay Station，RS）[1] 都配备了望远镜和点亮的灯。

当代，中继站最初也只是非常简单的设备，即完成放大和立即转发的工作，并主要用于扩展无线系统的覆盖范围。相比于基站，这些只是成本很低的设备，内部并不具备任何基带信号处理，因此不可能按照网络的协议来进行操作。回传链接通常是在不同的频带间的微波链路中实现的，以防与接入链路互相产生干扰，或者是在带内通过适当的（收发）天线隔离来实现的。

10.1.1 中继的复兴

很长时间以来，中继被认为在无线网络中的应用有着很大的局限。传统的观点认为，中继点是为了拓展覆盖而部署的，因此，它常常被放置在接近小区边缘的蜂窝系统内，转发至 / 从一个处于小区边缘已经濒临脱网的移动终端。由于比较差的频谱利用效率，中继站对于数据速率方面的贡献通常被看得微乎其微。事实上，一个带内的中继站，使用与基站相同的频谱并操作在半双工状态，这将导致频谱效率的损失。大致来讲，相比于直连链路，由于需要两个传输阶段来发送一条消息，频谱效率减半的的损失就产生了。我们注意到，即使是带外的中继站，即使用与基站不同的无线频谱可以补偿这部分损失，但额外的频谱使用的代价已然不可避免。

在过去的 10 年中，中继技术的研究得到了积极的发展，它被拓展出了全新的领域和应用的模式。最早变化的游戏规则是合作多样性[2]。在合作多样性中，如图 10.1a 所示，

[1] 本章内的中继站与中继可互相替代

基站和中继站合作改善通信的质量，也即容量与多样性。它主要针对一种场景，即在基站和移动终端间的直接链路能够承载一些信息，而并不包括那些移动终端已经出离基站的服务范围的情况。信息从基站到移动终端间通过两条路径：一条是直接链路，而另一条则是通过中继站。在移动终端一侧，来自两条链路的信息会通过相关的方式进行合并，尽管通过中继站的传输还需要花费两个时隙，但对比一条经过中继的链路传输，链路间的合作不仅带来了频谱效率上的提升，还有多样性的提高。注意：其前提是两条通信链路是独立的。

另一个游戏规则的改变是引入双向中继（Two-Way Relaying，TWR）[3][4]（参见 10.2.1 节）。双向中继是面向双向通信，也即两个数据流的所考虑的场景：在蜂窝网络中，这意味着一个上行数据流和一个下行数据流。不像在传统的单向通信的优化中，两个数据流联合进行优化并同时通过中继进行服务。与无线网络编码（Wireless Network Coding，WNC）的理念相结合，由于应用了半双工所带来的频谱效率损失将会通过中继进行补偿。双向中继场景所带来的经验是同时针对上下行数据流进行一个联合的优化，会为提升频谱效率扩展设计空间。

这些研究的里程碑式的成果正是中继重新获得关注，并为中继作为一个 5G 网络中的主流架构部件创造了条件。

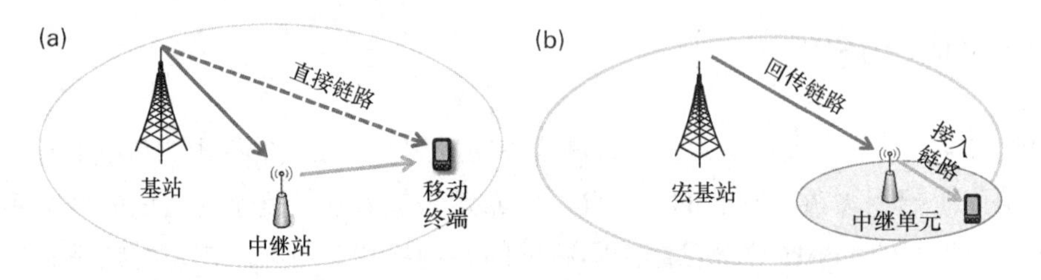

图 10.1 （a）合作性中继，（b）LTE Release 10 中的自回传

10.1.2 从 4G 到 5G

中继技术是在 LTE（Long-Term Evolution）标准的版本 10（Release 10）中引入的[5]。中继是通过图 10.1b 中的自回传概念来描述的。它通过回传链路与宏基站相连，通过接入链路与移动终端相连。带内和带外中继也被分别视为是半双工和全双工中继。对于带内中继，重点是在接入与回传链路之间设置干扰规避，对于一个基于两段链路通过时间复用的方案。

半双工的自回传是一个架构，本章的基础是该技术的关键元素。一个相对于LTE主要的不同在于对待接入链路和回传链路之间干扰的处理方式。本章考虑了一个多向通信的场景，其中采用基于无线网络编码的原则来利用干扰。另外，非正交多址接入的设计使得中继可以进一步补偿半双工的限制从而接近全双工中继的性能。有了缓存辅助的中继，前面所提出的技术马上就能在技术上更接近全双工中继。

10.1.3 5G中的新型中继技术

基于从前的关于中继与网络编码的研究，发现了三种新的技术。这些技术使得中继变为一个推高5G吞吐量的新技术动力。这些关键技术形成了本章的核心，将在10.2～10.4节中详细描述。

➢ 多流中继：无线网络编码背后的原则已经很大程度上应用于双向中继的场景中，其中两个设备通过一个中继站交互消息。这些原则可以被扩展到更为普遍的场景，包含多个基站、中继站和移动终端。其中，多条通信数据流，下行和上行，在同一时间进行调度，这样所产生的干扰可以通过附加信息被消除。多流中继应用的主要领域预计是在小小区的UDN和移动站点中。UDN、移动节点和移动中继节点将在第11章详述。

➢ 非正交多址接入：当考虑多个有普通中继辅助的双向中继（TWR）通信的对子时，一个中间接入的问题应运而生。在4G中，中间接入是基于正交频分多址接入（OFDMA）的且会以正交的形式出现。对于TWR，这意味着每个通信对子需要分配专门的资源进行传输。然而在5G中，大量出现的通信节点以及对灵活性更高的要求将会出现。在这些假设下，正交的信道接入代价将过于高昂，因为这将引入大量的由于调度产生的信令开销，同时只能提供有限的体现在速率要求和功率限制方面的灵活性。在这一点上，非正交的信道接入是一个非常有前景的5G空中接口技术的候选方案，前面第7章中也有所讨论。非正交接入与双向中继TWR的结合，或者，更普遍地说，多流通信为系统设计解脱了束缚，提供新的可能性。

➢ 缓存辅助的中继：如果中继站都装备了缓存功能，就可以进行有所针对的调度，从而为对抗信道衰落，提供链路选择多样性的增益。如果，更进一步，有很多这样的中继站可用，就有可能绕过半双工的限制，让一个中继站侦听信号源，而另一个中继站同时转发经过缓存的数据至目的地，而不是进一步应用额外的多样性增益，详见10.4节。

本章的技术面临的主要威胁在于，通过在单项通信中的带内半双工中继来减少频谱效率损失。而这是通过引入双向业务或救助与为多个中继站做缓存来优化通信。近年来，有很多成功的面向带内全双工射频的硬件实现[6][7]，能够在同一带内进行同时的发送和接收，这显示出全双工设备是有可能成为5G无线网络中的一部分的。

一个很自然的问题是全双工中继是否能够以一种更简单的方式来解决半双工中继的频谱效率低下的问题。事实上，一个全双工中继是具备在向下一个节点发送时同时从前一个节点接收信号的能力。在这个方面，全双工中继尚未在5G中普及。可以预见的是，由于全双工中继的价格和功耗会更高，半双工中继还将在一段时间内占据主流。

全双工无线视频的使能因子是其在同一设备上大幅度抑制发送路径和接收路径间自干扰的能力。干扰抑制是通过包含天线设计、模拟及数字干扰消除等一系列方法[8]的结合实现的，抑制幅度可超过100dB。尽管这样的抑制幅度对于一些高功率基站来说还不足够，但对小一些基站而言，如中继站或一些小小区内的接入点，已经足够用于部署全双工无限射频设备的了。成本、功率限制以及在变化的环境中跟踪自干扰信道的难度都是目前全双工无线射频设备应用于移动终端的很现实的缺点。然而，通过全双工无线射频设备仅在小小区基站上实现就已经能够获得相当明显的增益了。因此，全双工成为5G中一个主要的候选技术。

全双工无线射频设备在无线网络架构中的可用性目前尚未被完全理解。一个普遍的共识是，没有一个适当的通信协议，全双工技术的潜能就不可能被充分获得。主要的原因是，相比于半双工基站，全双工基站使得网络中出现的干扰加倍，引入了新的干扰模式，特别是潜在地扩大了中继站之间的干扰水平。

10.1.4 5G中的关键应用

中继和网络编码可以预见在以下技术中得以应用。

➢ 带无线回传的小小区：小小区或者更精确地说是小小区的超密集部署作为网络加密部署的一个强有力的方案在5G中扮演了重要的角色，以期应对单位频谱效率或者单位区间比特率（见第7章、第11章和文献[4][10][11]）等指标的巨大提升。其中一个对于小小区部署十分关键性的因素是连接小小区基站和基础网络之间的回传。传统意义上，回传是通过有线的方式实现的，然而，当考虑到成本效率、灵活与快速部署以及不断提升的连接性等因素，无线回传成为一个更为诱人的方案。我们可以观察到，使用无线回传，将一个小小区的基站变成了一个中继站。这样采用带内回传相对于带外回传（例如采用微波链路）的好处在于中继不需要一个额外的频谱。中继可以复用相同的频谱就像一个没有中继的蜂窝系统一样。而且，这些技术，例如这些基于无线网络编码的技术，修复了频谱效率，帮助了在带内中继做回传，使之成为一种有效的做无线回传的技术。换句话说，中继并不仅仅是解决了覆盖扩展的问题，而且还成为一个网络密集化的关键手段。

➢ 服务于可移动基站的无线回传：可移动站点的最重要特点是其基站没有固定的位置 [12]。例如，一辆停着的车也许就可以在其周边创造一个小区，服务于其间的移动设备，这样这些移动设备就可以通过一辆配备了中继功能的车接入互联网。从定义上，一个可移动基站无法通过一条有线的回传线路接入固定的基础网络。可移动基站被视为 5G 系统概念（见第 2 章和文献 [13]）中一个重要的组成部分。可移动基站具有鲜明特征：它们使得无线的基础网络具有高度的动态性，由于不能像固定的中继站那样通过网络规划来部署，它们的使用则非常机动。这也成为一个自然的收发推动了带内中继成为一个可移动基站。

➢ 设备间（D2D）通信：D2D 通信将成为 5G 中非常有活力的部分，将会为从对于末梢节点的迟延降低到为核心网减低业务负载提供许多优势（参见第 5 章）。事实上，D2D 通信并不需要任何基础的网络节点就可以完成支持 D2D 链接的角色并显著地提升网络性能。从由单个中继站支持多个并发 D2D 链接到多个平行中继站的合作，中继站在 D2D 范围下的可能应用非常多。

➢ 毫米波（millimeter wave）通信：在毫米波频段上有大量带宽可用，但也带来了显著的代价：覆盖缩小，特别是在室内场景下。因此，中继对于在这些频段提供足够的覆盖将变得更加重要。更多具体内容，参见第 6 章。

➢ 机器类通信（Machine-Type Communications，MTC）：通过采用中继将业务汇聚，机器类通信（MTC）或者机器间（M2M）通信代表着一个新兴的设备和业务类别，与传统的以人为中心的业务有着巨大的不同的需求。巨大数量的 MTC 设备（例如十万）会被接入同一个基站。尽管每一个 MTC 设备只需要相当低的传输速率，海量的连接数字却为接入协议制造了麻烦。在这样的设置下，一个中继站对于缓解基站上接入的压力以及解决小一点规模的接入问题，例如只是在它附近的一些 MTC 设备，是很有帮助的。中继站收集它所属的 MTC 设备发来的信息并将其传递至基站。MTC 的另一个特点是源自从能源效率的极高要求。向这一方向迈出的一步就是中继站的应用，这将使得基础网络离 MTC 设备很近，因此允许它们降低发射功率。更多关于 MTC 的内容可以在第 4 章找到。

表 10.1 总结了那些以中继为基础的技术可以在 5G 的应用场景中加以利用，以及第 2 章中所定义的 5G 服务。图 10.2 包括了本章所推荐的 5G 的关键应用以及下面章节将要描述的相关技术。表 10.2 总结了三种技术，它们的应用领域以及增益。对于多向无线回传，对比于基于无线回传的单向通信，可以实现最大将近 100% 的频谱效率增益，当不考虑一些现实的损失，例如被中继传递的噪声放大或解调失误等（参见文献 [14] ～ [16] 以及 10.2 节）。非正交多址接入相比于提升了频谱效率，而 IDMA 的使用还带来其他优点，例如支持非对称数据速率和针对时序偏差的顽健性的能力。缓存辅助技术相对于那些不采用缓存的技术而言所带来的增益非常明显。更多关于这些增益的描述将在 10.2 ～ 10.4 节中涉及。

表 10.1 中继类技术在 5G 中的应用案例和服务

中继类技术	5G 应用案例	5G 服务 *
采用无线回传的小小区的超密集网络部署	按需媒体业务	xMBB
中继支持的机器间通信（D2D）	虚拟现实与增强现实	xMBB
多跳临时网络	应急通信	uMTC
采用无线回传的小小区	智慧城市	uMTC，xMBB
多跳或自组织网络	智能电网中的远程保护	uMTC
自组织网络	工厂自动化	uMTC
通过中继进行业务汇聚	海量终端设备	mMTC
带中继选择的多种缓存辅助的中继	购物商超	xMBB，mMTC
用作无线回传的广布于赛场周边的中继	运动场馆	xMBB
带无线回传的移动站点	交通拥堵	xMBB
用作无线回传的广布于活动区域周边的中继	大型室外活动现场	xMBB，mMTC
带无线回传的移动站点	高速列车	xMBB

*5G 服务是指超级移动宽带（Extreme Mobile Broad Band，xMBB）、海量机器类通信（mMTC）和超级可靠机器类通信（uMTC）。

表 10.2 本章所述相关技术的应用与增益

技术名称	中继种类	应用	增益
多向无线回传	带内 半双工	小小区的超密集组网 移动中继 小区边缘的共享中继	频谱效率增益最大至 100%

续表

技术名称	中继种类	应用	增益
非正交多址	带内 半双工	多向中继 小小区的超密集组网 移动中继 小区边缘的共享中继 中继支持的 D2D	提升的频谱效率 非对称的数据传输速率 对抗时序偏差的顽健性
缓存辅助的中继	带内和带外 半双工	所有对时延不敏感的使用中继的应用	提升的频谱效率 多样性增益

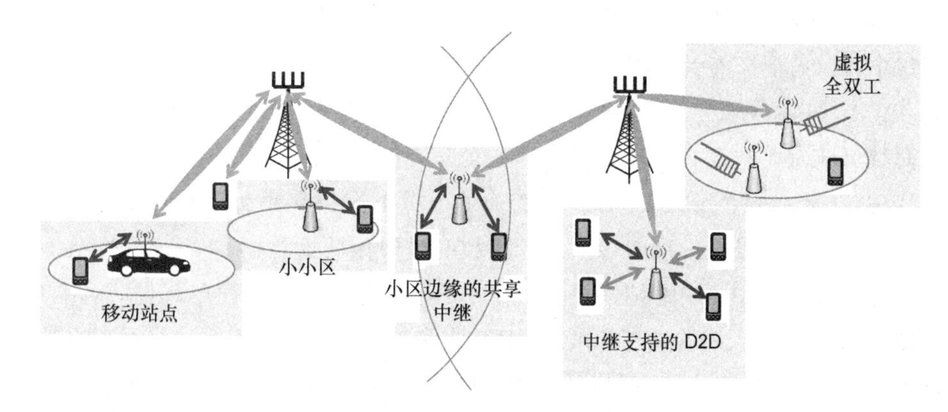

图 10.2　5G 场景中中继、无线网络编码和缓存的应用

10.2　多流无线回传

在图 10.3 中，显示出双向中继（TWR）背后的想法。在 TWR 中，两个终端设备通过一个中继站进行通信，且都有数据要发。由于中继站是假设工作在半双工模式下的，传统的单向通信机制需要四个传输阶段。当传输针对两个通信数据流做优化时，两个传输阶段就足够了。这种传输机制记作 TWR-2，包括以下两个传输阶段。

➢ 阶段 1，当终端设备 1 与终端设备 2 同时发送。中继站 RS 通过一个多接入信道接收，但并不需要解调信号。

➢ 阶段 2，当中继站 RS 发送阶段 1 所接收信号的函数，例如，通过放大与转发（Amply-and-Forward，AF）。终端设备 1 与终端设备 2 解调它们各自所需要的信号，使用它们在阶段 1 所发送的信号作为辅助信息。

在一个简单的例子里，比如信道的系数都等于 1，以及 AF 使用了，中继站 RS 接收到 x_1+x_2 并将此信号广播至这两个终端设备。终端设备 1 接收到 x_1+x_2，去掉 x_1 的部分完成解调 x_2，终端设备 2 也是采用同样的处理。

TWR-2 背后的机理可以总结为以下两个原则：（1）在无线介质上多条数据流并发的业务；（2）基于之前收集的辅助信息的干扰消除。采用了这两条原则，传输模块可以针对业务模式设计出较 TWR 更为通用的设计。这些构建模块可以应用到蜂窝系统的架构中服务于小小区和无线回传，并可以来合并解决新的优化问题。在接下来，将描述三个构建模块。

- CDR（协同的直传与中继传输）：在一个有一个小小区移动台和一个直传的移动台的网络中，上行和下行的数据流是耦合在一起的。
- FWR（四路中继）：在一个有着两个小小区和两个上行及下行数据流的网络内，两条双向数据流都是耦合在一起的。
- WEW（无线模拟有线）：在一个有着多个小小区和多对上行及下行数据流的网络中，传输机制是设计采用无线回传方式来模拟有限回传的性能

在所有构建模块中，中继站代表着一个小小区的基站。为了简单起见，对于 CDR 和 FWR 的描述仅限于单天线的站点和采用 AF 放大和转发中继功能，但这并不影响对于一般性原理的理解。在 WEW 中，有限回传的模拟，取决于基站生成多个波束的能力，假设了在基站侧有多天线以及中继站进行解码并转发（DF）。另外的假设是基于 TDD 模式的系统。

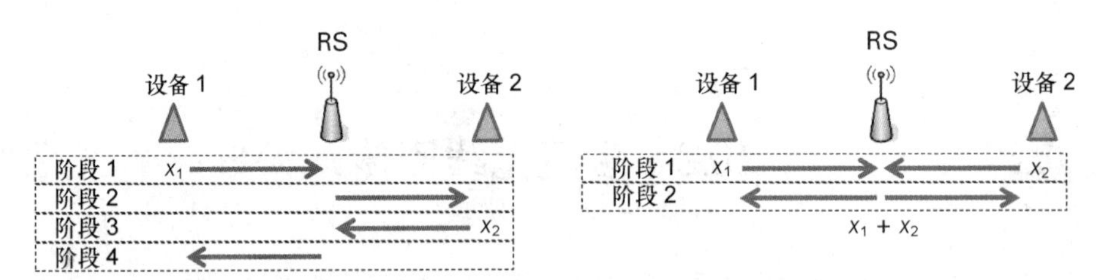

(a) 传统方式，即 4 个传输阶段　　(b) TWR-2，即两个传输阶段

图 10.3　双向中继场景，其中两个设备（基站或移动终端）通过一个中继站进行沟通

10.2.1　直传与中继的协同传输模式（CDR）

图 10.4 和图 10.5 描述了 CDR 的基本传输场景。包括一个宏基站，由一个承担中继站作用的小小区基站的小小区，以及两个终端设备（MS_1 和 MS_2）。MS_1 只有通过中继站达到宏基站的连接，而 MS_2 有连接宏基站的直连链路。简单起见，假设 MS_1 与 MS_2

彼此相距很远，而不产生干扰（例如可以在站点上装备多天线从而可以应用干扰消除技术）。MS_1 与 MS_2 都有上行和下行的业务。根据上文所描述的两条原则，可以得到两个方案。这些方案对应着两个不同的方式来耦合上行和下行的业务。图 10.4 中的第一种方案 CDR_1 将经过中继的 DL 和直传的上行业务耦合在一起，而第二种方案 CDR_2 则对经过中继的上行与直传下行业务进行耦合。

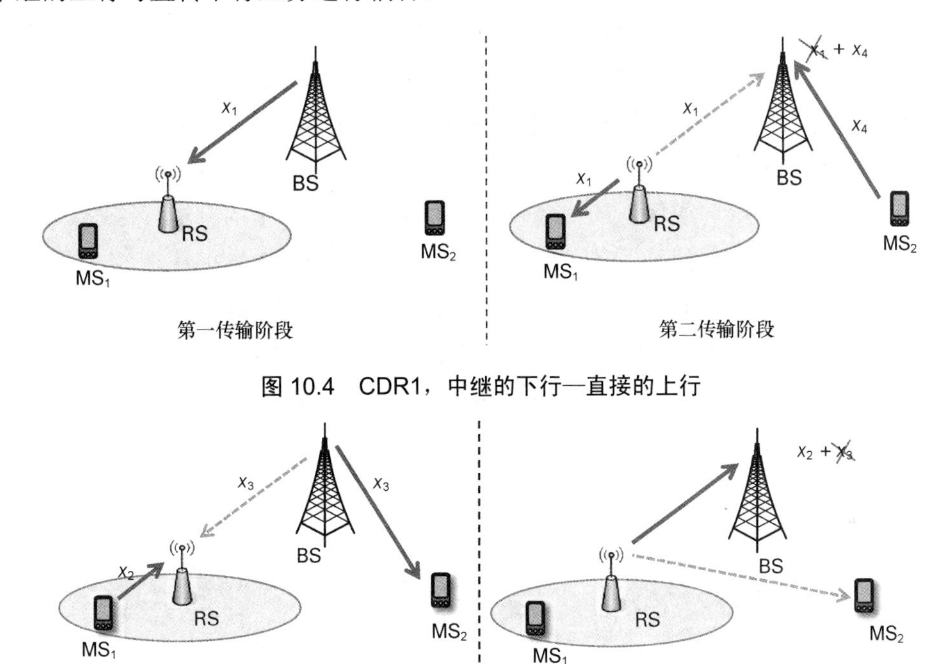

图 10.4　CDR1，中继的下行—直接的上行

图 10.5　CDR2，中继的上行—直接的下行

对上行和下行进行解耦需要三个时隙，而 CDR1 与 CDR2 只花费两个时隙。在 CDR1 中，在第一传输阶段，宏基站 BS 发送下行信号 x_1 给中继站 RS。在第二传输阶段，两个并发的传输被调度在一起：（1）中继站 RS 发送 x_1 给移动终端 MS1，这将在宏基站 BS 处引起干扰，以及（2）移动终端 MS2 发送 x_4 给宏基站 BS。由于宏基站 BS 知道 x_1，它对于所接收到的被干扰信号的“贡献”可以被去掉，这样 x_4 的解调就可以在无干扰存在的情况下进行了。在 CDR2 中的第一个传输阶段，两个并发的传输被调度在一起：（1）移动终端 MS_1 发送上行信号 x_2 给中继站 RS，以及（2）宏基站 BS 发送 x_3 给移动终端 MS_2，这将引起对于中继站 RS 的干扰。在第二个传输阶段中，中继站 RS 发送给宏基站 BS 一个包含有 x_2 和 x_3 信息的信号，由于宏基站 BS 知道 x_3，在宏基站 BS 侧由

x_2 引起的干扰就可以被消除了。

关于这些 CDR 方案的具体分析可以在文献 [14] 中找到，其中巨大的频谱效率增益也有显示。做一个总结，针对两个移动终端 MSs 都具有双向业务的场景，可以达到的速率区间如图 10.6 所示。注意到一点，下行与上行速率的比例假定是固定的以方便简单将这些速率区间可视化。为了满足移动终端（MS）的速率要求，在一个叫作 S_{CDR} 的方案中，CDR1 与 CDR2 在时域上以一个最优的时域复用比例叠加在一起。同样所显示的 S_{ref}，是 TWR-2 的最优时域复用比例，以及上 / 下行的直传链路（在宏基站 BS 与移动终端 MS_2 之间），也作 S_{all}，时域复用了所有前面提到的链接。可以看到不同的方案决定了不同的速率区间，而所有这些方案的结合则相对于 S_{CDR} 以及 S_{ref} 提升了速率区间。应该注意的是与传统方案（包括单向通信）的比较在文献 [14] 中做了详细的分析。这些 CDR 方案在那些对于直传终端 MS 的可达速率小于或可比于对于经过中继的终端 MS 的情况下，超过了传统方案。另一方面，如果直传终端 MS 的可达速率显著大于经过中继的终端 MS 的可达速率时，从速率角度出发，最优的方式是只用直传链路。然而传统方案在时域上的复用，例如直传和 CDR 方案，总会带来一个增大了的可达速率的区间。

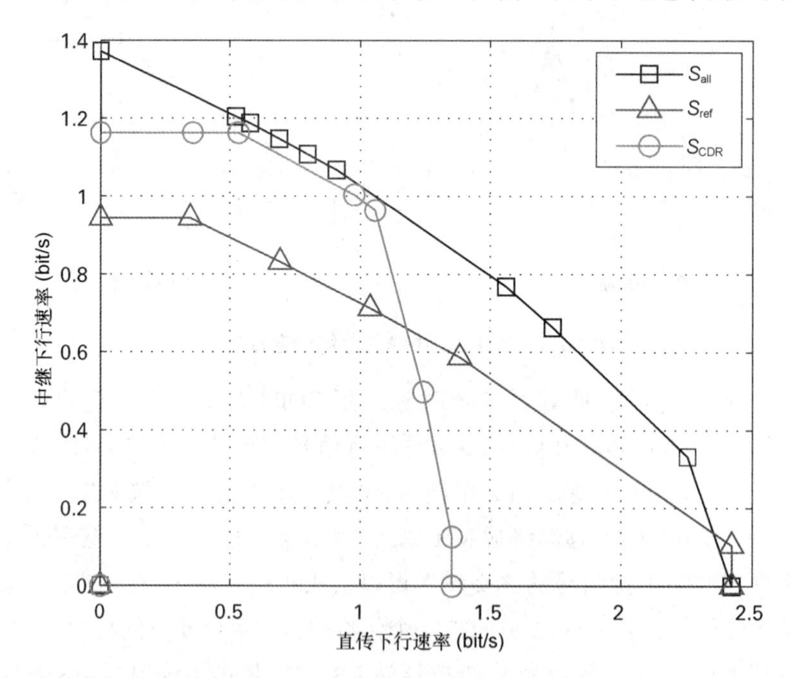

图 10.6　三种方案的速率范围：（a）S_{CDR} 其中 CDR1 和 CDR2 通过时分，（b）S_{ref} 其中基站 BS 与移动终端 MS_1 之间的 TWR-2 和上下行基站 BS 与移动终端 MS_2 的直连链路是时分的。（c）S_{all} 其中 S_{CDR} 和 S_{ref} 是时分的

10.2.2 四向中继

图 10.7 中描述了四向中继（FWR）[15] 的基本场景。包括一个宏基站，两个由宏基站控制的小小区，每个小区里有两个中继站和一个移动终端。两个小小区在挑选时遵循它们彼此不互相干扰的原则（例如处在两个不同的建筑中）。每个移动终端连接一个中继站。两个终端都具有双向业务。解耦两个小小区内上 / 下行需要八个时隙。独立来看每一个小区上下行业务可以耦合在一起并采用无线网络编码 WNC，那么需要四个时隙。

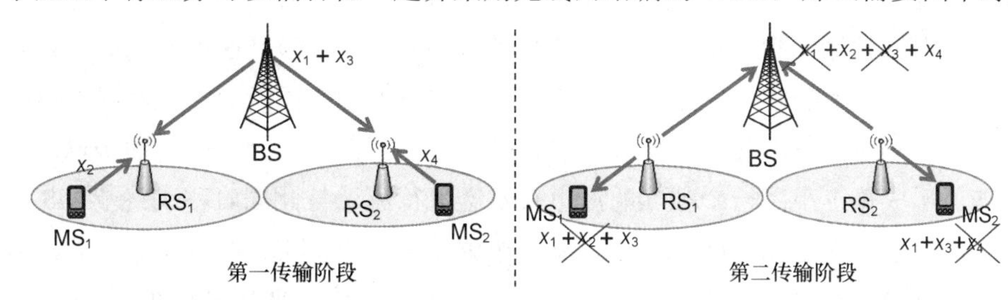

图 10.7 四向中继（FWR）。两个双向中继 TWR 业务流被同时调度

在 FWR 中两个小小区中的上下行传输耦合在一起这样只需要两个传输时隙就足够了，同时还能保证出色的频谱效率。四向中继 FWR 依赖于编码的叠加来处理向两个小小区的同时发送，而这些小小区内的干扰则是通过无线网络编码 WNC 进行处理。在第一传输阶段中，四段传输基于编码叠加被调度在一起。宏基站采用编码叠加广播发送下行信号 x_1 和 x_3 而移动终端 MS_1 发送上行信号 x_2 终端 MS_2 发送上行信号 x_4。

在第二传输阶段，中继站 RS_1 发送一个包含 x_1，x_2 以及干扰信号 x_3 的信号。中继站 RS_2 发送信号包含 x_3 与 x_4 以及干扰信息 x_3。由于宏基站 BS 知道信号 x_1 和 x_3，在宏基站 BS 处的干扰可被消除：最终的传输对应宏基站 BS 侧多接入过程，解码即可随后进行。由于终端 MS_1 知道 x_2，就可以消除有 x_2 引起的干扰。其余的信号包括 x_1 和 x_3，采用叠加编码的方式发送的，可以相应地被解码。终端 MS_2 进行着相似的操作。

10.2.3 无线模拟有线（WEW）回传

前面的小节关注由采用无线回传的半双工小小区基站引起的损失。这一节研究是否无线回传具有潜力达到有线回传的性能。同样的，双向业务，以及宏基站部署多天线并支持朝向小小区的波束赋型，是达到这一目的的关键假设。

图 10.8 描述了 WEW 最基本的场景 [16]。这与 FWR 场景是一样的，都带着非干扰小

小区的及每个小区一个移动终端。在参考系统中，回传是有线的，上行和下行假定是采用固定速率。目标是确定在何种条件下，有线回传可以被无线回传所代替且保持相当的速率要求。在基于有线回传的系统中，传输以TDD模式进行，在第一传输阶段，移动终端发送上行速率，与此同时，下行数据通过有线传输。在第二传输阶段，中继站发送其下行数据到移动终端，而上行数据则被有线回传传送到宏基站。一个重要的发现是下行速率是受限于移动终端与中继站之间无线接入新的的质量的。尽管通常意义上有线连接比无线连接具有更大的容量，发送以超过无线回传信道能力的速率的数据是毫无意义的，除非在中继站侧缓存大量数据是有价值的（参见10.4节）。这告诉我们，只要其容量大于无线接入信道的容量，无线回传信道就不成为限制。很清楚，在有线回传的流量模式是典型的双向业务，其中一个流通过有线。为了模拟采用无线回传的传输，一个自然的方法是形成每小小区一个独立的波束来发送下行流，与此同时移动终端MS发送上行流。这一流程画在了图10.8（a）中，基于中继站侧SIC和DF的策略。下面，为了表述方便，在推及多小区之前先考虑一个小小区。我们的重点是几乎是在第一传输阶段，因为这决定了有线回传和无线回传系统的等价性。

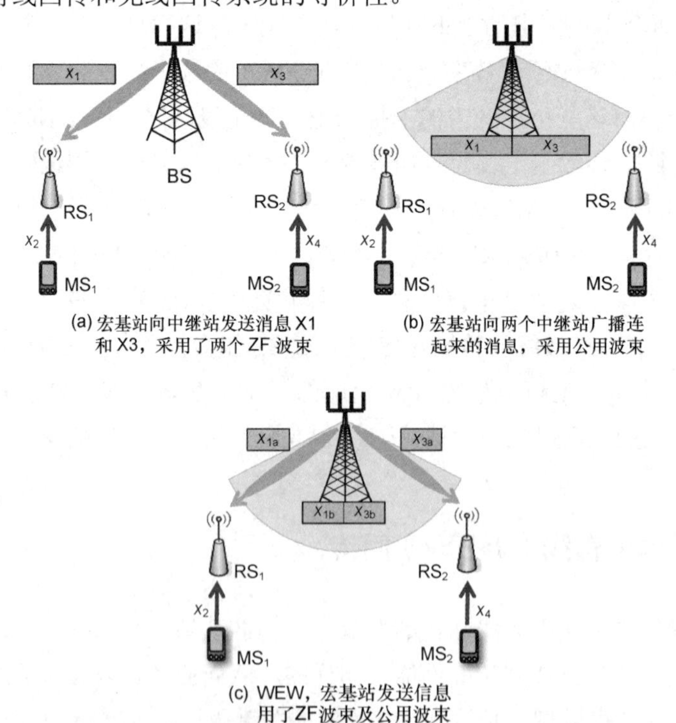

图10.8　用带双向业务的无线回传来模拟有线回传，第一个传输状态和三种可能的方法

在单个小小区的情况下，单独的UL和DL的数据流在第一阶段传输。宏基站侧的发送经优化可以创出新的中继站侧的多接入信道，具备以下的SIC的特质。首先，中继站在做DL信号解调时，会将UL信号当作噪声来处理。因此，宏基站的发射功率需要足够大来补偿UL信号的存在。当DL解调完成后，就被从中继接收的信号中移除。理论上，这个策略等效于只有UL信号没有干扰，而这使之与有线回传相当。主要目的是反复回归来取得与有线回传场景等效的性能，而不需要改变上行传输的功率和调制编码。

更为通用的多小区的情况引出新的传输机制。一个直观的传输策略是宏基站使用ZF（迫零）波束赋形，见图10.8（a），其中分别调整每个波束上的功率来执行SIC。用于UL信号在SIC的第一阶段功能类似噪声，等效的SNR很低。在这种条件下，ZF波束赋形是有害的当信道条件很恶劣时它会导致噪声的增强，MMSE波束赋形通常被视作ZF的可行的替代方案。然而，它并不可用，因为在中继站留下的残留干扰而无法解调，因此违反了无线回传操作不得影响终端速率的基本要求。

在极端的情况下，所有的回传信道是相同的或线性相关的，方案是通过把发送到每个终端的数据比特连缀起来发送相同消息。基站即可向所有中继广播相同的消息，使用一个宽的波束，被叫作通用波束，见图10.8（b）。然后，中继站须解调整个广播消息，因此在解调UL信号之前移除其作用。缺点是通过解调广播消息，每个中继站需要解调所有比特，即使是那些和该终端没有关联的内容。

这就引出后面的想法如图10.8（c）中所示。基站通过ZF波束赋形发送一条消息中局部为终端MS1而传的比特，即空间分隔，同样处理为终端MS_2而传的比特。剩余的为MS_1与MS_2而传的比特级连起来形成通用消息，基站通过通用波束发送这条消息。这是部分受了Han-Kobayashi算法[17]中局部/全局消息的启发。然后可以形成适当的优化问题来决定基站混叠局部消息（由ZF发送）和全局消息（由通用波束发送）的比例。这就是经受住考验的WEW。更多的细节内容参见文献[16]。

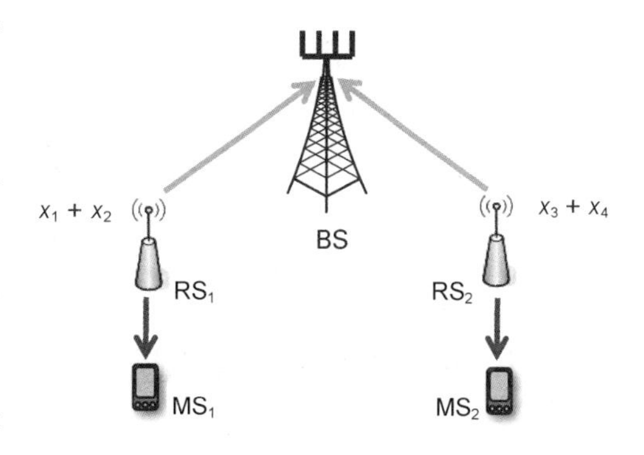

图10.9　第二传输阶段。在第一阶段解调的消息使用比特级与或操作经中继站分别向宏基站和终端进行广播

第二传输阶段对于图10.8中各种技术来说是通用的。它涉及采用下行和上行信号比特级的与或操作从中继向宏基站和终端发起广播。图10.9显示了这个广播的操作。宏基

站、MS_1 和 MS_2 解调各自从中继发来的信号，进行与或操作从广播信号中重建所需信号。

图 10.10 对比了基站仅采用 ZF 波束赋型、通用波束方式来发送数据所需最小功率，以及 WEW，二者最优的组合。从中可以看到，当下行速率很低时采用通用波束比 ZF 有好处，因为使用了更少的功率来传相同的数据量。另一方面，如预期，WEW 方案总能优于个体的 ZF 波束赋形和通用波束传输。

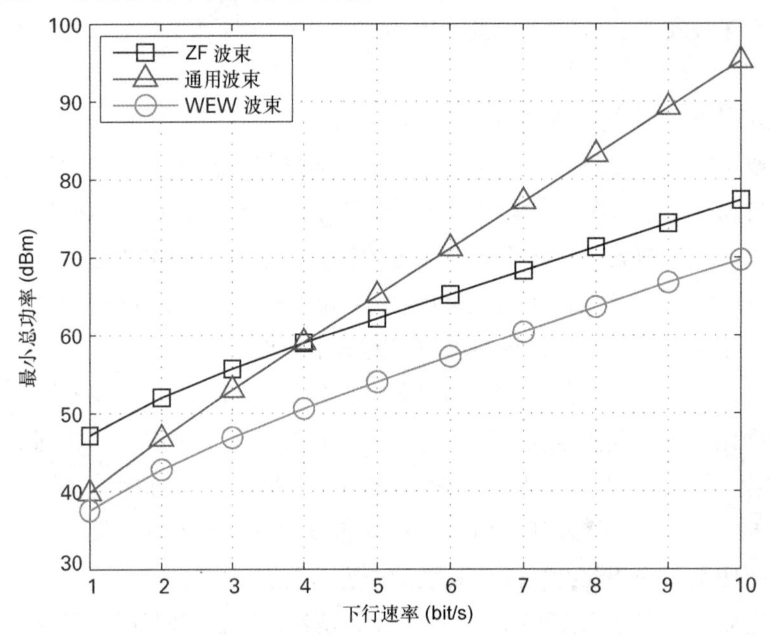

图 10.10　基于 WEW 波束、ZF 波束及通用波束算法 BS 所需的最低功率要求

10.3　高度灵活的多流中继

10.3.1　多流中继的基本思想

如前文所述，TWR 是个强大的概念用于补偿引入半双工中继带给频谱效率的损失。TWR 减少了所需的传输时间从 4 降至 2，有效的补偿了半双工。

然而，如果多对节点（A_k，B_k）共享同一个中继，接入媒介的问题随之产生。假定中继有半双工的限制，整个通信可被分为 2 个通信阶段，如图 10.11 中所示。在多接入阶段，所有节点向中继发送数据。在数据处理之后，中继向各自对应的节点广播处理过的数据。因此，会建立 K 对通信对子，对应于在多接入阶段的 $2K$ 信号。此外，采用网络编码的原则会导致在广播阶段产生 K 个复信号。但在 5G 中，多种多样的终端会有不同的对速率和共存于同一网络中功率的要求，需要系统设计时具有高度的灵活性。基于此，采用多对 TWR 以及 NOMA（非正交多址接入）似乎是合理的，因为它相比于正交的方法提供了更为显著的灵活性。

非正交接入的另一个好处是同步要求被明显放松。正交机制需要在时域频域非常精确的同步，非正交机制通常在同步不太准时也不会恶化太多。相反，从异步传输中可能还能获得好处。此外，非正交接入允许频谱上的交叠，有效地提升了系统吞吐量。

第一种实现 TWR 和非正交接入的方法在文献 [18] 中介绍了，其中一个通信对上的两个阶段采用相同的 CDAM 扩展序列，而不同的对子采用不同的扩展序列。这使得所需的扩展序列长度减小，从而有效地提升了频谱效率。CDMA 却对节点之间的时序偏置非常敏感，因此当以减少信令为目标时这并非是一个好的选择 [19]。另一个非正交接入机制是 IDMA[20]，参见第 7 章的 7.3.3 小节。IDMA 可以视作从大家熟悉的 CDMA 演变而来的，其中全带宽扩展用于编码。和 CDMA 一样，相对于正交接入机制，IDMA 原理上获得了容量。此外，多数场景下 IDMA 表现出在对抗衰落的顽健性以及编码增益方面优于 CDMA[19]。另外，节点之间的时序偏移并不会向对 CDMA 或其他多址接入算法那样成为问题。相反，可以全面提升系统性能。

IDMA 的发送和接收是基于分层技术。即，每个传输节点发送一个或多个同时叠加的层 [21]。多个节点的多层又会在同时传输时进一步叠加，形成接收到的信号。为了重建传输信号，所有层须从接收到的复信号中解析出来。这是通过激活一个接收机侧迭代的软 IC（干扰消除）过程来实现的 [20]。图 10.12 描述了这一系统结构。这里，例如，两个 MS 应用 IDMA，每个根据其速率要求发送不同数目的层。接收机侧，一个迭代的检测过程包括软 IC 和 APP（先验概率），解码用于重建传输信号。

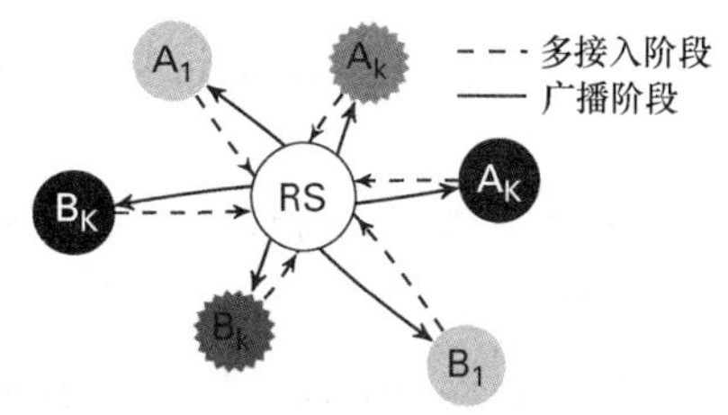

图 10.11 多流中继的拓扑：多对节点（A_k，B_k）通过共用的中继交互消息

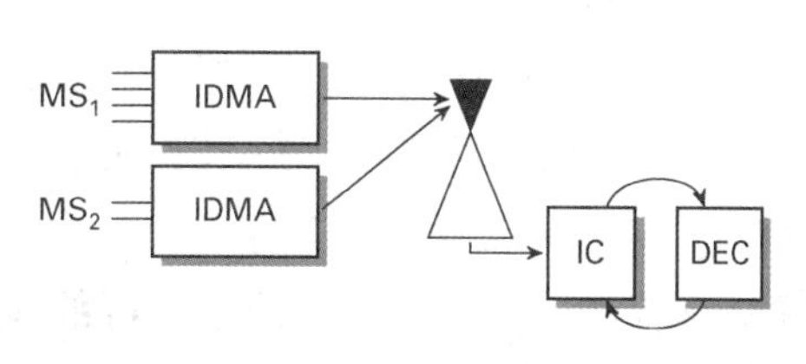

图 10.12 两个采用 IDMA 的 MS 向中继 RS 发送，其中 MS_1 和 MS_2 分别发送 4 层和 2 层

利用这个分层特性，IDMA 成为一个做速率自适应的强大工具，参考文献 [22] 中有所介绍，将在下一节中详述。为了优化可得到的吞吐量并发现系统中的瓶颈，两个传输阶段，即多址接入和广播阶段，需要联合考虑。

10.3.2 实现 5G 高吞吐量

从正交接入机制例如 4G 时代的 OFDMA 到 5G 的非正交接入机制，所用的信道编码变得对整体系统性能更为重要。在 IDMA 系统，例如接收机侧实现迭代 IC 来区分 MS 信号及一直字符间干扰，因此来检测所有传输带额数据层。信道编码直接影响迭代式 IC 的过程。一个“太弱”的信道码字以及一个高度过载的系统可能会无法进行成功的检测，而“太强”的信道码字会不必要地降低频谱效率。因此，一个好的码字“匹配”在一定工作点上的系统，工作点即对于特定负载（层）在特殊的 SNR（信噪比）下。不同工作点的组合以及相应优化码字有将形成一组 MCS（调制编码机制），可从中根据当前对速率和误码修改能力的需求进行选择。一个全面的编码设计因此对于优化系统吞吐量而言非常关键。

信道编码的角色变得更为重要特别是与非正交信道接入及多流 TWR 结合后。这种情况下，在多个接收机同时能被解码的能力是需要被保证的。这使得编码设计问题变得超级复杂，因为随着通信节点数的增加复杂度的问题会急速增长。一个解决问题的可能性是把整个编码设计分成两个离散的编码涉及问题，即对于多址接入阶段和广播阶段。这将显著降低问题的难度。然而，这两个编码设计问题并非完全彼此独立，它们在所需的各自的速率方面相互耦合。这意味着，在多址接入和广播接入节点所设计的 MSC 需要对所有节点支持相同的数据速率。

一个便捷的方法来进行这样的编码设计和迭代的 turbo 类似的系统通常是 EXIT- 图表 [23]。EXIT- 图表的基本理念是描述信息处理系统之间的信息交互，通过一种叫作信息传递特性的方式。根据所给定的关于所处理信息的随机特性的假设，这允许对迭代信息处理系统的性能进行预测，并进行便捷的设计。

除了应用的信道编码，并行传输的层数也直接影响着速率进而系统性能。由于叠加的层数 N_L 以及信道编码的速率 R_{C,N_L}，同时决定了频谱效率 $\eta=N_LR_{C,N_L}$，系统设计过程并非只坚持找到匹配的码字，即一个好的 MCS。基本上，层数是一个设计参数，因此有很大的选择自由度。如果没有其他对于码字和层数的限制，很倾向于选一个很高的层数和相应非常低的码率。这有两个好处。第一，系统的颗粒度是由每层的码率决定的。这意味着，每个节点只能通过增加或降低传输层数来以码率的增量更改速率。第二，码率越低，编码设计的自由度就越大。这通常意味着对于一定的层数一个匹配地更好的码字。然而，现实并不允许过高的层数，由于整体的解码复杂度随着系统内的层数增加而线性增加。对于现实的系统，通常会在性能和复杂度之间找到一个平衡。值得注意，原则上对于 IDMA 而言并不需要一个通用基础码，由于 IDMA 提供选择应用的信道编码，每一层都与其他各层完全独立。然而从系统设计的角度，限制在一个通用基准码是合理的因为可以有效地简化编码设计过程。

在编码设计中的一个好的选择是 IRA 码 [24]，因为在较低的编码复杂度和适度的解码复杂度下它提供很好的纠错能力，使之成为适合应用于迭代检测算法 [25]。另一种更简单的选择是不规则重复码。然而这些码字自身没有编码增益，它们的设计也非常简单而在迭代检测场景中性能很好。如何在这些编码中选择取决于所希望的工作点。为迭代检测算法而做的 IRA 编码设计在文献 [25] 中有所介绍。在文献 [22] 中这种设计方法应用于设计多流基于 IDMA 的 TWR 系统并采用 IRA 编码。文献 [26] 中介绍了一种替代方案。

10.3.3 性能评估

基于非正交信道接入的 TWR 相对于传统的正交信道接入方案的的潜在增益通过量化的仿真结果即平均吞吐量来体现。特别地，一个基于 IDMA 的 4 节点 TWR 方案与基于 OFDMA 的现网方案并采用 LTE 参数进行了比较。这四个节点随机分布，并均匀分布与距离一个通用中继站最大半径 R_{max} 的圆形内，参见图 10.11。

在所有通信的节点间的信道通过一个基于通用距离的路损模型来确定。另外，引入了小尺度衰落，这是基于 ITU WINNER 模型 [27] 来计算的。

图 10.13 中给出了优化了的基于 IDMA 的系统以及基于 OFDMA 的传统方案采用 3 种不同 MCS 的平均吞吐量。IDMA 系统优化是在工作点 R_{max} =100 上进行的。可以看出，优化后的 IDMA 系统明显地优于在工作点上的三个 MCS 的传统方案。主要原因是频谱过载，即 IDMA 提供了（参见第 7 章 7.3 节）与一个完全的编码设计的结合。我们注意到，这种场景对基于 OFDMA 的方案高度青睐，因为没有考虑 CFO、多普勒频偏等类似的损害。在更为实际的假设下，IDMA 系统的增益会更明显地增大。

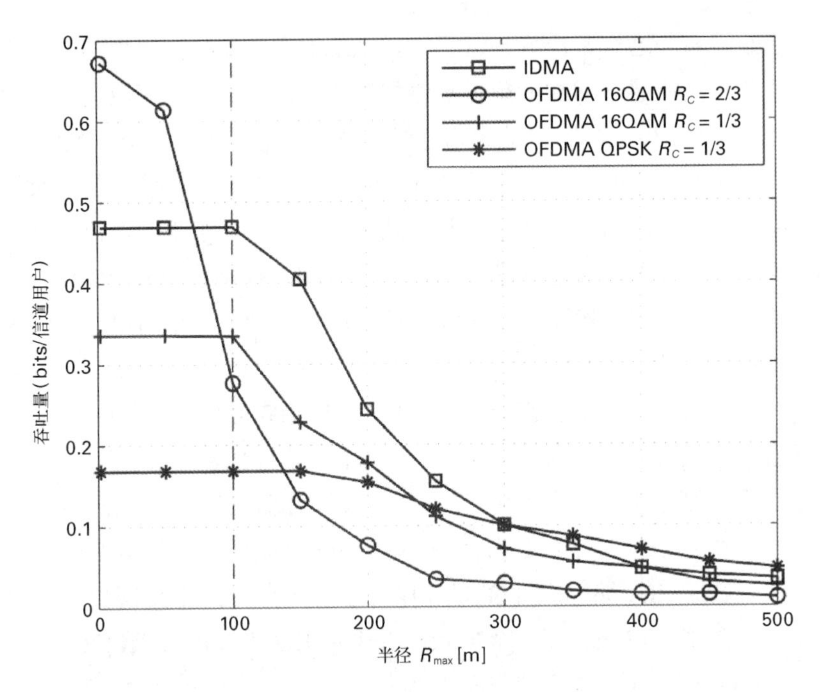

图 10.13　传统基于 OFDMA 的系统，采用两种不同 MCS，以及基于优化过的基于 IDMA 的 TWR 系统的平均吞吐量

10.4　缓存辅助的中继

如前文所述，所以现实中继开发中的一个主要问题是半双工的限制。特别是，当使用中继在无线回传中扩展覆盖使用时，高速率是重中之重。

本小节给出了中继中使用缓存不同策略的概括分析，而这些已经在过去几年中各自被提出。大多数这类方法与场景相关，其中一个单一源头想要与一个目标进行通信，使用一个或多个中继。这里只讨论用于覆盖扩展的中继，即假设源与目标之间的直连链路太弱而无用。

10.4.1　为何需要缓存

大多数中继方案是基于固定的两阶段调度，即在一个时间段里一个数据包从源发送到到中继，然后在下一个时间段里被从中继转发到目标出。如果数据包可以在中继处被存储，这种严格的两阶段调度就不再必需，从而提供了额外的自由度。第一个简单的例子，考虑这样一个单中继的场景。只要从源到中继的信道比从中继到目标的信道条件好，就让源不断地发送数据包，累积在中继的缓存中。在相反的情况下，中继可以向目标转发之前缓存的数据。如文献 [28] 中所显示，这种依赖信道的机会性调度机制能够带来相比于固定调度的频谱效率的显著提升。

如果在源与目标的通信范围内有多个中继，这样在第一跳和第二跳中，依赖信道的机会性调度可以独立地在不同中继间选择。如果中继的数目是 N，这样的方案就有 N 度的分集增益，如果我们坚持用常规的两相调度，这个分集增益就达到 $2N$，调度器在每个调度时隙内都会选择是否应该由源或中继来发送。很明显，需要一些特别关注来保证缓存序列在长期来看是稳定的，当缓存满了或空了的时候需要处理这种情况。一些具体内容参见下节。

在目前提到的一些算法中，源在 50% 左右的时间中是处于 idle 状态。但是，这种半双工的制约可以通过让源节点向一个中继发送数据同时令其他的中继向目标发送数据，见图 10.14。在这个叫作“空域全双工”的方法里 [29]，数据被高效地复用到多个并行的流中。中继空域全双工（FD）的关键因素是中继处的数据缓存。

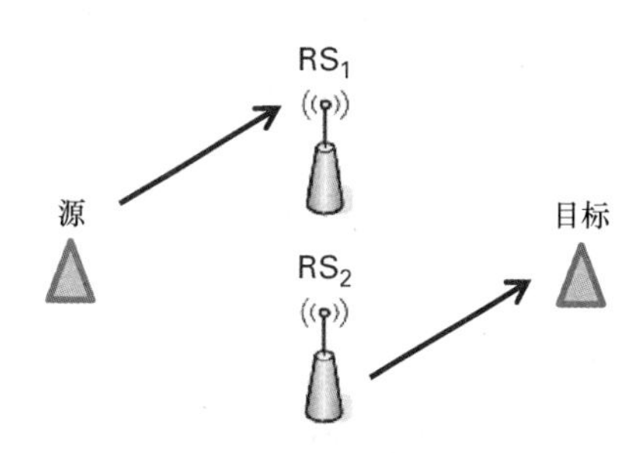

图 10.14 采用缓存辅助中继的“空域全双工”传输简例

由于缓存的引入，这些方案吞吐量的增益带来了增加的（且随机的）时延代价。因此，缓存辅助的中继无法用于对时延敏感的应用。另一方面，大量的应用，例如网页浏览和软件下载，可以容忍一定的额外的时延，同时明显地享受到提升的平均速率的增益。另一个缺点是增加了用于信道探测和信令所带来的系统开销。

10.4.2 中继选择

一个重要方面是如何选择哪个中继该发送哪个该接收。接下来讨论中继选择和速率自适应的不同的方案。整体的吞吐量取决于源于所选接收中继可达到速率以及所选发送中继与目标之间可达到速率的结合。这种耦合使得问题并不简单。

由于在大多数关于缓存辅助中继的文献里，假定了数据在中继缓存之前被解调，即基本是 DF 操作。速率可以使固定的也可以是自适应的（使用自适应的调制与编码）。此外，ACK/NACK 协议可用于处理信道中断。

作为对比，首先考虑经典的 DF 中继，结合了速率匹配，但没有缓存，其中每一对时隙中的速率受限于最差的源—中继和中继—目标链路。在多中继可选的情况下，应该选择中继最优化最差链路，称作“最佳中继选择”。

当加入了缓存，依然保留两相调度，对中继的选择可以独立于两条链路。因此，从源具备最大信道增益的中继应用于源 - 中继链路和具备最大信道增益的中继到目标的中继—目标链路，会导致所谓的最大—最大中继选择机制[30]。当对应的缓存是空或者满的时隙中，建议转换最佳中继的策略。通过放松两个链路间的调度策略，文献 [31] 中推荐了最大链路的机制，其中每个时隙，是基于全部 $2N$ 个可用链路来选择的。

对于空域 FD 的情况，即允许并行的从源到其中一个中继的链路传输，最大—最大中继选择在文献 [29] 中进行了介绍。很微小的修改是需要的，由于发送中继需要与接收中继不同。下面会进一步讨论，空域 DF 机制的并发症是接收中继侧的干扰，由发送中继引起。除非中继间干扰小到可以被忽略，最大 - 最大中继不是一个优选。反而，如文献 [32] 中所显示，使用 Lagrange 松弛法，可以得到更好的性能如果选择源—中继和中继—目标的一对链路，使之两条链路的加权和最大化，其中加权值仅取决于长时的信道统计值。

实际中，缓存的大小是有限的。此外，限制缓存大小也是一个方法来限制系统中的迟延，如果前面所述的中继选择机制适当地被修改以优先缓存已满的中继。

不同基础方案的量化的比较可见于图 10.15 和图 10.16，场景中有 5 个中继，其中所有信道是带 AWGN 的瑞利衰落，中继与目标之间的平均信道增益是相比于平均源—中继增益弱 3dB，平均中继—中继信道增益相比源—中继信道增益弱 5dB。采用了基于香农速率公式的典型的速率自适应。很明显，空域全双工（FD）机制相对于不带缓存的中继显著提升了平均速率，但明显的代价是时延的引入（可以通过每个中继的限制缓存大小来缩短时延，并保持大部分的速率提升）。

10.4.3 中继间干扰的处理

在空域 FD 算法中，来自发送中继的信号，发向目标，必然会对正在接收的中继产生干扰。主要用于处理这种中继间干扰的方法如下。

➢ 中继间的物理隔离。如果中继之间被距离分隔的足够远，并可能以墙为间隔，中继间的信道将会足够弱。然而，这很难达到，由于源和目标都需要处于所有中继都能听见的距离范围内。

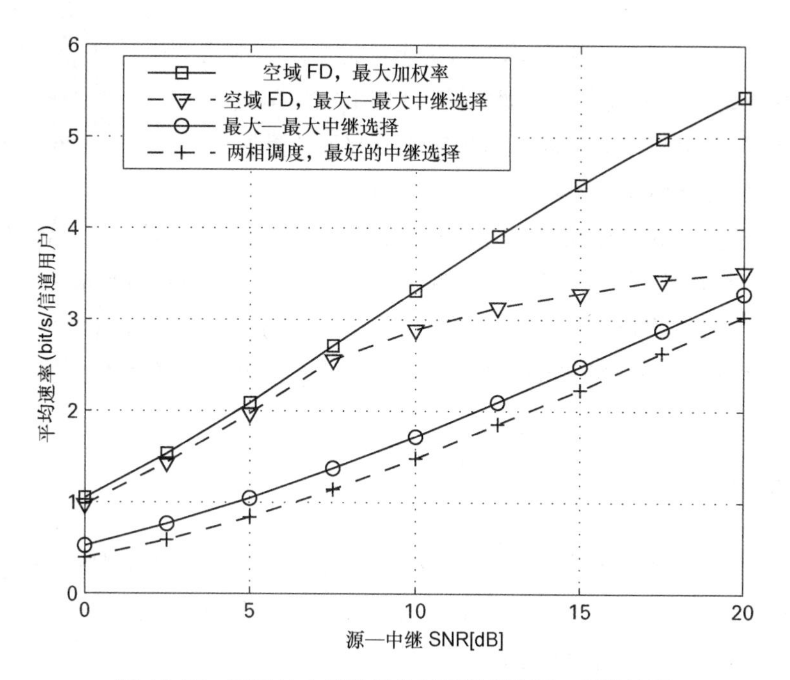

图 10.15　不同的中继选择机制下的平均源—目标速率

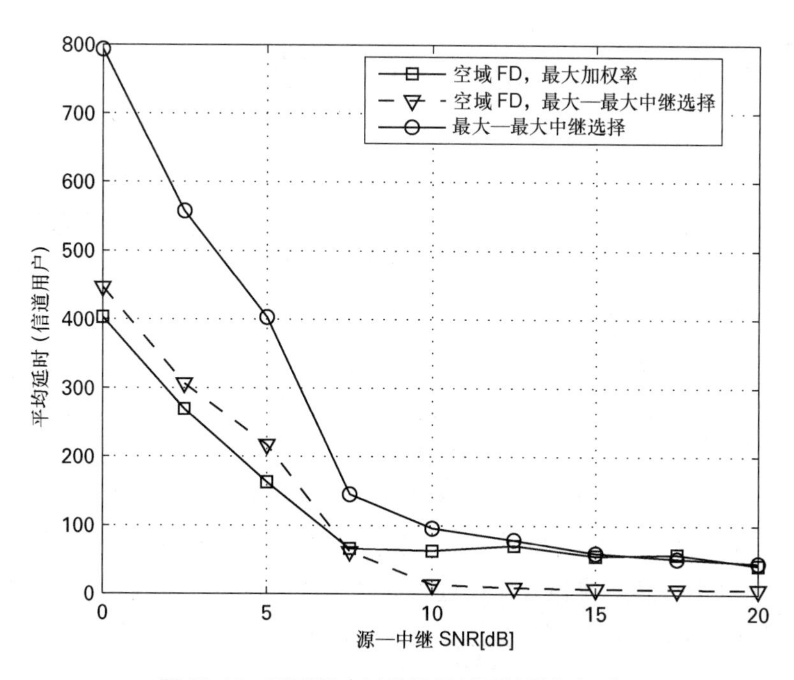

图 10.16　不同的中继选择机制下的平均包时延

➢ 干扰消除。多用户检测技术可以用于干扰消除，参见文献 [33]。

➢ 中继侧的阵列天线或方向性天线。MIMO 技术可用于在中继上作干扰抑制或消除。简单的替代方案是，如果源、目标和中继都被放置在固定的位置，例如无线回传的场景，会用于低边瓣的高度方向性天线。

当使用天线阵列时，波束赋形在所选的两个中继上应该可以联合工作以优化性能。另外，波束赋形的设计和中级的选择是耦合在一起的，由于波束赋形取决于哪两个中继被选中，也因此空域的处理会影响等效的信道增益，而这将决定最优中继选择。这一联合优化从计算和信令角度是复杂的，因此很多简化但次优的设计方案在文献 [32] 中介绍。

10.4.4 扩展

缓存辅助中继的基本想法，如上文所概括，可以扩展为双向中继如文献 [34] 所描述的。另外缓存辅助中继所带来的吞吐量的增益可以等效为功率损耗的下降。此外，中继选择结合缓存可以用于获得物理层的安全[35]。

10.5 小结

多路数据与无线网络编码相结合的优势对于在小小区部署中高效地利用带内回传是至关重要的。通过联合考虑多个并发的传输，多流中继可以进一步提升频谱效率。另外缓存辅助的中继方案，对于吞吐量的迟延以及为系统设计保留一定的自由度进行了折中，使得系统设计可以独立于无线网络编码和多流中继。

因此，很自然去了解如何将所有介绍的方法都结合起来，来建立传输的协议可以支持更为复杂的网络环境。一个相当简单的场景显示了多流传输和缓存辅助的中继如何在一起工作，参见文献 [34]。对于更复杂的场景，一下的问题并没有覆盖到。例如，如何决定哪个流应进行协同而哪个流却可以被当作干扰简单对待目前没有答案。下一个重要问题是如何获取必要的 CSI 来操作协议。值得注意的是，在很多带协同流的情况下，如 CoMP，收集 CSI 的代价非常巨大，反过来会影响性能增益。也因此需要选择正确架构的方法来把这些想法在系统设计中集成并实现灵活的可扩展性。

第 11 章

干扰管理，移动性管理和动态重配

本章包括了网络层面的方案，旨在提升终端用户的体验和降低5G网络部署的运营成本（OPEX）。

在分析了当代的技术趋势以及5G的预测之后，很明显，从5G部署角度有很多方面需要在设计未来网络级方案时加以考虑。这些方面主要涉及到网络的加密和增加的异构性。然而网络密集化将会导致基站之间更小的距离，5G的异构性则清楚地从多个维度加以自我证实，例如蜂窝小区类型或工作频率[2]。如此复杂的异构网络环境，尽管导致了一些网络规划和优化方面的问题，但也为我们带来了新的机遇，来将用户或服务有效地映射到最优化的（从全网系统的角度）接入技术或基站类型。在这个异构的网络环境下，高效的信令交互与极简的系统控制面设计相关（参见第2章）。

基于前面讨论的因素，很容易推断出一个最吸引人的5G功能是被广泛接受了的灵活性，灵活性可以通过多种方式获得，例如在TDD模式中基于实时业务流量情况灵活配置无线资源，通过有效的应用不同无线接入技术（RAT）或网络层，以及最终通过自动配置及回传的基站来动态重配网络的自由度。除此以外，在5G中引入移动的网络（Moving Networks，MN）被视为一个动态重配的触发因素，和一个动态无线接入网络（在第2章中所描述的）的重要组成部分。

5G系统的性能可以通过利用上下文的信息加以提升，这里的信息可被理解为“(……)任何可以被用于描述一个实体状态特征的信息。这里实体可以是一个人每一个地方或一个物体，被认为与一个用户和一个应用之间的互动相关，包括用户和应用自身”[3]。今天，已经有大量的应用领域和可预见的用例，其中设备（例如传感器）或应用（例如云服务）在进行交互，即使并不被人感知但依然存在于它们每天的工作任务中。与此同时，对内容的感知被认为是一个关键的使能因素[3]，对于组群管理、内容选择[3]、状态管理[4]、组群通信[5]、提升的系统、传输及业务的自适应[6]-[8]，以及改进的移动性支持与资源管理[9]-[12]的而言。对内容的感知是本地内容和业务流概念中至关重要的组成部分，参见第 2 章。

本章始于 5G 部署新形式的综述，在 11.1 节中介绍那些对于未来网络级技术元素有巨大潜在影响的新形式。随后，在 11.2 节中，描述了关于干扰管理与资源管理的方案与研究。11.3 节重点介绍移动性管理和和一些通过用户感知内容来高效检测 5G 基站的技术概念。最后，11.4 节讨论了动态重配的使能因素，使得系统可以通过动态激活及去激活固定基站及移动基站的方式根据实时的业务状态来进行动态自适应。

11.1　网络部署类型

长期以来移动蜂窝网络系统已被广泛地用于数据和语音的传输，并演进到一种复杂的生态环境中，面临更多数量更多种类以及更多挑战的预期的终端用户。这种网络演进主要与 RAN 部分相关，后续章节所总结的主流趋势如图 11.1 所示。

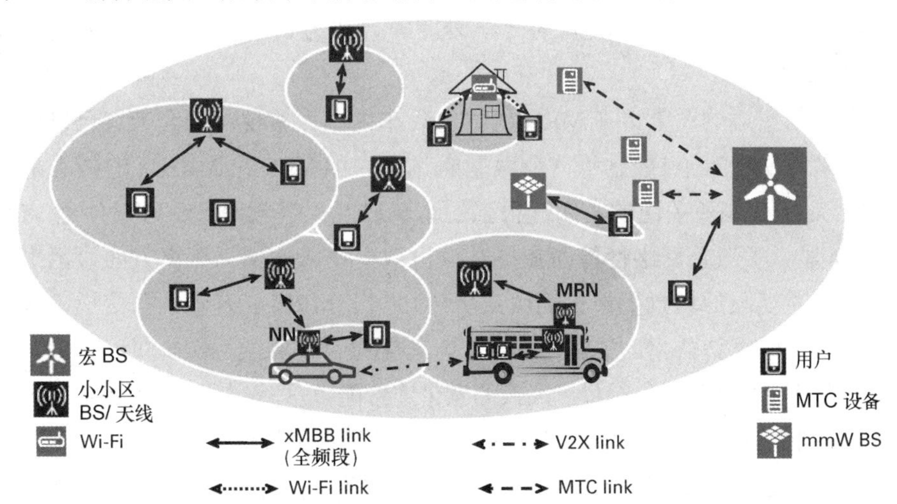

图 11.1　5G 网络部署类型包括异构网络。NN（Nomadic Nodes）代表游牧节点，MRN 代表移动的中继节点

11.1.1　超密集网络或网络密集化

网络密集化是不可避免的过程，这对于承担所预期的 2020 年及后续的业务量十分

必要。事实上，其他能应对所谓千倍（×1000）流量增长挑战的主要技术，例如大规模 MIMO 天线技术的应用或带宽扩展，在某些场景下很难应用。在 5G 中的网络密集化中，术语 UDN 经常使用。UDN 指的是大量小小区（即低功率有限覆盖的站点，如微站、皮站和微微站小区），在部署时靠得很近，站间距为 10 米或更低。在这组中，微微站点，即为家居或小型办公环境所设计的基站采用第三方宽带接入移动网络运营商（MNO），由于其缺乏协同的部署方式值得特别的关注。

11.1.2 移动的网络

由于快速增加的移动用户数量需要高速的互联网接入，公共的交通车辆如大巴、地铁和火车，以及私家车辆很自然地成为移动数据通信的热点。因此，我们期待 5G 将会见证移动基站网络的引入，包括：

➢ 移动中继节点（MRN），设计目标是更好的服务车内用户（参见第 10 章中继的概念及固定部署的主要挑战）。如果一个 MRN 能控制其自有资源，就可以为车内的用户生成一个移动的蜂窝。

➢ 游牧节点（NN），目标是服务于车外用户，作为固定网络节点的补充并工作于“best effort”状态。

两种方案都集成到车上。在 MRN 的情况，车内车外实现的两套天线可以用来规避车辆穿透损耗（VPL）。测量显示一个微型面包车内的 VPL 在 2.4GHz 的频率下可以高达 25dB[13]。对于我们所关注的密闭性很强的车辆以及更高频率下，可以预见 VPL 值会更高。MRN 显示了改善网络性能即在提升频谱效率及降低掉话概率方面显示出很好的潜力，可在噪声受限的场景下被车辆用户所感知[14]。MRN 在有限的同信道干扰场景下也显示出很好的性能增益[15]。在 NN 情况下，车辆顶部的天线用于提供回传链接与接入链路。这种设计在需要的时候提供了高效的宽带连接能力，即对车辆周边的用户提供服务。NN 的一个关键优势在于当需要服务时可提供中继功能保证性能提升，而不需要预先的站点租用或寻找。此外，对比传统的小蜂窝基站，车载 NN 使得天线与收发装置的设计有更大的空间，从而允许潜在的回传链路改善和更先进的中继实现。NN 有时会有可达性不确定的担忧，例如由人（司机）的行为引起，即一个游牧站点 NN 也许无法在其目标服务区内提供服务。然而，尽管如此，大量游牧站点 NN 在城区还是非常受欢迎的。在低移动性（如交通拥堵）或静态操作（如一辆停住的车），物理上的 MRN 也当作 NN 来配置。

11.1.3　异构网络

如前述，当前的蜂窝网络已经演进到一个复杂的生态环境，包括：

➢ 基站，工作在不同的输出功率和天下位置下，因此具有不同的小区大小（即宏基站、微站、皮站、微微站）。

➢ 大量的接入技术，如由 3GPP 及 IEEE 所规范的技术，包括 Wi-Fi 等。

这些非同构的环境通常叫作异构网络（HetNet），而且预期会在 5G 中进一步差异化，由于我们潜在地需要不同的空中接口接入方案来处理超级移动宽带（xMBB）或海量或超级可靠的机器类通信（mMTC 或 uMTC，参见第 4 章）[2]。这可以通过移动站点网络、用户间直接通信包括 V2X 通信（参见第 4 ～ 5 章）以及基站工作在不同频率范畴（例如毫米波，参见第 6 章）来实现。

11.2　5G 中的干扰管理

积极地干扰管理是高效地无线蜂窝系统中的必要手段。在第 7 章和第 9 章已经描述的物理层方面，本小节将关注积极干扰管理带来的网络层面的效果。由于现代蜂窝系统的容量是受限于干扰的，已有许多论文和理念试图提升基于 LTE-A 的系统的性能（参见文献 [16] ～ [18]）。然而，可预见的 5G 系统会有一些特别的情况在现有系统中并未出现，这也引出了对于干扰及无线资源管理的新方案。图 11.2 中显示这与系列有关。

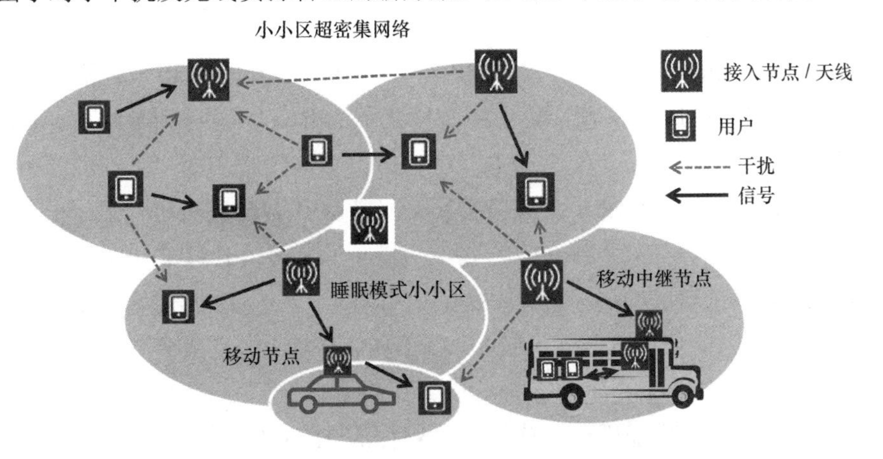

图 11.2　5G UDN 动态部署下的干扰管理

➢ 小小区的大规模部署。在 UDN 中小区的大小会更小，每小区需要开销大带宽的用户数比在 LTE-A 的部署中要低。这将导致一种更为“毛刺化”的行为模式，即在激活态和非激活态之间的变化会比在更大小区中频繁，这里多用户平均了这一效果。一个额外的因素使得 5G 中的干扰管理更为挑战的是在直连 D2D 传输中更强的角色（参见第 5 章），以及用户部署的和潜在自回传的基站的数目的增多。

➢ TDD 模式下，利用动态方式分配上行或下行的传输。这样的方案在 3GPP 中已有讨论[19]，可以预见到在 5G 中更为密集的部署下采用特别的空中接口，在 7.4 节介绍，允许了每个小区中进行更为动态实时的业务自适应。这种方法使得现有频谱得到非常高效的利用，但另一方面，会引起非同步干扰的提升（即有邻小区同时的上行和下行传输所造成的干扰），副作用是对于整个系统性能的有害影响使得站间距离进一步缩小。

➢ 引入了 NN 与 MRN，将重塑 5G 的网络部署。如此的部署为 5G 引入无线资源管理的新的维度，但在另一方面，这也对静态干扰管理的机制带来巨大挑战。

这些发现暗示我们在未来的无线接入网络中会存在比现网更加严重的干扰，特别是动态的小区间干扰。这一现象唤起人们中心考虑 5G 中 RRM 功能集中度的考量，特别是在 UDN 的部署之下。第 9 章已经介绍了一些关于干扰压缩和消除方法的基本原理，这里所描述的技术重点在网络层面的启示以及这些新技术和新的 MAC 层方案如何在 5G 资源管理中应用。本节的其余部分将关注在移动基站网络的使用这其中重点是移动中继基站，具有巨大的潜力来服务于新兴的 5G 系统中车载用户的需求。

11.2.1 UDN 中的干扰管理

调动 RRM 机制的结构化方法在 3GPP 标准中历经过去几代无线蜂窝技术已经明显地变化了。早期的 3G 版本依赖于集中控制模式下的 RNC，意味着 RNC 为其下属的基站进行资源分配的决策。在引入了 HSDPA 和 HSUPA 的稍晚的 3G 版本里，无线资源管理的功能被移到了个体的基站中。这些基站不可能就其调度决策进行显示的信息交互，因此工作在一种完全分布式 / 独立的方式下。接下来的 3GPP 标准（即 LTE 和 LTE-A）引入了 X2 接口，可以辅助基站之间调度相关信息的交互（DL 相对窄带发射功率和 UL 高干扰指示[20]），因此使得分布式 RRM 可以工作。在 5G 中，如何进行 RRM 的协同依然是个问题，例如在 UDN 的部署场景下。

最早的蜂窝系统几乎都用于承载语音，对称的 FDD 模式就非常合适。然而现在的蜂窝网络主要是承载数据，因此 TDD 模式对于在超密集部署旨在获取宽带数据传输情况下高效地利用频谱资源是有必要的。为了提供短时延并最小化数据缓存包的大小，缩短子帧长度也是必须的。基于和谐的 OFDM 的概念[21]，对于厘米波的频谱范围用于 UDN 的帧结构可以被缩短至如 0.25ms。由于每个子帧包含解调参考信号（用于信道估计和协方差矩阵估计的字符），自发的提供了跨链路干扰抑制，例如 IRC 接收机的应用。

采用动态 TDD 的 UDN 网络性能

一个未经协调的采用灵活上先行帧结构，平均站间距 5m 的室内 UDN 部署，与作为基线的 LTE-A TDD（帧结构具有固定上下行时隙）进行对比。如图 11.3 所示，新的帧

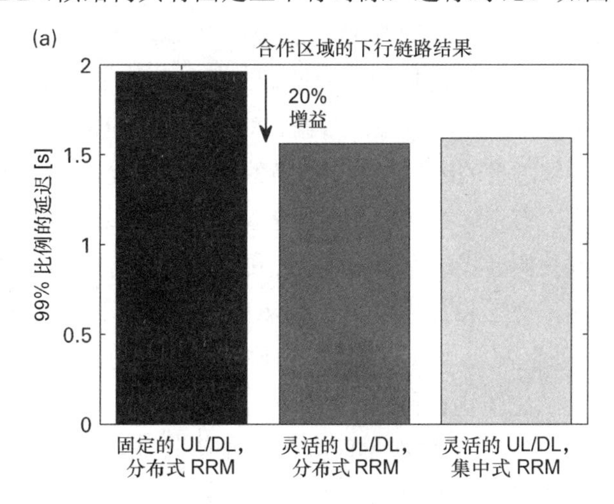

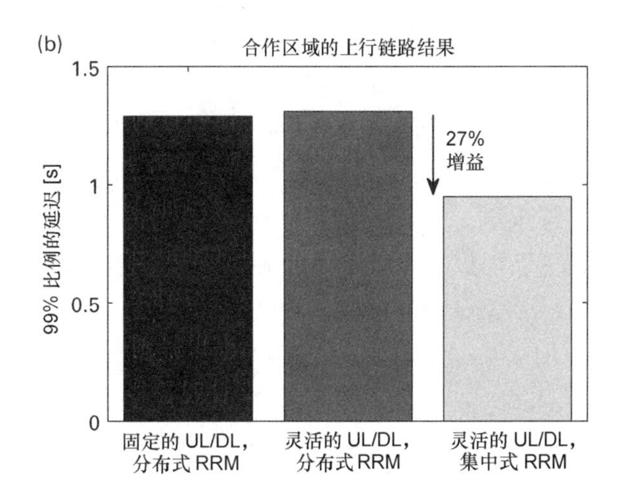

图 11.3　UDN 中对 TDD 模式优化后的灵活 UL/DL 帧结构的性能增益以及分布式与集中式 RRM 的对比[23]（复印许可 Lic. no. 3663650682565）

结构的引入带来显而易见的好处，例如在最困难场景下降低的包传输时间，即使在在固定的上下行时隙配比（与上下行业务量成正比）以及使用了 IRC 接收机的情况下（更多信息关于评估假定可参见文献 [22]）。

我们可以看到进一步的性能增益，如果从分布式 / 独立 RRM 机制向集中式转变。. 在前一种情况，基站 BS 可以基于它们自己无线测量量与来自其所服务的终端反馈对无线资源分配进行独立的决策。在完全集中式的方法中，一个集中的实体会收集信息并为多个基站 BS 形成调度决策。在现有的 LTE-A 网络，已有技术方案辅助进行决策，例如基带旅店（集中式 RAN 或者 RAN 云）其中处理能力集中放在一个共用的资源池中，对于在远处的无线射频单元是通过光纤连接的（参见第 3 章）。这样的前传连接是有必要的，因为无线的采样点需要被传输，而不是用户数据。对于集中式 RRM 方法，一个额外的关于时延的需求出现了从无线测量的时序和调度决策的交互的角度，需要基于当前的无线与干扰条件进行调整。然而，有很多技术理念使得运营商从集中式 RRM 中获得好处，而无需具备光纤的密集部署或其他形式的可靠的固定回传，因此就可能利用第三方提供的可靠性较低的回传网络。例如，文献 [22] 描述的方案应用了空中接口信令和用户面 / 控制面分离来为 5G 密集部署的小小区间提供资源调度的协同。在这样的部署下，宏基站小区可以扮演中心协调者的角色，从它覆盖范围内的小小区接收信道信息和缓存状态，采用与常规的无线接入类似的技术（但是例如在不同频率上操作）。集中式的调度器会根据来自被控小区的已知信息提供最优的调度决策。在控制面用户面分离的情况下，这些调度决策会被直接转发到用户。在另一种情况下，这些调度决策会被转发到小小区，进而可以应用于其分配的用户。在两种情况下，通过利用空中接口信令，严格的时间对齐可以保证对于延迟敏感的 RRM 信令。假定 5G UDN 中采用了一个 TDD 的帧结构 [24]，完全的集中式和独立 / 分布式资源调度进行了比较，结果显示在图 11.3 中，可以看到引入更多协同的调度机制带来的明显提升。除了完全集中式和分布式 / 独立的 RRM 方法，还有很多分布式 RRM 的手段可以积极的管理蜂窝系统的无线干扰，对于 UDN 的部署很有潜在意义。其中一种方法，在文献 [22] 中描述并已对 5G 进行了的评估，依赖于集群中的小区间的调度协同信息的交互。这里，信息交互仅限于集群中的小区，因此相关的信令开销可以显著的降低。另一种方法 [25] 利用了博弈论，其中基站 BS 使用不同的长时策略进行资源费配和交互这些长时决策（以及信道增益信息或经历的干扰）以便全面的损失降到最低（例如后悔）。

最后，在讨论资源管理时，值得一提的是内容可感知也可以用于提升终端用户体验和整体系统性能（其他关于 5G 中内容可感知的应用参见 11.3.3 节）。事实上，与预测用户的位置相关的内容信息可用于无线资源的有效分布[22]。例如对时延敏感的业务传输会被提升优先级，特别是当预测到该用户会移动到例如因为覆盖空洞、拥塞小区和地道造成的不利的发送环境[26][27]。

11.2.2 移动中继节点的干扰管理

对于在车内的用户为了平衡高的车体穿透损耗 VPL，可以将配置 MRN 作为中继节点。然而，为了处理 UDN 中复杂的干扰场景，MRN 包含移动的小区是很有好处的，即多个小区由一个移动基站 BS 控制。然而，对比传统的皮小区或微微小区的部署，考虑了移动小区的特殊性的新的干扰管理方案对于在超级密集部署里有效利用资源是特别需要的。

➢ 一个带内 MRN 并没有专属的回传链路，因此需要与连接到小区的用户分享时频资源来提供无线回传（例如一个宏蜂窝小区）。

➢ 由于移动小区的移动性，干扰的情况变化迅速，这使得干扰管理相对于静态的皮站和微微站更为复杂。

特别是在半双工 MRN 的假设下，更多的资源（针对全双工操作）需要用于回传链路用于补偿半双工损失。另外，MRN 的接入链路会与在车辆附近的宏小区用户互相干扰。因此有必要设计干扰管理和资源分配机制来保证车内用户的吞吐量的提升不会给宏小区用户带来显著的性能下降。

移动中继节点的性能

文献 [22] 和 [28] 研究了 UDN 中针对 MRN 的干扰管理。仿真假设一个真实的城区环境及对宏小区和微小区用户采用分别的频段，即全双工，但不是完全的带内 MRN，如图 11.4 所示。宏小区用户与 MRN 的回传链路经受了来自相邻宏扇区的小区间干扰。微小区的用户经受来自相邻的微扇区的小区间干扰，以及可能来自附近 MRN 接入链路的干扰。MRN 的接入链路经历着来自周边微扇区的干扰。

图 11.5 给出了系统中有 MRN 存在下微小区用户吞吐量的 CDF 分布曲线。户外用户和车内用户都有一根天线，而 MRN 回传链路上使用了多天线接收机。为了保证公平，采用了修改过的比例公平调度[30]以及空子帧 ABS[31]。可以看到，VPL 很高的时候，微小区的用户的性能并没有显著受到影响。事实上，宏小区的带宽相对较大，因此并不需要在宏小区配置很多 ASB 子帧。而且，高 VPL 会使来自 MRN 接入链路对附近微小区用户的干扰衰减。

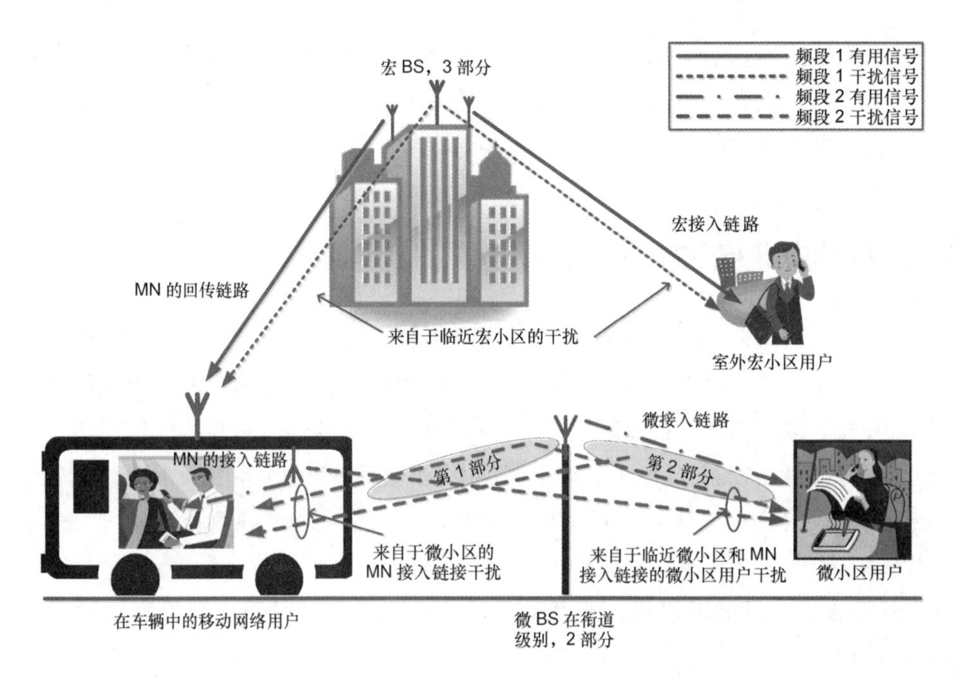

图 11.4 UDN 下，采用 MRN 的 MN 场景中有用信号与干扰信号的图例[29]，知识共享署名（CCBY）

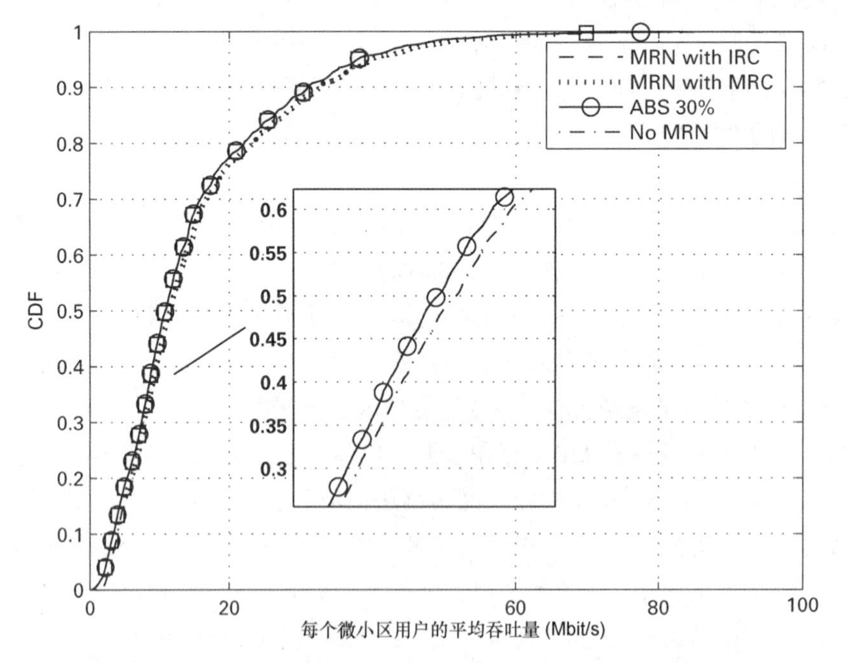

图 11.5 微小区用户吞吐量的 CDF 分布曲线，VPL 为 30dB[29]，知识共享署名（CCBY）除“NO MRN”之外的其他曲线都重叠在一起

图 11.6 给出采用不同的干扰协同或干扰消除机制下车内用户 VU 与宏小区用户 5% 和 90% 吞吐量的比较。可见，在 MN 的回传链路采用 IRC（标示为为“VU，MRN with IRC”）显著提升了车内用户的性能，对比直接连接的基站 BS 传输（标示为“VU served directly by macro BS”）。其他方案可以提升 5%VU 吞吐量，通过提升有用信号的信号强度（例如在 MRN 回传链路使用最大比例合并 MRC），或降低干扰（如通过在宏小区配置 ABS 子帧）。另外，我们从结果中可以看到，对于宏小区用户，MRN 使用 IRC 或 MRC，都不会有显著的性能变化。但是，由于 ABS 子帧的使用消耗了宏小区的资源，这一机制会对宏小区用户性能产生影响。

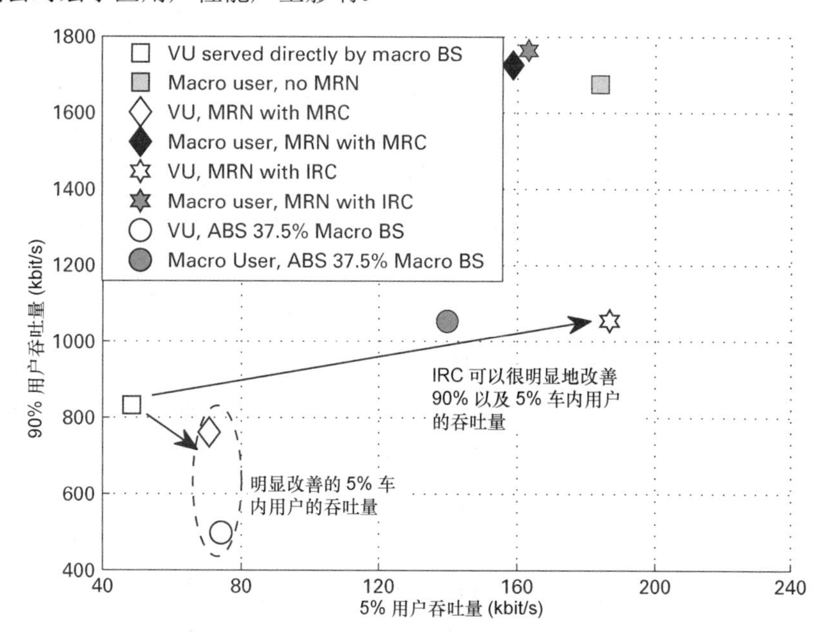

图 11.6　车内用户与宏小区用户 5% 和 90% 吞吐量对比，VPL=30dB[29]，知识共享署名（CCBY）

以上结果显示，如果采用适当的干扰抑制机制，MRN 可用于密集城区场景。然而，MRN 的回传链路是瓶颈。为了提升它的容量，即使在高速下也可以利用发射机侧的信道状态信息（CSIT），通过一个叫作“预测天线”的理念[32][33]。在预测天线概念中，在天线阵列最前行配置了专属天线，用来预测在不久的将来收 / 发天线所要经历的信道。当 CSIT 已知时，基于 MIMO 的先进发射机可以用于高速移动的车辆。当 CSIT 不可知时，基于闭环的 MIMO 算法由于在快速变化的无线信道中反馈信息的不精确就失效了。预测天线的概念也用于大规模 MIMO 技术[34][35]，其中 MRN 回传链路中可以获得实质性的能量节省。

当 CSIT 已知，异构网络 Hetnet 中 MN 的紧密集成也是可能的，即，移动小区参与与

CoMP类似的干扰协同及联合发送/联合接收算法，同时支持BS之间移动小区的软切换。

最后，MRN的回传可以允许带内的全双工传输，由于车辆的大小可以保证收发天线之间足够的空间隔离[36]，自干扰信号被充分衰减。

11.2.3 干扰消除

前文所述积极的干扰管理方案依赖于为积极的用户和基站提供调度信息。这是通过为适当的用户或基站分配特定的资源来实现的，可以基于信道条件、发射功率和接收机与发射机间的干扰耦合。这种分配的目标是，最小化接收机所受到干扰的幅度，为了达到性能指标比如吞吐量最大化、公平、最小化时延等。

干扰消除（IC）的方法事实上受益于一个故意引入的可以在接收机侧被去除的强干扰。特别是，如果接收机侧的个体干扰源的幅度高于有用信号，这些干扰源可以在进行解码有效传输之前被可靠地去掉。根据实现，有一些可行的IC算法。在PIC中，来自各种源头的干扰信号被联合去除，而在SIC中，干扰信号被迭代式的消除（其中最强的干扰被最早移除）。IC的算法根据接收机解调干扰信号的能力分类。如果接收机只能进行字符级别的检测，就被叫作软干扰消除。如果接收机在解调杂散和重构干扰信号，就被称为硬干扰消除，需要例如调制与编码或用于消除算法的资源块等信息。网络辅助的干扰消除和抑制（NAICS）是一个很有前景的IC方案，在LTE就已引入，在5G中将会有重大的扩展和更深入的应用（参见第7章）。

很多原因解释了为何5G中IC算法会很有意义。在UDN部署中，干扰星座位置非常动态，特别是当应用了灵活UL/DL TDD空中接口配置。另外，基站间的近距离部署也导致了基站发出的信号会干扰附近其他站点的上行接收。而且，基于此的直接D2D传输复用了用于常规蜂窝传输的资源，可以得益于在可靠IC的辅助下故意引入强干扰信号。除此以外，UDN部署很可能会是时间上同步的，这样会进一步降低IC算法的复杂度。在广域部署场景，时间同步也是很多技术的前提条件，如CoMP。

11.3 5G中的移动性管理

在5G部署的早期，现网技术会承载主要的蜂窝系统业务。因此，5G其中一个必要的技术应该是把特定业务或服务映射到最适合的层或 RAT（无线接入技术）的能力。可以如此理解这个功能：非时延敏感的业务来自静态的用户可以使用 Wifi 方案，移动用户视频业务的宽带连接可以通过 LTE-A 及其演进方案实现，而当业务需要特别短时延或超高可靠性时将使用 5G 空口接入。

除了改善现网的移动性问题[37]-[40]，5G 部署将带来很多新的方面需要全新的移动性相关方案。

➢ 网络密集化会给现网的切换带来挑战。一个特别有趣的研究问题是网络驱动的切换是否更有效，还是基于 UE 的方法在 UDN 场景中工作得更好[1]。网络密集化的过程也揭示了需要新的方法做信令更高效更节能的小小区检测。

➢ 基于大段连续频谱（参见第 12 章）的可行性，工作在毫米波区间对于 5G 而言非常有吸引力，然而从传播的角度，毫米波的衰减效应相对于在低频所经历的要更为严重。因此，切换也许发生得更频繁，而小区的边界也变得更陡。从移动性角度额外的困难是源自毫米波和其他技术的结合，比如大规模 MIMO，由于 UE 搜索窄波束信号是非常烦琐的，这对于小区检测流程是非常具有挑战的。

➢ 直接 D2D 传输带来大量好处，可以利用邻近，多跳和复用的增益。依然从移动性角度，带有发送数据的移动的 D2D 用户需要新的准则来做切换决策，以避免过多的信令交互，例如小区间 D2D 的操作（参见第 5 章）。

➢ 随着 MN 的兴起，对于用户和移动中的无线基站来说，移动性支持变得非常重要。这样移动的无线基站将使得具有更少信令开销、有效的组移动性可行，也可以使即使在很高速移动下也能保持更稳定的通信链路。

11.3.1 UE 控制与网络控制的切换

根据切换在何处触发以及目标小区终结于何处，有以下三种不同的切换机制可以考虑。

➢ UE 控制的切换：UE 监测来自附近小区的信号质量和 / 或信号强度，并基于预先设定的门限触发切换流程。在这种情况下，UE 选择目标小区。这种方法用于，例如 DECT 或 Wi-Fi（有限的移动性支持）。

---

[1] 在 11.3.1 和 11.3.2.1 小节中，UE 一词用于指示硬件与人的差异（例如，手持设备、MTC 设备）。在第 11 章的其他部分，“user”用来代表二者。

➢ 网络控制的切换：相对于之前的方法，网络侧（如BS）监测收到的信号并决定是否UE应该由另一个小区通过切换来辅助。网络也同时决定目标小区。

➢ UE辅助网络控制的切换：该方法被现在的3GPP系统（如WCDMA或LTE）所采纳。背后的原理是UE监测收到来自附近小区的信号强度，并上报给网络，由网络决定切换及其目标小区。

各种方法有它们的好处和缺点，如表11.1所示。除了信令开销和成功率，对于切换过程来说最重要的性能指标是中断时间。在网络控制的方法下，它是由UE接收到HO command指令到UE成功向目标小区（上行）发送完或从目标小区（下行）接受数据包之间的时间所决定。在UE自主的方案下，它是由UE成功发送“BYE”消息到UE成功向目标小区（上行）或从目标小区（下行）接收数据包之间的时间决定的。切换中断时间的近似值如表11.2中所示。为了计算这些数值，在网络控制的切换下的UE同步需要假定1ms（同时假设UE知道目标基站标识）。对于UE-控制的切换，UE同步和基站标识识别时间假定为5ms。对于激活态UE（具有在传数据），基于网络的切换将导致较小的中断时间。也同时保证一个更高的成功率，这是因为基于网络的目标小区选择是可以预先预留资源的。UE辅助对于正确估计UE侧的干扰情况也是必要的。然而对于非激活态UE（没有待传的数据），则应该定义更为简洁的基于UE的流程（相当于空闲态的模式重选）。此外，这种方法对于高速移动的UE更有好处应为切换响应时间（即从检测到信道条件下降至可以出发HO决策到UE收到/发出“BYE”消息之间的时间）会少于基于网络的切换。在后一种情况下，时延中主要因素是网络切换决策时间和源小区与目标小区（在多小区场景）接口间的时延。一种降低基于UE的切换中断时间的潜在方法是，例如，基于在发送一条一站式RACH，与preamble和数据一起发送RACH消息。

表11.1　不同切换类型的优点和缺点

切换类型	优　点	缺　点
UE控制	直接测量信道状态和干扰情况 切换决策依据UE状态 切换只在必要的小的信令开销时发生	没有网络控制 如果目标小区没准备好会导致切换失败
网络控制	UE行为易于控制 信令开销小 无需经历初始接入流程	对UE侧的干扰状态不可知
UE辅助网络控制	直接测量信道状态和干扰情况 UE行为易于控制 无需经历初始接入流程	需要UE侧的测量上报

表 11.2 切换中断时间，假定 0.25ms 的传输时间

性 能	网络控制 站间 /ms	网络控制 站内 /ms	UE 控制 站间 /ms	UE 控制 站内 /ms
中断时间，上行	1.25	0.5	6.5	6.5
中断时间，下行	4.5	1.5	6.0	6.0

11.3.2 异构 5G 网络中的移动性管理

前面提到的未来 5G 系统众多接入可能的异构性揭示了高效移动性支持与资源管理的巨大挑战。在这里，移动性管理是从三个方面来解决的：在多 RAT（无线接入技术）和多层环境中的用户的移动性支持，连接在 D2D 通信中的用户的移动性支持，以及无线移动式基站如 MRN 的移动性支持。

随着无线网络中异构性的增加，选择适合的 RAT 以及层映射对于终端用户（参见第 2 章）是有着重要意义。毫米波范围的阴影衰落相对于低频段要严重得多，导致了小区边缘相对于今天的无线网络下降更陡。特别是，由于 6GHz 以上更高频段的传播特性意味着信号的恶化，毫米波通信更趋向于在用户和基站之间有直射径 LOS 时可用。用户自主的毫米波小区搜索需要在多个载波上频繁的测量，这意味着增加的功率消耗和搜索小区的时延。

由于基站会同时工作在毫米波和 6GHz 以下频谱，在较低频段上的测量可以用于发现基站和用户之间是否有直射径 LOS 的存在。检测基于所接收到的信号的特性，例如信道脉冲响应，时延扩展的均方根，或者接收信号强度指示。例如，当检测到 6GHz 以下有强直射径 LOS 存在时，就有极大的可能性也存在毫米波的覆盖，特别是当 6GHz 以下和毫米波天线位置相同时。如果毫米波通信不可行，毫米波的接收机可以关闭。此外，不必要的毫米波范围测量也可以避免。相应地，用户和网络侧也可以获得节能。

11.3.2.1 在多 RAT 和多层环境中的“指纹”覆盖

网络辅助的小小区发现可以显著地提升在 5G 多 RAT 和多层环境中小区搜索的效率。辅助信息可包含覆盖载波的无线“指纹”，例如相邻宏小区的导频功率，其中无线指纹可对应于一个小小区位置（属于不同的频段，即层或其他 RAT）或切换的区域。当接入一个宏小区频段时，UE 进行邻区测量并比较从网络所获带“指纹”的测量值。当有“指纹”吻合，UE 上报网络匹配的“指纹”。结果，网络就可以配置特定频率目标测量值来寻找附近的小小区。

在文献 [22] 中所概括的示意性设置中，网络提供给 UE 一组宏基站小区的“指纹”（包括宏基站小区 ID，和三个最强宏小区的导频功率）。其中的每一个宏基站都对应一个小小区

的位置，这里假设这些小小区都与宏基站小区工作在不同的频率层上。此外，假设 UE 周期性地进行异频测量，就像在现网中；因此，用于异频小区搜索的能耗正比于 UE 所搜索异频小小区的面积。随着每个小小区内“指纹”数量的增加，可以获得更精确的小小区覆盖映射，使得网络提升了发现工作在其他频率上基站的效率。然而，更大量的“指纹”数量也意味着增加的信令开销。但是从文献 [22] 结果来看，每小小区 1 ～ 3 个“指纹”，就已经可以提供 65% 的能耗节省和 95% 的小小区覆盖精度，对比 UE 在整个环境内搜索异频小小区。

11.3.2.2 可感知 D2D 的切换

D2D 通信被视为 5G 系统的有机组成，可以提供相对于现有方案的补充传输方法。然而，尽管 D2D 通信具有很好的潜质（参见第 5 章），这些优点也会使得移动性变得很挑战。因此，可感知 D2D 的移动性管理非常重要。例如，在小区边缘，D2D 用户对经常会被不断地切换到某个临区。因此，在有多个基站涉及 D2D 通信控制的，和在所涉及基站间存在非理想回传链路（意味着额外的时延）时，对时延敏感的 D2D 业务无法维系。

在可感知 D2D 的移动性管理中，一个办法是让 D2D 配对用户进行同步的 D2D 切换，当链路质量允许，即满足 D2D 用户都不会经历掉话时。图 11.7 中描述了同步 D2D 切换机制以及对应的增益，即 D2D 用户对增加了的连续连接时间。在这个算法中，为了获得 D2D 用户对的同步切换，用户 2 的切换被推迟到用户 1 可以被切换到 BS2 时。这个方法可以扩展到相同基站下一组 D2D 的用户。因此，当有一个新用户加入 D2D 用户组时，他将被已经控制了整个 D2D 组的基站控制。文献 [41] 中简介的方针结果说明，可感知 D2D 切换，相对于对每个用户独立的切换（切换针对每个用户个体分别基于 A3 事件执行 [42]，其中，A3 事件定义了当从邻小区接收信号功率比本小区信号强度高出一定偏置量的场景 [42]），明显提升了在相同受控小区下的连接时间。所得到的增益是 235% 和 62% 分别在 20m 和 100m 的最大 D2D 用户距离时。值得一提的是同步的 D2D 切换表现出色而无需向切换的可靠性而妥协。

11.3.2.3 移动中继站点的切换

5G 系统的一个特性就是无线基站可以移动，如第 11.1.2 节中所介绍的。对比车载用户 VU 直接被静止的基站所服务，如 MRN 之类的移动基站，可以通过处理群移动及避免车辆外罩和窗户的穿透损耗来显著提升 VU 的性能。文献 [43] 中建议一个通用的架构来优化系统性能，最小化车载用户 VU 端到端的断路概率（OP）。其中，VU 的通过半双工 MRN 所服务的性能，与基线，即直连单跳的基站到 VU 的传输，进行比较。对位置与切换参数进行优化来降低 VU 侧平均的端到端 OP。如文献 [43] 所显示的，在 10dB 左右的低 VPL，MRN 辅助的传输性能与直跳 BS 到 VU 的传输性能几乎一样好。但是，如图 11.8 所示，在高 VPL（例如 30dB）下，可以看到 MRN 辅助传输支持 VU 明显的优势。特别是当 VU 被切换到距离 100m 左右的 MRN 时，VU 的 OP 会显著降低由于规避了高 VPL。

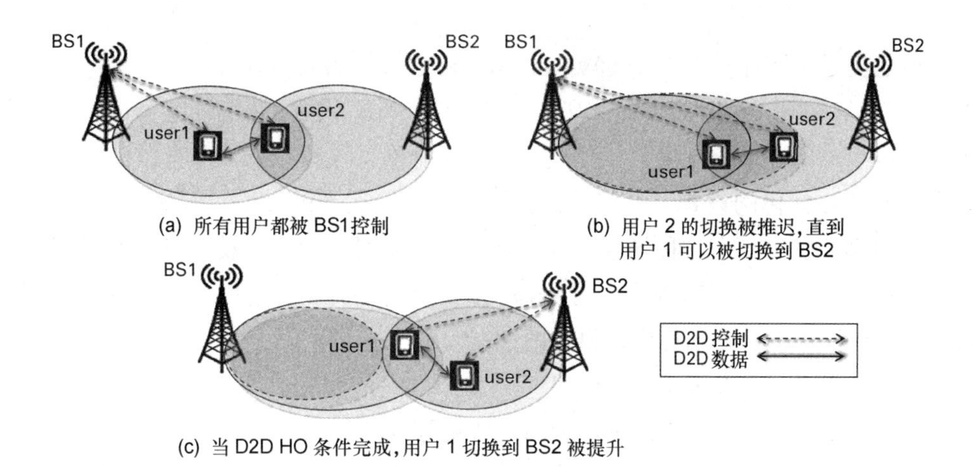

图 11.7　可感知 D2D 的切换机制

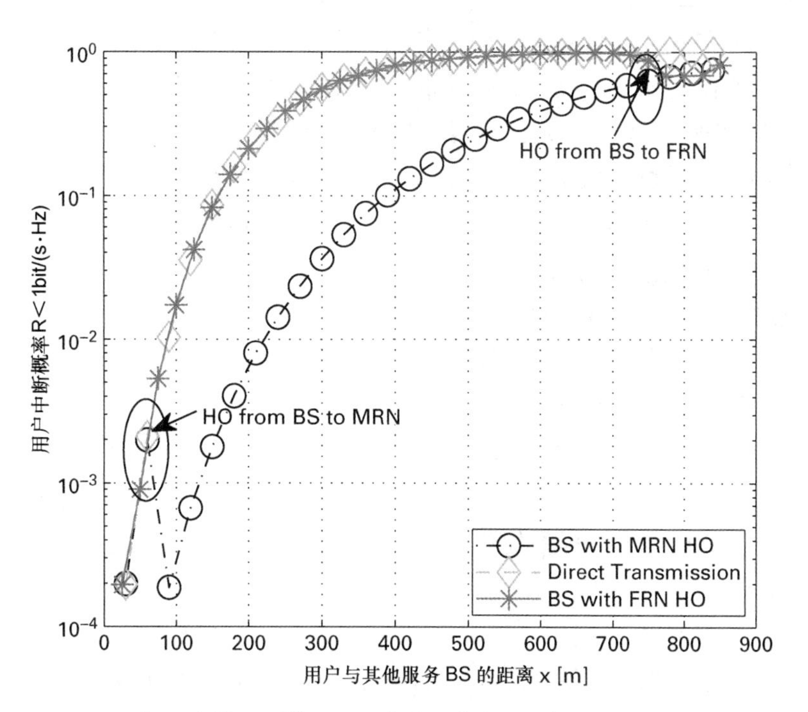

图 11.8　VPL=30dB 时 VU 侧的 OP[43]，FRN 意为固定中继站点（延 VU 的路线部署在距离基站 805m 处），经许可重印（Lic. no. 3666480737405）

11.3.3 移动性管理中的内容可感知

网络优化是个闭环过程[44]。事实上，移动网络被认为具备动态结构，其间新站点不断地部署，扩容也不断发生，参数需要适应当地条件。过去，MNO 花费了大量精力在手工调节每个站的 HO 控制参数。但是，为了减少网优过程中的人员介入的程度，需要自动发现并加强优化的设置。这些优化会屈从于一些适当的妥协，例如断链，HO 失败以及乒乓切换的发生。在这种场景下，报文内容变得对于改善移动性管理非常重要。事实上，如第二章的解释，对内容的可感知不仅是动态 RAN 和本地内容及数据流的重要组成部分，还可以提升移动性管理机制的性能。

移动性管理中对于位置信息的利用

最近，文献 [45]-[47] 中提出了基于用户特定行为和移动模式来调整 HO 参数的方法。文献 [2] 和 [47] 中介绍的方法特别利用了额外的车辆内容信息，例如位置和移动轨道，来自适应地优化街道特定的 HO 参数。

为了保证可靠的合作的驾驶辅助业务来提升未来道路的安全性和交通的高效性，车载用户需要鲁棒的移动性支持。传统的 LTE HO 优化只为选择 CIO（小区个体偏置量）或 HOM（切换余量），和通过调整 HO TTT（切换触发事件）利用速度信息，驾驶方向和无线传播特性并没有考虑在内。相对于例如移动不太可预测的行人，车载用户会沿着一段预定的路径（即街道）并在一定的速度范围内。另外，位置和车辆轨道通常是已知的根据车载的 GPS 和导航系统。因此，切换决策可以通过其他的内容信息来改进。

根据 HO 的决策单元的位置，可以预见到两种不同的实现。第一种可能是利用中央单元来管理每条街道的 HO 参数。车辆周期性给与中央单元相连的基站发送位置信息（例如街道 ID）。再基于优化算法，对应的 HO 参数（HOM，TTT）被发送到车辆。另一种实现是每辆车都维护 HO 参数的数据库。基于位置信息，车里选择适当的优化参数。然而，当目标是不一样的优化对象或者发现不一样的交通特性时，数据库需要由中央单元更新。

在异构的无线接入环境中，保证在不同的 RAT 之间获得鲁棒的和优化的移动性支持是非常具有挑战性的。通常，并不能提前知晓用户运动或业务需求，这些信息只能估计。因此，连续的监测 RAN 相关的，特别是移动性相关的 KPI 是无法避免的。另外，测量数据和长时 KPI 统计可以形成内容历史，并用于预测重要 KPI 的趋势。

在许多现代的移动系统中，SON（自组织网络）方案用于利用测量数据并以一种自动的方式提升移动性管理。然而，HO 控制参数的配置，为了找到最小连接跳数，HO 失败以及乒乓 HO 的平衡点，成为一个至今 MNO 还在花费大量精力在手工调节这些服务地区内的控制参数的例子。HO 问题的检测，或者网络中新基站的集成，经常出发重配。

为了创造对于所考虑服务区域的无线接入情况的可感知性，开发了很多基于自我学习的 SON 的方案。例如，小区间的 HO 参数调试在一种小区对，一种特殊的反射方向，并影响本地用户移动性以及本地观测情况，因此开启了内容的可感知。

另外，所开发的算法依赖于有限集合的输入参数，并不需要用户提供的测量值来优化网络性能。

特别是，基于 FL（模糊逻辑）的机制被发现是适合于 inter-RAT HO 的参数自动适应[48][49]。另外，基于 FQL 的算法已经成功应用在解决动态及优化调节软切换参数[50][51]，3G 网络中的实时和非实时的最优的资源共享，HetNet[53] 中的自适应和自优化，以及负载均衡下的 HO 参数自调节[54] 中。

此外，最近在文献 [22] 和 [55] 中介绍的方法能够依据本地观测到的情况自行优化 HO 参数配置来优化多项 KPI，例如掉线，HO 失败还有乒乓切换率。而且，从长期来看，SON 中应用了内容可感知特性，OPEX 会显著降低，用户体验质量也由于更为顽健的移动性支持得到改善。

图 11.9 描述了不同 HO 参数优化方案的关于 OPI（整体性能指标）的性能，OPI 与掉线，HO 失败，乒乓切换和用户满意度相关。对比与 3GPP 现有系统或基于固定自适应策略的优化方法，例如 SBHOA（基于和的切换优化算法）和 TBHOA（基于趋势的切换优化算法），通过不同变形的基于 FQL 的自调节方案（使用不同的自适应参数如源小区和目标小区各自的小区偏置 CIO_s 和 CIO_t，或切换判决 HYS）可到显著地性能提升：32%，19%，36% 和 29%。这里方案 7 FQL（CIO_s & CIO_t）特别适合面向方案的用户移动性的情况，因为它适应于在一个小区对模式下的 HO 参数。更多细节参见文献 [22] 和 [55]。

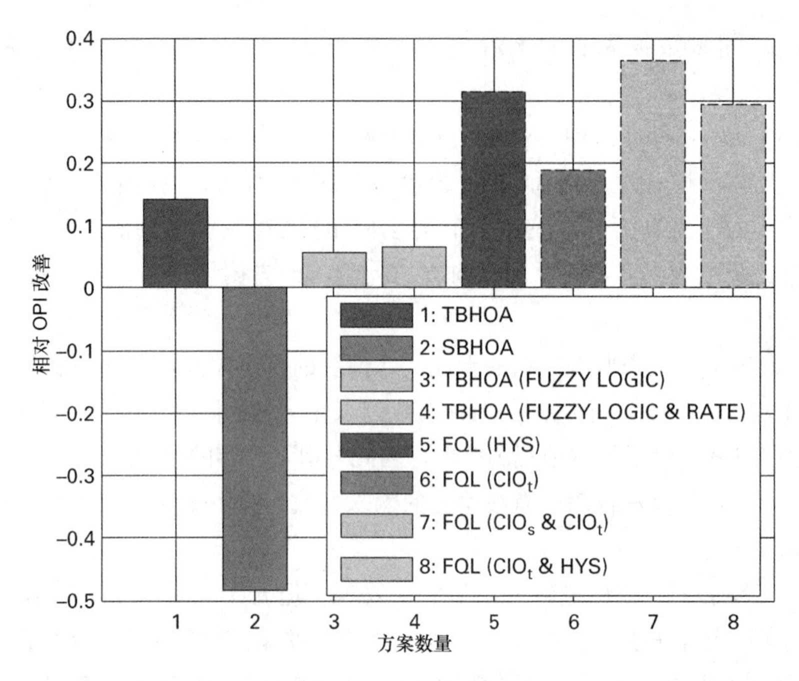

图 11.9　各优化方案所对应的相对 OPI 改善（固定自适应的策略 #1 ～ #4 优于基于 FQL 的方案 #5 至方案 #7[55]）

11.4　5G 中的动态网络重配

如今，蜂窝网络已经消耗了全球相当多的电能[56]，如果没有无线网络的改进，这个趋势还将持续。一个自然而直接的方案是对基站进行动态激活或去激活。除了运营商的私有解决方案，3GPP 也尝试解决问题[57]，但是由于后向兼容的问题，基站的动态激活和去激活很难在已经成熟的现网中引入。因此，在 5G 网络中的第 1 版规范中就自然支持这项功能显得尤为重要。

5G 系统的一个目标是以一种敏捷的方式来处理随时间和空间不断增加的业务需求的变化的分布[58]。网络需要在一段时间内在目标区域内快速地响应并动态地适应不同的业务需求。一个满足所需覆盖和 / 或容量的办法是部署固定的小小区，例如与宏小区重叠覆盖的皮站，微微站和中继站点。在今天的移动网络中，运营商会在有供电设施的特定位置部署小小区，而且地点是可确定的，例如通过网络规划。然而，这种密集的固定的小小区部署将不会在任何时间任何地点展开全面运营，因为业务随时间和空间呈现变化的分布，而且从网络节能的角度也不希望。在这种情况下，游牧站点 NN 可以加入来补充现网部署，来重点应对业务需求的快速变化。

11.4.1　控制面 / 用户面的解耦带来的节能

一个控制面用户面分离的架构的例子是基于 PCC（幻影小区概念）的 HetNet 部署 [59]，如图 11.10 所示。请注意，采用幻影小区处理毫米波通信中的移动性在第 6 章中涉及。根据 PCC 架构部署的系统包含两层重叠的网络。

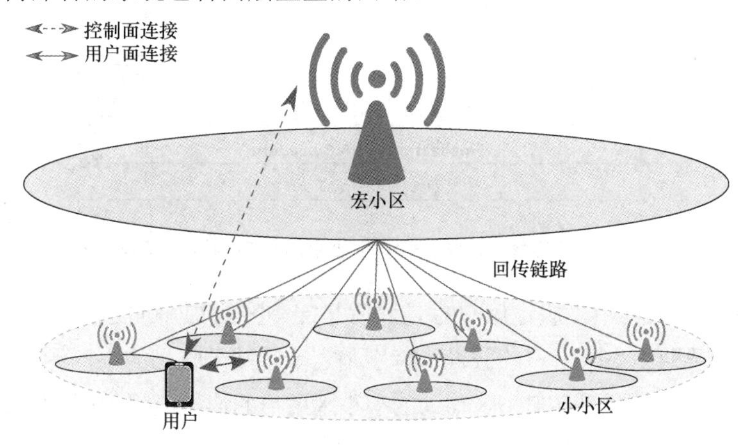

图 11.10　PCC（幻影小区）网络架构示意图

➢ 宏基站网络，其中宏小区工作在既有标准上（如 3GPP LTE），以保证对现有用户的后向兼容性，即那些只支持现有标准的用户。

➢ 小小区网络，每个小小区通过回传链路连接一个宏小区。

PCC 系统促使分离控制面（C 平面）和用户数据面（U 平面）的服务点，例如宏小区负责 C 平面的连接性而小小区处理 U 平面的连接性。

在传统的 HetNet 小小区部署中，用户与小小区之间连接的建立是由用户和小小区独立管理的。用户通常在小小区发出的导频信号的帮助下执行小小区信道估计，并通过降低信道质量指标（如 SINR）来通知测量的候选小小区。接下来用户尝试随机接入过程来努力连接最好的候选小小区。基于接纳控制参数，小小区可以接受或拒绝连接请求 [60]。如果连接请求被拒，用户就会尝试其他的候选小小区，直到连接建立成功或放弃连接请求。图 11.11 给出了示意，基于接纳控制的尝试和错误连接的框图，其中用户连接到了第三个最好小小区，在其向第一个和第二个最好候选小小区连接请求被拒以后。

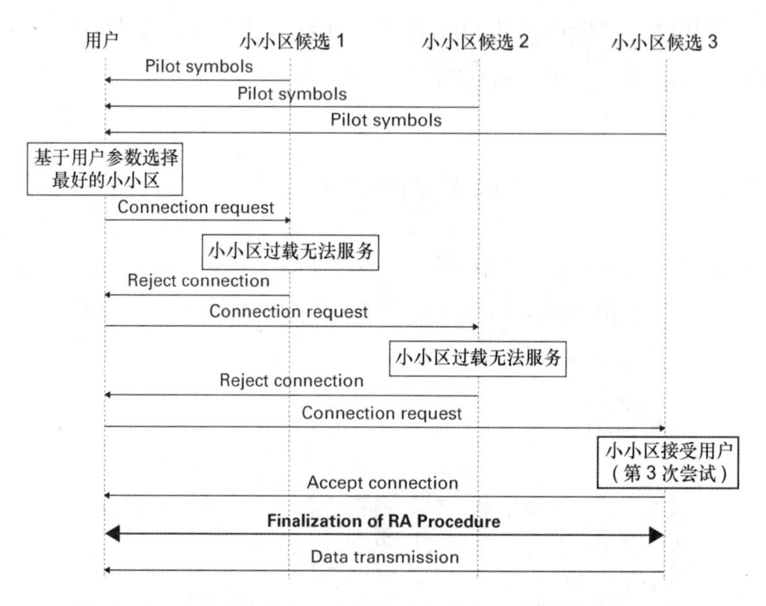

图 11.11　在传统 HetNet 部署中小小区用户的连接流程示例

在类似 PCC 的架构中，假定用户总是保留与宏小区的 C 平面连接，其中执行连接流程基于宏小区会帮助小小区用户的假设。特别是宏小区基于收到的不同源头的信息决定用户连接哪个小小区。典型的有宏小区辅助的小小区用户的连接流程如图 11.12 所示。

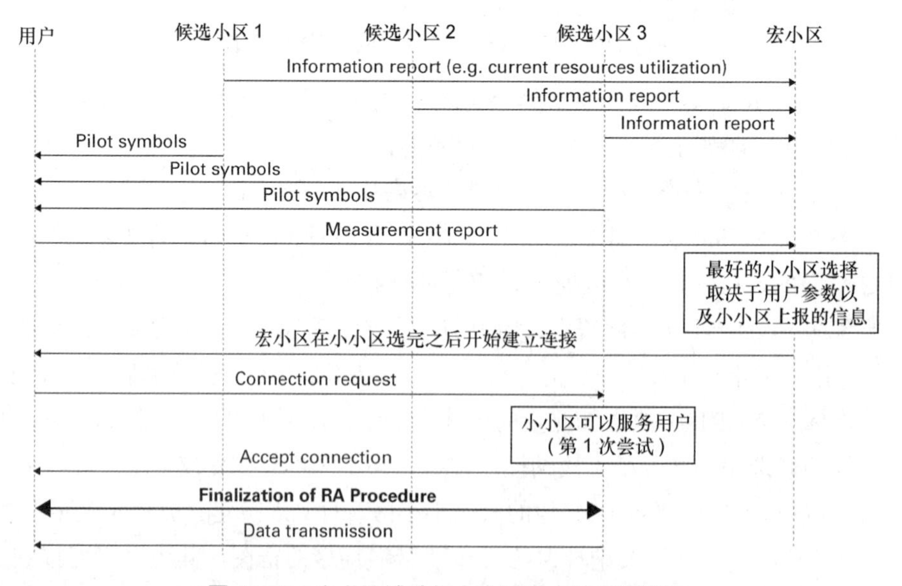

图 11.12　宏小区辅助的小小区用户的连接流程

与传统的基于接纳控制的小小区连接流程不同，宏站辅助机制中宏站所决定的最好的小小区被保证能服务于所连接的用户。因此，由于只能有一个 RA 过程，小小区用户的连接时间和所需要的信令量显著减少。

另外，宏站辅助的小小区用户连接过程可以实现 PCC 系统的节能，用以减少密集部署的 HetNet 中的能量消耗。这种缓解可以通过让小小区进入睡眠模式来实现，其中它们相对于全开的小小区减少了能耗（虽然也不可小视）。这些处于睡眠模式的小小区能够被快速打开。因此在需要时它们是可操作的，例如业务突然增长。

在传统的 HetNet 部署中，用户自动连接小小区，小小区休眠可以潜在的影响网络的性能，应为睡眠模式的小小区通常不再发送任何导频信号或发现信号，因此无法自动检测用户 [61][62]。因此自动连接小小区网络的用户也许速率并非最优。

发现问题却可以在控制面 / 数据面分离如采用 PCC 的系统中得以解决，其中用户总能被接入中心元素（宏小区）。在这样的系统中，小小区中用户的连接过程可以完全被宏小区处理，宏小区总能了解通过回传链路连接其上的小小区的状态。因此，宏小区可以唤醒一个特定的小小区，例如通过回传链路发送一个唤醒信令，保证用户可被服务。

在遵循 PCC 架构的网络中的节能是通过将小小区设为睡眠模式（不再服务任何用户，其中它们的能耗大大减少）来实现的。事实上，在睡眠模式下，小小区不需要发送探测信号来做小小区发现和初始信道估计。因此小小区网络中的干扰级别会降低，引发其他小小区用户的 SINR 的潜在提升，所以也造成平均吞吐量的提升。

仿真结果显示，对比实现了节能功能的性能和没有实现任何节能功能的 PCC 系统可以看到最多 25% 的用户速率提升。文献 [22] 提出了几个为 PCC 系统设计的，基于宏小区辅助的小小区用户连接范例的节能机制。其中一些算法可以基于下行（例如小小区零星地发送导频信号）或上行（例如，小小区接收唤醒信号被用户唤醒）信令 [60]。其他方法依赖于存储了小小区中所有潜在用户的链路质量估计的数据库。这些估计值即使在小小区睡眠模式也可以获得 [61][62]。

图 11.13 给出了在一个小小区网络中应用了 PCC 系统的典型节能功能后所获得的节能总量。0% 的节能场景对应于一个基线系统其中所有小小区都处于全开状态。在图 11.13 中可见，在有少量用户存在的网络中可以获得最多 45% 的节能。可获得节能的总量取决于于网络负载，并随所连接用户的增加而减少。

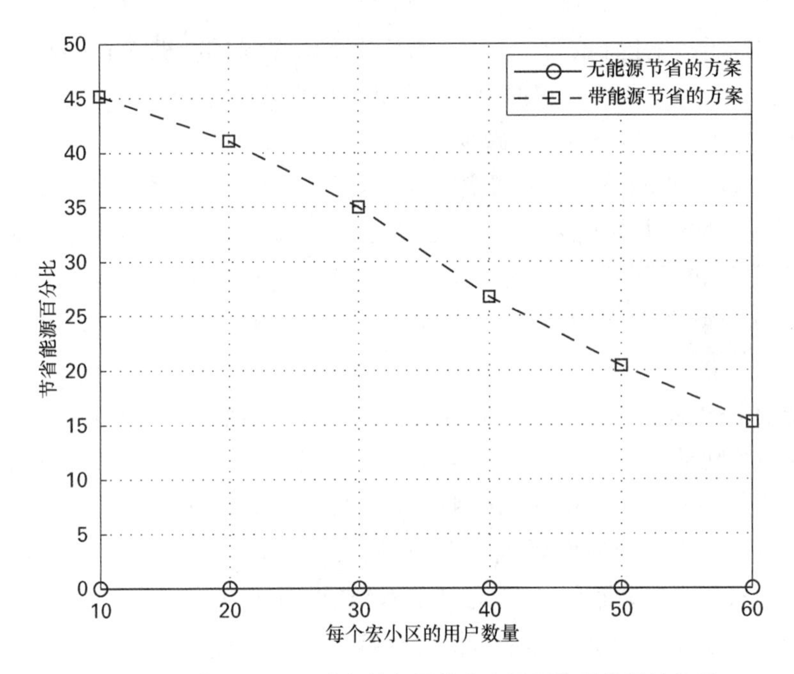

图 11.13　典型 PCC 网络架构部署的小小区网络所获得的节能

11.4.2　基于可移动网络的灵活部署

本节将介绍可移动网络（MN）的概念，重点关注 MRN 和干扰管理的方面。这一节会进一步扩展游牧站点 NN 的概念如图 11.14(a) 中所示，并关注网络容量的提升或小区覆盖的扩大 [63][64] 见图 11.14(b)，以及网络能耗的降低 [64]。

一个游牧网络包含未经计划的小小区，并不一定属于网络运营商，可以提供在用户与基站之间中继的可能性。然而运营商所部属的中继节点的位置是通过网络规划所优化过的，游牧网络中的 NN 的位置不在运营商的控制范围，因此会被运营商认为是随机的。另外，NN 的可达性与位置由于电池状态和车辆运动会随时间而变化（所以用“游牧”这个词）。NN 工作在自组织的模式下，通常基于容量，覆盖，负载均衡或能效的需求被激活或去激活。因此一方面，NN 提供了有效的蜂窝架构的延伸，允许动态网络部署和动态重配。另一方面，由于其动态的拓扑，游牧网络也面临着技术挑战。如此大数量的动态网络节点的管理需要有效的 RRM 方案来对抗干扰，实现性能的提升，放松的安全意味着要特别地考虑私人拥有的游牧网络，以及出于有限的电池寿命的考虑来高效低耗地运营这些 NN。

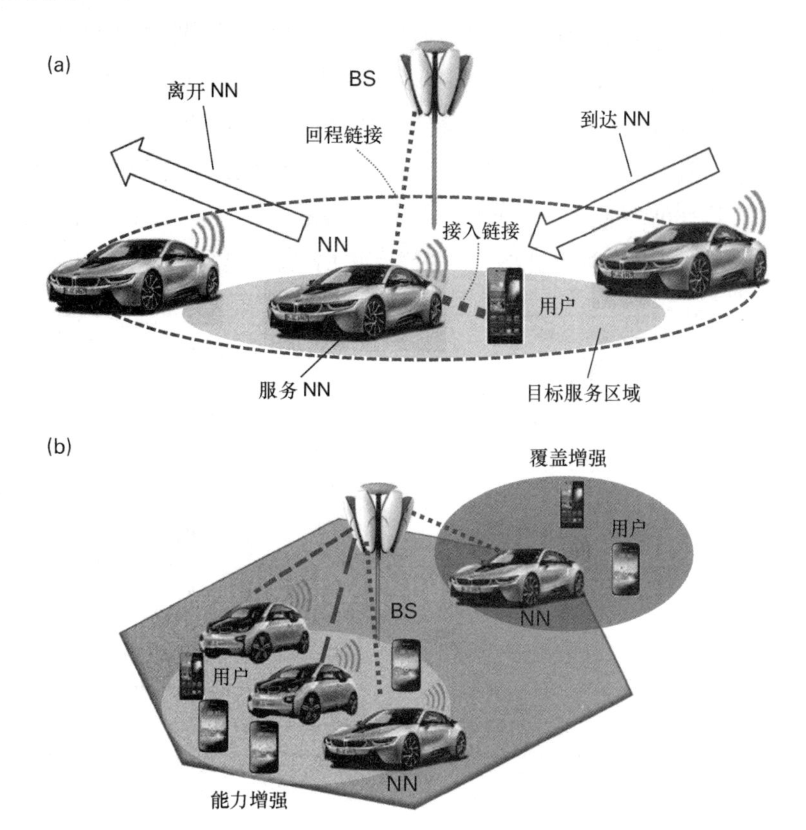

图 11.14　（a）基于 NN 操作的动态网络部署和（b）NN 的两大关键优点

为了获得前面提到的 NN 的优势，需要部署灵活的回传，其中 NN 与为之服务的基站间的回传链路的容量对于端到端的用户性能有着非常重要的作用，特别是在经历了严重的衰落特性后。一个可行的灵活回传的低成本实现就是带内中继。由于在目标服务区域内可以获得多个 NN，灵活的回传链路实现可以通过动态 NN 选择来克服回传链路的局限，因此进而提升系统性能[65]。动态 NN 选择会基于回传链路质量，或更精确地说是回传链路的 SINR，识别最优的服务 NN，由于仰角低及严重的衰落特性，回传很容易成为端到端链路上的瓶颈。在此基础上，粗略的 NN 选择考虑了基于阴影衰落的长时信道质量测量，而最优的 NN 选择则依赖于基于阴影衰落和多径衰落的短时的信道质量测量。

图 11.15 中比较了不同的 NN 选择算法，下行中假设符合的衰落 / 阴影条件（瑞利 - 对数正态分布，阴影衰落标准差为 8dB）。直接链路意味着没有 NN 操作，即作为比较

的基准。两种情况加以区别：(1）基线场景中用户直接连到基站，及（2)NN 工作场景，其中用户通过 NN 间接连到基站。NN 的可达性是由停车位模型[65]来确定的。此外在仿真假设中停车场内最多考虑 25 个 NN。相对于随机的 NN 选择和直连机制，粗略的 NN 选择提供了显著的 SINR 增益，约 15dB 和 12dB 分别在低中 CDF 百分比下。最优的 NN 选择可以以信令开销的增大为代价进一步提升性能。SINR 增益意味着端到端相对于随机 NN 选择有多于 100% 的吞吐量增益，依赖接入链路质量，如文献 [65] 中所展示的。因此，可以看到，如果 NN 可达性增加，可得到的增益会更高。

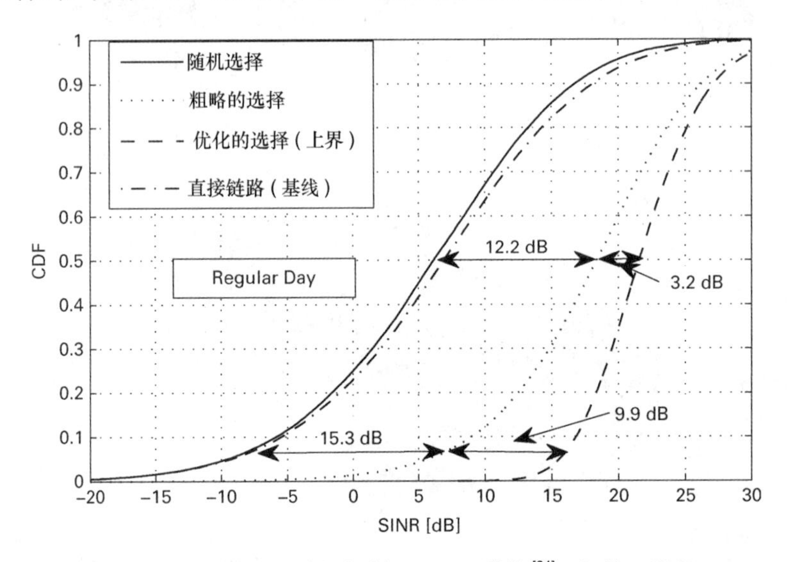

图 11.15　动态 NN 选择机制下 SINR 增益[64]，经许可重印

NN 的可达性可被进一步用于可感知能量的网络优化。在示意的场景中，一个激活的基站假定能耗为 1kW，其中 NN 在被激活发送时消耗 10W，网络包括 7 个基站，站间距为 500m，50 个随机分布的用户和 200 个 NN，其中最优的被选出为满足特定服务要求来最小化整体能耗[64]。在图 11.16 中，系统功耗随时间变化，其中可看到可达的 NN 数量与总体功耗之间的强负相关。这归因于一个事实：更多 NN 可用意味着有更高的概率来找到适合的 NN 来重连接数据业务并关闭更多基站。当许多停靠的车辆能够作为潜在 NN 来提供服务时，能够节约最多 20% 的能耗。

随着 CSIT 对于这些 NN 也可获取，可使用 11.2.2 小节中介绍的预测天线概念，这些移动的小区也服务于室外用户，扮演着 HetNet 网络中不可分割的重要角色。已经有报告说使用文献 [66]—[68] 中的算法已带来大量的能源节约，通过在基于用户的业务质量约束以及基于基站传输功率的约束的条件下，联合优化预编码，负载均衡和 HetNet 基

站工作模式（激活或睡眠）。

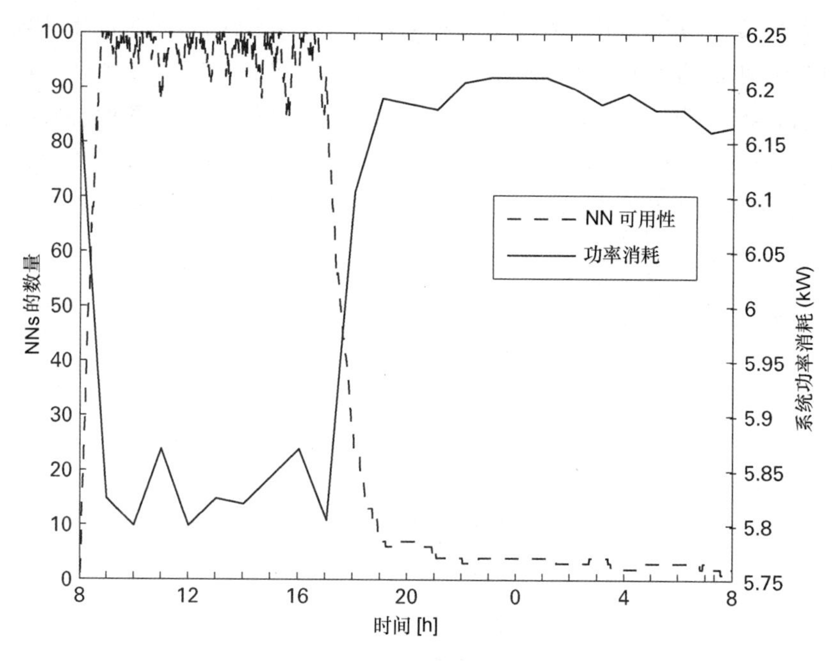

图 11.16　系统功耗随每日可达性的变化而变化[64]，经许可重印

11.5　小　　结

在这一章，讨论了 5G 中第 2 层、3 层关于干扰和移动性管理的技术概念。

5G 提出了对干扰管理全新方法的需求，由于预期工作在一个非常密集的部署下，灵活 TDD、D2D 和可移动网络会导致与现网差异非常大的干扰的星座图。我们看到新的干扰星图需要接入节点之间（相比于 LTE-A 中）更多的协同，这应该体现在 5G 架构设计和基础设施接口设计中，例如 X2 接口。作为一个新干扰管理方式的例子，介绍了移动（基站）网络的概念。

使用非常密集的部署、D2D、移动（基站）网络、毫米波通信以及新的应用需求也暗示我们重新思考关于 5G 移动性管理概念的设计。例如，我们看到，对高活跃度的用户，更倾向于网络驱动的切换，如同在当今现网中的应用，而对于连接了但不活跃的用户，例如在机器类（MTC）通信范畴，终端驱动的切换也许是一个有趣的补充方案。此外，5G 中超密集多层的部署建议利用无线“指纹”来做移动性管理。对于 D2D，可以看到使用 D2D 传输的终端用户对联合成对地切换是有好处的。通常，报文信息的利用会在 5G 中扮演重要的角色，例如，用于切换参数的优化。

本章可总结为：出于网络能效的原因，可以通过特别的方法快速激活和去激活小区，或自动地集成入游牧小区元素如游牧小区。两种方法都是动态 RAN 技术中最基本的要素，即系统的能力可以适应在用户需求和业务的混合中快速的空域时域的变化。

第 12 章

频　　谱

本章将探讨并研究5G系统中的可用频谱选择，并确定了各种5G情景下选择特定频谱的相对优势。本章分为两部分。

第一部分概述了部署5G可用的频谱情况。一些有不同监管限制的新频带适合作为候选频带。很可能有些频带需要共用频谱。因此，本章确定并描述了未来的频谱接入模式。此外，本章还研究了5G系统中频谱共享的相关技术要求。

第二部分更详细地描述了频谱接入的最重要和最有前途的技术。讨论的一个关键概念是灵活的频谱管理架构，配有一个频谱共享工具箱，由多个组件组成，这些组件将根据各种共享标准帮助和仲裁对频谱资产的接入。最后，还介绍了频谱和相关驱动技术的技术经济学分析。

12.1 介　绍

频谱是无线接入网络的关键资源。频谱的可用性驱动着移动通信产业走过四代蜂窝无线系统，提供的电信服务具有不断增加的容量。早期的系统是用来提供移动电话服务的，然后不断升级，可以处理信息服务、丰富的通信服务和媒体传输。

驱动高网络容量的因素包括：（1）频谱的可用性，同时考虑丰富度、获取和运行成本；（2）通过网络驱动的流量需求；（3）可以一天24小时全天候保持网络负载的服务多样性；（4）互联网协议（IP）的复用能力；（5）由半导体技术的进步而提高的计算能力，实现了更强的处理能力和更低的存储成本。最后四个因素代表了市场看似无限的增长潜力，而第一个因素，频谱的可用性目前正受到较大的压力。

在适当频率范围内的频谱可用性以及它的使用效率确实影响了可实现的网络容量和性能。虽然随行就市的频谱定价一直促使频谱效率在不断提高，从而推动网络容量的巨大改进，但频谱的稀缺可能导致移动电信行业的停滞。

12.1.1 4G 频谱

在撰写本文时，3GPP[1] 已经为 LTE 版本 12 定义了 47 个频带，所有这些频带都与特定的国家或地区管辖区相关，其中一些可能重叠。这些频带一共覆盖大约 1.3GHz 的可独立寻址的频谱。

单个 LTE 载波可以拥有范围从 1.4MHz 到最大 20MHz 的各种载波带宽。LTE 规范版本 10 引入了载波聚合（CA）作为增加单个 LTE 部署的系统带宽的方式。该标准允许在相同频带内或跨越不同频带 [2] 聚合多个载波，以将 LTE 信号的带宽从版本 8 的最大 20MHz 提高到版本 10 中的 100MHz，其中 100MHz 对应于 5 个 LTE 载波。多载波的聚合已经是增加传输能力的主要方法。事实上，CA 已经在 LTE 版本 10 中凑效，实现了 IMTAdvanced 的 ITU-R 资质 [3]。实际上，CA 以更适度的方式用于改善运营商的频谱接入，例如，允许不对称扩展下行链路的带宽，或者将 2×5MHz 块扩展到更宽的带宽。CA 还通过跨载波调度改进了复用功能，从而提高了容量。

3GPP 标准规定了 100 多个可能的 CA 组合，具有多达三个下行链路（DL）载波和两个上行链路（UL）载波，包括 FDD 和 TDD 频带之间的聚合。另外，3GPP 标准版本 13 允许 LTE 以动态方式在 5GHz 的非授权频谱中运行，用授权频带进行协调；这称为授权辅助接入（LAA）。版本 13 允许在未授权信道中使用下行链路操作，而版本 14 将引入用于 LAA 的双向通信。

到 2015 年中，分配给移动业务的带宽 [4] 在 600 MHz 和 700 MHz 之间变化。表 12.1 中更详细地显示出了一些地区中分配的频谱。

表 12.1 分配给移动业务的频谱

	欧 洲	美 国	日 本	澳大利亚
700/800 MHz	60	70	72	90
800/900 MHz	70	72	115	95
1500 MHz	—	—	97	—

续表

	欧　洲	美　国	日　本	澳大利亚
1800/1900 MHz	150	120	210	150
2 GHz	155	90	135	140
2.3 GHz	—	25	—	98
2.6 GHz	190	194	120	140
其他	—	23	—	—
合计	625	594	749	713

必须注意的是，表中的数字是总计，在频谱的可用性方面，各个监管管辖权可能存在不同。最好引用 Plum Consulting 的 2013 年报告 [5]：

我们从已公布的信息中发现了一些事实，表明在欧洲、北美和亚太地区的高收入国家，目前 500 ～ 600 MHz 的频谱被分配给了移动业务。然而，在东盟和南亚的大多数中低收入国家，只有 300 ～ 400 MHz 的频谱被分配给移动业务。因此，在这些国家组之间有一个大约 200 MHz 的频谱“鸿沟”。

2015 年的情况没有很大的不同，与表中提供的情况类似。

2015 年世界无线电通信大会（WRC）的结论和成果有效地增加了全球为 IMT 和 4G 分配的频谱数量（大约 400 MHz），但是这些分配存在国家间的差别，而且在国家边界上也有许多差异。因此，表 12.2 中的频率范围大小不能以地区或国家为基础上进行合理的汇总或平均。为主要移动业务发布频谱的过程将遵循正常的监管流程。

表 12.2　WRC-15 期间确认或分配给 4G 的频率范围

频率范围（MHz）	分配（MHz）	地　区
470 ～ 694/698	采用拍卖方式	美洲、亚太地区的一些国家 [1]
694 ～ 790	96	全球，现在包括地区 1[2]
1427 ～ 1518	91	51MHz 为全球，91 MHz 为地区 2[3]
3300 ～ 3400	100	全球，除欧洲 / 北美
3400 ～ 3600	200	全球，包括大多数国家
3600 ～ 3700	100	全球，除非洲，亚太部分国家
4800 ～ 4990	190	亚太少数国家，美洲一个国家

[1] 亚太地区。

[2] 地区 1 涵盖欧洲、中东和非洲：各地区频谱安排不同，可能小于 96 MHz，如成对安排为 2×30MHz。

[3] 地区 2 包括美洲、格陵兰岛和一些东太平洋群岛。

5G 系统将受益于 LTE 向扩展带宽和增强传输技术的演进。而且很显然，面对可支持移动宽带新要求和用例的频带，将有新的空中接口被引入。特别是，惊人的快速场景，以及超实时和可靠的通信场景将因为引入新的空中接口而受益匪浅。

12.1.2 5G 的频谱挑战

由 5G 移动接入支持的移动数据量将大大增加，对覆盖、可靠性和低延迟的要求也将进一步加强。因此，频谱的数量、质量和使用效率将是 5G 的关键成功要素（参见第 1 章和第 2 章）。过去几代的移动通信网络在很大程度上受益于 ITU-R 无线监管中为 IMT 指定专用的授权频谱。ITU-R 估计，到 2020 年，移动宽带工业将需要接入 1340 ～ 1960 MHz 之间的频谱 [6]，没有考虑移动网络支持用例能力的显著变化，用例将与当今的用例大为不同。由于目标是提供 1000 倍更高的通信容量和 10 ～ 100 倍的典型用户数据速率 [7]，2020 年前 5G 将需要比目前移动和无线通信系统可用或预期使用的更多的频谱和更宽的连续带宽。虽然移动宽带的当前用例将扩展到更好地支持视频和大规模机器连接，但未来的 5G 方案可以承受更大的容量需求，由 MBB 的极端用例驱动，如 VR、大规模监控、自主车辆、下一代回程、移动网络，机器远程作业的触觉反馈等（关于 5G 用例的信息，参见第 2 章）。

图 12.1 显示了频谱接入方案的可能分类。分类在四个象限中，一个轴分离水平和垂直频谱共享，另一个轴分离独占使用权和共同使用权。

独占使用指为授权接入授予适当的权限。共同使用包括非授权频谱使用。水平频谱共享对应于类似用户对于频谱接入具有相等优先级的情况，而垂直共用对应于具有不同优先级的不同服务之间的共用。

独占和授权频谱将继续是 5G 的首选。授权频谱确保了稳定的投资框架，从而可以保证覆盖和 QoS。然而，新监管方法和诸如授权共享接入（LSA）等工具有望满足对频谱的需求 [9][10]。LSA 的最佳定义是作为一级现有用户和二级移动用户之间实现二进制共享的方式，通常在地理上分离。一级固定用户通常是卫星系统、雷达或作为一级现有用户分配给频谱的固定服务。二级使用的授权通过管理域中的 LSA 存储库和运营商的运维子系统（OSS）中的 LSA 控制器功能来提供。LSA 存储库实现地理位置数据库，以支持授权机制。频谱共用的创新方法和新的监管方法，如 LSA，将在应对移动服务的额外频谱需求时发挥补充作用。

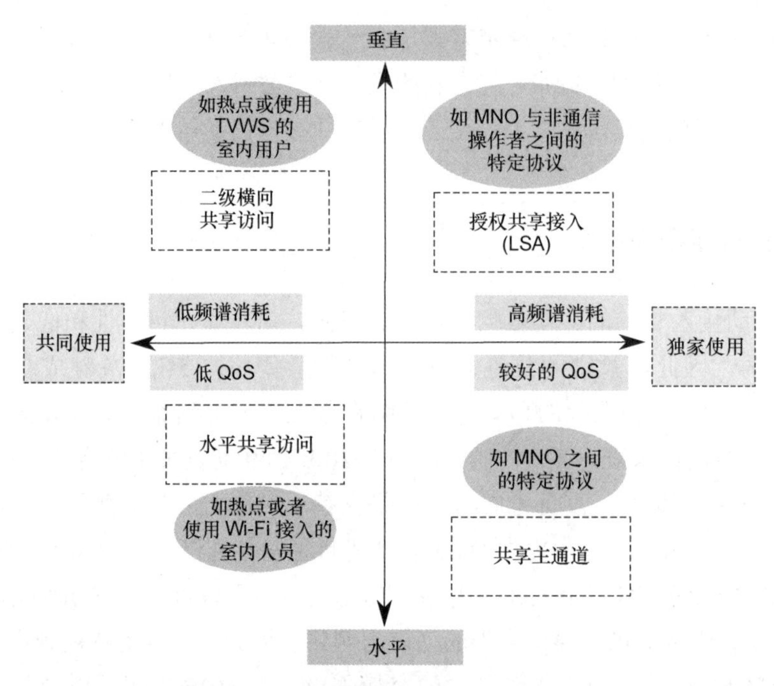

图 12.1　满足日益增长的频谱需求的各种频谱接入方法 [8]。TVWS 代表电视白空间，AP 代表接入点

未来在 4 ～ 6GHz 范围内对 5G 的频谱接入可能在许多地区中必须广泛依赖于与现有用户共享，不可能实现频谱的再利用。同样地，在 mmW 频带中的运行最初可能适于运营商之间的频谱共享 [11]。短期内在 60 GHz 无授权频带的经验应该有助于向行业告知未来的需求。

然而，对于 5G 系统而言，重要的是能够接入 cmW 频带中的授权频谱。不可避免的是，对 mmW 频带中的频谱的需求将由于有充足的供应而最终爆发，而近期的首选仍是 cmW 频带从 4GHz 到 30GHz 的扩展。图 12.2 说明了 5G 系统可寻址的频谱。sub-GHz 频谱可用于广域覆盖的一些大规模 MTC 场景。该图还显示了 3GPP 版本 12 及以前版本定义的 4G 频带至 3800MHz 的详细路线图。还显示了未来 4G 版本可以寻址频谱的地区。

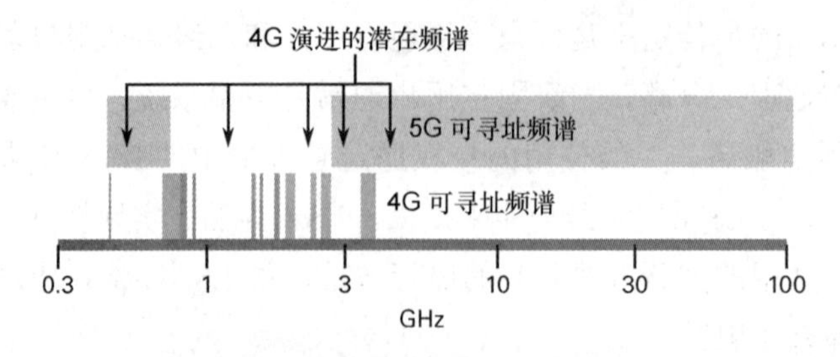

图 12.2　5G 可寻址的频谱与当前分配给陆地移动业务的频率

以共享的方式实现对频谱频带（特别是较高频率，例如微微波）的补充接入，会面临特定的挑战。LSA 方法的延展（例如有限的频谱池和相互租用）已经确定能够增加灵活性。在相互租用的情况中，频带中的频谱资源被细分为若干块，并且每个块被授权给单个运营商。然后，牌照持有人将其授权资源的部分“租赁”给其他运营商。频谱池允许运营商获得授权，通常是牌照，与一定数量的其他已知授权用户共用频带，有时是整个频带。应当注意，高度共享通常不会导致高的频谱使用效率。5G 系统将需要高容量频谱，能够为具有高频谱效率的系统提供需要非常高吞吐量的新宽带服务。当引入共享时，由于要在无关网络之间进行协调，会丧失一些能力，并且不同形式的共享会对服务提供商将其各自部署的容量最大化的能力造成不同的成本。在这方面，由 LSA 提出的二进制共享比引入允许水平使用的其他形式的分层共享有更少问题。任何形式的共享严重削弱了统一和无处不在的服务部署，对于有大量移动用户的情况，最大限度地利用频谱的能力是值得怀疑的。独占的频谱分配是实现高容量和覆盖的频谱策略的最佳方法。

一般来说，5G 系统需要在不同的频带上支持不同的频谱授权模式和共享情景。为了应对这一挑战，定义了一个频谱共享架构，以及一个频谱工具箱[11]。该工具箱由一组频谱技术组件（TeC）组成，这将使频谱共享新机制在共享架构中得以采用。这些 TeC 识别新频谱机会的能力、支持更灵活的频谱使用的能力，以及它们的相互依赖性均进行评估。评估显示 MNO 网络中需要频谱控制器实体，还需要一个外部频谱协调器实体。

除了 IMT 及其向 xMBB 的演进之外，还需要考虑由于新应用的新用例而产生的频谱需求，例如 mMTC 和 uMTC。5G 的目标是更好地满足新的垂直应用的需求。

12.2　5G 频谱格局和要求

未来的监管和技术发展将由复杂的频谱可用性格局决定，如图 12.3 所示。受到不同监控要求的多个频带，包括各种形式的共享频谱，将被无线通信系统所用。要利用这些机会，这些情况下的频谱使用则需要具有一定的敏捷性和灵活性。系统必须能够跨多种监管模式和共享频谱安排实现互通。

无线接入网的演进都是提高每一代新技术的频谱效率和频谱可用性的过程。对于 5G 无线接入接口，预计更大地依赖波束成形来进一步提高频谱效率，特别是在较高的 cmW 和 mmW 带宽中。波束成形可以改善用户平面和专用信令链路的几何形状，即沿着最佳方向并行改善SNR以到达接收器或接听发射器，同时减少因具有显著的SNR不可能到达接收器的信道模式所发射的能量（关于波束成形的更多信息，参见第8章）。5G系统的吞吐量也由于能够将带宽比4G高出一个数量级而有望提高xMBB流量。

使用条件	授权	专用的（独享）	专用的	LSA	非授权（共享）
	服务	首要	首要		次要
频段划分		独享	共享		免授权
主服务配置		移动	移动和其他服务		其他服务
频段		880~915/925~960 MHz Band	1452~1492 MHz Band	2300~2400 MHz Band	5150~5350 MHz Band

图12.3　移动通信系统的未来频谱格局由不同监管方法下提供的不同频段组成

许多期望的频带在3～100 GHz之间，然而，这些频带属电磁频谱的区域，已分配给了其他业务，如无线定位、固定业务（点对点链路）、有源和无源地球勘探，以及卫星通信。3～30 GHz这个区域被许多这些业务大量使用。因此，移动系统需要能够与这些可能不会消失的现役业务共存。涉及室内或短距离接入的一些情况需要用新手段来实现频谱共享，允许服务提供商之间有更大的协调空间，而不会严重影响使用效率和可实现的容量。因此，需要在水平（共一级）和垂直（规定的一级和二级业务）层中解决频谱共享，使5G系统能够访问更宽的连续频带。广域系统旨在提供改进的覆盖范围和高容量，需要对频谱有独占权，并且必须为这些系统安排适当的牌照。

原则上载波聚合可被利用的程度没有限制。例如，可以放宽LTE每个系统占用100MHz频谱的限制。然而，聚合太多的频带会非常复杂。随着运行向更高频带推进，前端的滤波器带宽可以增加，并且这提供了聚合许多邻接载波的机会。[1]

对于移动电信，在较低频率上保护频谱通常是优先考虑的要素，因为低频频谱是扩大网络覆盖的最经济的方式，并可保证计划的QoS。这并不奇怪，因为以最小数量的服

[1] 一般的经验法则是滤波器的通带宽度最多可以是载波频率的3%～4%。现有技术随着时间的推移在这方面可以通过有限的方式进行改进。

务点实现最大程度的连接性可以降低系统成本。因此，sub-1 GHz 频谱对于低成本建立有效的移动覆盖是非常有价值的，尽管其在高数据速率方面能力有限[12]。

随着覆盖层在部署中成熟，更宽带宽的频谱的可用性对于容量变得越来越重要。关于最佳匹配频带和接入方法的最终决定取决于所需带宽和网络部署成本之间的平衡。

12.2.1 带宽要求

关键使用场景的带宽要求在确定 5G 的频谱要求方面起着非常重要的作用。以下因素是考虑的重点：

（1）系统可用性要求和 QoS 要求，包括各种用例的变化特性；

（2）对系统的要求，受到带宽、可靠性和延迟、用户和基础设施密度等极端要求的影响；

（3）频谱效率，例如，在有协调多点等技术的情况下，发射和接收（CoMP）用于在空间上分布的许多天线层。

ITU-R [6] 根据四个基本问题确定了估算移动通信频谱需求的流程：

- 服务定义；
- 市场预期；
- 技术和运营框架；
- 频谱计算算法。

该流程预测[13] 2020 年的频谱要求在 1340 ～ 1960MHz 之间，具体取决于用户密度的预期变化。然而，一些研究因为 ITU-R 模型实际使用的业务密度或频谱效率上的数字差异而对 ITU-R 模型[14]产生的 IMT 频谱需求值提出了质疑。

在文献 [15] 中，5G 带宽需求计算采用了一种新的方法，其中分析了不同的 5G 情景，主要参数如下：

- 各个用户流量模型（由应用和服务驱动）；
- 个人用户的密度；
- 每个用户的 QoS 目标；
- 频带可重用性；
- 频谱效率。

使用新方法，与 xMBB 服务相关的最苛刻的使用情况，例如与密集城市信息社会相关的用例，导致带宽需求在 1 ～ 3GHz 之间变化。对于各个 UE 没有非常高要求的其他 xMBB 服务（如在购物中心或体育场中），带宽需求降低到 200MHz ～ 1GHz 的范围内。其他服务，例如与 mMTC 相关联的服务，从带宽需求的角度看目前预期不会导致重大的额外挑战。下文中介绍了基于预期可用性来给出各个频带中的特定频谱分配的基本原理。

2015 年在服务的 2G/3G/4G 系统在 6 GHz 以下的频带上运行。同时，固定互联网正在转换到更高的带宽，并且大城市区域中的许多终端用户预计数据速率会超过 20Mbit/s。在极致情况下，光纤部署对于覆盖好的终端用户可实现 1 Gbit/s 的数据速率。自然，当前的无线系统必须发展，至少匹配，最好超过固定互联网的能力来驱动移动业务。业界许多人相信，新频谱的前沿在于比以前考虑的频带更高。目前，考虑的是 cmW 波段和 mmW 波段。美国联邦通信委员会 [16] 和 Ofcom[17] 等监管机构发布了对接入这些频带的行业兴趣征询，并且在公开记录中显示了来自行业参与者的大量反馈。全球对于适合于 5G 的 cmW 和 mmW 频带有广泛的共识；WRC-15 的结论已就若干频带达成了一致意见，以便在 WRC-19 就 24.25 ～ 27.5GHz，31.8 ～ 33.4GHz，37.0 ～ 43.5GHz，45.5 ～ 50.2GHz，50.4 ～ 52.6GHz，66 ～ 76GHz 和 81 ～ 86GHz 作进一步研究。

将蜂窝无线系统的范围从 6GHz 扩展到 30GHz 具有明显的优势。其中最重要的是现有技术在这些频带中支持密集宏覆盖的能力；前端 RF 技术能力和相关的构建惯例使这些频段非常吸引人，并且值得在 WRC-19 期间为移动业务争取这些频段。

根据定义，毫米波波段从 30GHz 延伸到 300GHz。通常认为半导体行业生产大众市场集成无线芯片的能力可能合理地延伸到大约 100GHz。预期的频谱分配在 30 ～ 100 GHz 频带之间，远远大于 30 GHz 以下，但是这些频带中的技术应用领域相当有限，如第 6 章所述。因此，预计 mmW 频带最初将由相对短距离的无线节点的非常局部的密集部署所占用，这些节点可提供大量的容量，但统计意义上的覆盖有限。部署 5G mmW 无线技术的企业或公共热区应当采用大约 500MHz 的频谱块，每频带的总分配至少 2GHz 或更多，支持带宽聚合。随着现有技术的改进，这些频带中的系统的范围和覆盖都可以改善。第 6 章给出了有关这些频段的硬件和构建建议的更多信息。

12.3 频谱接入模式和共享场景

当前的无线监管提供了四个频带分类：独占频带、共享频带、无牌照频带和仅接收频带 [1]。并根据地区中的 ITU-R 分配定义了两大服务类别，一级服务和二级服务。

1 这些对于移动通信通常不重要，我们限制为双向。

受到不同监管制度（包括各种形式的共享频谱概念）的影响，如图12.4所示，多频带预计可用于移动通信系统。因此，5G系统设计需要高度的灵活性，能够在不同的监管模型和使用场景下操作。

一般来说，无线频谱的使用可以通过两种方式授权：逐个授权（发牌照）和统一授权（免牌照或无牌照）。被认为与无线通信契合的授权模式是一级用户模式、LSA模式和非授权模式。

图12.4中给出了这些授权模式的五种基本频谱使用场景：专用授权频谱，有限频谱池，相互租用、垂直共享和非授权水平共享。该图用实线和虚线分别描绘了必需或补充域的各部分之间的关系。更复杂的频谱使用场景可以通过组合基本场景和授权模式来支持。

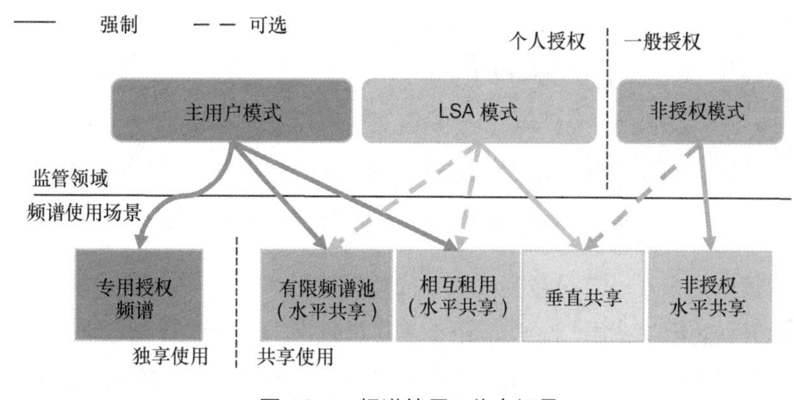

图12.4 频谱使用/共享场景

12.4 5G频谱技术

本节的重点是5G频谱技术，特别是新的频谱接入模式以及改进的新频带使用。频谱使用的改进源自对可用性的局部变化的开发，可以在时间、频率和空间上发生改变。还应考虑将旧频带和新频带的使用相结合。因此，5G在频谱领域的主要技术挑战是：

- 从新的频谱机会中提取价值；
- 实施高效的频谱共享；
- 结合不同的频谱资产，全面处理覆盖、移动性和容量。

有效的频谱管理将需要MNO网络中的内部频谱控制器实体和，还需要一个外部频

谱协调器 [11]。

12.4.1 频谱工具箱

5G 系统必须支持上一节中描述的所有授权模式和频谱使用 / 共享场景。可以定义一组需要添加到当今蜂窝系统的典型技术能力组合中的使能器或“工具”，见图 12.5。这些工具（在 12.4.2 节中有详细描述）要么直接与特定频率范围内的频谱共享操作有关，要么就是为了提供频率捷变和共存 / 共享友好的无线接口设计。在特定情况下，特定技术可能不必支持所有情形，因此仅需实施一部分技术工具。

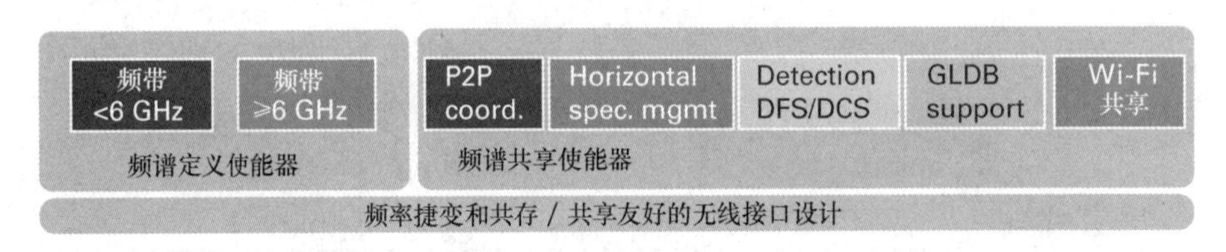

图 12.5　构成频谱工具箱一部分的频谱使能工具

除了支持频谱共享（以应对在频谱监管的发展）的工具外，5G 还有另一个新颖之外，那就是扩展到更高的频率范围。显然，由于在较高频率上，无线传播条件显著不同，系统设计和网络构建方法必须改变。因此，预期有出现接入 6GHz 以上频率的专用频率工具。

图 12.6 显示了支持频谱共享所需的不同工具，以及它们如何与上述场景相关联。在一些共享场景中，只需要一个使能工具，但对于其他场景，则需要一组工具。注意，一些工具和关系是可选的（将它们连接到相应场景的虚线表示），这意味着它们不是严格要求的，但是是有帮助或需要的，或者是由于设计而选择的。

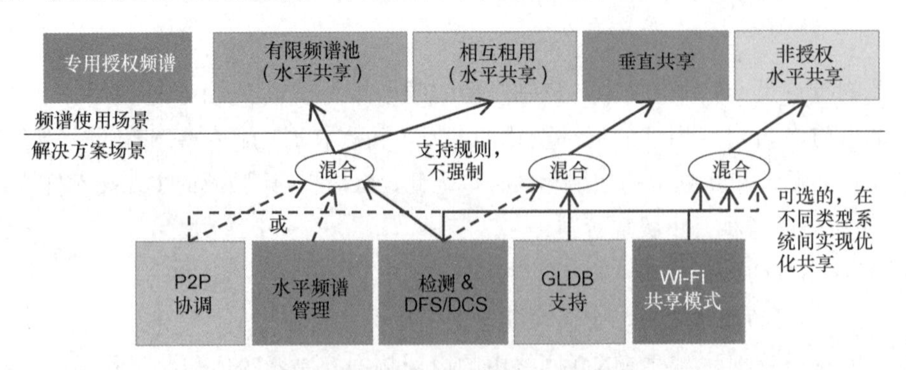

图 12.6　与频谱共享场景匹配的技术使能工具

12.4.2 主要技术组件

文献中谈到过各种与频谱共享、认知无线和D2D有关的技术。许多这些都与新兴的5G频谱接入相关。要完全填充5G蜂窝系统的频谱工具箱,还需要一些创新的新技术。

Wi-Fi共享模式由于频谱的非授权性质而具有特殊性。最终,移动运营商(MNO)不具有对频谱接入的控制,并且需要给其他用户留传输机会。Wi-Fi的CSMA/CA MAC [18] 本身就是一种原型频谱共享技术,解决了这些问题。在提到LTE帧结构时已经研究了载波侦听和RTS/CTS技术 [19]。LTE在未授权频段中以授权辅助接入(LAA)[20] 的形式进行标准化。系统的前身也将由LTE非授权(LTE-U)论坛定义,该论坛是由运营商Verizon[21] 牵头的行业机构。在更广泛的非授权频带中已经发现了在选择载波并在其上分配功率等方面的基本问题 [22]。如果考虑由使用不同介质接入协议的不同标准化机构设计的技术,这些问题通常仍然未解决。如果多个LTE-U网络部署在相同的物理空间中,则需要不同MNO的设备之间有一定程度的合作。如图12.6所示,P2P协调协议可用于此。

检测和动态频率选择(DFS)/动态信道选择(DCS)是用于频谱管理的通用工具。如在文献[23]中观察到的,在认知无线背景下开发的认知频谱感测技术 [24] 适用于多运营商共享场景。在动态共享中,重要的是识别载波上的总干扰电平,也许还可以区分干扰源。来自其他MNO网络的干扰电平的信息可以用作水平共享管理器(HSM)和P2P协调协议的输入数据。

对于动态垂直共享,地理位置数据库(GLDB)支持是必不可少的。GLDB用来存储可提供频谱资源或现有业务使用频谱的地理位置的信息。如果不影响现有业务对频谱的使用,可以在其他位置使用频谱。为此,需要估算对现有业务造成的干扰。GLDB技术用于在TV白空间中保护现有业务 [25],类似的解决方案适用于二级水平共享接入和LSA存储库。需要创建无线环境的详图 [26] 作为动态LSA协商的基础。创建GLDB的状态时考虑了用户密度和基于地形的传播(参见文献[11]中的TeC06)。GLDB技术在车对车(V2V)通信中提供超可靠通信(参见文献[11]中的TeC20),显示出它在这个领域的巨大前景。通过访问GLDB,给定区域中的车辆知道可靠的V2V有可用的频谱。当MNO与GLDB协商以接入垂直共享频谱时,可以使用簇方法来识别对于频谱有类似要求以及与LSA现有业务有类似干扰关系的小区组(参见文献[11]中的TeC19)。

MNO之间的频谱共享可以以分布式或集中式方式实现。在分布式模式中,MNO通过在感测技术之上采用对等(P2P)协调协议来决定使用的频谱。当在特定载波上运行时（这个载波可以由多个 MNO 使用），可以按与 Wi-Fi 共享模式类似的方式使用物理/MAC 层协调协议。高层 P2P 协调协议将尝试为 MNO 选择合适的载波。最好这能够以协调的方式执行。MNO 网络的充分合作已经在文献中广泛讨论。基于交换完整信道状态信息（CSI）的合作在时域 [27] 和频域 [28] 中得到解决，而且还带空间 [29][30] 共享。在文献 [31] 中讨论了频谱共享的合作游戏理论，不能交换完整的 CSI，但是必须交换关于 MNO 效用的信息，即 MNO 可以通过共享获得的益处。运营商效用与 MNO 特定的 RAN 优化目标相关，并且 MNO 可能不愿意与竞争者分享效用或信道状态信息。已经开发了需要有限信息交换的方法 [32][33]。在这些方法中，要向其他 MNO 指示某些干扰源的标识或者某些位置的信道相对优先级等信息。此外，作为对这种信息的反应，会达成标准化的协议。这种类型的频谱管理特别适合多运营商 D2D 场景（参见第 5 章），其中有多个 MNO 服务的设备直接通信，并且 MNO 需要同意频谱资源用于此目的 [34]。

移动运营商之间的集中式频谱共享解决方案需要水平频谱管理器（HSM）。HSM 由外部方操作，例如频谱代理或监管机构。在一些情况下，MNO 网络的一些部分（例如它们的 UDN）可以在地理上分离，这些网络之间不需要协调。为此，需要动态频率选择（DFS）或 GLDB 功能来评估运营商间的分离，并且可以使用 HSM 来判断是否需要协调（参见 [11] 中的 TeC03）。动态频率选择通常被定义为检测能够抢占二级频谱使用的一级用户的能量或波形签名。如果需要协调频谱访问，则集中式频谱共享解决方案总是与移动运营商制定的频谱价值评估相关。

最终，拍卖机制将用于根据这些价值评估来解决不同 MNO 需求之间的冲突 [35]。可以采用考虑 MNO 网络特性的本体方法（参见文献 [11] 中的 TeC17）以及用于寻找 MNO 特定策略的模糊逻辑 [36]。在 MNO 网络中，可以使用簇方法来找到与 HSM 协商的地理粒度（参见文献 [11] 中的 TeC19）。

使用高级空中接口实现灵活频谱的各种技术可能与 5G 接入相关。RF 共存是灵活频谱使用的一个重要方面 [37]。如果在窄带宽段中存在大量分段的频谱，这样除了 OFDM 之外还可以利用多载波波形，这可限制带外发射 [38]。许多 DFS 技术和动态 P2P 协调协议将受益于 MNO 网络之间的无线帧同步。这可以基于监听来自所有活动基站的传输，以分布式方式通过空中有效地完成 [39]。

在高载波频率下工作的网络的频谱管理，需要一些特定的工具。MNO 网络中的实体可以估计网络中的视线（LOS）连接的分数。根据这个数，可以选择载波频率。较高载波频率用于网络中具有较高 LOS 概率的部分（参见文献 [40] 中的 3.5 节）。

12.5 5G的频谱价值：从技术－经济学的角度分析

无线频谱一直是移动网络运营商的宝贵资产，占资本支出的很大一部分。频谱的估价直接关系到在频谱获取上要花多少钱的决定，对服务提供商的投资策略至关重要。由于有更高的带宽需求，5G频谱估价的重要性将更加显著。此外，由于要开发的频带范围更宽，以及更多样化的共享和利用频谱的方法，因此很难评估5G频谱的价值。在本节中，简要描述了频谱估值的技术经济学视角。这里主要关注xMBB服务。

过去几年的频谱拍卖表明，同一频段的同一段在不同的时间和地点所支付的价格也不同。不同的经济条件、移动技术在市场中的普及程度以及运营商对所提供的特定频段的兴趣往往会影响对价值和定价的认知。很明显，不存在频谱的绝对估值，即可能随时间根据通货膨胀调整的可量化的欧元/赫兹。解决这种对业务条件的依赖存在太多变量的估值问题，一个合理的方法是衡量用替代手段实现目标系统性能的机会成本[41]。众所周知，网络容量扩展有三个基本方向：更高的频谱效率、更密集的基站（BS）部署和更多的频谱。因此，在某种程度上，频谱可以被基础设施投资，即设备升级和部署更多基站来取代。

然而，这非常复杂，不仅因为大量的频谱将逐渐在更高的频带上分配，并且这种频带本身可能由于系统复杂性和成本造成的工程局限而受限于不良传播。这些分析的结果在文献中被计算为频谱的工程价值。

计算频谱的工程价值需要知道基础设施成本和频谱成本之间的关系。由于基础设施成本通常被认为与基站数量呈线性相关[42]，可以通过获得满足某个性能目标时基站密度和带宽之间的替换率来简化问题。一个被广泛接受的假设是，它们是线性可交换的。这意味着 x 倍带宽和 y 倍密集度的基站组合总是产生 xy 倍的容量（参见文献[43]，它总结了扩容策略的行业观点）。这个假设适用于基站在繁忙时间满负载的传统宏蜂窝系统。在流量饱和且干扰有限的系统中，增加一个基站不会影响系统的SINR分布，可以增加该区域中的发射机的数量。因此，该区域的容量随着基站的数量呈线性增加[44]。

不幸的是，似乎这种线性关系不适用于提供惊人的快速xMBB服务的5G UDN[45]。考虑两种不同的部署方案：一种是稀疏制度，其中瞬时活跃用户的数量大于基站的数量；另一种是相反的密集机制。稀疏方案代表传统的宏蜂窝网络，而密集方案描述了5G

UDN。此外，蜂窝网络还需要考虑同构的基站部署和均匀的用户分布。基站密度是用户密度的 0.01 ～ 100 倍。系统性能取决于小区利用率，它是基站和用户密度之比的函数。

图 12.7 和图 12.8 以数值结果分别显示了在稀疏和密集状态下频谱和基站密度之间的关系 [45]。在整个稀疏区域中要保持相同的替换率，但在已经密集的环境中基站的进一步密集化往往非常无效。使用户数据速率加倍甚至需要超过 20 倍的密集度，这可以通过使带宽翻倍来等效地实现。这是由于在密集区域中空间复用增益在减小。在 UDN 中，基站在大多数时间期间保持空闲以便服务具有非常高的数据速率要求的突发业务。在这种情况下，区域容量的概念没有意义，并且添加更多的基站不能立即提高系统性能。

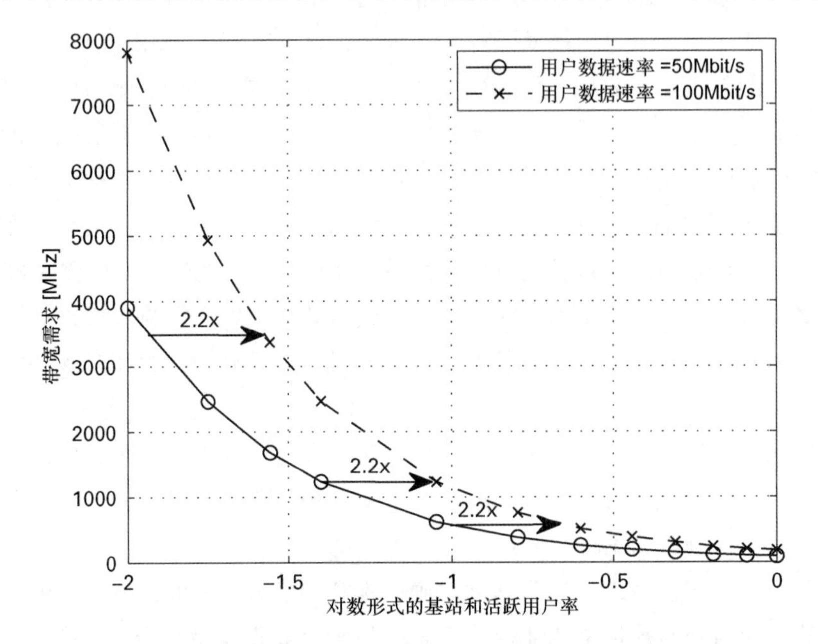

图 12.7　在稀疏方案中带宽要求作为基站密度的函数

从这些分析可以明显地看到，5G 需要更有效地使用频谱（如动态 TDD），开发更高频带（如 mmW）和灵活的频谱共享，特别是对于惊人的快速服务。对各种频谱接入模式和共享方案下频谱进行估价，对 5G 研究来说是一项具有挑战性的任务，目前可能无法绝对执行。

一般来说，频谱的工程价值原则适用于大多数情况。然而，在几个方面需要谨慎。例如：

➢ MNO 在共享频谱环境中观察或控制干扰的能力有限，这可能会影响系统的

QoS。MNO的一个重要问题是它们是否需要运营商间干扰协调。应该考虑合作成本，这在业务战略领域通常被认为非常高[46]。

➢ 频谱共享可以允许新服务商进入市场，例如提供室内和热点容量的本地MNO。对于这样的新来者，可能难以测量他们的机会成本。另一种方法是估计潜在收入，这可以通过频谱共享来实现[47]。

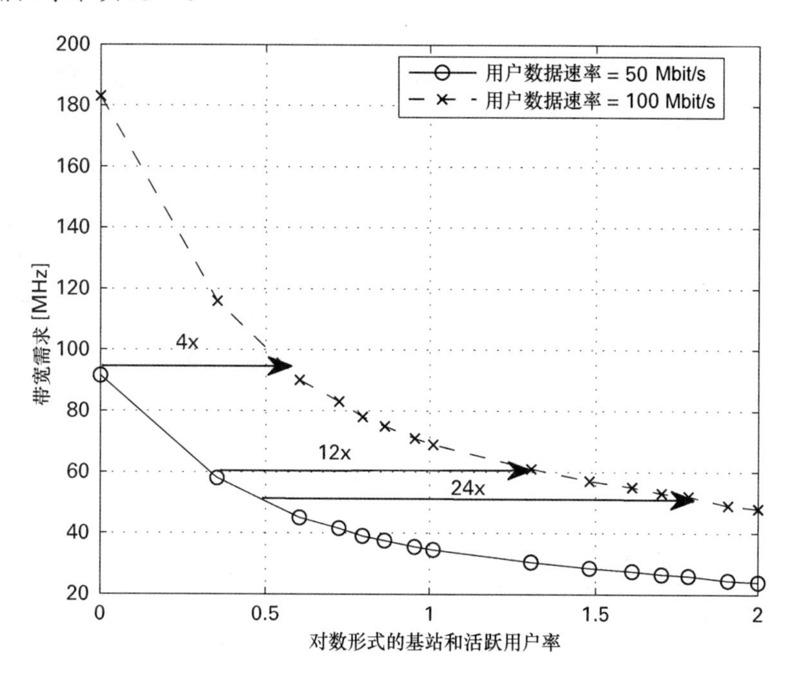

图 12.8 在密集区域中带宽要求作为基站密度的函数

12.6 小　结

12.6.1 频谱要求

为了满足5G服务xMBB和mMTC的无缝覆盖的要求，需要在低频谱带中提供足够数量的频谱。

6 GHz 以下的额外频谱对于应对城市和郊区以及中密度热点中的移动业务至关重要。6 GHz 以上的频谱对于在高密度使用场景中实现无线接入（即满足 xMBB 的高连续带宽需求）以及对于高容量超密集小型小区网络的无线回程解决方案是必不可少的。

与 xMBB 服务相关的最苛刻的用例，例如与密集的城市信息社会相关的用例，需要 1GHz 和 3GHz 之间的带宽。个人用户不那么高要求（如在购物中心或体育场场景中）的其他 xMBB 服务，其带宽需求降低到 200MHz ～ 1GHz 之间的值。本章提供了与 cmW 或 mmW 带相关的具体要求。其他服务，例如与 mMTC 相关联的服务，从带宽需求的角度来看不存在问题。

12.6.2 频谱类型

主要的 xMBB 5G 服务不仅需要用于覆盖目的的较低频带，也需要对容量有较大连续带宽需求的较高频带。独占授权频谱是保证覆盖和 QoS 的关键。这必须有其他授权制度作补充，例如。LSA 或非授权接入（例如 LAA）以增加总体频谱可用性。

低于 6 GHz 的频谱最适合 mMTC 应用。应对严重的覆盖限制则需要 1 GHz 以下的频谱。独占授权频谱是首选制度。然而，根据具体应用要求，可考虑其他授权制度。

授权频谱被认为最适合 uMTC。对于安全 V2V 和 V2X 通信，可选择智能运输系统（ITS）[48] 用的调谐 5875 ～ 5925 MHz 频带。

研究证据表明，能够为极致 MBB 服务创建新覆盖系统的 5G 无线接入技术在 cmW 频带内是可行的。对于 mmW 频带，局部和密集部署环境中的短程覆盖可能更合适，而这些频带继续用于固定链路的更长距离视距使用。

12.6.3 授权

独占授权频谱对于 5G 的成功至关重要，可提供预期的 QoS，并保护投资。如果只需保持可预测的 QoS 条件，则可以考虑共享频谱，例如通过 LSA 制度。免牌照频谱可能适合作为某些应用的补充选项。

第13章

5G 无线传播信道模型

5G 无线传播信道模型对于评估和比较不同技术方案的性能，以及评价整个未来的 5G 无线系统来说是至关重要的。本章详细阐述了 5G 信道建模的主要挑战，并介绍了信道建模的新方法。

本章详细介绍了两种不同的建模方法：随机建模与基于地图的建模。随机建模方法的目的是要扩展在的 WINNER 项目 [1] 中所采用传统的 5G 建模方案。然而一些 5G 需求很难通过随机建模得到满足。为此，基于地图的建模，即建立在射线追踪基础之上的方案也得到了发展 [2]。为了对其进行参数化及评估这些模型，展开了广泛的测量活动。具体的 METIS 信道模型的描述可以参见文献 [2]。

13.1 简　介

第 2 章中所介绍的 5G 无线通信的设计场景，应用案例以及基本概念，为无线信道和传播模型设置了新的更严格的需求。这些更加重要和基本的需求包括：

- 极宽的频率范围，从 1GHz 以下到 100GHz;
- 超大带宽（大于 500MHz）;
- 三维全方位的精准的极化模型;
- 支持非常密集的场景下的空间一致性，即当发射端和 / 或接收端移动或转向时，信道的变化依然平滑而无间断;
- 同一区域内不同类型链路的共存，例如不同小区大小的蜂窝链路以及设备间

通信（D2D）连接;

➢ 双端移动性，即链路的两端节点独立同时移动，用于支持 D2D 和 V2V(车辆到车辆）的连接以及移动的基站;

➢ 极高的空间分辨率和球面波，用于支持非常大的天线阵列，大规模 MIMO 和波束赋形;

➢ 垂直方向扩展，用于支持 3D 模型;

➢ 镜面散射特性，特别针对高频技术。

另外，模型应该针对不同的拓扑和不同的用户具有空间一致性的特点。例如，现实中的小规模衰落需要多个用户分享共用的散射集。

当前所发现的并广泛应用着的信道模型，像 3GPP/3GPP2 空间信道模型（SCM）[3]，WINNER[1][4]，ITU-R IMT-Advanced[5]，3GPP 3D-Umi 与 3D-Uma[6] 和 IEEE802.11ad[7]，并不能充分满足这些 5G 需求 [8]。而一些通用信道模型，比如 SCM，WINNER 和 IMT-Advanced，是为低于 6GHz 的频段所设计的，还有其他可用的模型，例如 IEEE 802.11ad 是主要为 60GHz 的高频段所服务的。上述这些模型仅适用于特定的频率范围，本章所描述的 METIS 信道模型们则覆盖了从 1GHz 以下到 100GHz 的整个蜂窝频段的全部频段。

随机过程的模型参数是根据文献和在相关环境下的传播测量推导而来的，而基于地图的模型正是通过其结果与测量值的对比而调整的。应该注意到，随机过程模型是一种基于几何的随机信道模型（GSCM），由 WINNER 和 IMT-Advanced 信道演变而来。基于地图的模型则是在进行了三维简化的环境中采用了射线追踪。而且，在文献 [2] 中也介绍过的一种混合模型，通过在模型中合并地图模型的要素并部分地应用随机模型，从而实现了模型的可扩展性。

本章的主要目标是:

➢ 发现 5G 传播信道需求;

➢ 为 2 ~ 60GHz 之间的频段提供信道测量;

➢ 推导满足需求的信道模型。

13.2　建模需求与场景

有两个因素决定了信道建模的需求。第一个因素考虑了从环境到用户的各方面，而第二个则从为终端用户提供所需服务的关键技术出发。5G 信道模型在 13.2.1 节中介绍。在 13.2.2 节中，基于使用场景和关键技术定义了传播场景。

13.2.1 信道建模需求

建模方法的主要挑战在于支持更高频率与更大带宽，同时支持更大的天线阵列（天线单元数以及与波长相关的物理尺寸）。大带宽和大天线阵列尺寸带来对于更精细的信道模型分辨率的需求，在时延和空域范畴。主要的 5G 信道模型需求列在表 13.1 中，并在本小节后续讨论。这里一致性间隔指的是一些大尺度参数可以近似认为是不变的最大间隔。

表 13.1 5G 信道模型的需求

类　别	需　求
场景	大范围的传播环境
频谱	频率范围从 1GHz 以下到 100GHz 支持 500MHz 以上的超大系统带宽（时延的高分辨率）
天线	支持非常大的天线阵列（非平面的（球面）波以及角度的高分辨率） 一致性间隔以外的大规模阵列建模
系统	小小区的大规模参数的空间一致性，移动小区，D2D，M2M，V2V，MU-MIMO 等 双端移动性 移动性环境
综述	物理实现（模型需要通过足够量的测试数据的验证） 在指定应用中的合理的复杂度

13.2.1.1 频谱

除了 6GHz 以下的频谱，以下高于 6GHz 的频段也被纳入优先的行列[9]：10 GHz，18 ～ 19 GHz，28 ～ 29 GHz，32 ～ 33 GHz，36 GHz，41 ～ 52 GHz，56 ～ 76 GHz 和 81 ～ 86 GHz，其中具有高优先级的频段为 32 ～ 33 GHz，43 GHz，46 ～ 50 GHz，56 ～ 76 GHz 和 81 ～ 86 GHz。5G 信道模型的终极目标是建立适合所有信道模型参数和所有 1GHz 以下到 100GHz 频率之间的传播效果的连续函数。由于在高频区间有更大的带宽可用，系统非常有可能采用 500MHz 或更大带宽。

13.2.1.2 天线

目前的信道模型[1][5]假定平面波的传播（远场），因此只需要很小的天线阵列尺寸（即只有天线振子之间的相位差考虑在内）。5G 移动通信中一个重要的技术组成部分是超大天线阵列的应用来支持大规模 MIMO 和波束赋形（关于大规模 MIMO 的更多信息参见第 8 章）。对于这些具有很强方向性的或大规模阵列天线，采用当前的建模方法可能会导致性能不太现实。这些模型需要在角度的精度上加以提升。另外，大规模阵列需要非平面（球面）波替代已经广泛使用的平面波近似。很大的阵列会导致：当传播条件，例如阴影衰落，在阵列上发生很大变化时，即阵列大于信道的一致性间隔。对于很大的天线阵列和大规模 MIMO，信道路径上的以下参数需要被精确地建模：水平方位角与垂直仰角、振幅与极化、延迟和大规模的参数的相关距离。

提升信道建模中方向性的重要性可以体现在图 13.1 中。图 13.1（a）特别给出了一个测量的信道（城区宏站）以及 WINNER 模型中的路径功率的分布水平方位角的关系，图 13.1（b）则显示了对应的 MIMO 信道奇异值的分布。

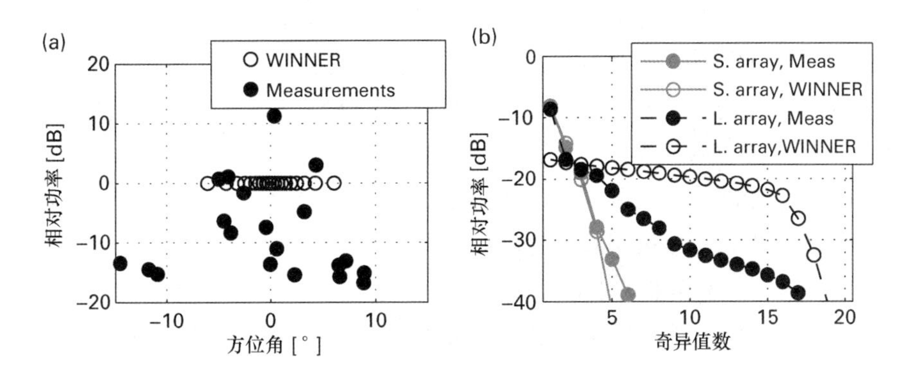

图 13.1（a）功率对角的分布参考 WINNER 模型与测量 [10]
（b）40GHz 载波频率上相应的 MIMO 奇异值分布对于一个小的（S）和一个大的（L）天线阵列，各自尺寸分别为（0.1m ×0.1m）和（1m×1m）

小规模的天线阵列（0.1m ×0.1m）测量值的奇异值分布与 WINNER 模型匹配得很好。然而，对于大的天线阵列（1m×1m）WINNER 模型的分布近乎最优（统一），对比测试的信道这是很明显不现实的。显而易见，为了向 5G 提供足够的模型，功率相对于角的分布需要进行大幅度修改以获得与测量结果的匹配。

13.2.1.3 **系统**

5G 通信系统将会包含各种链路类型。从传统的宏蜂窝与微蜂窝到皮站与微微站，小区大小不断地减小，以及未来的移动基站和直接的终端间 D2D 连接都是非常重要的方面。这些多种多样的连接类型将会在相同的区域内共存。除此以外，预计链路密度也会极剧地增长。所有这些功能对信道模型提出了新的需求。当前最通用的信道模型[1][3][5]是基于撒点的，也就是说散射的环境是基于每一条链路而随机创建的。相应的的空域技术，如 MU-MIMO 的性能累加在一起，是由于信道模型假定了独立的散射点，即使是在附近有移动终端的情况下，而这种场景通常并不真实存在。如前文所述，空间一致性意味着即使在发送端和 / 或接收端移动或反转时信道变化平滑而不产生非连续点。这也说明信道特性与同一个基站所能看到的近距离的链路，例如两个附近的用户，是非常相近的。

双端移动性与移动的周围环境需要相对于传统的蜂窝场景中不同的多普勒模型，不同的 LaS 空域相关性以及小尺度参数。

13.2.1.4　其他需求

模型应该是现实的，也就是说是基于真实的传播测量或者物理传播研究。另外，模型应该经过测量结果的对照验证。再者，模型应该是可以依据明确的模型描述实现的。

一系列大范围传播场景的仿真以及网络的拓扑模型设置了对于模型精度和复杂度的不同要求。例如，在海量传感器网络中链路数量是巨大的，但是它也许是基于非常简单的收发装置。每个配置有一根天线，这使得在角度域可以做相当的简化。相反地，在大规模 MIMO 技术的仿真中，角度信息则变得尤其重要。因此，在给定的单独的系统要求或者应用场景下，也许需要采用其他的简化方式。

13.2.1.5　信道模型要求的小结

上面描述的 5G 信道模型需求是基于通用的 5G 假设与场景。需求覆盖不同的方面，例如频谱，天线，和系统。除此以外，一些例如方针复杂度之类通用的方面也有所涉及。5G 信道模型的需求既具有挑战又可扩展。而且，任何一种现有的模型多无法满足全部的 5G 的传播要求[2]。

13.2.2　传播场景

5G 的愿景，即无论何人关于何事，对信息的获取和数据的分享将在任何地方和任何时间都是可行的，意味着需要考虑非常宽泛的传播场景以及网络拓扑。另外，无线网络必须要服务于各种各样的用户，可能静止或移动，也可能彼此通过 D2D 链路直接通信。无线系统必须可靠地工作于任何传播场景，包括室外对室外（O2O），室内对室内（I2I），室外对室内（O2I），密集城区，广域，高速公路，大型商超，体育场馆等等。网络拓扑应该同时支持蜂窝网络，以及直接 D2D、M2M 以及 V2V 链路以及无线多跳网络。

我们所考虑的传播场景由以下因素所定义，包括物理环境、链路类型（例如基站到移动终端或回传）、小区类型、天线位置以及所支持的频率范围。表 13.2 中给出了基于地图的和随机过程的建模这些传播场景。基于地图的模型支持所有链路类型。

表 13.2 传播场景

传播场景	室外 / 室内	所支持的链路类型（随机过程模型）
城区微站	室外对室外，室外对室内	基站 - 终端，D2D、V2V
城区宏基站	室外对室外，室外对室内	基站 - 终端，回传
乡村宏基站	不适用	基站 - 终端，D2D、V2V，回传
办公室	室内对室内	基站 - 终端
购物中心	室内对室内	基站 - 终端
高速路	室外对室外	基站 - 终端，V2V
户外大型演播 *	室外对室外	基站 - 终端，回传、D2D
体育场馆	室外对室外	不适用

* 这里的户外大型演播场景对应于第 2 章所描述的大规模室外文体活动的用例。

13.3 METIS 信道模型

综合考虑场景、传播特性和复杂度等因素给出完备的 5G 信道模型是相当具有挑战的。最直接的方式莫过于扩展当前的随机过程建模，比如 WINNER 和 ITU IMT-Advanced 等模型。但问题是这些模型都是基于经验的，需要收集大量的测量值才能获得大量的模型参数和它们的相关性。由于所需的 5G 信道建模的自由度等级相当高，这是因为高分辨率的方向性特征对于双端移动性也需要具备空间一致性，这使得通过测量量来精确给出所有这些参数并不可行。

另一种显而易见，建模 5G 信道的有效方式且依然满足关于传播场景和无线信道特性要求的替代方案是使用射线追踪。主要的优势在于模型预备内在的空间一致性以及只有一些模型参数需要结合测量量进行校准。主要的缺点包括对于一个环境的集合模型的需求和高计算复杂度。为了提供一个基于建模用户需求的规模可控的复杂度，传统的随机过程方法和基于射线追踪的方法进行了结合。由于基于射线追踪的方法需要一个三维的建筑的几何地图，它也被成为“基于地图的模型”。

13.3.1 基于地图的模型

基于地图的模型可以给出精确并真实的空间信道特性，适合于像大规模 MIMO 和先进的波束赋形等应用。它为即使是非常挑战的用例自动提供了空间一致性的建模，例如具有双端移动性的 D2D 以及 V2V 的链路。模型是基于射线追踪，并与一个简化了的传播环境的三维几何描述相结合。显著的传播机制，即衍射，镜面反射，漫散射和阻塞，也在其中。建筑墙面被建模成长方形，表面带有特定的电磁材料特性。基于地图的模型并不包含任何显式的路径损耗的模型。相反地，路径损耗，阴影以及其他传播特性是依据地图上的布局以及也可以基于一个代表人、车辆和树木等物体的随机分布来决定的。

13.3.1.1 通用描述

任何一个射线追踪模型的前提是环境的几何描述，即通过三维（3D）笛卡尔坐标系统内所描述的一个地图或一个建筑布局。地图的细致程度并不需要特别高。只需要定义建筑围墙以及其他可能的固定结构。图 13.2 给出一个城市几何图——马德里网格图。在建立模型时，重要的目标是尽可能地使它简单同时仍能满足模型的需求。

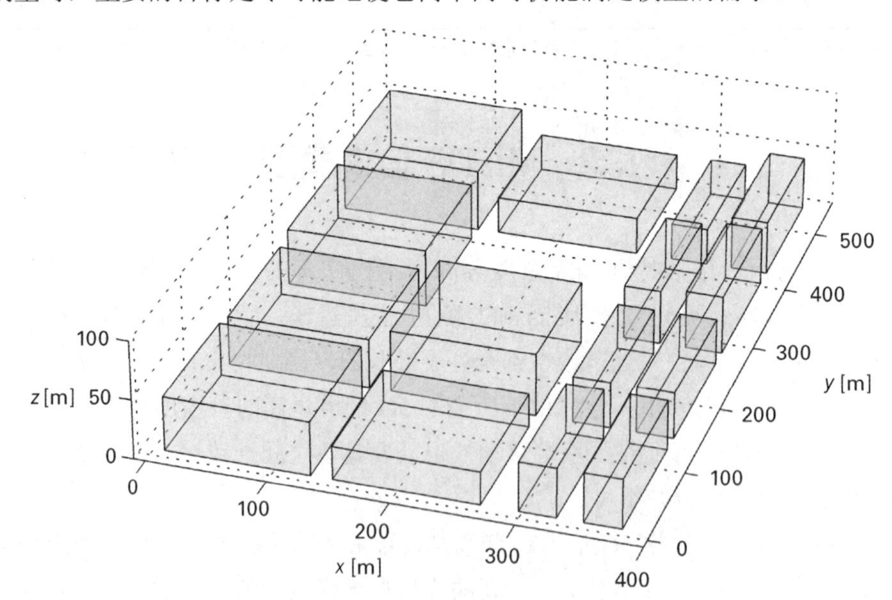

图 13.2 马德里网格图三维建筑集合图

图 13.3 中给出了这种信道模型建立的框图，带数字的部分描述了生成无线信道实现的步骤。宏观来看，流程分为四个主要的操作：环境生成、确定传播路径、确定路径片段传播信道矩阵，以及无线信道传输函数的合成。这些主要的操作在后面会简单介绍，

而具体的流程描述则参见 [2]。

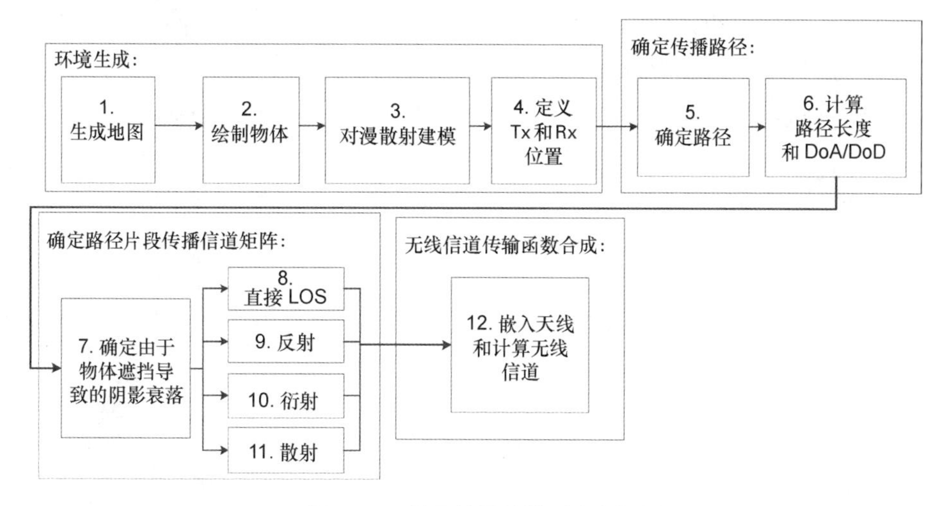

图 13.3　基于地图的模型建立框图

13.3.1.2　环境的生成

图 13.3 中的前四步是用于生成环境的。三维的地图生成了，包含墙角的坐标点，其中墙被建模为长方形表面。在室外到室内的情况，室外的地图和室内的地图以及街区建筑内的室内的墙体位置统统都确定了。然后地图上随机分布着的散射 / 阴影的物体，代表着人、车辆等。接下来，物体的位置可以基于一个已知的规则的模式确定，比如体育馆环境下的观众席座位，或者根据一个给定场景相关的密度的正态分布来随机生成。我们必须注意分布物体时要避免它们离发送端、接收端、墙体或者它们彼此靠得太近，即距离小于物体自身宽度的一半。所有有显著粗糙度的表面，比如墙体，被分为更小的小块，需要对漫散射进行建模。

第 4 步描述了接收机和发射机的位置与轨迹。为了提供精确的多天线信道模型的输出，大型天线阵列中的每一个天线阵子的位置也需要在一个三维空间中逐一描述。然而，简单起见，当天线阵列比较小，而且辐射模式是基于一个通用相位角中心（或一个测量中心时），只描述发送与接收天线阵列的相位中心的位置，而不是每一个天线阵子的位置，就足够了。在这种情况下，在最后一个操作环节（第 12 步）考虑通用的传播参数用于整个天线阵列的阵子以及天线间的空间间隔。

13.3.1.3　传播路径的确定

在第 5 步和第 6 步中，确定了所有显著的路径。首先，那些对应于地图的路径被确定了。为此，如图 13.4 所示，需要建模衍射、镜面反射和漫散射。第 5 步的输出包含有各种交互类型（直接链路、反射、衍射、物体散射和漫散射）以及各条传播路径上的各个路径片段的交互点的坐标。如图 13.4（b）所示，由于粗糙表面所形成的漫散射是由于外墙表面上所分布的点状散射体所形成的。在对应于这样的点状散射体的视距（LoS）中两个连续站点间的每条路径，都有一个相应的路径通过该点状散射体。

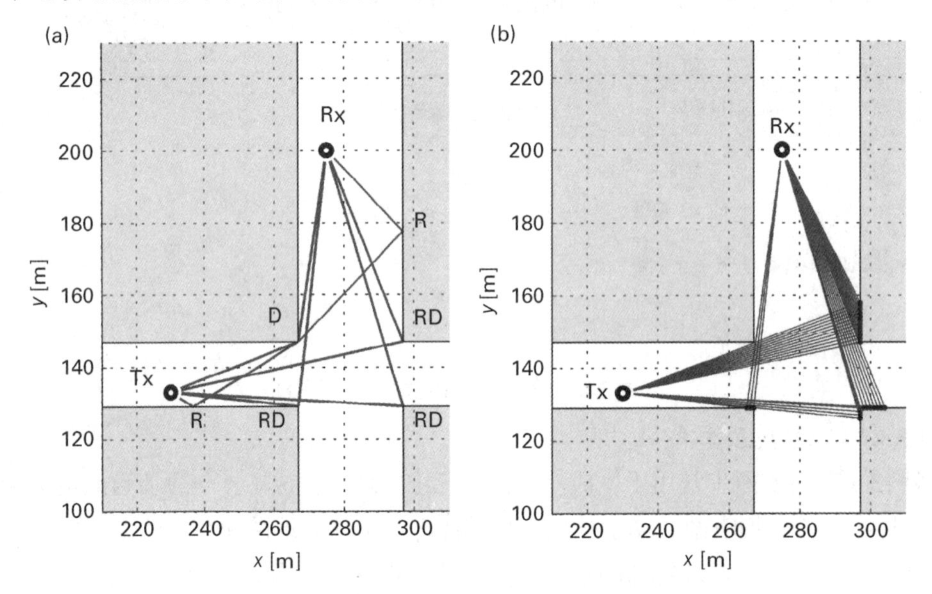

图 13.4（a）由于平坦外墙和所对应的交互而产生的传播路径：衍射（D），漫散射（R）和镜面衍射（RD）；（b）由于粗糙表面引起的传播路径

13.3.1.4 确定传播信道矩阵

接下来的步骤包括了由于遮挡物体所导致的阴影衰落和传播传输函数的确定。这里只就这个方法进行宏观的描述，但衍射和散射将在后面章节中更细致地讨论。我们提出了两个衍射模型。第一个也是最精确的模型是基于衍射均匀原理（UTD）。UTD 方法的缺点是它的高复杂度。为此，一个实质上更简单的建模方法，基于 Berg 递归模型[9]，被提出作为默认的模型。接下来的章节中将详细介绍这个模型。

1. Berg 递归模型所确定的衍射路径

在第 8 步到第 10 步描述了 Berg 递归模型中的视距 LOS 及衍射路径。Berg 递归模型是半经验型的，用于对在城区环境中沿街的信号强度进行预测。之所以叫作“半经验型”是因为它反射出物理传播机制而非严格意义上的电磁理论。它基于的假设是当一个传播中的无线电波在街角处拐弯时，街道拐角表现出来像一个信号源头。

沿着传播路径，每个节点意味着一定的损失，和方向上的变化 θ 相关。在某个节点

j 总的损失由著名的公式，自由空间下方向性天线之间的传播路径损耗可得，其中一个假定的的距离由 d_j 表示，也就是说

$$L_{j|\mathrm{dB}} = 20\lg\left(\frac{4\pi d_j}{\lambda}\right) \tag{13.1}$$

其中，λ 是波长。假定的距离对应于每个衍射点的一个实际的距离，但被乘了一个系数。结果假定的距离 d_j 变得比实际距离更长，这意味着它揭示了当用于自由空间路径损耗公式的衍射损失。一个带 4 个节点的例子在图 13.5 中给出。在每一个节点 j，假定距离由以下的递归表达式计算

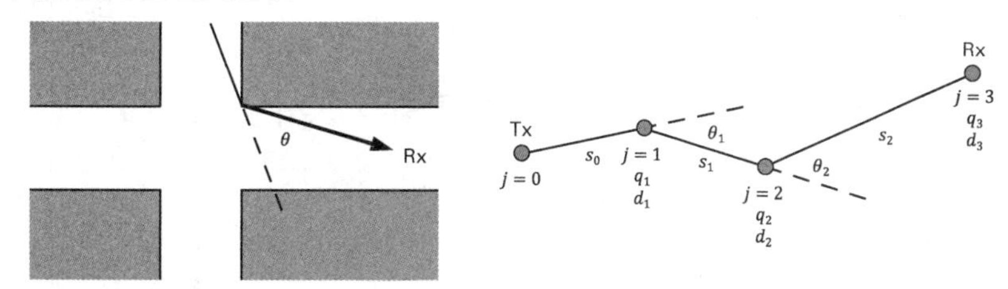

图 13.5　街角作为一个节点（左侧）的例子，以及四个节点的拓扑范例（右侧）

$$\begin{cases} d_j = k_j s_{j-1} + d_{j-1} \\ k_j = k_{j-1} + d_{j-1} q_{j-1} \end{cases} \tag{13.2}$$

其中，s_j 代表节点 j 和它接下来的节点（j+1）之间的实际距离，q_j 是角度相关量并且是 θ_j 的函数。起始值为 $d_0 = 0$ 和 $k_0 = 1$。假定传播距离所对应的角度相关量由下面公式给出

$$q_j = q_{90}\left(\frac{\theta_j}{90^\circ}\right)^v \tag{13.3}$$

其中，$\theta_j \in [0^\circ, 180^\circ]$，$q_{90}$ 和 v 是由将模型代入测试数据后所确定的参数。应该注意到，衍射节点与相应的角度只用于街角后的阴影区域。参数 q_{90} 代表由每个节点引起的衍射损失。对应的波长依赖于

$$q_{90} = \sqrt{\frac{q_\lambda}{\lambda}} \tag{13.4}$$

其中，q_λ 是一个随频率变化的模型参数（参数范围可参见文献 [11]）。参数 v（典型值在 1.5 左右）代表着损失在视距 LOS 和非视距（NLOS）之间变换的区域内变化有多块。

图 13.6 中针对一个室内办公室的环境，举个例子对比测量值与 Berg 递归模型。很明显，对于 60GHz 和 2.4GHz，街角的衍射被精确地建模。接收机的位置被固定在一个

走廊，而发射机的位置则被放置在越来越远的地方。走廊拐角距离接收机大概 75m 远。令人惊讶的结果是对于接近 80m 的距离，两个频率产生了大概 15dB 的差距（也就是说，在走廊那个拐角以后就是非视距 NLOS 条件下）。这个差距与我们期望的在走廊拐角处衍射为主要影响的结论非常接近。

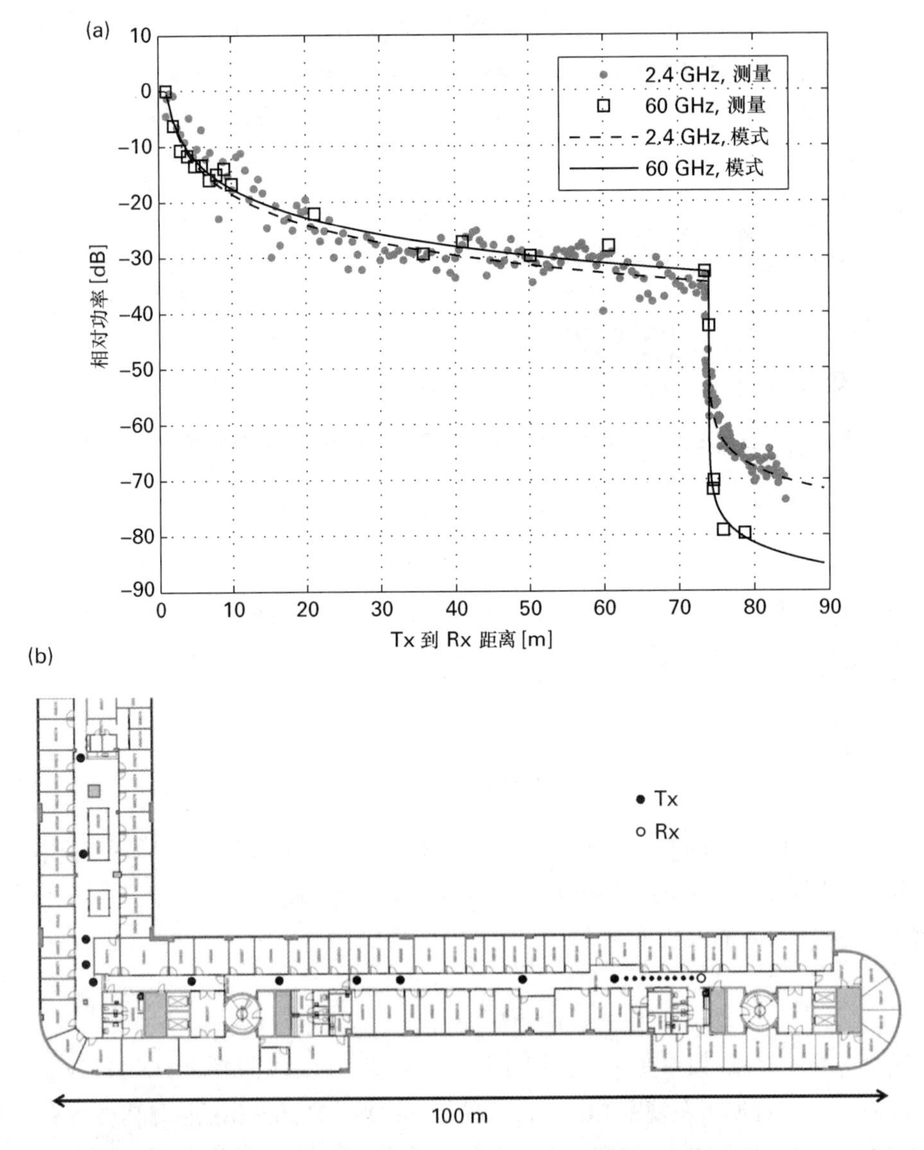

图 13.6　在自由空间下 2.4GHz（灰点）和 60GHz（黑方块）1m 位置的信号强度测量，天线为全向天线，以及 Berg 回归曲线（q_{90}= 2 和 20 分别在 2.4GHz 和 60GHz 下）（顶端）源自一个办公室走廊的场景（下端）

13.3.2.1 节中所描述的来自城市街道微蜂窝测量值的结果却显示出频率的影响是次要的，这也说明了其他散射过程例如漫散射是占主导地位的。

在计算根据 Berg 递归模型所引入的计算衍射损耗由于 Berg 递归模型时，任何镜面相互作用点被忽略。此外，使用递归模型时，通过任何散射体的线段长度应根据相应的损失进行修改。图 13.7 给出例子，其中 s_j 代表各段 sg_i 所对应的距离为，$s_0=sg_1$，$s_1=sg_2+sg_3$，$s_2=sg_4$，且 $s_3=2\ sg_5sg_6/R$。前者的路径由物体 sc_1 散射，其中散射截面取自全导电的半径为 R 的球体。

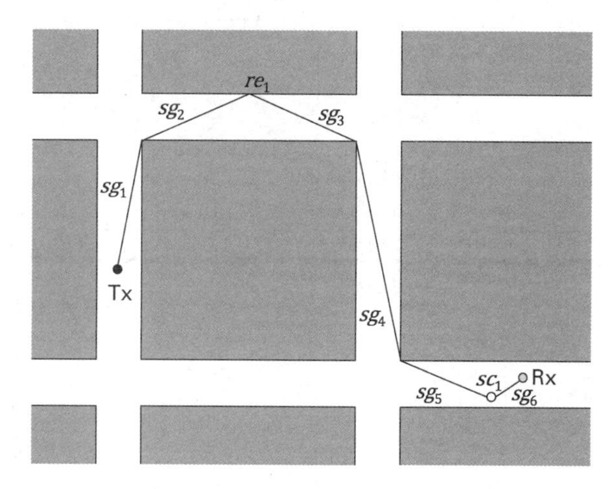

图 13.7 经历了衍射、镜面反射和物体散射的人行道示例

2. 散射和阻塞物体

每个路径可能被物体如人或车辆所分散和减弱。如果他们靠近链接中的任意一端（发射或接收天线），那么散射效果会非常明显。

像车辆和行人这样的物体会导致路径被阻塞和被散射。对于阻塞模型，每个物体都对应竖直方向放置的屏幕，并与一个简化了的刀锋衍射模型一起使用。另外，散射波的功率基于一个全导电的球体的散射截面建模。关于阻塞和散射模型更多的细节，读者可参见文献 [11]。

图 13.8 给出了沿着 Rx 的路线上随机放置的物体的角功率谱效果。当一个物体路过接收机，会收到相应的来自前向方向（0°）并向后向方向（±180°）的散射波。在强方向波的基础上，收到来自向后方向（180°）的散射波。为了不增加复杂度，只选择了一些显著的散射体。发现有两类这样的散射体。第一类包括在 LOS 环境下向发射机和 / 或

接收机的散射体。第二类包括相对于两端结点沿着传播路径都属于 LOS 的散射点，互相也成为彼此的 NLOS 环境。举个例子，一个散射体处于街口，对于发射机和接收机都是 LOS 的方位，而沿着两条相交街道而言，又处于相对彼此为 NLOS 的位置。另外，经散射的波的功率应相对于最强径大于 -40dB。

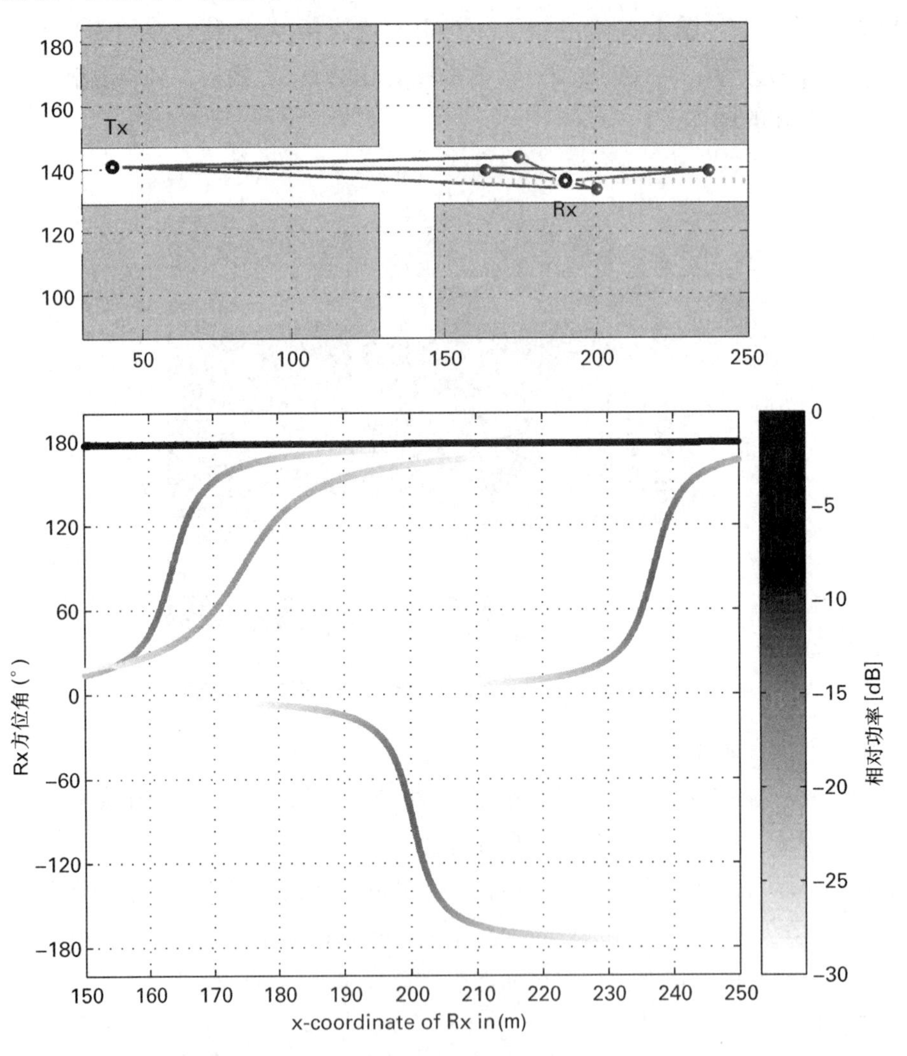

图 13.8　散射物体延街道网格（上图）中接收机路线（上图，点划线）和相应接收机方位角，x 轴为接收机路线（下图）的位置

13.3.1.5　构建无线信道传输函数

基于地图的建模（图 13.3 中的第 12 步）的最后一步是通过合成已知的天线辐

射模式以及由前面步骤得到的传播参数，生成一个时变的无线信道传输函数。复极化天线的辐射模式沿第 6 步所得到的到达和出发的路径方向采样。所需的传播参数是路径时延，阴影遮挡物体的总体衰减，2×2 极化矩阵和每个路径段落的差异因素。

图 13.9 中显示了一个针对接收机基于地图的模型的生成的例子。中心频率为 2GHz，发射机 Tx（三角）高度为 15m，接收机 Rx（左上部分由点形成的垂直线）高度 1.6m。Rx 沿着均匀采样的直线从南向北移动。路径时延与角参数沿着 Rx 的位置变化而变化，如图 13.9 中所示。

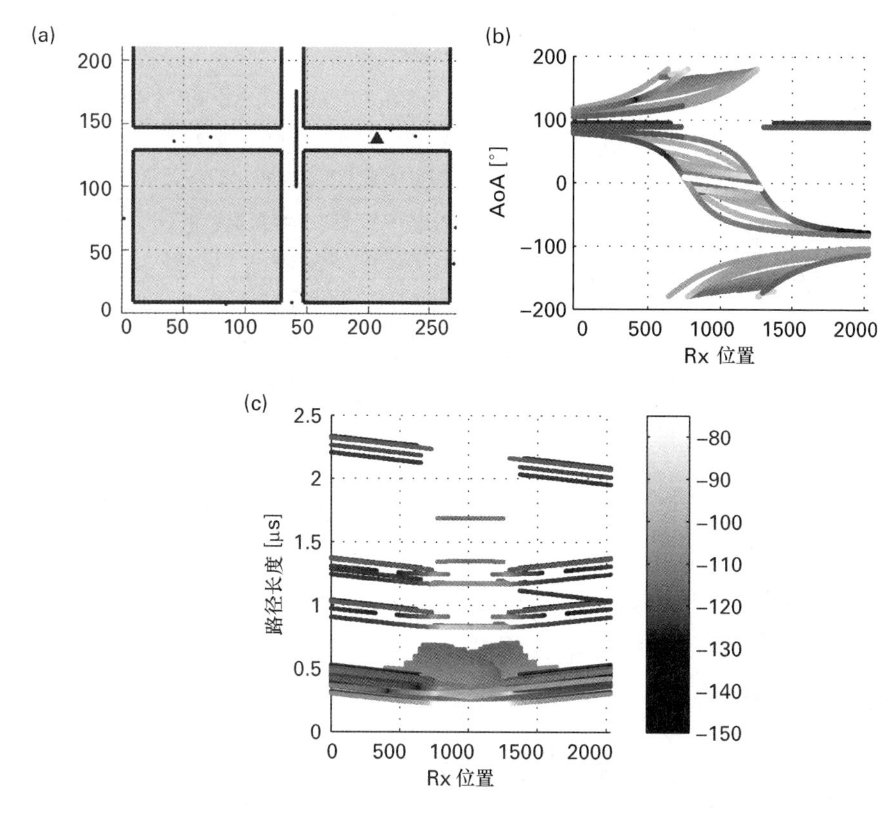

图 13.9 一个过渡场景的传播参数，AoA（左下）和路径迟延（右）

路径数目增加并接近视距区域，多数因为来自周边墙体的漫散射。到达角随路线平滑变化，而射出角则集中于沿两条街道 Tx 位置的开阔区域变化。路径增益以 dB 显示于灰色数据条。为清晰起见，小于相对最大路径增益 −40dB 的路径未在图中体现。

13.3.2 随机过程模型

随机过程模型是基于几何的随机信道模型家族扩展而来的，主要来自3GPP 3D信道模型[6]，其为WINNER+模型的延伸[4]。所建议的扩展方式列于表13.3中，并在后续小节中讨论更多关于路损，大尺度参数的正弦加和计算方法，毫米波参数化，Laplacian波形的采样以及动态模型与球面波等细节的讨论。

表13.3　建议GSCM的扩展

项　目	扩　展	注　释
路损	新场景，D2D，mmW（毫米波）	针对特定场景的路损模型，D2D情况的路损，针对50～70GHz的路损模型
大尺度衰落	站间相关性	使用参数间相关性来生产站点特定的大规模（LSP）地图
阴影衰落	空间一致性阴影衰落 参数化更新	使用正弦波的叠加来实现低复杂度 信道模型参数表基于文献和METIS测量进行更新
集群位置	定义集群的坐标	通过确定BFC（首先触及集群）和LBC（最后触及集群）的距离进行球面波仿真
时域变化	信道模型参数的平滑变化	首先确定集群位置，然后根据几何计算SSPs（小尺度参数）。总选择最强的集群，对于移动的设备可以提供平滑的“生-死”效果
集群角功率谱密度	Laplacian波形的直接采样	直接采样可提高相关精确度和更真实的大规模MIMO的角度分布

13.3.2.1　路损

M.2135[5]所规范的ITU-R UMi路损模型的频率范围在METIS项目中在3个场景中向上被扩展至60GHz。已选中模型用于曼哈顿-网格格局做基础，又结合在3个不同城市8个信道频率所做的信道测量进行了测试[2]。原始的模型经过修正提高了与测量值的吻合度。所得到的经典的METIS路损模型总结如下。

曼哈顿格局LOS模型：LOS场景的模型满足

$$PL_{\text{LOS}}(d)_{|\text{dB}}=10n_1\lg\left(\frac{d}{1\text{m}}\right)+28.0+20\lg\left(\frac{f_c}{1\text{GHz}}\right)+PL_{1|\text{dB}} \tag{13.5}$$

对于$10\text{m}<d\leqslant d_{\text{BP}}$以及

$$PL_{\text{LOS}}(d)_{|\text{dB}}=10n_2\lg\left(\frac{d}{d'_{\text{BP}}}\right)+PL_{\text{LOS}}(d'_{\text{BP}})_{|\text{dB}} \tag{13.6}$$

对于$d'_{\text{BP}}\leqslant d<500\text{ m}$，其中，$f_c$是载波频率，$d$是发射机与接收机之间的距离，$d'_{\text{BP}}$是

实际的 BP 距离，PL_1 是路损偏差。两个字符 $n_1 = 2.2$ 和 $n_2 = 4.0$ 代表在 BP 之前和之后的率衰落常数，而阴影衰落的标准差是 σ_S =3.1dB. 原来 M.2135 模型和 METIS 模型的区别主要在两方面。首先，在依据 METIS 路损测量值做估计和与原来 M.2135 中的值进行比较，BP 距离比在 M.2135 中描述的要短得多。因此引入与频率相关的 BP 尺度因子来反映测量中更短的 BP 距离如

$$a_{\mathrm{BP}} = 0.87\exp\left[-\frac{\lg\left(\frac{f_c}{1\mathrm{GHz}}\right)}{0.65}\right] \tag{13.7}$$

导致有效 BP 距离为

$$d'_{\mathrm{BP}} = a_{\mathrm{BP}}\frac{4h'_{\mathrm{BS}}h'_{\mathrm{MS}}}{\lambda} \tag{13.8}$$

其中，λ 是在所关注频率的波长，h'_{BS} 与 h'_{MS} 代表实际的基站 BS 和终端 MS 的高度。等效的天线高度由实际的天线高度 h_{BS} 和 h_{MS}（均大于 1.5m）分别由 $h'_{\mathrm{BS}} = h_{\mathrm{BS}}$−1m 和 $h'_{\mathrm{MS}} = h_{\mathrm{MS}}$−1m 来反映集群在地面的效果，例如汽车。必须要说明的是，式（13.7）中的 BP 尺度因子只对竖直高度超过 3m 的基站有效。两个 V2V 的测量其中天线高度对地 1.5m，就无法参考，其中 2.3GHz 和 5.25GHz 的 BP 尺度因子分别为 7.5 和 1.3。相比于 M2135 模型的的另一不同之处在于路损偏差 PL1，使得我们能够提升模型与测量的整体一致度。

由于 M2135 原始模型接近于自由空间的路损，最初的路损反映了周围散射的环境。偏置为

$$PL_{1|\mathrm{dB}} = -1.38\lg\left(\frac{f_c}{1\mathrm{GHz}}\right) + 3.34 \tag{13.9}$$

曼哈顿 - 格局 NLOS 模型：针对 NLOS 场景的模型为

$$\begin{aligned}PL_{\mathrm{NLOS}} = {} & PL_{\mathrm{LOS}}(d_1)_{|\mathrm{dB}} + 17.9 - 12.5n_j + 10n_j\lg\left(\frac{d_2}{1\mathrm{m}}\right) \\ & + 3\lg\left(\frac{f_c}{1\mathrm{GHz}}\right) + PL_{2|\mathrm{dB}}\end{aligned} \tag{13.10}$$

当 10 m < d_2 < 1000 m 时，及

$$n_j = \max\left[2.8 - 0.0024\left(\frac{d_1}{1\mathrm{m}}\right), 1.84\right] \tag{13.11}$$

其中，d_1 和 d_2 分别是街道交叉口到基站和到终端的距离。基站和终端分别位于两

个相交的街道上。PL_{LOS}(d1）是根据式（13.5）和式（13.6）推导出的基站到交叉点的路损，式（13.10）中的最后一项 PL_2 是针对 NLOS 模型的路损偏置，取决于街道。模型与测量的贴近反映出在 NLOS 环境下 PL_2 和阴影衰落是不依赖于频率的，却很大程度上依赖于街道，反映出一个事实，主街和垂直街道的耦合高度依赖于建筑的形状和街道交叉处的植被情况。对街道依赖的耦合程度可以用一个随机变量来建模。在不同的街道上，PL_2 的均值与方差分别为 −9.1 dB 和 6.1 dB，而在阴影衰落下分别为 3.0 dB 和 1.3 dB。正态分布会减少与街道相关的参数值，但需要更多的数据集合来保证统计的有效性。

NLOS 模型是个 M2135 原始模型的简化版。在某种程度上说，它只考虑了基站到终端的路损，而原始模型还计算了基站到终端以及终端到终端的路损，并取其中的较小值[12]。尽管基站与终端间的路损是一样的，基于信道互易性原理无论信号传输的方向如何，路损模型却不一定要坚持这种互易性。我们发现，根据可获得数据集合，这种简化了的模型和原始模型一样工作得很好。

13.3.2.2　基于正弦波叠加的大尺度参数

生成空间一致的 LSP 在两端都在移动的情况下（发射端和接收端的位置均通过（*x*，*y*，*z*）坐标来表示）会导致一个六维的 LSP 地图。由于这种六维地图若采用传统噪声过滤的方法，会需要高计算复杂度和极高的内存消耗，一个不同的方法基于正弦波的加和，在文献 [13] 中进行介绍，并进一步在文献 [12] 中阐释。

这个方法提供了一致的联合相关性，和所需要的一维相关值距离和阴影衰落过程的标准差。这个方法很有效的解决了计算复杂度，特别是内存开销的问题。只有 $K(6+1)$ 个实数需要存于内存中（K 是波的数目）。一个三维空间的输出（而非六维，仅仅是处于可视化的角度考虑）可在图 13.10 中进行图示。原则上，所以其他空间相关的 LSP 是可以通过这种方法生成的。

13.3.2.3　毫米波的参数化

本小节为随机模型基于测量的参数提出了建议。基于 WINNER II[1] 和 WINNER+[4] 模型的一组信道模型参数，工作在 60GHz，适用于室内购物商超、室内咖啡馆以及室外的开放广场。所有参数是由近距离无线信道测量推导得来的，根据一个定量的实地仿真工具并针对咖啡馆与广场结合了实验验证[14]。信道测量采用 4GHz 带宽，对应于空域的分辨率为 7.25cm。从发射天线到接收天线的距离范围最大 36m，如表 13.4 所示。购物商超和广场测量值包括 LOS 以及 OLOS（有阻碍的 LOS）场景，其中 LOS 主要的阻挡物体是商超中的柱子和灯杆，以及开阔广场上的行人。

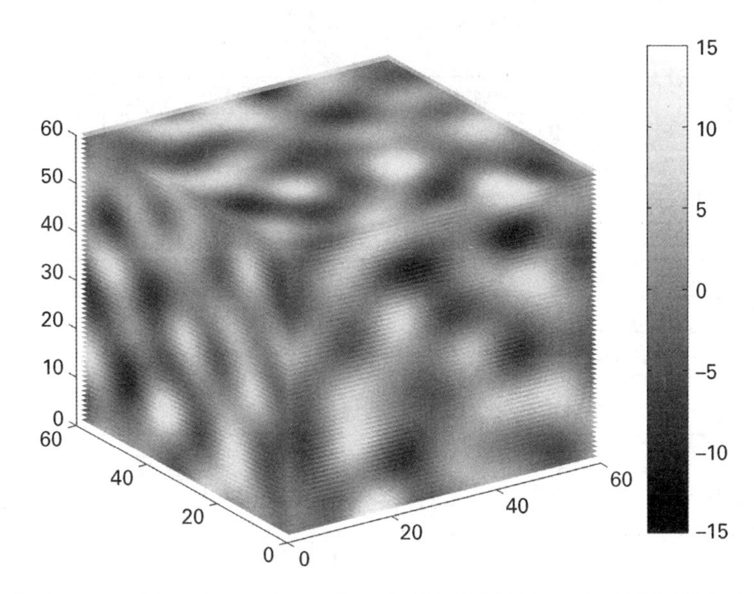

图 13.10　一个三维 60m×60m×60m 的阴影衰落地图，灰色代表衰落的 dB 值

表 13.4 和表 13.5 中给出了系统和模型参数。后一个表涵盖了大尺度参数，例如路损、时延及角度的扩展参数、阴影衰落和 Rician 分布的 K- 因子；它们通过其均值 μ 和标准差 σ（以 10 为底的对数）来描述。它们是相关的随机变量，如文献 [1] 所详述。为了简洁起见，调节相关性的参数就没有列出，但可以在文献 [2] 中找到。表 13.5 也保留了一些所选参数用于定义散射集群和子路径。在这些测量值中，我们发现传播路径并不像在低频（低于 6GHz）时那样形成明显的集群。因此，可以假定每个传播路径作为一个集群。然而，依然可以使用 WINNER 信道模型，附带定义一个集群内 20 个子径，并重建具有时延扩展和 Rician 的 K- 因子 [15] 与测量值一致特性的那些信道。集群的角度扩展设为很小的值 0.5 度，以使得 20 条子径的模型能够很好地接近测量值。20 条子径的模型验证需要进一步的基于测量的测试，因为模型可能导致对于大型天线阵列过于乐观的性能，如图 13.1 所示。另外，交叉极化比例（XPR）的估计需要进一步的测量来提高其质量，因为表 13.5 中的值是来自 IEEE 802.11ad 的信道模型 [7]。具体的测量说明，参数提取步骤以及完备的参数表在文献 [2] 中详细给出。

表 13.4　推导 WINNER 信道模型参数的设定，60GHz，面向 3 个短距离场景

设置		购物中心		自助餐厅	广场	
		LOS	OLOS	LOS	LOS	OLOS
BS-MS 距离 /m	最小	1.5	4.0	1.0	6.4	6.4
	最大	13.4	16.1	13.1	36.3	36.3

续表

设置		购物中心		自助餐厅	广场	
		LOS	OLOS	LOS	LOS	OLOS
天线高度 /m	BS	2	2	2	6	6
	MS	2	2	1	1	1
带宽 /GHz	最大	4		4	4	
中心频率 /GHz		63		63	63	
动态范围 /dB		20		20	20	

表 13.5　基于测量的信道模型参数，60GHz，面向 3 个短距离场景

参数 / 模式	信号	购物中心		自助餐厅	广场	
		LOS	OLOS	LOS	LOS	OLOS
		2D		3D	3D	
路径损失（dB）	A	18.4	3.59	15.4	20.3	26.2
$PL=A\lg(d/1\text{m})+B$	B	68.8	94.3	767.1	67.5	70.5
延迟	$\mu_{\lg DS}$	−8.28	−7.78	−8.24	−8.82	−7.72
lgDS=lg (DS/1s)	$\sigma_{\lg DS}$	0.32	0.10	0.18	0.37	0.32
Azimuth spread of departure (ASD)	$\mu_{\lg ASD}$	1.09	1.61	1.63	1.10	1.49
lgASD=lg (ASD/1deg)	$\sigma_{\lg ASD}$	0.43	0.11	0.25	0.75	0.35
Azimuth spread of arrival (ASA)	$\mu_{\lg ASA}$	1.19	1.62	1.56	0.24	1.31
lgASA=lg (ASA/1deg)	$\sigma_{\lg ASA}$	0.47	0.14	0.19	0.54	0.44
Elevation spread of departure (ESD)	$\mu_{\lg ESD}$	NA	NA	1.31	0.43	0.74
lgESD=lg (ESD/1deg)	$\sigma_{\lg ESD}$	NA	NA	0.16	0.29	0.32
Elevation spread of arrival (ESA)	$\mu_{\lg ESA}$	NA	NA	1.28	0.77	0.95
lgESA=lg (ESA/1deg)	$\sigma_{\lg ESA}$	NA	NA	0.23	0.96	1.19
阴影衰落（dB）	σ_{SF}	1.2	2.1	0.9	0.3	3.5
K- 因子 dB	μ_{KF}	7.9	NA	−2.5	8.4	NA
	σ_{KF}	5.8	NA	2.4	2.2	NA
延迟属性	指数					
AoD 和 AoA 属性	Wrapped Gaussian					
交叉极化率 (XPR)/dB	μ_{XPR}	29	29	29	29	29
	σ_{XPR}	6.5	6.5	6.5	6.5	6.5
簇数量		6	18	42	4	25
每一簇光线数量		20	20	20	20	20

续表

参数 / 模式	信号	购物中心		自助餐厅	广场	
		LOS	OLOS	LOS	LOS	OLOS
		2D		3D	3D	
簇 ASD（°）		0.5	0.5	0.5	0.5	0.5
簇 ASA（°）		0.5	0.5	0.5	0.5	0.5
簇 ESD（°）		NA	NA	0.5	0.5	0.5
簇 ESA（°）		NA	NA	0.5	0.5	0.5
每簇阴影，std（dB）		2.5	6.3	4.2	4.9	4.9

DS（Delay Spread），lg（log-scale），NA（Not Available），PL（Path Loss）.

13.3.2.4 波形的直接采样

原始的 SCM 模型 [3] 和 3GPP 最新的 3D 信道模型 [6]（第 7 步）都提出了通过 20 条等功率子径来逼近 Laplacian 形状的 PAS（角功率谱）的方法。当发送和接收天线的数目是受限的，最终的仿真结果也并不会由于这种简化受太多影响。然而，由于相关误差和空域可分离的子径，这种近似并不适用于大规模天线（massive-MIMO）。而小的天线阵列无法检测到个体的子径，其更高的空域辨识度大的阵列却可以做到。生成射线偏置量更精确的办法是采用对 Laplacian 波形直接采样，如文献 [11] 中所描述的。因此，在对非常大天线的仿真中建议应用这个方法。

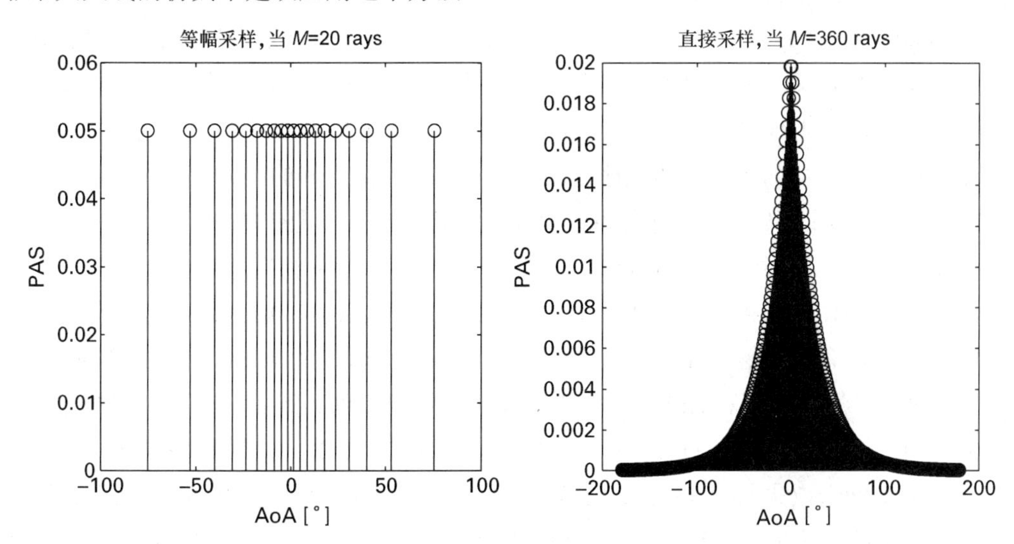

图 13.11 等幅（左图）与直接采样（右图）的 Laplacian 波形的角功率谱，两种情况下 x 轴是到达角（或出发角），y 轴是幅度

13.3.2.5 动态建模与球面波

对于非常大的天线阵列的仿真，球面波的建模是必须的。因此，有必要定义集群的物理位置的（*x*，*y*，*z*）坐标（参见图 13.12，其中 FBC 代表第一个反弹集群，LBC 代表最后一个反弹集群）。最初，SCM 和 WINNER 模型假定 AoD 及 AoA 为独立的。这意味着形成的路径通常是多次反弹路径而非单次反弹路径。

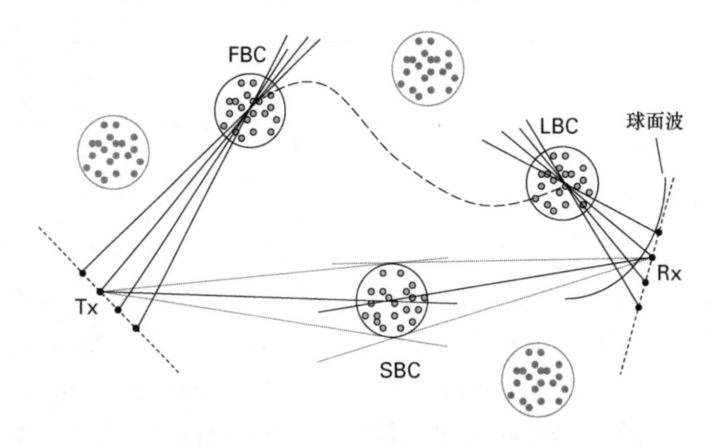

图 13.12　基于几何的随机模型加入球面波

在多次反弹的情况下 AoA、AoD 和时延是基于传统的 GSCM 原则定义的。Tx（或 Rx）到集群位置最大距离由 Tx 及 Rx、AoA/AoD，以及时延的决定的。形状是一个椭圆形，其中两个极点为 Tx 和 Rx，主轴长度等于时延乘以光速。出发和到达的角度决定了从 Tx 到集群以及从集群到 Rx 的方向。最大集群距离等于 Tx（或 Rx）与椭圆轨迹的距离。实际上 Tx（或 Rx）到集群的距离是随机地散落在 0 与最大距离之间的（见图 13.13）。当集群的位置确定了，每个辐射元件的相位可以根据几何显式计算（见图 13.13）。

在 SBC（单次反弹集群）的情况下，建模遵循与多次反弹情况相同的原则，如上文所述。然而，SBC 位于椭圆轨迹上（见图 13.13）。由于 AoA、AoD 和时延是在 GSCM 中随机生成，很有可能这三个参数的几何属性并不适合于这个椭圆。因此，SBC 直接基于 2 个集群参数如时延和 AoD（或时延与 AoA）计算得到。然后，在另一端的方向则由匹配 AoA（或 AoD）与 AoD（或 AoA）及时延的方式来计算。在这种情况下，50% 的 SBC 会被随机的选取来基于 Tx 侧的集群参数计算，另 50% 则依据 Rx 侧的集群参数来计算，而最初散落的集群时延以及功率和集群指示会保留。但是，单次反弹的情况已经被从原始的 SCM 及 WINNER 模型的框架中排除出来。事实上，对这一方法的实现有待进一步的研究。

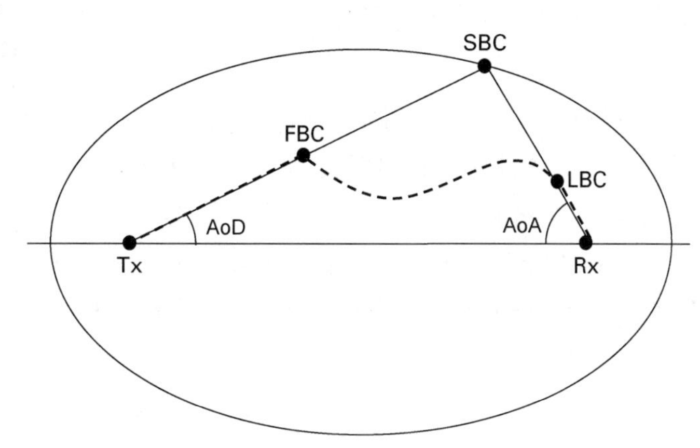

图 13.13 确定集群的位置

确定了物理方位后，LaS 与 SS 参数的漂移可引起小段位移距离，如图 13.14 所示。漂移的实现是直接的完全基于几何。时延、幅度、相位和到达角都基于 Rx 的位置进行更新。Rx 位置的采样密度需要满足 Nyquist 准则，更密集的时间采样点需要有足够的滤波来保证。这个功能已经成为 Quadriga 信道模型的一部分 [17]。

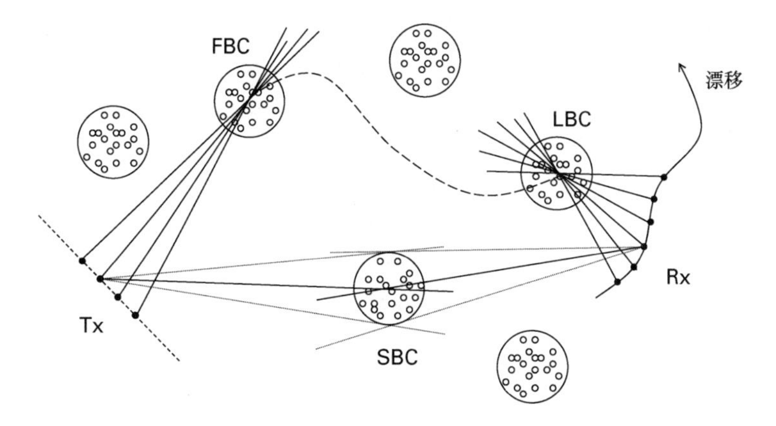

图 13.14 LaS 与 SS 参数的漂移

13.4 小　　结

本章介绍了5G传播与信道模型的要求，并概括了METIS信道模型。我们发现最近标准化的MIMO信道模型并不能满足许多重要的5G信道模型要求。例如，更高频率、大规模MIMO和直连V2V链路所需要的功能与参数。因此，METIS信道模型强调了这些所需要的功能和参数来建模一个5G系统。同时发现，不同的仿真场景和测试用例会需要不同的建模功能。由于这些差异化的需求，METIS信道模型并不是一个单一的模型，它包括了基于地图的和随机的模型。

第14章

仿真方法

5G技术工作需要仿真方法，旨在确保通过计算机仿真验证结果的一致性。该方法必须包括用于校准仿真器的流程、评估的准则，以及支持和控制所执行仿真有效性的机制。本章提供了一种方法，为仿真校准假设。该校准功能允许对不同的5G技术组件进行直接比较。本章基于作者在International Mobile Telecommunications-Advanced（IMT-Advanced）定义框架和METIS[1]仿真工作中积累的经验。最后，本章介绍了一些相关测试用例和首选模型。

14.1 评估方法

本节提供了方法指南，目的是实现一致的性能评估。该指南可作为一个框架，具有一致的假设、始终如一的模型选择和仿真参考指标，确保能够比较结果。不同级别的结果不能进行比较，但可用作输入，例如链路级仿真可用作系统级仿真的输入，但不能与系统级仿真进行比较。下面讲解和定义了主要性能指标以及合适的信道和传播模型。评估场景的主要特点超出了本章的讨论范围，因为在第2章对此进行了详细描述。

14.1.1 性能指标

评估5G系统时可使用的主要性能指标在下文进行了定义和阐述。应注意（性能指标的）材料基于文献 [1] ～ [4]。

14.1.1.1　用户吞吐量

用户吞吐量的第一个定义：接收机接收的信息位总数除以数据链路层的总活动会话时间[2][3]。活动会话时间不包括应用层的等待时间，例如 Web 浏览的读取时间或 TCP/IP 流量控制引入的回退时间，因此通常与会话长度不同。

用户吞吐量的第二个定义：将整个会话时间考虑在内，而不仅仅是活动会话时间。这两个定义对于完整的缓冲器流量模型而言是一样的，因为该模型没有读取时间也没有回退时间。

用户吞吐量的第三个定义：用户接收到的所有数据包所体验的吞吐量的平均值[2]。此处的数据包吞吐量是指数据包的大小除以发射器在数据链路层发射数据包到接收机在数据链路层收到这些数据包所使用的时间。如果数据包传输在时间上不重叠，则该定义与第一个定义是等效的。

14.1.1.2　应用数据速率

应用数据速率的定义：用户应用层的数据比特率，即不包括与 TCP 和协议开销有关的数据位。此定义有助于对可在协议堆栈的任何层实现更改的技术组件进行比较。

14.1.1.3　小区吞吐量

小区吞吐量的定义：小区在预先指定的时间间隔内收到的信息位的总数[3]。小区的定义为一个数据聚合点，为此类数据聚合点测量小区吞吐量，例如 3GPP 小区或 Wi-Fi 接入点。

14.1.1.4　频谱效率

频谱效率的定义：聚合用户吞吐量除以数据链路层每个测量单位所使用的聚合频谱。请注意，聚合频谱包括用于控制和广播信令的频谱。测量单位是一个小区或面积单位，例如平方公里。

小区频谱效率的定义：每个小区发生聚合的频谱效率。

在文献 [3] 中对正常用户吞吐量的定义：用户吞吐量除以用户服务小区的信道带宽。该指标相当于用户频谱效率。

小区边缘用户频谱效率的定义：正常用户吞吐量的累积分布函数（CDF）的 5%[3]。

14.1.1.5　流量

流量的定义：在应用层是指面向所有用户的聚合服务流量，可以指设置的总流量也可以指每个面积单位的总流量。

14.1.1.6　误码率

误码率的定义为在所研究的技术的原始解调上发送比特的误码率。

误帧率是指发送信息块的错误率。例如，信息块可以是数据链路层的链路级码字或系统级传输块。

14.1.1.7 延迟

应用端到端延迟，是指从源的应用层到目的地的应用层所花费的时间。

媒体访问控制（MAC）层延迟，是指从源的 MAC 层到目的 MAC 层所花费的时间。

14.1.1.8 网络能效

网络能效的定义：所消耗的能量除以数据链路层所服务比特的数量[4]。

14.1.1.9 成本

成本，是指达成某一解决方案所消耗的资本金额。为了实现轻松比较，成本可通过系统数据费率进行标准化，从而生成针对每服务比特的成本指标。

14.1.2 信道简化

应根据所需的准确性选择仿真评估所用的信道和传播模型，但应考虑模型的计算复杂性。事实上，信道传播建模对仿真器的总计算负担有很大影响。

与射线追踪选项相比，随机和几何模型更容易实现，但通常缺乏 5G 评估所需的真实性水平。它们使用两组不同的信道参数。第一组参数涉及小尺度参数，包括射线的到达角（AOA）和发射角（AOD）或延迟。第二组参数涉及大尺度参数，包括阴影衰落和路径损耗。

一个合理的替代方案包括用于表征大尺度效应的简易型基于射线的方法，随后使用纯随机和几何方法来表征小尺度效应。这种替代方案比射线追踪简单得多，但依然能够正确地表征真实环境。

14.1.2.1 小规模建模

与小尺度参数表征有关，国际电信联盟无线电通信部（ITU-R）M.2135 模型[5]是被研究界最广泛接受的模型。虽然 M.2135 未涵盖 5G 研究中通常考虑的一些传播场景（如 D2D 通信和 V2X 通信），但可以定义这些传播场景与 M.2135 信道模型之间的映射。具体的映射在表 14.1 中进行了汇总。考虑了城市、室内、D2D 和 V2X 场景。O2O 和 O2I 分别代表室外对室外和室外对室内。关于信道模型，考虑 3 个 ITU-R 模型：城市微模型（UMi）（包括其 O2I 版本）、城市宏模型（UMa）和室内热点模型（InH）。

表 14.1 不同传播场景的小型模型

传播场景	模 型	关联长度
城市微型 O2O	ITU-R UMi	10
城市微型 O2I	ITU-R UMi O2I	10
城市宏 O2O	ITU-R UMa	50
城市宏 O2I	ITU-R UMa	50
室内办公室	ITU-R InH	10
D2D/V2X 城市 O2O	ITU-R UMi，高度适当	10
D2D/V2X 城市 O2I	ITU-R UMi O2I，高度适当	10
D2D 室内办公室	ITU-R UMi InH，高度适当	10

关于小尺寸表征需要解决两个问题。第一个问题是此类模型对于动态仿真的有效性，在动态仿真中，用户的位置随着时间而改变。在这个意义上，可以假定射线和集群生成的条件在某个关联长度上保持静止，具体取决于传播场景。在这个距离之后，必须根据新的几何结构生成新的集群和射线。第二个问题是如何估算视线（LOS）或非视线（NLOS）条件[5]。对于综合仿真，这些条件是随机选择的。然而，对于现实的测试用例，应根据发射器和接收机的实际位置，为每个关联长度重新评估视觉条件。

14.1.2.2 当基站位于屋顶时的大规模建模

在这种情况下，以分贝为单位的总传输路径损耗 $PL(d)$ 表示为自由空间损耗 L_{fs} 和从屋顶到街道的衍射损耗 L_{rts} 及由于跨多行建筑物的多个屏幕衍射而导致的损耗 L_{mds} 之和，即

$$PL(d)=\begin{cases}L_{fs}+L_{rts}+L_{mds} & 如果\ L_{rts}+L_{mds}>0\\ L_{fs} & 如果\ L_{rts}+L_{mds}\leqslant 0\end{cases} \tag{14.1}$$

图 14.1 说明了所使用的几何结构和影响模型响应的一组变量。假设 d 表示移动台到基站的距离，则这两者之间的自由空间损耗表示为

$$L_{fs}=-10\lg\left(\frac{\lambda}{4\pi d}\right)^2 \tag{14.2}$$

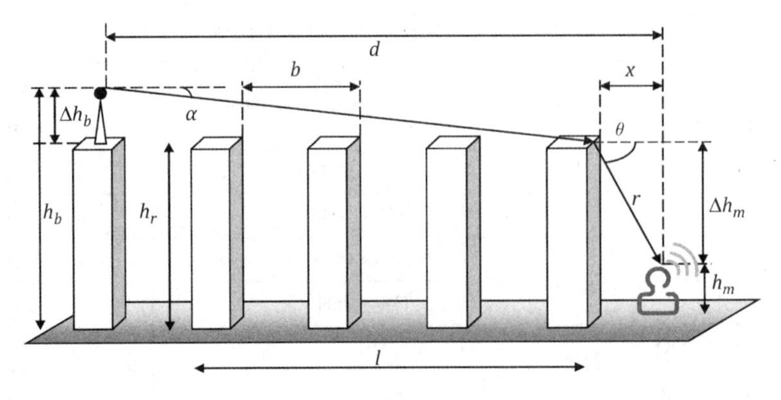

图 14.1　模型的几何结构

从屋顶到街道的衍射给出了移动台的额外损耗[6]，为

$$L_{\mathrm{rts}} = -20\lg\left[\frac{1}{2}-\frac{1}{\pi}\arctan\left(\mathrm{sign}(\theta)\sqrt{\frac{\pi^3}{4\lambda}r(1-\cos\theta)}\right)\right] \tag{14.3}$$

其中

$$\theta = \tan^{-1}\left(\frac{|\Delta h_m|}{x}\right) \tag{14.4}$$

$$r = \sqrt{(\Delta h_m)^2 + x^2} \tag{14.5}$$

Δh_m 表示最后一个建筑物的高度与移动台天线高度 h_m 之差，x 表示移动台和衍射边缘之间的水平距离。由于跨多行建筑物的传播导致的从基站天线的多个屏幕衍射损耗取决于基站天线高度相对于建筑物高度及入射角[7]。掠入射的标准是稳定场距：d_s：

$$d_s = \frac{\lambda d^2}{\Delta h_b^2} \tag{14.6}$$

其中，Δh_b 表示基站天线高度 h_b 和平均屋顶高度 h_r 之差。然后，对于 L_{mds} 的计算，d_s 与路径长度 l 进行比较（见图 14.1）。

如果 $l > d_s$

$$L_{\mathrm{mds}} = L_{\mathrm{bsh}} + k_a + k_d\lg(d/1000) + k_f\lg(f) - 9\lg(b) \tag{14.7}$$

其中

$$L_{\mathrm{bsh}} = \begin{cases} -18\lg(1+\Delta h_b) & 当\ h_b > h_r \\ 0 & 当\ h_b \leqslant h_r \end{cases} \tag{14.8}$$

是一个损耗项，取决于基站高度

$$k_a=\begin{cases}54 & \text{当} h_b>h_r\\ 54-0.8\Delta h_b & \text{当} h_b\leqslant h_r \text{和} d\geqslant 500,\\ 54-1.6\Delta h_b d/1000 & \text{当} h_b\leqslant h_r \text{和} d<500\end{cases} \tag{14.9}$$

$$k_d=\begin{cases}18 & \text{当} h_b>h_r\\ 18-15\dfrac{\Delta h_b}{h_r} & \text{当} h_b\leqslant h_r\end{cases} \tag{14.10}$$

$k_f=0.7(f/925-1)$ 适用于中等城市和拥有中等树密度的郊区中心，而 $k_f=15(f/925-1)$ 适用于大城市中心。注意：在这些等式中频率以 MHz 为单位表示。

另一方面，如果 $l\leqslant d_s$，则必须根据基站和屋顶的相对高度进行进一步的区分。

$$L_{\text{mds}}=-10\lg(Q_M^2) \tag{14.11}$$

其中

$$Q_M\begin{cases}2.35\left(\dfrac{\Delta h_b}{d}\sqrt{\dfrac{b}{\lambda}}\right)^{0.9} & \text{当} h_b>h_r\\ \dfrac{b}{d} & \text{当} h_b\approx h_r\\ \dfrac{b}{2\pi d}\sqrt{\dfrac{b}{\lambda}}\left(\dfrac{1}{\vartheta}-\dfrac{1}{2\pi+\vartheta}\right) & \text{当} h_b<h_r\end{cases} \tag{14.12}$$

$$\vartheta=\tan^{-1}\left(\frac{\Delta h_b}{b}\right) \tag{14.13}$$

以及

$$\rho=\sqrt{\Delta h_b^2+b^2} \tag{14.14}$$

在此模型中，最小耦合损耗设置为 70dB。此外，关于室外对室内表征，可使用与 WINNER+ 项目 [8] 相同的方法。

14.1.2.3 当基站远低于平均建筑物高度时的大规模建模

推荐的模型基于面向曼哈顿网格布局的 ITU-R UMi 路径损耗模型 [5]。通常情况下，该模型区分传输点所在的主街道、垂直街道和平行街道。图 14.2 展示了所使用的几何结构。

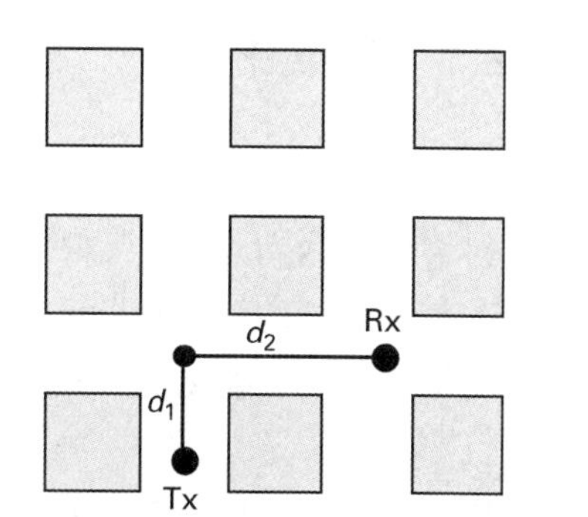

图 14.2 该场景下几何结构的正立投影

如果接收机在主街道，则根据式（14.15）计算 LOS 路径损耗（以分贝为单位）。

$$PL_{\mathrm{LOS}}(d_1)=40\lg(d_1)+7.8-1.8\lg(h_b' h_m')+2\lg(f_c) \tag{14.15}$$

其中，d_1 表示发射器与接收机之间的距离（单位：m），f_c 表示频率（单位：GHz），h_b'和 h_m'分别表示发射器和接收机的有效天线高度（单位：m）。h_b'和 h_m'的有效天线高度的计算如下所示

$$h_b'=h_b-1,\ h_m'=h_m-1 \tag{14.16}$$

注意：模型的三维延伸只取决于所需的变化 h_m。如果接收机位于垂直街道，则

$$PL=\min\left[L(d_1,d_2),L(d_2,d_1)\right] \tag{14.17}$$

其中

$$L(d_k,d_l)=L_{\mathrm{LoS}}(d_k)+17.9-12.5n_j+10n_j\lg(d_l)+3\lg(f_c) \tag{14.18}$$

以及

$$n_j=\max(2.8-0.0024d_k,1.84) \tag{14.19}$$

为简便起见，LOS 公式中所使用的高度将是 Rx 中的一个接收机。值得注意的是，如果在垂直街道中且发射器与接收机之间的距离小于 10 m，则 LOS 条件适用。最后，对于平行街道，路径损耗假定为无穷大。此外，最小耦合损耗设为 53dB。

14.2 校　准

本节详细介绍了创建和验证 5G 仿真器时要遵循的步骤。

14.2.1 链路级校准

本节详细介绍了为链路级仿真器执行校准流程时要遵循的步进式方法。到目前为止，对于链路级 5G 尚无典型和详细的定义。因此，作为中间步骤，5G 链路级校准可根据长期演进（LTE）链路级仿真器进行。该中间步骤有助于简化开发一种类似的方法，用于校准完全细化的 5G 技术。该方法将链路级仿真器的整个仿真链分解为单个构建块。

后面的 5 个小节介绍了为下行链路定义的 5 步校准流程。对于每个校准步骤，建议适当的交叉校验参考。14.2.1.6 节涉及上行链路的特定校准，14.2.1.7 节介绍符合 3GPP

的 LTE 性能端到端校准流程。

图 14.3 总结了整个校准流程。

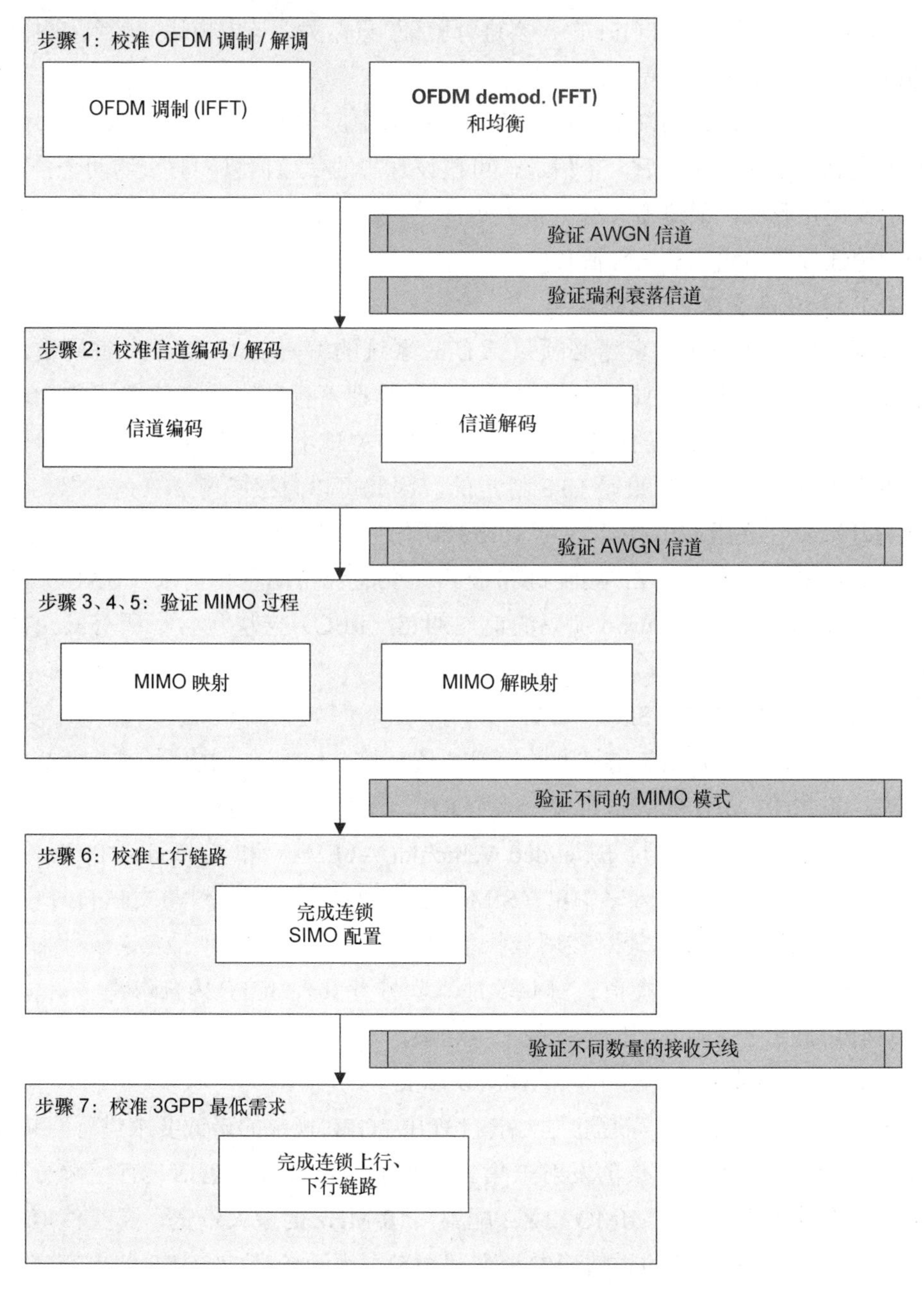

图 14.3 链路级校准流程

14.2.1.1 校准步骤 1：OFDM 调制

校准流程的步骤 1 包括验证 OFDM 调制 / 解调（OMD）单元。它包括验证快速傅里叶变换（FFT）和逆向 FFT（IFFT）。要进行验证，只需关注该宏模块的输入和输出（在这种情况下不考虑编码 / 解码功能）。

在校准 OMD 单元时建议采用以下假设。评估中应考虑加性高斯白噪声（AWGN）信道和瑞利衰落信道。对于后一个信道，可假设理想的信道估算。对于这两个信道，建议使用简易的接收机，如迫零（ZF）接收机。第一步通过仿真获得的曲线应覆盖文献中所述的理论性参考曲线（参见文献 [9]）。

14.2.1.2 校准步骤 2：信道编码

在步骤 2 中，链路级仿真器必须包括 LTE 系统的编码功能。Turbo 编码性能主要取决于 Turbo 块的大小。因此，必须实现真实的物理下行链路共享信道（PDSCH）帧结构，在 OMD 单元校准后的所有校准步骤中必须测试不同的资源块（RB）分配。由于在校准第二步中获得的结果是 LTE 特定的，因此可以直接参考 3GPP 文档，以执行最适合的基准。在文献 [10] 中，在对 Turbo 编码进行评估时，针对不同的编码速率和 RB 数，假设 AWGN 信道、ZF 接收机和最多一个混合自动重传请求（HARQ）传输。在评估了该步骤后，基于 Turbo 编码的前向纠错（FEC）宏块包含在所有其余的校准步骤中。

14.2.1.3 校准步骤 3：SIMO 配置

在步骤 3 中，应在包括信道模型的情况下仿真整个传输链。在该校准步骤建议采用以下假设：模拟 10 MHz 的固定带宽 -50 个 RB，假设真实信道估算和不同的信道——Extended Pedestrian A（EPA）、Extended Vehicular A（EVA）和 Extended Typical Urban（ETU）[11]——采用一个单输入多输出（SIMO）1x2 配置 [12]。可通过与文献 [13] 中 3GPP 规定的最低要求进行直接比较对该场景执行验证。该验证是指对于给定信号干噪声比（SINR）值的系统吞吐量的阈值。对此验证步骤推荐其他 3GPP 内部参考。具体而言，在文献 [14] 中展示了来自不同制造商的大量结果。

14.2.1.4 校准步骤 4：发射分集 MIMO 配置

同样，第四步（步骤 4）可通过与文献 [13] 中 3GPP 规定的最低要求进行直接比较，对系统进行验证。LTE 中建议的发射分集方案校准的仿真假设包括具有空频分组编码（SFBC）的多输入多输出（MIMO）2×2 配置，10 MHz 的最大带宽、真实信道估算和 ZF 接收机。关于这些假设的详情请参见文献 [15]，用于校准的 3GPP 结果在文献 [16] 中进行了汇总。

14.2.1.5 校准步骤5：空间复用MIMO配置

在步骤5中，对空间复用进行了评估。

可分为开环和闭环场景。在开环情况下，必须遵循3GPP标准实现大延迟循环延迟分集（CDD）预编码。虽然在文献[13]中提供了对两种天线配置（2×2和4×2）的最低要求，但文献[17]和文献[18]分别介绍了更加详细的一组结果。另一方面，在闭环场景下，必须校准单层和多层空间复用配置。4×2 MIMO的具体结果在文献[18]中进行了汇总。

14.2.1.6 校准步骤6：上行链路

采用前面的5个步骤，已完全验证了整个下行链路的宏块。在步骤6中，使用物理上行链路共享信道（PUSCH）对上行链路的系统进行评估。显然，针对下行链路的5个步骤也同样适用于反向信道，因为这个方向中存在的离散傅里叶变换（DFT）具有特定的特性（预编码OFDM）。对于宏块测试，校准流程将继续在整个上行链路传输链上进行。仿真假设包括SIMO 1×2天线配置、基于最大后验概率（MAP）的真实信道估算、最小均方误差（MMSE）接收机和完整的信道建模。该仿真场景对应于文献[19]中提出的仿真场景。对PUSCH的最低要求在规范[20]中规定。对于验证，建议参考文献[21]中汇总的3GPP详细结果。

14.2.1.7 校准步骤7：3GPP最低要求

一旦完成了上述逐块验证，则整个仿真链应与相关的特定系统的有效参考一致。特别值得指出的是，鉴于文献[13]和文献[20]中提供的最小值，3GPP LTE版本9框架可用作端到端（E2E）系统性能比较的参考。首先，仿真器参数化应与文献[13]和文献[20]中建议的公共测试参数保持一致，在下列配置中应参考PDSCH/PUSCH解调：（1）单天线端口；（2）发射分集；（3）开环空间复用；（4）闭环空间复用。对于配置，已定义了多个参考，各种传播条件、调制和编码方案（MCS）和多个使用的天线。此外，一旦执行了仿真，分别为PDSCH和PUSCH将获得的结果与文献[13]、文献[19]和文献[20]的最低性能值进行比较。

14.2.1.8 校准步骤8：多链路层校准

多链路场景下对基本系统块的校准与前面所述的单链路场景的方法完全相同。该步骤专注于对于协作式多跳传输最具代表性的协议的校准，可用作对该主题深入探讨的起点。在文献[22]～[24]中对多跳协议进行了全面的比较，其中考虑了以下两跳中继协议：放大转发（AF）传输、解码转发（DF）传输及解码和重新编码（DR）传输。用于校准不同协议的中断概率的解析式详见文献[22]和文献[23]。此外，还给出了不同端到端频谱效率值和中继器相对位置的性能结果。此外，可使用文献 [24] 中的结果作为参考基于误码率性能进行校准。

14.2.2 系统级校准

下面展示了两个校准阶段。阶段 1 旨在校准 LTE，阶段 2 则针对更加复杂的技术 LTE-Advanced。

14.2.2.1 校准阶段 1：LTE 技术

主要假设来自于 3GPP 和 ITU-R 的规范[5][25]，专注于城市微小区情况，载波频率为 2.5 GHz，站间距为 200 m，倾斜角为 12 度，上行链路和下行链路带宽为 10MHz。表 14.2 对系统的特性进行了汇总。

表 14.2 校准阶段 1 的其他仿真假设

问　题	假　设	其他信息
MIMO	1×2	接收机分集
调度	轮询（Round Robin）	
小区选择	1 dB 切换余量	
流量模型	全缓冲	
干扰模型	明示	
信道状态反馈	真实	5 ms/5 RBs
SINR 估算	Perfect（完美）	
馈线损耗	2 dB	
链路到系统模型	互信息有效 SINR 映射	
控制开销	3 OFDM 符号	
接收机类型	MMSE	

对于校准，需要考虑以下性能指标。

➢ 小区频谱效率。

➢ 小区边缘用户频谱效率。

➢ 正常用户吞吐量的 CDF。

➢ SINR 的 CDF。SINR 将在 MIMO 解码器后进行采集，因此导致每个分配给用户的资源元素拥有一个 SINR 值。每用户的最终 SINR 作为所有这些值的线性平均值计算。

图 14.4 显示了 SINR 的 CDF 和正常用户吞吐量校准。

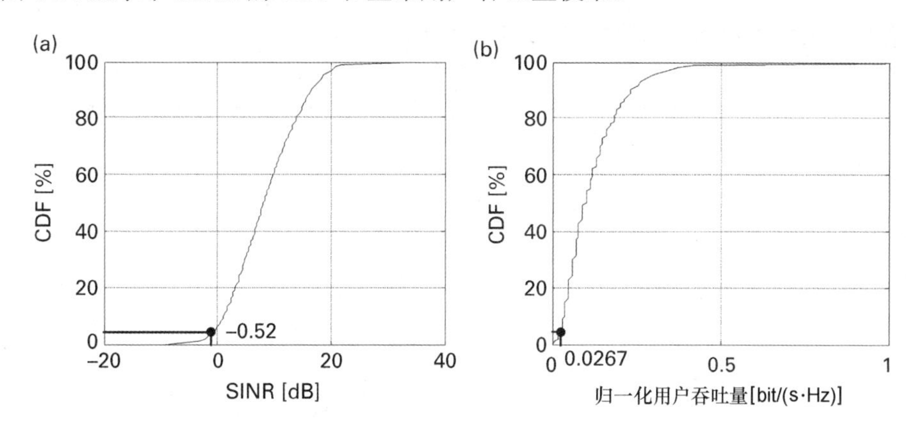

图 14.4 校准阶段 1 中下行链路的 SINR 和归一化用户吞吐量分布

这种情况下的小区频谱效率为 1.2077 bit/(s·Hz) 小区，而小区边缘用户频谱效率为 0.0267 bit/(s·Hz)。

14.2.2.2 校准阶段 2：基本部署的 LTE-Advanced

这种校准情况基于 3GPP 为评估 IMT-Advanced[25] 所做的假设。这种校准情况的基本仿真假设详见文献 [4] 和文献 [5]，其中的重点是城市微小区场景（假设与上面的相同）。

这种情况可检查采用 MIMO 实现空间复用是否有效。为了将该基准系统更新至最新的 4G 技术版本，将采用表 14.3 所汇总的 LTE-Advanced 实现所用的假设。

表 14.3 校准阶段 2 的其他仿真假设

问 题	假 设	其他信息
MIMO	4×2	单用户多输入多输出方案
调度	正比公平	每子帧最多 5 个用户，重传优先级；加权因子 =0.001
小区选择	1dB 切换余量	
流量模型	全缓冲	其他流量模型在第二轮
干扰模型	明示	
信道状态反馈	真实	5 ms/5 个 RB
SINR 估算	完美（有综合误差）	误差 → 对数正态 1dB 标准偏差
馈线损耗	2dB	
链路到系统模型	互信息有效 SINR 映射	
控制开销	3 个 OFDM 符号	
接收机类型	MMSE	具有小区间干扰抑制功能

对于校准，图 14.5 展示了校准材料。这种情况下的小区频谱效率为 1.8458 bit/(s·Hz) 小区，而小区边缘用户频谱效率为 0.0618 bit/(s·Hz)。

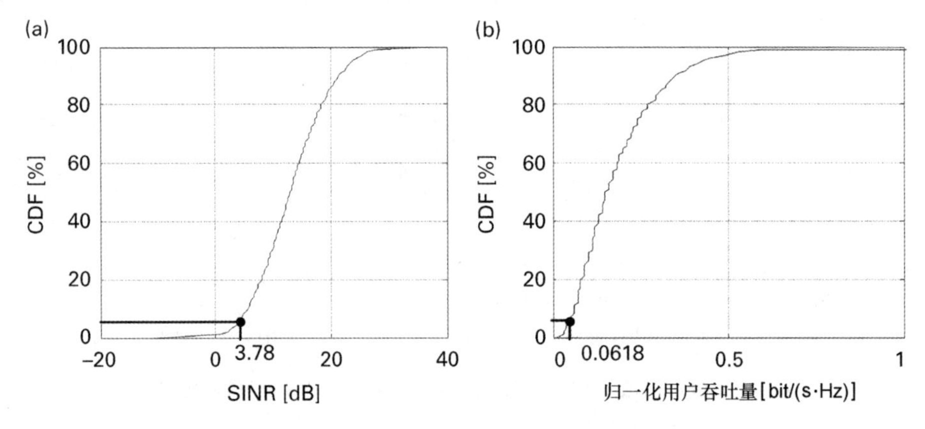

图 14.5　校准阶段 2 中下行链路的 SINR 和正常用户吞吐量分布

14.3　5G 建模的新挑战

本节介绍了 5G 建模的一组具有挑战性的特性，要求开发针对新功能的新模型，或者大大增加存储器和 / 或计算复杂性，以实现精确评估。其中一些挑战（如使用真实场景、模拟移动网络和 D2D 链路）[1] 已经妥善解决，而其他挑战目前正在处理中。

14.3.1　真实场景

为了获得能够精确反映真实系统性能的仿真结果，仿真所使用的模型应能够反映计算复杂性可管理的真实场景的特点。

因此，只有当仿真在环境模型、部署、传播、流量和移动性模型方面与特定的相关真实场景一致时才有意义。如果这些模型无效，会导致仿真结果不够准确，使这些模型更加不适合进行 5G 网络评估。例如，当前的信道模型（如 ITU-R 步行者和车辆）未融合发射和接收天线的立面维度。对于 4G 技术以外的评估，预计需要进行大规模和超密集天线部署，需要更加精准、更加真实的信道模型，充分考虑立面维度以及无线传播的变化。文献 [26] 中证明，采用不同的信道模型可获得不同的系统性能增益。因此，要获得准确的结果就必须采取适当的建模。

为了查看是否能够支持新型服务，5G 场景中将对不同的技术组件进行仿真和评估。因此，为了提高仿真结果的有效性，需要对当前的仿真假设进行改述使之与真实场景一致。由于某些 5G 场景需要严格的通信可靠性，因此高精度仿真模型对于获得有效、有意义的仿真结果至关重要。例如，对于紧急情况和交通安全场景，应在仿真中尽可能捕捉真实情景，以避免任何误导性结论。

14.3.2 新波形

针对 5G 提出了新波形，如滤波器组多载波（FBMC）和通用滤波多载波（UFMC）。因此，必须提供新的物理层抽象，在系统级仿真中模拟这些波形的新特性。特别需要指出的是，这些新物理层的非正交性和同步性特性与以前的物理层差别很大。关于这个主题正在进行研究，也公布了一些提议。例如，在文献 [27] 中，尽管其他波形中也有共性，但它重点关注 FBMC。

14.3.3 大规模 MIMO

大规模 MIMO 是指发射器和 / 或接收机有 10 个以上的天线。通常而言，从几十到几百根天线。在 4G 中，通常假设只有基站才拥有如此多的天线。然而，在 5G 中，发射器和接收机都可以配备大量的天线。在大规模 MIMO 评估的早期阶段，可以简化建模。

例如，给定有 n_r 天线的接收机，在仿真时这整组天线可以用一个独特的有效天线来取代，比天线阵列的增益还要多 $10\lg(n_r)$ dB。更常用的一种方法是在仿真时可以用 M 个有效天线［增益比原始天线阵列多 $10\lg(n_r/M)$ dB］代表整个天线阵列。每个有效天线代表原始阵列的一组 n_r/M 天线。在这种简易方法中，每个有效天线的信道都等于被更换的那组天线的中心天线的信道。也可以进行另一种简化，即假定信道不相关，但在这种情况下，建议假定的装置数量就是实际所选的数量（基于参考文献报告的值），以避免高估性能。如需更精确的分析，必须考虑所有发射天线和所有接收天线之间的信道。

另一方面，要对大规模 MIMO 性能进行真实、准确的分析，需要真实信道模型。几何随机信道模型能够分隔天线和传播效应。这样能够简化根据不同天线配置对新传输技术的评估。许多当前所用的模型的问题是，缺少全 3D 建模和 / 或时间演化。在评估立面维度的波束赋形时需要前者，而在动态系统级仿真时需要后者，在动态系统级仿真时将长时间跟踪信道而不仅仅是短时间的快照。

已经开发了具有这些必要特性的新模型。例如，3GPP 将空间信道模型扩展（SCME）扩展到了文献 [28] 中的全维度 MIMO 信道模型。此外，QuaDRiGa 信道模型（参见文献 [29]）包括全 3D 传播建模和时间演化。有关对这些挑战的更详细分析，参见第 13 章。

大规模 MIMO 中巨大的天线阵列对于信道建模也具有重要意义。第一，它可以验证平面波传播假设，即只考虑天线元件之间的信号的相位差。第二，通常被认为在阵列中固定的一些传播参数可能以不可忽略的方式发生改变。对这些问题进行研究，一些新的信道模型（例如第 13 章所述的模型）可解决这些问题。

14.3.4 较高频段

使用较高频段（例如毫米波）带来了一系列新挑战。信道建模是在较高频段进行仿真面临的第一个挑战。光线跟踪适用于真实场景或具有详细描述的合成场景。随着测量活动不断开展，目前正在开发随机模型[30][31]。

较高频段可用的频率带宽比 4G 使用的频率带宽要高很多。如果在 5G 仿真中使用与 4G 仿真同样的频率采样，则计算复杂度可能会大幅增加。可以发现，在较高频率处的时延扩展通常小于在较低频率处的时延扩展，尽管报告的差异不是太大[32][33]。在观察到这种频段依赖性的情况下，可以使用比 4G 更大的频率采样，而不会影响仿真精度。这是因为相干带宽与时延扩展是倒数关系。在一些评估中可以减少频率采样，即使相干带宽没有减少，也不会对精度产生太大影响。例如，考虑使用完整缓冲器流量模型、可选频率调度器和 1 GHz 带宽进行评估。可能有效的是为 10MHz 的 100 个部分划分带宽，而不是考虑 180kHz 的部分，这在 LTE 中是常见的。原理是考虑 100 个部分可能足以使多用户分集增益接近其最大值。此选项可能对其他类型的流量模型无效，特别是小数据包，因为在这种情况下使用大频谱部分将非常低效。显然，应将详细评估的结果与较不详细评估的结果进行比较，以验证所提出的简化。

14.3.5 终端到终端链路

作为 5G 网络的关键推动因素，D2D 通信既可以用于分流蜂窝网络的流量，又可以用于减少延迟。

具体取决于是否可以为 D2D 通信重复利用蜂窝资源、蜂窝链路和 D2D 链路之间的相互干扰或在 D2D 链路之间存在的相互干扰，同一物理资源在这些链路中进行重复利用。为了获得可靠的仿真结果，应对干扰信道进行正确建模。由于 D2D 用户的位置在运行时间内生成，计算时间极长和存储量超大，很难提前预估以上干扰链路的路径损耗值。

同时，还要考虑 D2D 链路的流量模型，具体取决于实际环境，即在车辆或行人之间是否建立了 D2D 链路。在仿真中应用的流量模型对评估 D2D 通信智能调度方案具有重要影响。

此外，当在安全高效的流量场景评估 V2X 通信时，应该定义不同的仿真模型与 D2D 通信比较。例如，由于与蜂窝基站相比操作频率不同，天线站点较低，信道传播模型显然不同。此外，这种情况下的流量模型特别关注具有一定周期性的小包传输。应当注意，由于用于 V2X 通信的流量模型特殊，产生干扰的链路将非常频繁地改变。因此，由于 V2X 通信对可靠性具有很高要求，应当为每个流量包重新传输正确地生成干扰链路。

14.3.6 移动网络

在传统系统中，信号穿过车辆时会为车内用户带来信号损耗。

然而，由于具有更好的计算能力，更大的天线尺寸和更多的存储空间，部署在车辆中的通信设施比当前移动用户的终端更先进。因此，车辆在 5G 网络中发挥重要作用，提高了整体的系统性能。高级通信基础设施使每个车辆都能灵活地作为接入节点，为其携带用户和为附近用户服务。在这种情况下，可以考虑在车辆顶部配备天线。在进行仿真时，应适当反映车辆基础设施的规则。例如，如果用户所需的信息已由位于该用户附近的一个车辆提供，则建立 V2X 通信链路分流蜂窝网络的流量。此外，车辆作为发射器并将信息直接转发给用户。在户外用户所需信息不是在本地兑现的另一情况下，基站和车辆之间的无线回传链路以及车辆和用户之间的链路两者都应被仿真并根据传统评估方法调整。应当注意，如果利用带内无线回传，则应当对干扰进行适当的建模。车内乘客可以通过利用部署在车辆顶部的天线有效地避免车辆穿透损耗。车辆与其携带乘客之间的通信链路可以通过当前技术很好地解决，因此不需要仿真。

14.4 小　　结

本章涵盖了 5G 仿真方法，列出了感兴趣的关键性能指标，并提出了用于简化信道建模，确保链路和系统级仿真器校准的一些方法，从而更加客观地比较了 5G 概念。

本章已经指出 5G 系统仿真面临的各种挑战，诸如新波形或更高载波频率的性能评估，大规模 MIMO、D2D 通信或移动网络的建模。

然而，本章也展示了简化这些方面建模并保持仿真器轻松开发（和仿真本身）精密性的各种方法。

缩略语

3GPP	Third Generation Partnership Project　第三代合作伙伴计划
4G	Fourth Generation　第四代
5G	Fifth Generation　第五代
5G-PPP	5G Public Private Partnership 5G　公私合作伙伴关系
ABS	Almost Blank Subframe　几乎空白的子帧
ACK	Acknowledged Message　确认消息
A/D	Analogue-to-Digital　模数转换
ADC	Analogue-to-Digital Converter　模数转换器
ADWICS	Advanced Wireless Communications Study Committee　高级无线通信研究委员会
AEI	Availability Estimation and Indication　可用性估计和指示
AF	Amplify-and-Forward　放大和转发
AI	Availability Indicator　可用性指示器
AMC	Adaptive Modulation and Coding　自适应调制和编码
AMPS	Advanced Mobile Phone System　高级移动电话系统
AN	Access Node　接入节点
AoA	Angle of Arrival　到达角度
AoD	Angle of Departure　离开角度
AP	Access Point　接入点

API　　Application Programming Interface　应用程序编程接口
AR　　Availability request　可用性请求
ARQ　　Automatic Repeat Request　自动重复请求
ASA　　Azimuth Spread of Arrival　到达方位角的扩展
A-SAN　　Assistant Serving Access Node　辅助服务接入节点
ASD　　Azimuth Spread of Departure　离开方位角的扩展
AWGN　　Additive White Gaussian Noise　加性白高斯噪声
BB　　Baseband　基带
BER　　Bit Error Rate　误码率
BF　　Beamforming　波束成形
BH　　Backhaul　回程
BLER　　Block Error Rate　块错误率
BP　　Break Point　断点
BS　　Base Station　基站
BW　　Bandwidth　带宽
CA　　Carrier Aggregation　载波聚合
CapEx　　Capital Expenditure　资本支出
CB　　Coordinated Beamforming　协调波束成形
CC　　Channel Component　信道分量
CDD　　Cyclic Delay Diversity　循环延迟分集
CDF　　Cumulative Distribution Function　累积分布函数
CDMA　　Code Division Multiple Access　码分多址
CDPD　　Cellular Digital Packet Data　蜂窝数字分组数据
CDR　　Coordinated Direct and Relay Transmission　协调直接和中继传输
CEPT　　European Conference of Postal and Telecommunications Administrations　欧洲邮政和电信主管会议
CH　　Cluster Head　簇头
Cloud-RAN　　Cloud Radio Access Network　无线接入网络
CMOS　　Complementary Metal Oxide Semiconductor　互补金属氧化物半导体
cmW　　centimeter Wave　厘米波
CN　　Core Network　核心网

CNE	Core Network Element 核心网网元
CoMP	Coordinated Multi-Point 协调多点
CP	Cyclic Prefix 循环前缀
CPE	Common Phase Error 公共相位误差
C-Plane	Control Plane 控制平面
CPRI	Common Public Radio Interface 通用公共无线接口
CPS	Cyber-Physical Systems 网络物理系统
C-RAN	Centralized Radio Access Network 集中无线接入网
CRS	Common Reference Signal 公共参考信号
CS	Coordinated Scheduler 协调调度器
CSI	Channel State Information 信道状态信息
CSIT	Channel State Information at Transmitter 在发射机的信道状态信息
CSMA/CA	Carrier Sense Multiple Access/Collision Avoidance 载波侦听多路接入 / 冲突避免
CS-MUD	Compressed Sensing Based Multi-User Detection 压缩感知多用户检测
CTS	Clear to Send 清除发送
CU	Central Unit 中央单元
CWIC	CodeWord level Interference Cancellation 代码字级干扰消除
D2D	Device-to-Device 设备到设备
DAC	Digital to Analog Conversion 数模转换
dB	Decibel 分贝
DBSCAN	Density-Based Spatial Clustering of Applications with Noise 基于密度的噪声应用空间聚类
DCS	Dynamic Channel Selection 动态通道选择
DEC	Decoder 解码器
Demod.	Demodulation 解调
DER	Distributed Energy Resources 分布式能源资源
DET	Detection 检测
DF	Decode-and-Forward 解码和转发

DFS	Dynamic Frequency Selection　动态频率选择
DFT	Discrete Fourier Transform　离散傅里叶变换
DFTS-OFDM	Discrete Fourier Transform Spread OFDM　离散傅里叶变换扩展OFDM
DID	Device-Infrastructure-Device　设备 - 基础设施 - 设备
Div	Diversity　多样性
DL	Downlink　下行
DMRS	Demodulation Reference Signal　解调参考信号
DoA	Direction of Arrival　到达方向
DoD	Direction of Departure　离开方向
DoF	Degrees of Freedom　自由度
DPB	Dynamic Point Blanking　动态点消隐
DPS	Dynamic Point Selection　动态点选择
DR	Decode-and-Reencode　解码和重新编码
D-RAN	Distributed Radio Access Network　分布式无线接入网
DRX	Discontinuous Reception　不连续接收
DyRAN	Dynamic Radio Access Network　动态无线接入网络
E2E	End-to-End　端到端
EC	European Commission　欧洲委员会
EDGE	Enhanced Data rates for GSM Evolution GSM　演进的增强型数据速率
EGF	Enhanced Gaussian Function　增强高斯函数
eICIC	enhanced Inter Cell Interference Cancellation　增强小区间干扰消除
EM	Eigenmode　本征模式
EMF	Electromagnetic Field　电磁场
eNB	enhanced NodeB　增强的基站
ENOB	Effective Number of Bits　有效位数
EPA	Extended Pedestrian A　扩展步行 A 模型
EPC	Evolved Packet Core　演进分组核心
E-PDCCH	Enhanced PDCCH　增强型 PDCCH
ESA	Elevation Spread of Arrival　到达的海拔扩展

ESD	Elevation Spread of Departure　离开的海拔扩展
ESE	Elementary Signal Estimator　基本信号估计
ETSI	European Telecommunications Standards Institute　欧洲电信标准协会
ETU	Extended Typical Urban　扩展典型城市模型
EVA	Extended Vehicular　扩展的车辆 A 模型
EVM	Error Vector Magnitude　误差向量幅度
FBC	First bounce cluster　第一个反弹群集
FBCP	Fixed BF and CSI-Based Precoding　固定波束赋形和基于 CSI 的预编码
FBMC	Filter-Bank Multi-Carrier　基于滤波器组的多载波
FCC	Federal Communications Commission　联邦通信委员会
FD	Full duplex　全双工
FDD	Frequency Division Duplexing　频分双工
FDM	Frequency Division Multiplex　频分复用
FDMA	Frequency Division Multiple Access　频分多址
FEC	Forward Error Correction　前向纠错
FFT	Fast Fourier Transform　快速傅里叶变换
FinFET	Fin-Shaped Field Effect Transistor　鳍式场效应晶体管
FoM	Figure-of-Merit　品质因数
FP7	Seventh Framework Programme　第七框架计划
FRN	Fixed Relay Node　固定中继节点
FWR	Four-Way Relaying　四路中继
GaAs	Gallium Arsenide　砷化镓
GaN	Gallium Nitride　氮化镓
GHz	Giga Hertz　吉赫兹
GLDB	Geolocation Database　地理位置数据库
GoB	Grid of Beams　波束网格
GP	Guard Period　保护期
GPRS	General Packet Radio Service　通用分组无线服务
GSCM	Geometry-Based Stochastic Channel Model　基于几何的随机信道

模型

GSM	Global System for Mobile communications　全球移动通信系统
HARQ	Hybrid Automatic Repeat Request　混合自动重传请求
HBF	Hybrid Beamforming　混合波束成形
HD	Half Duplex　半双工
HetNet	Heterogeneous Networks　异构网络
HO	Handover　切换
HPBW	Half Power Beam Width　半功率波束宽度
HSCSD	High Speed Circuit Switched Data　高速电路交换数据
HSDPA	High Speed Downlink Packet Access　高速下行链路分组接入
HSM	Horizontal Spectrum Manager　水平频谱管理器
HSPA	High Speed Packet Access　高速分组接入
HSUPA	High Speed Uplink Packet Access　高速上行链路分组接入
HTC	Human-Type Communication　人型通信
i.i.d. or iid	independently and identically distributed　独立同分布
I2I	Indoor to Indoor　室内到室内
IA	Interference Alignment　干扰对准
IBC	Interfering Broadcast Channel　干扰广播信道
IC	Interference Cancellation　干扰消除
ICI	Inter-Cell Interference　小区间干扰
ICIC	Inter-Cell Interference Coordination　小区间干扰协调
ICNIRP	International Commission on Non-Ionizing Radiation Protection　国际非电离辐射防护委员会
ICT	Information and Communications Technologies　信息和通信技术
IDFT	Inverse Discrete Fourier Transform　离散傅里叶逆变换
IDMA	Interleave Division Multiple Access　交织多址
IEEE	Institute of Electrical and Electronics Engineers　电气和电子工程师协会
IFFT	Inverse Fast Fourier Transform　快速傅立叶逆变换
IMF-A	Interference Management Framework from Artist4G 来自 Artist4G 的干扰管理框架

IMT	International Mobile Telecommunications 国际移动通信
IMT-2000	International Mobile Telecommunications 2000 国际移动通信2000
IMT-A	International Mobile Telecommunications-Advanced 高级国际移动通信
InH	Indoor Hotspot 室内热点
InP	Indium Phosphide 磷化铟
IoT	Internet of Things 物联网
IR	Impulse Response 脉冲响应
IRC	Interference Rejection Combining 干扰抑制组合
IS	Interference Suppression 干扰抑制
ISA	International Society for Automation 国际自动化学会
ISD	Inter-Site Distance 站点间距离
IT	Information Technology 信息技术
ITS	Intelligent Transport Systems 智能交通系统
ITU	International Telecommunication Union 国际电联国际电信联盟
ITU-R	International Telecommunications Union – Radiocommunication Sector 国际电信联盟 - 无线电通信部门
ITU-T	International Telecommunications Union – Telecommunication Standardization Sector 国际电信联盟 - 电信标准化部门
JSDM	Joint Spatial Division Multiplexing 联合空分复用
JT	Joint Transmission 联合传输
KPI	Key Performance Indicator 关键性能指标
LA	Link Adaptation 链路适配
LAA	Licensed-Assisted Access 许可协助接入
LBC	Last-Bounce Cluster 最后一个反弹的集群
LBS	Last-Bounce Scatterer 最后一个反弹散射体
LDPC	Low Density Parity Check 低密度奇偶校验
LO	Local Oscillator 本地振荡器
LOS	Line of Sight 视线
LR-WPAN	Low-Rate Wireless Personal Area Networks 低速率无线个人局域网

LaS	Large Scale　大规模
LS	Least Square　最小二乘
LSA	Licenced Shared Access　许可共享访问
LSCP	Lean System Control Plane　精减的系统控制平面
LSP	Large Scale Parameters　大规模参数
LTE	Long Term Evolution　长期演进
LTE-A	Long Term Evolution-Advanced　高级长期演进
LTE-U	Long Term Evolution-Unlicensed　未许可的长期演进
M2M	Machine to Machine　机器到机器
MAC	Medium Access Control　媒体访问控制
MAP	Maximum A Posteriori　最大后验概率
MBB	Mobile Broadband　移动宽带
MCS	Modulation and Coding Scheme　调制和编码方案
MET	Multiuser Eigenmode Transmission　多用户本征模传输
METIS	Mobile and Wireless Communications Enablers for Twenty-twenty (2020) Information Society020　信息社会的移动和无线通信促成者
MF	Matched Filter　匹配滤波器
MH	Multi-Hop　多跳
MHz	Mega Hertz　兆赫兹
MIIT	Ministry of Industry and Information Technology　工业和信息化部
MIMO	Multiple Input Multiple Output　多输入多输出
ML	Maximum Likelihood　最大似然
MME	Mobility Management Entity　移动性管理实体
MMSE	Minimum Mean Square Error　最小均方误差
mMTC	massive Machine-Type Communication　大规模机器类型通信
mmW	millimeter Wave　毫米波
MN	Moving Networks　移动网络
MNO	Mobile Network Operator　移动网络运营商
MODS	Multi-Operator D2D Server　多运营商 D2D 服务器
MOST	Ministry of Science and Technology　科学技术部
MPA	Massage Passing Algorithm　信息传递算法

MPC	Multipath Components　多径元素
MPLS	Multiprotocol Label Switching　多协议标签交换
MRC	Maximal Ratio Combining　最大比合并
MRN	Moving Relay Node　移动中继节点
MRT	Maximum Ratio Transmission　最大比传输
MoS	Mode Selection　模式选择
MS	Mobile Station　移动站
MTC	Machine-Type Communication　机器类型通信
MU	Multi User　多用户
MU MIMO	Multi User MIMO　多用户 MIMO
MUI	Multi User Interference　多用户干扰
MUICIA	Multi User Inter Cell Interference Alignment　多用户小区间干扰对准
MU-MIMO	Multi User MIMO　多用户 MIMO
MU-SCMA	Multi User SCMA　多用户 SCMA
MUX	MUltipleXing　复用
n.a.	not applicable　不适用
NA	Network Assistance　网络协助
NAIC	Network Assisted Interference Cancellation　网络辅助干扰消除
NA-TDMA	North American TDMA　北美 TDMA
NDRC	National Development and Reform Commission　国家发展和改革委员会
NE	Network Element　网元
NF	Network Function　网络功能
NFV	Network Function Virtualization　网络功能虚拟化
NFVI	Network Function Virtualization Infrastructure　网络功能虚拟化基础设施
NGMN	Next Generation Mobile Networks　下一代移动网络
NLOS	Non-Line of Sight　非视线
NMSE	Normalized Mean Square Error　归一化均方误差
NMT	Nordic Mobile Telephone　北欧移动电话

NN	Nomadic Nodes　游牧点
NOMA	Non-Orthogonal Multiple Access　非正交多址
NRA	National Regulatory Authorities　国家监管机构
NSPS	National Security and Public Safety　国家安全和公共安全
O2I	Outdoor-to-Indoor　室外到室内
O2O	Outdoor-to-Outdoor　户外至户外
Ofcom	Office of communications　通讯办公室
OFDM	Orthogonal Frequency Division Multiplexing　正交频分复用
OFDMA	Orthogonal Frequency Division Multiple Access　正交频分多址
OL	Open Loop　开环
OLOS	Obstructed Line of Sight　障碍视线
OLPC	Open Loop Path Loss Compensating　开环路径损耗补偿
OMD	OFDM Modulation/Demodulation　OFDM 调制 / 解调
OP CoMP	OPportunistic CoMP　机会性 CoMP
OPEX	Operational Expenditures　运营支出
OPI	Overall Performance Indicator　总体性能指标
OQAM	Offset QAM　偏移 QAM
ORI	Open Radio Equipment Interface　开放式无线电设备接口
P2P	Peer to Peer　对等
PAPC	Per Antenna Power Constraint　每天线功率约束
PAPR	Peak to Average Power Ratio　峰均功率比
PAS	Power Angular Spectrum　功率角频谱
PC	Power Control　功率控制
PCC	Phantom Cell Concept　幻影小区概念
PDC	Personal Digital Cellular　个人数字蜂窝
PDCCH	Physical Downlink Control Channel　物理下行链路控制信道
PDCP	Packet Data Convergence Protocol　分组数据汇聚协议
PDSCH	Physical Downlink Shared Channel　物理下行链路共享信道
PER	Packet Error Rate　分组错误率
P-GW	Packet data network Gateway　分组数据网络网关
PHY	PHYsical layer　物理层

PiC	Pilot Contamination 导频污染
PLC	Programmable Logic Controller 可编程逻辑控制器
PLL	Phase Locked Loop 锁相环
PMU	Phasor Measurement Unit 相量测量单元
PN	Phase Noise 相位噪声
PNL	Power Normalization Loss 功率归一化损耗
PPC	Pilot Power Control 导频功率控制
PPDR	Public Protection and Disaster Relief 公共保护和救灾
PRACH	Physical Random Access Channel 物理随机接入信道
PRB	Physical Resource Block 物理资源块
ProSe	Proximity Service 邻近服务
P/S	Parallel to Serial 并行到串行
P-SAN	Principal Serving Access Node 主服务接入节点
PSD	Power Spectral Density 功率谱密度
PSM	Power Saving Mode 节电模式
PUSCH	Physical Uplink Shared Channel 物理上行链路共享信道
QAM	Quadrature Amplitude Modulation 正交幅度调制
QoE	Quality of Experience 体验质量
QoS	Quality of Service 服务质量
QPSK	Quadrature Phase Shift Keying 正交相移键控
RA	Random Access 随机接入
RACH	Random Access Channel 随机接入信道
RAN	Radio Access Network 无线接入网络
RAT	Radio Access Technology 无线接入技术
RB	Resource Block 资源块
Rel	Release 版本
ReA	Resource Allocation 资源分配
RF	Radio Frequency 射频
RLC	Radio Link Control 无线电链路控制
RLS	Recursive Least Squares 递归最小二乘法
RMT	Random Matrix Theory 随机矩阵理论

RN	Relay Node　中继节点
RNE	Radio Network Element　无线电网元
RRC	Radio Resource Control　无线电资源控制
RRM	Radio Resource Management　无线电资源管理
RS	Relay Station　中继站
RSRP	Reference Signal Received Power　参考信号接收功率
RTL	Reliable Transmission Link　可靠的传输链路
RTS	Request to Send　请求发送
RTT	Round Trip Time　往返时间
Rx	Receiver　接收器
SA	Service and System Aspects　服务和系统方面
SBC	Single Bounce Cluster　单反弹群集
SC	Single Carrier　单载波
SCM	Spatial Channel Model　空间信道模型
SCMA	Sparse Code Multiple Access　稀疏码多址
SCME	Spatial Channel Model Extended　空间信道模型扩展
SDF	Spatial Degrees of Freedom　空间自由度
SDN	Software Defined Networking　软件定义网络
SE	Switching Element　开关元件
SFBC	Space Frequency Block Coding　空间频率块编码
S-GW	Serving Gateway　服务网关
SIC	Successive Interference Cancellation　连续干扰消除
SiGe	Silicon Germanium　硅锗
SIMO	Single Input Multiple Output　单输入多输出
SINR	Signal to Interference plus Noise Ratio　信号与干扰加噪声比
SIR	Signal to Interference Ratio　信号干扰比
SLIC	Symbol Level Interference Cancellation　符号级干扰消除
SLNR	Signal to Leakage Interference plus Noise Ratio　信号到泄漏干扰加噪声比
SM	Spatial Multiplexing　空间
SMEs	Small and Medium-sized Enterprises　中小企业

SMS	Short Message Service 短消息服务
SNR	Signal-to-Noise Ratio 信噪比
SoA	State of the Art 目前的状态
SOCP	Second Order Cone Programming 二阶锥编程
S/P	Serial to Parallel 串行到并行
SS	Small Scale 小规模
SU-MIMO	Single User MIMO 单用户 MIMO
SUS	Semi-orthogonal User Selection 半正交用户选择
SvC	Serving Cluster 服务群集
SVD	Singular Value Decomposition 奇异值分解
TACS	Total Access Communications System 总接入通信系统
TAU	Tracking Area Update 跟踪区域更新
TCP	Transmission Control Protocol 传输控制协议
TD-CDMA	Time Division CDMA 时分 CDMA
TDD	Time Division Duplexing 时分双工
TDM	Time Division Multiplex 时分复用
TDMA	Time Division Multiple Access 时分多址
TeC	Technology Component 技术组件
TTI	Transmission Time Interval 传输时间间隔
TV	Television 电视
TVWS	TV White Space 电视空白频段
TWR	Two-Way Relaying 双向中继
Tx	Transmitter 发射器
UDN	Ultra-Dense Network 超密集网络
UE	User Equipment 用户设备
UFMC	Universal Filtered Multi-Carrier 通用滤波多载波
UF-OFDM	Universal Filtered OFDM 通用滤波 OFDM
UL	Uplink 上行链路
ULA	Uniform Linear Array 均匀线性阵列
UM	Utility Maximizing 实用最大化
UMa	Urban Macro 城市宏

UMi	Urban Micro　城市微
uMTC	ultra-reliable Machine-Type Communication　超可靠机器型通信
UMTS	Universal Mobile Telecommunication System　通用移动通信系统
UPA	Uniform Planar Array　均匀平面阵列
U-Plane	User Plane　用户平面
UTD	Uniform Theory of Diffraction　均匀衍射理论
V2D	Vehicle-to-Device　车到设备
V2I	Vehicle-to-Infrastructure　车到基础设施
V2P	Vehicle-to-Pedestrian　车到行人
V2V	Vehicle-to-Vehicle　车到车
V2X	Vehicle-to-Anything　车到任何东西
VCO	Voltage Controlled Oscillator　压控振荡器
VM	Virtual Machine　虚拟机
VNF	Virtual Network Function　虚拟网络功能
VPL	Vehicular Penetration　车辆穿透损失
VU	Vehicular User　车辆用户
w/	With　和
w/o	Without　没有
WCDMA	Wideband Code Division Multiple Access　宽带码分多址
WEW	Wireless-Emulated Wired　无线模拟有线
Wi-Fi	Wireless Fidelity Wifi　网络
WMMSE	Weighted MMSE　加权 MMSE
WNC	Wireless Network Coding　无线网络编码
WRC	World Radio Conference　世界无线电会议
WS	Workshop　研讨会
WSR	Weighted Sum Rate　加权总和
WUS	Without User Selection　无用户选择
xMBB	extreme Mobile BroadBand 极端移动宽带
XO	Crystal Oscillator 晶体振荡器
XPR	Cross-Polarization Ratio　交叉极化率
ZF	Zero Forcing　迫零

参考文献

第1章

[1] BITKOM e.V., VDMA e.V. and ZVEI e.V, "Umsetzungsstrategie Industrie 4.0," April 2015, www.bmwi.de/BMWi/Redaktion/PDF/I/industrie-40-verbaendeplatt form-bericht, property=pdf.

[2] T. Farley, "Mobile telephone history," Telektronikk Journal, vol. 3, no. 4, pp. 22-34, 2005, www.telenor.com/wp-content/uploads/2012/05/T05_3-4.pdf.

[3] F. Hillebrand, GSM and UMTS: The Creation of Global Mobile Communication. Chichester: John Wiley, 2002.

[4] A.J. Viterbi, CDMA: Principles of Spread Spectrum Communication. Redwood City: Addison Wesley Longman, 1995.

[5] International Telecommunications Union Radio (ITU-R), "Detailed specifications of the terrestrial radio interfaces of International Mobile Telecommunications-2000," Recommendation ITU-R M.1457-12, February 2015.

[6] H. Holma and A. Toskala, HSDPA/HSUPA for UMTS. Chichester: John Wiley, 2007.

[7] E. Dahlman, S. Parkvall, J. Sköld, and P. Beming, 3G Evolution: HSPA and LTE for Mobile Broadband, 2nd ed. New York: Academic Press, 2008.

[8] S. Sesia, M. Baker, and I. Toufik, LTE-The UMTS Long Term Evolution: From Theory to Practice, 2nd ed. Chichester: John Wiley & Sons, 2011.

[9] Ericsson, Nokia Networks, "Further LTE physical layer enhancements for MTC," Work Item RP-141660, 3GPP TSG RAN Meeting #65, September 2014.

[10] Qualcomm Incorporated, "New work item: Narrowband IOT (NB-IOT)," Work Item RP-151621, 3GPP TSG RAN Meeting #69, September 2015.

[11] GSMA, Definitive data and analysis for the mobile industry [Online] https://gsmaintelligence.com/.

[12] Ericsson, Ericsson Mobility Report, Report No. EAB-15:037849, November 2015, www.ericsson.com/res/docs/2015/mobility-report/ericsson-mobility-report-nov-2015.pdf.

[13] Oxford Dictionaries. Oxford University Press. 2016. [Online] www.oxforddictionaries.com/definition/english/Internet-of-things.

[14] K S. Khaitan and J.D. McCalley, "Design techniques and applications of cyberphysical systems: A survey," IEEE Systems Journal, vol. 9, no. 2, pp. 350-365, June 2015.

[15] Cisco, "Global mobile data traffic forecast update," 2010-2015 White Paper, February 2011.

[16] Ericsson, Ericsson Mobility Report, no. EAB-15:010920, February 2015, www.ericsson.com/res/docs/2015/ericsson-mobility-report-feb-2015-interim.pdf.

[17] Ericsson, More than 50 billion connected devices, White Paper, February 2011, www.ericsson.com/res/docs/whitepapers/wp-50-billions.pdf .

[18] International Telecommunications Union Telecomm(ITU-T), "The Tactile Internet," Technology Watch Report, August 2014, www.itu.int/dms_pub/itu-t/oth/23/01/T23010000230001PDFE.pdf.

[19] International Telecommunications Union Radio (ITU-R), "Framework and overall objectives of the future development of IMT for 2020 and beyond," Recommendation ITU-R M.2083, September 2015, www.itu.int/rec/R-REC-M.2083.

[20] D. Yu and W. Wen, "Non-access-stratum request attack in E-UTRAN," in Computing, Communications and Applications Conference, Hong Kong, January 2012, pp. 48-53.

[21] N. Ferguson, B. Schneier, and T. Kohno, Cryptography Engineering: Design Principles and Practical Applications. John Wiley, Indianapolis, Indiana 2010.

[22] W. Ikram and N. F. Thornhill, "Wireless communication in process automation: A survey of opportunities, requirements, concerns and challenges," in UKACC International Conference on Control 2010, Coventry, September 2010, pp. 1-6.

[23] European Commission, “Mobile communications: Fresh €50 million EU research grants in 2013 to develop ‘5G’ technology,” Press Release, February 2013, http://europa.eu/rapid/press-release_IP-13-159_en.htm.

[24] METIS, Mobile and wireless communications Enablers for the Twenty-twenty Information Society, EU 7th Framework Programme project, www.metis2020.com.

[25] 5G-PPP. 2016. [Online] https://5g-ppp.eu/.

[26] IMT-2020 (5G) Promotion group. 2016. [Online] www.imt-2020.cn/en.

[27] IMT-2020 (5G) Promotion group, 5G Vision and Requirements, white paper, May 2014.

[28] 5G Forum. 2016. [Online] www.5gforum.org/eng/main/.

[29] ARIB, 2020 and Beyond Ad Hoc (20B AH), “Mobile Communications Systems for 2020 and beyond.” October 2014, www.arib.or.jp/english/20bah-wp-100.pdf.

[30] IIC Consortium. 2016. [Online] www.iiconsortium.org/.

[31] Industrie 4.0 Working Group, “Recommendations for Implementing the Strategic Initiative Industrie 4.0. Final Report of the Industrie 4.0 Working Group.” 2013 www.acatech.de/fileadmin/user_upload/Baumstruktur_nach_Website/Acatech/root/de/Material_fuer_Sonderseiten/Industrie_4.0/Final_report__Industrie_4.0_acc essible.pdf.

[32] International Telecommunications Union Radio (ITU-R), “Future technology trends of terrestrial IMT systems,” Report ITU-R M.2320, November 2014, www.itu.int/pub/R-REP-M.2320.

[33] International Telecommunications Union Radio (ITU-R), “Technical feasibility of IMT in bands above 6 GHz,” Report ITU-R M.2376, July 2015, www.itu.int/pub/R-REP-M.2376

[34] 3GPP, “Tentative 3GPP timeline for 5G,” March 2015, http://www.3gpp.org/news-events/3gpp-news/1674-timeline_5g.

[35] 3GPP TR 36.888, “Study on provision of low-costMachine-Type Communications (MTC) User Equipments (UEs) based on LTE,” Technical Report TR 36.888 V12.0.0, Technical Specification Group Radio Access Network, June, 2013.

[36] 3GPP TR 45.820, “Cellular system support for ultra-low complexity and low throughput internet of things (CIoT) (Release 13),” Technical Report, TR 45.820 V13.0.0, Technical Specification Group GSM/EDGE Radio Access Network, August 2015.

[37] Ericsson et al., “NewWork Item on Extended DRX (eDRX) for GSM,”Work Item GPC150624, 3GPP TSG GERAN, July 2015.

[38] IEEE 802.15 Working Group for WPAN. [Online] www.ieee802.org/15/.

[39] IEEE 802.11 Wireless Local Area Networks. [Online] www.ieee802.org/11/.

第2章

[1] ICT-317669 METIS project, "Future radio access scenarios, requirements and KPIs," Deliverable D1.1, April 2013, www.metis2020.com/documents/deliverables/.

[2] ICT-317669 METIS project, "Updated scenarios, requirements and KPIs for 5G mobile and wireless system with recommendations for future investigations," Deliverable D1.5, April 2015, www.metis2020.com/documents/deliverables/.

[3] NGMN Alliance, "NGMN 5G White paper," February 2015, www.ngmn.org/upl oads/media/NGMN_5G_White_Paper_V1_0.pdf.

[4] 4G Americas, "4G Americas' recommendations on 5G requirements and solutions," October 2014.

[5] ARIB 2020 and beyond ad hoc group, "Mobile communications systems for 2020 and beyond," October 2014.

[6] GSMA, "Understanding 5G: Perspectives on future technological advancements in mobile," December 2014.

[7] Industrie 4.0 working group, "Recommendations for implementing the strategic initiative INDUSTRIE 4.0," April 2013.

[8] IMT-2020 (5G) promotion group, "5G vision and requirements," May 2014.

[9] ICT-317669 METIS project, "Final report on the METIS 5G system concept and technology roadmap," Deliverable D6.6, April 2015, www.metis2020.com/documents/deliverables/.

[10] G. P. Fettweis, "The Tactile Internet: Applications and challenges," IEEE Vehicular Technology Magazine, vol. 9, no. 1, pp. 64-70, March 2014.

[11] P. Stenumgaard, J. Chilo, P. Ferrer-Coll, and P. Angskog, "Challenges and conditions for wireless machine-to-machine communications in industrial environments," IEEE Communications Magazine, vol. 51, no. 6, pp. 187-192, June 2013.

[12] G. Wunder, P. Jung, M. Kasparick, T. Wild, F. Schaich, Y. Chen, S. ten Brink, I. Gaspar, N. Michailow, A. Festag, L. Mendes, N. Cassiau, D. Ktenas, M. Dryjanski, S. Pietrzyk, B. Eged, P. Vago, and F. Wiedmann, "5GNOW: Non-orthogonal, asynchronous waveforms

for future mobile applications," IEEE Communications Magazine, vol. 52, no. 2, pp. 97-105, February 2014.

[13] C. B. Sankaran, "Data offloading techniques in 3GPP Rel-10 networks: A tutorial," IEEE Communications Magazine, vol. 50, no. 6, pp. 46-53, June 2012.

[14] Y.-B. Lin, "Eliminating tromboning mobile call setup for international roaming users," IEEE Transactions on Wireless Communications, vol. 8, no. 1, pp. 320-325, January 2009.

[15] CEPT ECC, "ECC Decision (08)01: The harmonised use of the 5875-5925 MHz frequency band for Intelligent Transport Systems (ITS)," ECC/DEC/(08)01, March 2008, www.erodocdb.dk/docs/doc98/official/pdf/ECCDec0801.pdf.

第3章

[1] AT&T et al., "Network Function Virtualization: An Introduction, Benefits, Enablers, Challenges & Call for Action," White Paper, October 2012, http://portal.etsi.org/NFV/NFV_White_Paper.pdf.

[2] Open Networking Foundation, "Software-Defined Networking: The New Form for Networks," ONF White Paper, April 13, 2012, www.opennetworking.org/images/stories/downloads/sdn-resources/white-papers/wp-sdn-newnorm.pdf.

[3] 3GPP TS 36.300, "Overall description; Stage 2 (Release 12)," Technical Specification TS 36.300 V11.7.0, Technical Specification Group Radio Access Network, September 2013.

[4] ICT-317669 METIS project, "Final report on the METIS 5G system concept and technology roadmap," Deliverable 6.6, Version 1, May 2015.

[5] NGMN, "5G Whitepaper," February 2015, www.ngmn.org/uploads/media/NGMN_5G_White_Paper_V1_0.pdf.

[6] ICT-317669 METIS project, "Final report on architecture," Deliverable 6.4, Version 1, January 2015.

[7] ICT-317941 iJOIN project, "Final definition of iJOIN architecture," Deliverable 5.3, Version 1, April 2015.

[8] ICT-317941 iJOIN project, "Revised definition of requirements and preliminary definition of the iJOIN architecture," Deliverable 5.1, Version 1, October 2013.

[9] Common Public Radio Interface (CPRI), "Interface Specification," CPRI Specification V6.0, August 2013.

[10] Open Radio equipment Interface (ORI), "ORI Interface Specification," ETSI GS ORI V4.1.1, June 2014.

[11] M. Olsson, S. Sultana, S. Rommer, L. Frid, and C. Mulligan, SAE and the Evolved Packet Core, Driving the Mobile Broadband Revolution, 1st ed. Academic Press, 2009.

[12] I. Da Silva et al., "Tight integration of new 5G air interface and LTE to fulfill 5G requirements," in 1st 5G architecture Workshop, IEEE Vehicular Technology Conference, Glasgow, May 2015.

[13] IST-2002-001858 Everest Project. [Online] www.everest-ist.upc.es.

[14] M. Johnsson, J. Sachs, T. Rinta-aho, and T. Jokikyyny, "Ambient networks: A framework for multi-access control in heterogeneous networks," in IEEE Vehicular Technology Conference, Montreal, September 25-28, 2006.

[15] 3GPP TR 36.842, "Study on Small Cell Enhancements for E-UTRA and E-UTRAN-Higher layer aspects," Technical Report TR 36.842 V12.0.0, Technical Specification Group Radio Access Network, January 2014.

[16] ICT-317941 iJOIN project, "Final definition and evaluation of PHY layer approaches for RANaaS and joint backhaul-access layer," Deliverable 2.3, Version 1, April 2015.

[17] P. Rost and A. Prasad, "Opportunistic hybrid ARQ: Enabler of centralized-RAN over non-ideal backhaul," IEEE Wireless Communications Letters, vol. 3, no. 5, pp. 481-484, October 2014.

[18] R. Fritzsche, P. Rost, and G. Fettweis, "Robust rate adaptation and proportional fair scheduling with imperfect CSI," IEEE Transactions on Wireless Communications, vol. 14, no. 8, pp. 4417-4427, August 2015.

[19] ICT-317941 iJOIN project, "Final definition and evaluation of network-layer algorithms and network operation and management," Deliverable 4.3, Version 1, April 2015.

[20] V. Suryaprakash, P. Rost, and G. Fettweis, "Are heterogeneous cloud-based radio access networks cost effective?," IEEE Journal on Selected Areas in Communications, vol. 33, no. 10, pp. 2239-2251, October 2015.

第4章

[1] S. Andreev, O. Galinina, A. Pyattaev, M. Gerasimenko, T. Tirronen, J. Torsner, J. Sachs, M. Dohler, and Y. Koucheryavy, “Understanding the IoT connectivity landscape: A contemporary M2M radio technology roadmap,” IEEE Communications Magazine, vol. 53, no. 9, pp. 32-40, 2015.

[2] M. Condoluci, M. Dohler, G. Araniti, A. Molinaro, and J. Sachs, “Enhanced radio access and data transmission procedures facilitating industry-compliant machinetype communications over LTE-based 5G networks,” IEEE Wireless Communications Magazine, vol. 23, no. 1, pp. 56-63, 2016.

[3] J. J. Nielsen, G. C. Madueño, N. K. Pratas, R. B. Sørensen, Č. Stefanović, and P. Popovski, “What can wireless cellular technologies do about the upcoming smart metering traffic?,” IEEE Communications Magazine, vol. 53, no. 9, pp. 41-47, 2015.

[4] A. Frotzscher, U. Wetzker, M. Bauer, M. Rentschler, M. Beyer, S. Elspass, and H. Klessig, “Requirements and current solutions of wireless communication in industrial automation,” in IEEE International Conference on Communications Workshops, Ottawa, June 2014.

[5] M. Condoluci, M. Dohler, G. Araniti, A. Molinaro, and K. Zheng. “Toward 5G densenets: Architectural advances for effective machine-type communications over femtocells,” IEEE Communications Magazine, vol. 53, no. 1, pp. 134-141, 2015.

[6] ICT-317669 METIS Project, “Scenarios, requirements and KPIs for 5G mobile and wireless system,” Deliverable 1.1, April 2013.

[7] 3GPP TR 36.888, “Study on provision of low-cost Machine-Type Communications (MTC) User Equipments (UEs) based on LTE Equipments (UEs) based on LTE,” Technical Report TR 36.888 V12.0.0, Technical Specification Group Radio Access Network, June 2013.

[8] VODAFONE Group Plc, “Update to study item on cellular system support for ultra low complexity and low throughput internet of things,” Study item, GP-150354, 3GPP **TSG-**GERAN Meeting #66, May 2015.

[9] G. C. Madueño, C. Stefanovic, and P. Popovski, “How many smart meters can be deployed in a GSM cell?,” in IEEE International Conference on Communications Workshops, Budapest, June 2013.

[10] 3GPP TR 45.820, "Cellular system support for ultra-low complexity and low throughput internet of things (CIoT) (Release 13)," Technical Report, TR 45.820 V13.1.0, Technical Specification Group GSM/EDGE Radio Access Network, December 2015.

[11] Qualcomm Incorporated, "New work item: NarrowBand IOT (NB-IOT)," Work Item RP-151621, 3GPP TSG RAN Meeting #69, September 2015.

[12] ETSI GS LTN 003, "Low throughput networks (LTN): Protocols and interfaces," September 2014.

[13] P. Popovski, "Ultra-reliable communication in 5G wireless systems," in International Conference on 5G for Ubiquitous Connectivity, Levi, November 2014.

[14] E. Dahlman, G. Mildh, S. Parkvall, J. Peisa, J. Sachs, Y. Selén, and J. Sköld, "5G wireless access: Requirements and realization," IEEE Communications Magazine, vol. 52, no. 12, December 2014.

[15] Y. Polyanskiy, H.V. Poor, and S. Verdu, "Channel coding rate in the finite blocklength regime," IEEE Transactions on Information Theory, vol. 56, no. 5, pp. 2307-2359, May 2010.

[16] E. Paolini, C. Stefanovic, G. Liva, and P. Popovski, "Coded random access: Applying codes on graphs to design random access protocols," IEEE Communications Magazine, vol. 53, no. 6, pp. 144-150, 2015.

[17] A. Laya, L. Alonso, and J. Alonso-Zarate, "Is the random access channel of LTE and LTE-A suitable for M2M communications? A survey of alternatives," IEEE Communications Surveys and Tutorials, vol. 16, no. 1, pp. 4-16, 2014.

[18] K. Zheng, S. Ou, J. Alonso-Zarate,M. Dohler, F. Liu, and H. Zhu, "Challenges of massive access in highly dense LTE-advanced networks with machine-to-machine communications," IEEE Wireless Communications, vol. 21, no. 3, pp. 12-18, 2014.

[19] ICT-317669 METIS Project, "Intermediate system evaluation results," Deliverable 6.3, August 2014.

[20] ICT-317669 METIS Project, "Report on simulation results and evaluations," Deliverable 6.5, March 2015.

[21] T. Tirronen, A. Larmo, J. Sachs, B. Lindoff, and N.Wiberg. "Machine-to-machine communication with long-term evolution with reduced device energy consumption," Transactions on Emerging Telecommunications Technologies, vol. 24, no. 4, pp. 413-426,

2013.

[22] ICT-317669 METIS Project, "Components of a new air interface: Building blocks and performance," Deliverable 2.3, April 2014.

[23] 3GPP TR 37.869, "Study on enhancements to machine-type communications (MTC) and other mobile data applications," Technical Report TR 37.869 V12.0.0, September 2013.

[24] F. Monsees, C. Bockelmann, and A. Dekorsy, "Reliable activity detection for massive machine to machine communication via multiple measurement vector compressed sensing," in IEEE Global Communications Conference Workshops, Austin, December 2014.

[25] K. Au, L. Zhang, H. Nikopour, E. Yi, A. Bayesteh, U. Vilaipornsawai, J. Ma, and P. Zhu, "Uplink contention based SCMA for 5G radio access," in IEEE Global Communications Conference, San Diego, March 2015.

[26] N. K. Pratas, H. Thomsen, C. Stefanovic, and P. Popovski, "Code-expanded random access for machine-type communications," in IEEE Global Communications Conference Workshops, Anaheim, December 2012.

[27] Z. Chan and E. Schulz, "Cross-device signaling channel for cellular machine-type services," in IEEE Vehicular Technology Conference, Vancouver, September 2014.

[28] O. N. C. Yilmaz, Y.-P. E. Wang, N. A. Johansson, N. Brahmi, S. A. Ashraf, and J. Sachs, "Analysis of ultra-reliable and low-latency 5G communication for a factory automation use case," in IEEE International Conference on Communication, London, June 2015.

[29] N. A. Johansson, Y.-P. E. Wang, E. Eriksson, and M. Hessler, "Radio access for ultra-reliable and low-latency 5G communications," in IEEE International Conference on Communication, London, June 2015.

[30] H. D. Schotten, R. Sattiraju, D. Gozalvez-Serrano, R. Zhe, and P. Fertl, "Availability indication as key enabler for ultra-reliable communication in 5G," in European Conference on Networks and Communications, Bologna, June 2014.

[31] A. Rauch, F. Klanner, R. Rasshofer, and K. Dietmayer, "Car2X-based perception in a high-level fusion architecture for cooperative perception systems," in IEEE Intelligent Vehicles Symposium, June 2012.

[32] ICT-317669 METIS Project, "Final report on network-level solutions," Deliverable D4.3, February 2015.

第5章

[1] A. Osseiran, F. Boccardi,V. Braun, K. Kusume, P.Marsch,M.Maternia, O. Queseth, M. Schellmann, H. Schotten, H. Taoka, H. Tullberg, M. A. Uusitalo, B. Timus, and M. Fallgren, "Scenarios for 5G mobile and wireless communications: The vision of the METIS Project," IEEE Communications Magazine, vol. 52, no. 5, pp. 26-35, May 2014.

[2] NGMN Alliance, 5G White Paper, February 2015, www.ngmn.org/uploads/medi a/ NGMN_5G_White_Paper_V1_0.pdf.

[3] Qualcomm, "LTE Device to Device Proximity Services," Work Item RP-140518, 3GPP TSG RAN Meeting #63, March 2014.

[4] 3GPP TS 36.211, "Evolved Universal Terrestrial Radio Access (E-UTRA); Physical channels and modulation," Technical Specification TS 36.211 V11.6.0, Technical Specification Group Radio Access Network, September 2014.

[5] Qualcomm, "Enhanced LTE Device to Device Proximity Services," Work Item RP-150441, 3GPP TSG RAN Meeting #67, March 2015.

[6] ICT-317669 METIS project, "Initial report on horizontal topics, first results and 5G system concept," Deliverable D6.2, March 2014, www.metis2020.com/wp-content/ uploads/deliverables/.

[7] Z. Li, M. Moisio, M. A. Uusitalo, P. Lundén, C.Wijting, F. S. Moya, A. Yaver, and V. Venkatasubramanian, "Overview on initial METIS D2D concept," in International Conference on 5G for Ubiquitous Connectivity, Levi, November 2014, pp. 203-208.

[8] ICT-317669 METIS project, "Intermediate system evaluation results," Deliverable D6.3, August 2014, www.metis2020.com/wp-content/uploads/deliverables/.

[9] T. Peng, Q. Lu, H. Wang, S. Xu, and W. Wang, "Interference avoidance mechanisms in the hybrid cellular and device-to-device systems," in IEEE International Symposium on Personal, Indoor and Mobile Radio Communications, Tokyo, September 2009, pp. 617-621.

[10] G. Fodor, M. Belleschi, D. D. Penda, A. Pradini, M. Johansson, and A. Abrardo, "Benchmarking practical RRM algorithms for D2D communications in LTE advanced," Wireless Personal Communications, vol. 82, pp. 883-910, December 2014.

[11] A. Asadi, Q.Wang, and V. Mancuso, "A Survey on device-to-device communication

in cellular networks," IEEE Communications Surveys & Tutorials, vol. 16, no.4, pp. 1801-1819.

[12] S. Mumtaz and J. Rodriguez (Eds.), Smart Device to Smart Device Communication, New York: Springer-Verlag, 2014.

[13] G. Fodor, E. Dahlman, G. Mildh, S. Parkvall, N. Reider, G. Miklós, and Z. Turányi, "Design aspects of network assisted device-to-device communications," IEEE Communications Magazine, vol. 50, no. 3, pp. 170-177, March 2012.

[14] N. Reider and G. Fodor, "A distributed power control and mode selection algorithm for D2D communications," EURASIP Journal on Wireless Communications and Networking, vol. 2012, no. 1, December 2012.

[15] S. Hakola, Tao Chen, J. Lehtomaki, and T. Koskela, "Device-To-Device (D2D) communication in cellular network: Performance analysis of optimum and practical communication mode selection," in IEEE Wireless Communications and Networking Conference, Sydney, April 2010.

[16] K. Doppler, C.H. Yu, C. Ribeiro, and P. Janis, "Mode selection for device-to-device communication underlaying an LTE-Advanced network," in IEEEWireless Communications and Networking Conference, Sydney, April 2010.

[17] G. Fodor and N. Reider, "A distributed power control scheme for cellular network assisted D2D communications," in IEEE Global Telecommunications Conference, Houston, December 2011.

[18] C.H. Yu, O. Tirkkonen, K. Doppler, and C. Ribeiro, "Power optimization of device-to-device communication underlaying cellular communication," in IEEE International Conference on Communications, Dresden, June 2009.

[19] H. Xing and S. Hakola, "The investigation of power control schemes for a device-to-device communication integrated into OFDMA cellular system," in IEEE International Symposium on Personal Indoor and Mobile Radio Communications, Istanbul, September 2010, pp. 1775-1780.

[20] G. Fodor, M. Belleschi, D. D. Penda, A. Pradini, M. Johansson, and A. Abrardo, "A comparative study of power control approaches for D2D communications," in IEEE International Conference on Communications, Budapest, June 2013.

[21] P. Mogensen et al., "5G small cell optimized radio design," in IEEE Global

Telecommunications ConferenceWorkshops, Atlanta, December 2013, pp. 111-116.
[22] E. Lahetkangas, K. Pajukoski, J. Vihriala, and E. Tiirola, "On the flexible 5G dense deployment air interface for mobile broadband," in International Conference on 5G for Ubiquitous Connectivity, Levi, November 2014, pp. 57-61.
[23] V. Venkatasubramanian, F. Sanchez Moya, and K. Pawlak, "Centralized and decentralized multi-cell D2D resource allocation using flexible UL/DL TDD," in IEEE Wireless Communications and Networking Conference Workshops, New Orleans, March 2015.
[24] F. Sanchez Moya, V. Venkatasubramanian, P. Marsch, and A. Yaver, "D2D mode selection and resource allocation with flexible UL/DLTDD for 5G deployments," in IEEE International Conference on Communications Workshops, London, June 2015.
[25] 3GPP TR 22.803, "Feasibility study for Proximity Services (ProSe)," Technical Report TR 22.803 V12.2.0, Technical Specification Group Radio Access Network, June 2013.
[26] G. Fodor et al., "Device-to-sevice communications for national security and public safety," IEEE Access, vol. 2, pp. 1510-1520, January 2015.
[27] Z. Li, "Performance analysis of network assisted neighbor discovery algorithms," School Elect. Eng., Royal Inst. Technol., Stockholm, Sweden, Tech. Rep. XR-EERT 2012:026, 2012.
[28] Y. Zhou, "Performance evaluation of a weighted clustering algorithm in NSPS scenarios," School Elect. Eng., Roy. Inst. Technol., Stockholm, Sweden, Tech. Rep. XR-EE-RT 2013:011, January 2014.
[29] J. M. B. da Silva Jr., G. Fodor, and T. Maciel, "Performance analysis of network assisted two-hop device-to-device communications," in IEEE BroadbandWireless Access Workshop, Austin, December 2014, pp. 1-6.
[30] C.-H. Yu, K. Doppler, C. B. Ribeiro, and O. Tirkkonen, "Resource sharing optimization for device-to-device communication underlaying cellular networks," IEEE Transactions on Wireless Communications, vol. 10, no. 8, pp. 2752-2763, August 2011.
[31] X. Lin, J. G. Andrews, and A. Ghosh, "Spectrum sharing for device-to-device communication in cellular networks," IEEE Transactions on Wireless Communications, vol. 13, no. 12, pp. 6727-6740, December 2014.
[32] B. Cho, K. Koufos, and R. Jäntti, "Spectrum allocation and mode selection for overlay D2D using carrier sensing threshold," in International Conference on Cognitive Radio

Oriented Wireless Networks, Oulu, June 2014, pp. 26-31.

[33] M. J. Osborne, An Introduction to Game Theory, Oxford: Oxford University Press, 2003.

[34] J. Rosen, “Existence and uniqueness of equilibrium points for concave n-person games,” Econometrica, vol. 33, pp. 520-534, July 1965.

[35] D. Gabay and H. Moulin, “On the uniqueness and stability of Nash equilibrium in non-cooperative games,” in Applied Stochastic Control in Econometrics and Management Sciences, A. Bensoussan, P. Kleindorfer, C. S. Tapiero, eds. Amsterdam: North-Holland, 1980.

[36] B. Cho, K. Koufos, R. Jäntti, Z. Li, and M.A. Uusitalo “Spectrum allocation for multi-operator device-to-device communication,” in IEEE International Conference on Communications, London, June 2015.

[37] 3GPP TR 30.03U, “Universal mobile telecommunications system (UMTS); Selection procedures for the choice of radio transmission technologies of the UMTS,” Technical Report TR 30.03U V3.2.0, ETSI, April 1998.

第6章

[1] ICT-317669 METIS project, “Scenarios, requirements and KPIs for 5G mobile and wireless system,” Deliverable D1.1, April 2013, www.metis2020.com/documents/deliverables/.

[2] Ericsson, Ericsson Mobility Report, Report No. EAB-15:037849, November 2015, www.ericsson.com/res/docs/2015/mobility-report/ericsson-mobility-reportnov-2015.pdf.

[3] Cisco, Cisco Visual Networking Index: Global Mobile Data Traffic Forecast Update 2014-2019, White Paper, February 2015, www.cisco.com/c/en/us/solutions/collateral/service-provider/visual-networking-index-vni/white_paper_c11-520862.html.

[4] IEEE 802.11ad, “IEEE Wireless LAN Medium Access Control (MAC) and Physical Layer (PHY) Specifications Amendment 3: Enhancements for Very High Throughput in the 60 GHz Band,” IEEE Standard 802.11ad-2012 Part 11, 2012.

[5] IEEE, “Next Generation 802.11ad: 30+ Gbit/s WLAN,” Document IEEE 11-14/0606r0, May 2014, https://mentor.ieee.org/802.11/dcn/14/11-14-0606-00-0wng-next-generation-802-11ad.pptx.

[6] FCC, "NOI to examine use of bands above 24 GHz for mobile broadband," FCC 14-154, October 2014, www.fcc.gov/document/noi-examine-use-bands-above-24-ghz-mobile-broadband.

[7] Ofcom, "Call for Input: Spectrum above 6 GHz for future mobile communications," January 2015.

[8] FCC, "47 CFR 2.1093-Radiofrequency radiation exposure evaluation: portable devices," Code of Federal Regulations (CFR), title 47, vol. 1, section 2.1093, 2010, 47 CFR 2.1093-Radiofrequency radiation exposure evaluation: portable devices.

[9] International Commission on Non-Ionizing Radiation Protection, "Guidelines for limiting exposure to time-varying electric, magnetic, and electromagnetic fields (up to 300 GHz)," Health Physics, vol. 74, no. 4, pp. 494-522, October 1998.

[10] D. Colombi, B. Thors, and C. Törnevik, "Implications of EMF exposure limits on output power levels for 5G devices above 6 GHz," IEEE Antennas and Wireless Propagation Letters, vol. 14, pp. 1247-1249, 2015.

[11] FCC, "Millimeter Wave Propagation: Spectrum Management Implications," Bulletin no. 70, July 1997.

[12] T. S. Rappaport, S. Sun, R. Mayzus, H. Zhao, Y. Azar, K. Wang, G. N. Wong, J. K. Schulz, M. Samimi, and F. Gutierrez, "Millimeter wave mobile communications for 5G cellular: It will work!," IEEE Access, vol. 1, pp. 335-349, 2013.

[13] G. R. MacCartney and T. S Rappaport, "73 GHz millimeter wave propagation measurements for outdoor urban mobile and backhaul communications in New York City," in IEEE International Conf. on Communications, Sydney, June 2014, pp. 4862-4867.

[14] E. Johnson, "Physical limitations on frequency and power parameters of transistors," in 1958 IRE International Convention Record, vol. 13, pp. 27-34, 1966.

[15] B. Murmann, "ADC Performance Survey 1997-2015," [Online] http://web.stanford.edu/~murmann/adcsurvey.html.

[16] H. Vardhan, N. Thomas, S.-R. Ryu, B. Banerjee, and R. Prakash, "Wireless data center with millimeter wave network," in IEEE Global Telecommunications Conference, Miami, December 2010, pp. 1-6.

[17] I. Da Silva, G. Mildh, J. Rune, P. Wallentin, Rui Fan, J. Vikberg, and P. Schliwa-Bertling, "Tight integration of new 5G Air Interface and LTE to fulfil 5G requirements," in IEEE

Vehicular Technology Conference, Glasgow, May 2015.

[18] H. Ishii, Y. Kishiyama, and H. Takahashi, "A novel architecture for LTE-B: C-plane, U-plane split and the phantom cell concept," in IEEE International workshop on emerging technologies for LTE Advanced and Beyond-4G, Anaheim, December 2012.

[19] T. Nakamura, S. Nagata, A. Benjebbour, Y. Kishiyama, Tang Hai, Shen Xiaodong, Yang Ning, and Li Nan, "Trends in small cell enhancements in LTE Advanced," IEEE Communications Magazine, vol. 51, no. 2, pp. 98-105, February 2013.

[20] D. Hui, "Distributed precoding with local power negotiation for coordinated multipoint transmission," in IEEE Vehicular Technology Conference, Yokohama, May 2011, pp. 1-5.

[21] S. Sun, T. S. Rappaport, R. W. Heath Jr., A Nix, and S. Rangan, "MIMO for millimeter-wave wireless communications: Beamforming, spatial multiplexing, or both?," IEEE Communications Magazine, vol. 52, no. 12, pp. 32-33, December 2014.

[22] A. Alkhateeb, J. Mo, N. González-Prelcic, and R.W. Heath Jr., "MIMO precoding and combining solutions for millimeter-wave systems," IEEE Communications Magazine, vol. 52, no. 12, pp. 122-131, December 2014.

[23] L. Zhou and Y. Ohashi, "Efficient codebook-based MIMO beamforming for millimeter-wave WLANs," in IEEE International Symposium on Personal, Indoor and Mobile Radio Communications, Sydney, 2012, pp. 1885-1889.

[24] W. U. Bajwa, J. Haupt, A. M. Sayeed, and R. Nowak, "Compressed channel sensing: A new approach to estimating sparse multipath channels," Proceedings of the IEEE, vol. 98, no. 6, pp. 1058-1076, 2010.

[25] R. Baldemair, T. Irnich, K. Balachandran, E. Dahlman, G. Mildh, Y. Selén, S. Parkvall, M. Meyer, and A. Osseiran, "Ultra-dense networks in millimeter-wave frequencies," IEEE Communications Magazine, vol. 53, no. 1, pp. 202-208, January 2015.

[26] A. Ghosh, T. A. Thomas, M. C. Cudak, R. Ratasuk, P. Moorut, F. W. Vook, T. S. Rappaport, G. R. MacCartney Jr., S. Sun, and S. Nie, "Millimeter-wave enhanced local area systems: A high-data-rate approach for future wireless networks," IEEE Journal on Selected Areas in Communications, vol. 32, no. 6, pp. 1152-1163, June 2014.

[27] ICT-317669 METIS project, "Proposed solutions for new radio access," Deliverable D2.4, February 2015, https://www.metis2020.com/documents/deliverables/.

[28] T. S. Rappaport, R. W. Heath Jr., R. C. Daniels, and J. N. Murdock, Millimeter Wave

Wireless Communications, New Jersey: Prentice Hall, 2014.

第 7 章

[1] G.Wunder, T.Wild, I. Gaspar, N. Cassiau,M. Dryjanski, B. Eged, et al., “5GNOW: Non-orthogonal asynchronous waveforms for future mobile applications,” IEEE Communications Magazine, vol. 52, no. 2, pp. 97-105, February 2014.

[2] ICT-318362 Emphatic project, “Flexible and spectrally localized waveform processing for next generation wireless communications,” White Paper, 2015, www .ict-emphatic.eu/submissions.html.

[3] G. Proakis, Digital Communications, New York: McGraw-Hill, 2001.

[4] H. Menouar, F. Filali, and M. Lenardi, “A survey and qualitative analysis of mac protocols for vehicular ad hoc networks,” IEEE Wireless Communications, vol. 13, no. 5, pp. 30-35, October 2006.

[5] P. W. Baier, “CDMA or TDMA? CDMA for GSM?,” in IEEE International Symposium on Personal, Indoor and Mobile Radio Communications, The Hague, September 1994.

[6] E. H. Dinan and B. Jabbari, “Spreading codes for direct sequence CDMA and wideband CDMA cellular networks,” IEEE Communications Magazine, vol. 36, no. 9, pp. 48-54, September 1998.

[7] M. Costa, “Writing on dirty paper,” IEEE Trans. Information Theory, vol. 29, no. 3, pp. 439-441, May 1983.

[8] M. Tomlinson, “New automatic equalizer employing modulo arithmetic,” Electron. Lett., vol. 7, no. 5, pp. 138-139, March 1971.

[9] ICT-317669 METIS project, “Report on simulation results and evaluations,” Deliverable D6.5, February 2015, www.metis2020.com/documents/deliverables/.

[10] P. Siohan, C. Siclet, and N. Lacaille, “Analysis and design of OFDM/OQAM systems based on filterbank theory,” IEEE Trans. on Signal Processing, vol. 50, pp. 1170-1183, May 2002.

[11] J. Nadal, C. A. Nour, A. Baghdadi, and H. Lin, “Hardware prototyping of FBMC/OQAM baseband for 5G mobile communication,” in IEEE International Symposium on Rapid System Prototyping, Uttar Pradesh, October 2014.

[12] ICT-211887 PHYDYAS project, “FBMC physical layer: A primer,” June 2010, www.ict-phydyas.org/.

[13] M. Fuhrwerk, J. Peissig, and M. Schellmann, “Channel adaptive pulse shaping for OQAM-OFDM systems,” in European Signal Processing Conference, Lisbon, September 2014.

[14] M. Fuhrwerk, J. Peissig, and M. Schellmann, “On the design of an FBMC based air interface enabling channel adaptive pulse shaping per sub-band,” in European Signal Processing Conference, Nice, September 2015.

[15] H. Lin, M. Gharba, and P. Siohan, “Impact of time and frequency offsets on the FBMC/OQAM modulation scheme,” IEEE Signal Proc., vol. 102, pp. 151-162, September 2014.

[16] ICT-317669 METIS project, “Proposed solutions for new radio access,” Deliverable D2.4, February 2015, www.metis2020.com/documents/deliverables/.

[17] D. Pinchon and P. Siohan, “Derivation of analytical expression for low complexity FBMC systems,” in European Signal Processing Conference, Marrakech, September 2013.

[18] H. Lin and P. Siohan, “Multi-Carrier Modulation Analysis and WCP-COQAM proposal,” EURASIP Journal on Advances in Sig. Proc., vol. 2014, no. 79, May 2014.

[19] M.J. Abdoli, M. Jia. and J. Ma, “Weighted circularly convolved filtering in OFDM/OQAM,” in IEEE International Symposium on Personal, Indoor and Mobile Radio Communications, London, September 2013, pp. 657-661.

[20] J. P. Javaudin, D. Lacroix, and A. Rouxel, “Pilot-aided channel estimation for OFDM/OQAM,” in IEEE Vehicular Technology Conference, Keju, April 2003, pp. 1581-1585.

[21] Z. Zhao, N. Vucic, and M. Schellmann, “A simplified scattered pilot for FBMC/OQAMin highly frequency selective channels,” in IEEE International Symposium on Wireless Comm. Systems, Barcelona, August 2014.

[22] M. Caus and A. Perez-Neira, “Multi-stream transmission for highly frequency selective channels in MIMO-FBMC/OQAM systems,” IEEE Transactions on Signal Processing, vol. 62, no. 4, pp. 786-796, February 2014.

[23] Z. Zhao, X. Gong and M. Schellmann, “A novel FBMC/OQAM scheme facilitating MIMO FDMA without the need for guard bands,” in International ITG Workshop on Smart Antennas, Munich, March 2016.

[24] T. Wild and F. Schaich, “A reduced complexity transmitter for UF-OFDM,” in IEEE

Vehicular Technology Conference, Glasgow, May 2015.

[25] ICT-318555 5GNOW project, “5G waveform candidate selection,” Deliverable D3.1, 2013, www.5gnow.eu/?page_id=418.

[26] V. Vakilian, T. Wild, F. Schaich, S.t. Brink, and J.-F. Frigon, “Universal-filtered multi-carrier technique for wireless systems beyond LTE,” in IEEE Global Communications Conference Workshops, Atlanta, December 2013.

[27] F. Schaich, T. Wild, and Y. Chen, “Waveform contenders for 5G: Suitability for short packet and low latency transmissions,” in IEEE Vehicular Technology Conference, Seoul, May 2014.

[28] X.Wang, T.Wild, F. Schaich, and S. ten Brink, “Pilot-aided channel estimation for universal filtered multi-carrier,” submitted to IEEE Vehicular Technology Conference VTC-Fall ‘15, September 2015.

[29] T. Wild, F. Schaich, and Y. Chen, “5G air interface design based on universal filtered (UF-) OFDM,” in Intl. Conference on Digital Signal Processing, Hong Kong, August 2014.

[30] K. Higuchi and A. Benjebbour, “Non-orthogonal multiple access (NOMA) with successive interference cancellation for future radio access,” IEICE Transactions on Communications, vol. E98-B, no. 3, pp. 403-414, March 2015.

[31] D. Tse and P. Viswanath, Fundamentals of Wireless Communication, New York: Cambridge University Press, 2005.

[32] A. Benjebbour, A. Li, Y. Saito, Y. Kishiyama, A. Harada, and T. Nakamura, “System-level performance of downlink NOMA for future LTE enhancements,” in IEEE Global Communications Conference, Atlanta, December 2013.

[33] A. Benjebbour, A. Li, Y. Kishiyama, H. Jiang, and T. Nakamura, “System-level performance of downlink NOMA combined with SU-MIMO for future LTE enhancements,” in IEEE Global Communications Conference, Austin, December 2014.

[34] K. Saito, A. Benjebbour, Y. Kishiyama, Y. Okumura, and T. Nakamura, “Performance and design of SIC receiver for downlink NOMA with open-loop SU-MIMO,” in IEEE Intl. Conference on Communications (ICC), London, UK, June 2015.

[35] M. Taherzadeh, H. Nikopour, A. Bayesteh, and H. Baligh, “SCMA codebook design,” in IEEE Vehicular Technology Conference, Vancouver, September 2014.

[36] H. Nikopour and H. Baligh, “Sparse code multiple access,” in IEEE Intl. Symposium on

Personal, Indoor and Mobile Radio Communications, London, September 2013.

[37] H. Nikopour, E. Yi, A. Bayesteh, K. Au, M. Hawryluck, H. Baligh, and J. Ma, "SCMA for downlink multiple access of 5G wireless networks," in IEEE Global Communications Conference, Austin, December 2014.

[38] A. Bayesteh, E. Yi, H. Nikopour, and H. Baligh, "Blind detection of SCMA for uplink grant-free multiple-access," in IEEE International Symposium onWireless Comm. Systems, Barcelona, August 2014.

[39] K. Au, L. Zhang, H. Nikopour, E. Yi, A. Bayesteh, U. Vilaipornsawai, J. Ma. and P. Zhu, "Uplink contention based sparse code multiple access for next generation wireless network," in IEEE Global Communications Conference Workshops, Austin, December 2014.

[40] L. Ping, L. Liu, K. Wu, and W.K. Leung, "Interleave-division multiple-access," IEEE Trans. Wireless Commun., vol. 5, no. 4, pp. 938-947, April 2006.

[41] K. Kusume, G. Bauch, and W. Utschick, "IDMA vs. CDMA: Analysis and comparison of two multiple access schemes," IEEE Trans. Wireless Commun., vol. 11, no. 1, pp. 78-87, January 2012.

[42] Y. Chen, F. Schaich, and T.Wild, "Multiple access and waveforms for 5G: IDMA and universal filtered multi-carrier," in IEEE Vehicular Technology Conference, Seoul, May 2014.

[43] ICT-318555 5GNOW Project, "5G waveform candidate selection," Deliverable D3.2, 2014, www.5gnow.eu/?page_id=418.

[44] E. Lähetkangas, K. Pajukoski, J. Vihriälä et al., "Achieving low latency and energy consumption by 5G TDD mode optimization," in IEEE International Conference on Communications, Sydney, June 2014.

[45] K. Haneda, F. Tufvesson, S. Wyne, M. Arlelid, and A.F. Molisch, "Feasibility study of a mm-wave impulse radio using measured radio channels," in IEEE Vehicular Technology Conference, Budapest, May 2011.

[46] C. Gustafson, K. Haneda, S. Wyne, and F. Tufvesson, "On mm-wave multi-path clustering and channel modeling," IEEE Trans. Antennas Propag., vol. 62, no. 3, pp. 1445-1455, March 2014.

[47] C. Gustafson, F. Tufvesson, S. Wyne, K. Haneda, and A. F. Molisch, "Directional analysis

of measured 60 GHz indoor radio channels using SAGE," in IEEE Vehicular Technology Conference, Budapest, May 2011.

[48] International Telecommunications Union Radio (ITU-R), "Guidelines for evaluation of radio interface technologies for IMT-Advanced," Report ITU-R M.2135, December 2008, www.itu.int/pub/R-REP-M.2135-2008.

[49] 3GPP TR 36.912, "Feasibility Study for Further Advancements for E-UTRA," Technical Report TR 36.912 V10.0.0, Technical Specification Group Radio Access Network, March 2011.

[50] M. Lauridsen, "Studies on Mobile Terminal Energy Consumption for LTE and Future 5G," PhD thesis, Aalborg University, 2015.

[51] H. Schotten, R. Sattiraju, D. Gozalvez, Z. Ren, and P. Fertl, "Availability indication as key enabler for ultra-reliable communication in 5G," in European Conference on Networks and Communications, Bologna, June 2014.

[52] R. Sattiraju and H.D. Schotten, "Reliability modeling, analysis and prediction of wireless mobile communications," in IEEE Vehicular Technology Conference Workshops, Seoul, May 2014.

[53] R. Sattiraju, P. Chakraborty, and H.D. Schotten, "Reliability analysis of a wireless transmission as a repairable system," in Intl.Workshop on Ultra-Low Latency and Ultra-High Reliability inWireless Communications, IEEE Global Communication Conference, Austin, December 2014.

[54] S. Beygi, U. Mitra, and E. G. Ström, "Nested sparse approximation: Structured estimation of V2V channels using geometry-based stochastic channel model," IEEE Trans. on Signal Proc., vol. 63, no. 18, pp. 4940-4955, September 2015.

[55] R. Apelfröjd and M. Sternad, "Design and measurement based evaluation of coherent JT CoMP-A study of precoding, user grouping and resource allocation using predicted CSI," EURASIP Journal onWireless Comm. and Netw., vol. 2014, no. 100, 2014, http://jwcn.eurasipjournals.com/content/2014/1/100.

[56] M. Ivanov, F. Brännström, A. Graell i Amat, and P. Popovski, "Error floor analysis of coded slotted ALOHA over packet erasure channels," IEEE Commun. Lett., vol. 19, no. 3, pp. 419-422, March 2015.

[57] M. Ivanov, F. Brännström, A. Graell i Amat, and P. Popovski, "All-to-all broadcast for

vehicular networks based on coded slotted ALOHA," in IEEE International Conference on Communications Workshop, London, June 2015.

[58] H. Holma and A. Toskala, LTE for UMTS: Evolution to LTE-advanced, Chichester: John Wiley & Sons, 2011.

[59] 3GPP TS 36.211, "Evolved Universal Terrestrial Radio Access (E-UTRA); Physical channels and modulation," Technical Specification TS 36.211 V11.6.0, Technical Specification Group Radio Access Network, September 2014.

[60] 3GPP TS 36.213, "Evolved Universal Terrestrial Radio Access (E-UTRA); Physical layer procedures," Technical Specification TS 36.213 V11.9.0, Technical Specification Group Radio Access Network, January 2015.

[61] H. Thomsen, N.K. Pratas, and C. Stefanovic, "Analysis of the LTE access reservation protocol for real-time traffic," IEEE Communication Letters, 2013.

[62] H. Thomsen, N.K. Pratas, and C. Stefanovic, "Code-expanded radio access protocol for machine-to-machine communications," Trans. on Emerging Telecomm. Technologies, 2013.

[63] N. K. Pratas, H. Thomsen, C. Stefanovic, and P. Popovski, "Code expanded random access for machine-type communications," in IEEE Global Conference on Communications Workshops, Anaheim, December 2012.

[64] A. Zanella and M. Zorzi, "Theoretical analysis of the capture probability in wireless systems with multiple packet reception capabilities," IEEE Trans. Commun., vol. 60, no. 4, pp. 1058-1071, 2012.

[65] E. Cassini, R. D. Gaudenzi, and O. del Rio Herrero, "Contention resolution diversity slotted ALOHA (CRDSA): An enhanced random access scheme for satellite access packet networks," IEEE Trans. Wireless Commun., vol. 6, no. 4, pp. 1408-1419, April 2007.

[66] G. Liva, "Graph-based analysis and optimization of contention resolution diversity slotted ALOHA," IEEE Trans. Commun., vol. 59, no. 2, pp. 477-487, February 2011.

[67] C. Stefanovic and P. Popovski, "ALOHA random access that operates as a rateless code," IEEE Trans. Commun., vol. 61, no. 11, pp. 4653-4662, November 2013.

[68] C. Stefanovic and P. Popovski, "Coded slotted ALOHA with varying packet loss rate across users," in IEEE Global Conference on Signal and Information Processing, Austin, December 2013.

[69] S. Buzzi, A. De Maio, and M. Lops, "Code-aided blind adaptive new user detection in DS/CDMA systems with fading time-dispersive channels," IEEE Trans. Signal Proc., vol. 51, no. 10, pp. 2637-2649, 2003.

[70] M. Honig, U. Madhow, and S. Verdu, "Blind adaptive multiuser detection," IEEE Trans. Inf. Theory, vol. 41, no. 4, pp. 944-960, 1995.

[71] D.D. Lin and T.J. Lim, "Subspace-based active user identification for a collision-free slotted ad hoc network," IEEE Trans. Commun., vol. 52, no. 4, pp. 612-621, 2004.

[72] C. Bockelmann, H. F. Schepker, and A. Dekorsy, "Compressive sensing based multi-user detection for machine-to-machine communication," Transactions on Emerging Telecommunications Technologies, vol. 24, no. 4, pp. 389-400, April 2013.

[73] M. Kasparick, G.Wunder, P. Jung, and D. Maryopi, "Bi-orthogonal waveforms for 5G random access with short message support," in European Wireless 2014, Barcelona, May 2014.

[74] G. Wunder, P. Jung, and C. Wang, "Compressive random access for post-LTE systems," in IEEE International Conference on Communications, Sydney, June 2014.

[75] H. Schepker, C. Bockelmann, and A. Dekorsy, "Improving group orthogonal matching pursuit performance with iterative feedback," in IEEE Vehicular Technology Conference, Las Vegas, September 2013.

[76] H. Schepker, C. Bockelmann, and A. Dekorsy, "Exploiting sparsity in channel and data estimation for sporadic multi-user communication," in International Symposium on Wireless Communication Systems, Ilmenau, August 2013.

[77] F. Monsees, C. Bockelmann, and A. Dekorsy, "Compressed sensing soft activity processing for sparse multi-user systems," in IEEE Global Communications Conference Workshops, Atlanta, December 2013.

[78] F. Monsees, C. Bockelmann, and A. Dekorsy, "Compressed sensing neymanpearson based activity detection for sparse multiuser communications," in International ITG Conference on Systems Communications and Coding, Hamburg, February 2015.

[79] Y. Ji, C. Stefanovic, C. Bockelmann, A. Dekorsy, and P. Popovski, "Characterization of coded random access with compressive sensing based multiuser detection," in IEEE Global Communications Conference, Austin, December 2014.

第 8 章

[1] ICT-317669 METIS project, “Scenarios, requirements and KPIs for 5G mobile and wireless system,” Deliverable D1.1, May 2013, www.metis2020.com/documents/deliverables/.

[2] E. G. Larsson, O. Edfors, Fr. Tufvesson, and T. L. Marzetta, “Massive MIMO for next generation wireless systems,” IEEE Communications Magazine, vol. 52, no. 2, pp. 186-195, 2014.

[3] H. Q. Ngo, E. G. Larsson, and T. L. Marzetta, “Energy and spectral efficiency of very large multiuser MIMO systems,” IEEE Transactions on Communications, vol. 61, no. 4, pp. 1436-1449, 2013.

[4] T. Marzetta, “Noncooperative cellular wireless with unlimited numbers of base station antennas,” IEEE Trans. Wireless Commun., vol. 9, no. 11, pp. 3590-3600, November 2010.

[5] F. Rusek, D. Persson, B. K. Lau, E. G. Larsson, T. L. Marzetta, O. Edfors, and F. Tufvesson, “Scaling up MIMO: Opportunities and challenges with very large arrays,” IEEE Signal Processing Mag., vol. 30, no. 1, pp. 40-60, January 2013.

[6] J. Hoydis, S. T. Brink, and M. Debbah, “Massive MIMO: How many antennas do we need?,” in Annual Allerton Conference on Communication, Control and Computing, Monticello, IL, September 2011, pp. 545-550.

[7] L. Lu, G. Li, A. Swindlehurst, A. Ashikhmin, and R. Zhang, “An overview of massive MIMO: Benefits and challenges,” IEEE Journal of Selected Topics in Signal Processing, vol. 8, no. 5, pp. 742-758, October 2014.

[8] M. Kountouris and N. Pappas, “HetNets and Massive MIMO: Modeling, Potential Gains, and Performance Analysis,” in IEEE-APS Topical Conference on Antennas and Propagation in Wireless Communications, Torino, September, 2013.

[9] J. Jose, A. Ashikhmin, T. Marzetta, and S. Vishwanath, “Pilot contamination and precoding in multi-cell TDD systems,” IEEE Transactions on Wireless Communications, vol. 10, no. 8, pp. 2640-2651, August 2011.

[10] B. Hassibi and B. M. Hochwald, “How much training is needed in multiple antenna wireless links?,” IEEE Transactions on Information Theory, vol. 49, no. 4, pp. 951-963, 2003.

[11] T. Kim and J. G. Andrews, "Optimal pilot-to-data power ratio for MIMO-OFDM," in IEEE Global Telecommunications Conference, St. Louis, December 2005, pp. 1481-1485.

[12] T. Kim and J. G. Andrews, "Balancing pilot and data power for adaptive MIMOOFDM Systems," in IEEE Global Telecommunications Conference, San Francisco, December 2006.

[13] T. Marzetta, "How much training is needed for multiuser MIMO?," in Asilomar Conference, Pacific Grove, October 2006, pp. 359-363.

[14] N. Jindal and A. Lozano, "A unified treatment of optimum pilot overhear in multipath fading channels," IEEE Transactions on Communications, vol. 58, no. 10, pp. 2939-2948, October 2010.

[15] K. T. Truong, A. Lozano, and R. W. Heath Jr., "Optimal training in continuous block-fading massive mimo systems," in European Wireless Conference, Barcelona, May 2014.

[16] G. Fodor and M. Telek, "On the pilot-data power trade off in single input multiple output systems," in European Wireless Conference, Barcelona, May 2014, pp. 485-492.

[17] M. Kurras, L. Thiele, and G. Caire, "Interference mitigation and multiuser multiplexing with beam-Steering antennas," in International ITG Workshop on Smart Antennas, Ilmenau, March 2015, pp. 1-5.

[18] R. Couillet and M. Debbah, Random Matrix Methods for Wireless Communications. Cambridge, UK: Cambridge University Press, 2011.

[19] S. Wagner, R. Couillet, M. Debbah, and D. T. Slock, "Large system analysis of linear precoding in correlated MISO broadcast channels under limited feedback," IEEE Trans. Inform. Theory, vol. 58, no. 7, pp. 4509-4537, 2012.

[20] D. Gesbert, S. Hanly, H. Huang, S. Shamai Shitz, O. Simeone, andW. Yu, "Multicell MIMO cooperative networks: A new look at interference," IEEE Journal on Selected Areas in Communications, vol. 28, no. 9, pp. 1380-1408, December 2010.

[21] A. Tölli, M. Codreanu, and M. Juntti, "Cooperative MIMO-OFDM cellular system with soft handover between distributed base station antennas," IEEE Trans. Wireless Commun., vol. 7, no. 4, pp. 1428-1440, April 2008.

[22] H. Asgharimoghaddam, A. Tölli, and N. Rajatheva, "Decentralizing the optimal multi-cell beamforming via large system analysis," in IEEE International Conference on Communications, Sydney, June 2014, pp. 5125-5130.

[23] H. Asgharimoghaddam, A. Tölli, and N. Rajatheva, "Decentralized multi-cell beamforming via large system analysis in correlated channels," in European Sign. Proc. Conf., Lisbon, September 2014, pp. 341-345.

[24] D. Tse and P. Viswanath, Fundamentals of Wireless Communication, Cambridge, UK: Cambridge University Press, 2005.

[25] A. M. Tulino and Sergio Verdú, "Random matrix theory and wireless communications," Foundations and Trends in Communications and Information Theory, vol. 1, no. 1, pp. 1-182, 2004.

[26] M. K. Ozdemir and H. Arslan, "Channel estimation for wireless OFDM systems," IEEE Communications Surveys and Tutorials, vol. 9, no. 2, pp. 18-48, 2007.

[27] S. Coleri, M. Ergen, A. Puri, and A. Bahai, "Channel estimation techniques based on pilot arrangement in OFDM systems," IEEE Trans. Broadcasting, vol. 48, no. 3, pp. 223-229, September 2002.

[28] Y-H. Nam, Y. Akimoto, Y. Kim, M-i. Lee, K. Bhattad, and A. Ekpenyong, "Evolution of reference signals for LTE-advanced systems," IEEE Communications Magazine, vol. 5, no. 2, pp. 132-138, February 2012.

[29] J. Choi, T. Kim, D. J. Love, and J-Y. Seol, "Exploiting the preferred domain of FDD massive MIMO systems with uniform planar arrays," in IEEE International Conference on Communications, pp. 3068-3073, London, June 2015.

[30] B. Gopalakrishnan and N. Jindal, "An analysis of pilot contamination on multiuser MIMO cellular systems with many antennas," in International Workshop on Signal Processing Advances in Wireless Communications, San Francisco, June 2011, pp. 381-385.

[31] K. Guo, Y. Guo, G. Fodor, and G. Ascheid, "Uplink power control with MMSE Receiver in multi-cell MU-massive-MIMO systems," in IEEE International Conference on Communications, Sydney, June 2014, pp. 5184-5190.

[32] N. Jindal and A. Lozano, "A unified treatment of optimum pilot overhead in multipath fading channels," IEEE Trans. Communications, vol. 58, no. 10, pp. 2939-2948, October 2010.

[33] G. Fodor, P. Di Marco, and M. Telek, "Performance analysis of block and comb type channel estimation for massive MIMO systems," in International Conference on 5G for Ubiquitous Connectivity, Levi, Finland, November 2014, pp. 1-8.

[34] H. Yin, D. Gesbert, M. Filippou, and Y. Liu, "A coordinated approach to channel estimation in large-scale multiple-antenna systems," IEEE Journal of Selected Areas in Communications, vol. 31, no. 2, pp. 264-273, February 2013.

[35] V. Saxena, G. Fodor, and E. Karipidis, "Mitigating pilot contamination by pilot reuse and power control schemes for massive MIMO systems," in IEEE Vehicular Technology Conference, Glasgow, May 2015, pp. 1-6.

[36] N. Krishnan, R. D. Yates, and N. B. Mandayam, "Uplink linear receivers for multi-cell multiuser MIMO with pilot contamination: Large system analysis," IEEE Trans.Wireless Communications, vol. 13, no. 8, pp. 4360-4373, August 2014.

[37] Y. Li, Y.-H. Nam, B. L. Ng, and J. C. Zhang, "A non-asymptotic throughput for massive MIMO cellular uplink with pilot reuse," in IEEE Global Telecommunications Conference, Anaheim, December 2012, pp. 4500-4504.

[38] M. Li, S. Jin, and X. Gao, "Spatial orthogonality-based pilot reuse for multi-cell massive MIMO transmissions," in International Conference on Wireless Communications and Signal Processing, Hangzhou, October 2013, pp. 1-6.

[39] A. Ashikhmin and T. Marzetta, "Pilot contamination precoding in multicell large scale antenna systems," in IEEE International Symposium on Information Theory, Cambridge, July 2012, pp. 1137-1141.

[40] N. Shariati, E. Björnsson, M. Bengtsson, and M. Debbah, "Low complexity channel estimation in large scale MIMO using polynomial expansion," in IEEE International Symposium on Personal, Indoor and Mobile Radio Communications, London, September 2013, pp. 1-5.

[41] J.H. Sørensen, E. de Carvalho, and P. Popovski, "Massive MIMO for crowd scenarios: A solution based on random access," in IEEE Global Telecommunications Conference Worshops, Austin, December 2014, pp. 352-357.

[42] E. Paolini, G. Liva, and M. Chiani, "Graph-based random access for the collision channel without feedback: Capacity bound," in IEEE Global Telecommunications Conference, Houston, December 2011, pp. 1-5.

[43] G. Liva, "Graph-based analysis and optimization of contention resolution diversity slotted ALOHA," IEEE Transactions on Communications, vol. 59, no. 2, pp. 477-487, February 2011.

[44] C. Stefanovic, P. Popovski, and D.Vukobratovic, "Frameless ALOHA protocol for wireless networks." IEEE Communications Letters, vol. 16, no. 12, pp. 2087-2090, December 2012.

[45] Q. Shi, M. Razaviyayan, Z.-Q. Luo, and C. He, "An iteratively weighted MMSE approach to distributed sum utility maximization for a MIMO interfering broadcast channel," IEEE Trans. Signal Processing, vol. 59, no. 9, pp. 4331-4340, September 2011.

[46] A. Tölli, H. Pennanen, and P. Komulainen, "Decentralized minimum power multi-cell beamforming with limited backhaul signaling," IEEE Trans. Wireless Commun., vol. 10, no. 2, pp. 570-580, February 2011.

[47] P. Komulainen, A. Tölli, and M. Juntti, "Effective CSI signaling and decentralized beam coordination in TDD multi-cell MIMO systems," IEEE Trans. Signal Processing, vol. 61, no. 9, pp. 2204-2218, May 2013.

[48] H. Dahrouj and W. Yu, "Coordinated beamforming for the multicell multiantenna wireless system," IEEE Transactions on Wireless Communications, vol. 9, no. 5, pp. 1748-1759, 2010.

[49] S. Lakshminarayana, J. Hoydis, M. Debbah, and M. Assaad, "Asymptotic analysis of distributed multi-cell beamforming," in IEEE International Symposium on Personal, Indoor and Mobile Radio Communications, Istanbul, 2010, pp. 2105-2110.

[50] M. Kurras, L. Raschkowski, M. Talaat, and L. Thiele, "Massive SDMAwith large scale antenna systems in a multi-cell environment," in AFRICON, Pointe-Aux-Piments, September 2013, pp. 1-5.

[51] A. Adhikary, J. Nam, J.-Y. Ahn, and G. Caire, "Joint spatial division and multiplexing: The large-scale array regime," IEEE Transactions on Information Theory, vol. 59, no. 10, pp. 6441-6463, 2013.

[52] M. Kurras, L. Thiele, and T. Haustein, "Interference aware massive SDMA with a large uniform rectangular antenna array," in European Conference on Networks and Communications (EUCNC) Bologna, 2014, pp. 1-5.

[53] D. Arthur and S. Vassilvitskii, "K-means++: The advantages of careful seeding," in ACM-SIAM Symposium on Discrete Algorithms, New Orleans, January 2007, pp. 1027-1035.

[54] U. Gustavsson, C. Sanchez-Perez, T. Eriksson, F. Athley, G. Durisi, P. Landin, K. Hausmair, C. Fager, and L. Svensson, "On the impact of hardware impairments on

massive MIMO," in IEEE Global Telecommunications ConferenceWorkshops, San Diego, December 2014, pp. 294-300.

[55] A. Alkhateeb, O. El Ayach, G. Leus, and R. W. Heath, Jr. "Hybrid precoding for millimeter wave cellular systems with partial channel lnowledge," in Information Theory and Applications, San Diego, February 2013.

[56] O. El Ayach, R. W. Heath, Jr., S. Abu-Surra, S. Rajagopal, and Z. Pi, "Low complexity precoding for large millimeter wave MIMO systems," in IEEE International Conference on Communications, pp. 3724-3729, Ottawa, June 2012.

[57] A. Alkhateeb, J. Mo, N. G. Prelcic, and R. W. Heath, Jr., "MIMO precoding and combining solutions for millimeter-wave systems," IEEE Communications Magazine, vol. 52, no. 12, pp. 122-131, December 2014.

[58] A. Alkhateeb, O. El Ayach, G. Leus, and R. W. Heath, Jr., "Channel estimation and hybrid precoding for millimeter wave cellular systems," IEEE Journal of Selected Topics in Signal Processing, vol. 8, no. 5, pp. 831, 846, October 2014.

[59] T. Obara, S. Suyama, J. Shen, and Y. Okumura, "Joint fixed beamforming and eigenmode precoding for super high bit rate massive MIMO systems using higher frequency bands," in IEEE International Symposium on Personal Indoor and Mobile Radio Communications, Washington, September 2014, pp. 1-5.

[60] International Telecommunications Union Radio (ITU-R), "Requirements related to technical performance for IMT-Advanced radio interface(s)," Report ITUR M.2134, November 2008, www.itu.int/pub/R-REP-M.2134-2008.

[61] T. A. Thomas, F. W. Vook, E. Mellios, G. S. Hilton, and A. R. Nix, "3D extension of the 3GPP/ITU channel model," in IEEE Vehicular Technology Conference, Dresden, June 2013, pp. 1-5.

[62] S. Jaeckel, L. Raschkowski, K. Borner, and L. Thiele, "QuaDRiGa: A 3-D multi-cell channel model with time evolution for enabling virtual field trials," IEEE Transactions on Antennas and Propagation, vol. 62, pp. 3242-3256, June 2014.

[63] G. R. MacCartney and T. S. Rappaport, "73 GHz millimeter wave propagation measurements for out- door urban mobile and backhaul communications in New York City," in IEEE International Conference on Communications, Sydney, June 2014, pp. 4862-4867.

[64] T. A. Thomas, H. C. Nguyen, G. R. MacCartney, Jr., and T. S. Rappaport, "3D mmWave channel model proposal," in IEEE Vehicular Technology Conference, Vancouver, September 2014, pp. 1-6.

[65] S. Suyama, J. Shen, H. Suzuki, K. Fukawa, and Y. Okumura, "Evaluation of 30 Gbit/s super high bit rate mobile communications using channel data in 11 GHz band 24x24 MIMO experiment," in IEEE International Conference on Communications, Sydney, June 2014, pp. 5203-5208.

[66] A. O. Martınez, E. De Carvalho, and J. Ø. Nielsen, "Towards very large aperture massiveMIMO:A measurement based study," in IEEE Global Telecommunications Conference Workshops, Austin, December 2014, pp. 281-286.

[67] S. Dierks, W. Zirwas, B. Amin, M. Haardt, and B. Panzner, "The benefit of cooperation in the context of massive MIMO," in International OFDM Workshop, Essen, August 2014.

第9章

[1] P. Marsch and G. Fettweis, Coordinated Multi-Point inWireless Communications: From Theory to Practice. Cambridge, UK: Cambridge University Press, 2011.

[2] S. V. Hanly and P. A. Whiting, "Information-theoretic capacity of multi-receiver networks," Telecommunication Systems, vol. 1, no. 1, pp. 1-42, March 1993.

[3] S. Shamai and B. Zaidel, "Enhancing the cellular downlink capacity via coprocessing at the transmitting end," in IEEE Vehicular Technology Conference, pp. 1745-1749, Rhodes, Greece, May 2001.

[4] M. K. Karakayali, G. J. Foschini and R. A. Valenzuela. "Network coordination for spectrally efficient communications in cellular systems," IEEE Wireless Communications, vol. 13, no. 4, pp.56-61, August 2006.

[5] 3GPP TR 36.819, "Coordination Multi-Point Operation for LTE Physical Layer Aspects (Release 11)," Technical Report TR 36.819 V1.0.0, Technical Specification Group Radio Access Network, June 2011.

[6] 3GPP TR 36.814, "E-UTRA: Further advancements for E-UTRA physical layer aspects (Release 9)," Technical Report TR 36.814 V9.0.0, Technical Specification Group Radio Access Network, March 2010.

[7] V. R. Cadambe and S. A. Jafar, "Interference alignment and degrees of freedom of the K-user interference channel," IEEE Transactions on Information Theory, vol. 54, no.8, pp. 3425-3441, August 2008.

[8] ICT-247223 ARTIST4G project, "Interference Avoidance techniques and system design," Deliverable D1.4, July 2012.

[9] ICT-317669 METIS project, "Final performance results and consolidated view on the most promising multi-node/multi-antenna transmission technologies," Deliverable D3.3, February 2015, www.metis2020.com/documents/deliverables/.

[10] A. Osseiran, J. Monserrat, andW. Mohr, Mobile and Wireless Communications for IMT-Advanced and Beyond. Chichester: Wiley, 2011.

[11] N. Gresset, H. Halbauer, W. Zirwas, and H. Khanfir, "Interference avoidance techniques for improving ubiquitous user experience," IEEE Vehicular Technology Magazine, vol. 7, no. 4, pp. 37-45, December 2012.

[12] V. Kotzsch and G. Fettweis, "On synchronization requirements and performance limitations for CoMP systems in large cells," in IEEE International Workshop on Multi-Carrier Systems & Solutions, Herrsching, pp. 1-5, May 2011.

[13] V. T. Wirth, M. Schellmann, T. Haustein, and W. Zirwas, "Synchronization of cooperative base stations," in IEEE International Symposium on Wireless Communication Systems, Reykjavik, October 2008, pp. 329-334,.

[14] K. Manolakis, C. Oberli, and V. Jungnickel, "Synchronization requirements for ofdm-based cellular networks with coordinated base stations: Preliminary results," in International OFDM Workshop, Hamburg, Germany, September 2010.

[15] D. T. Phan-Huy, M. Sternad, and T. Svensson, "Adaptive large MISO downlink with Predictor Antennas Array for very fast moving vehicles," in International Conference on Connected Vehicles & Expo, Las Vegas, USA, December 2013, pp. 331-336.

[16] G. Foschini, K. Karakayali, and R. Valenzuela, "Coordinating multiple antenna cellular networks to achieve enormous spectral efficiency," IEE Proceedings-Communications, vol. 153, no. 4, pp. 548-555, August 2006.

[17] H. S. Rahul, S. Kumar, and D. Katabi, "JMB: Scaling wireless capacity with user demands," in ACM conference on Applications, technologies, architectures, and protocols for computer communication, Helsinki, August 2012, pp. 235-246.

[18] W. Zirwas and M. Haardt, “Channel prediction for B4G radio systems,” in IEEE Vehicular Technology Conference, Dresden, June 2013, pp. 1-5.

[19] L. Thiele, M. Kurras, M. Olbrich, and B. Matthiesen, “Channel aging effects in CoMP transmission: Gains from linear channel prediction,” in IEEE Annual Asilomar Conference on Signals, Systems and Computers, Monterey, November 2011.

[20] L. Thiele, M. Kurras, M. Olbrich, and K. Börner, “On feedback requirements for CoMP joint transmission in the quasi-static user regime,” in IEEE Vehicular Technology Conference, Dresden, June 2013.

[21] F. Boccardi and H. Huang, “A near-optimum technique using linear precoding for the MIMO broadcast channel,” in IEEE International Conference on Acoustics, Speech and Signal Processin, Honolulu, April 2007.

[22] R. Apelfröjd, M. Sternad, and D. Aronsson, “Measurement-based evaluation of robust linear precoding for downlink CoMP,” in IEEE International Conference on Communications, Ottawa, Canada, June 2012.

[23] L. Thiele, “Spatial interference management for OFDM-based cellular networks,” PhD thesis, TUM 2013.

[24] L. Thiele, M. Kurras, K. Borner, and T. Haustein, “User-aided sub-clustering for CoMP transmission: Feedback overhead vs. data rate trade-off,” in Asilomar Conference on Signals, Systems and Computers, Pacific Grove, November 2012, pp. 1142-1146.

[25] V. Jungnickel, K. Manolakis, W. Zirwas, B. Panzner, V. Braun, M. Lossow, M. Sternad, R. Apelfröjd, and T. Svensson, “The role of small cells, coordinated multi-point and massive MIMO in 5G,” IEEE Communications Magazine, vol. 52, no. 5, pp. 44-51, May 2014.

[26] ICT-317669METIS project, “First performance results for multi-node/multi-antenna transmission technologies,” DeliverableD3.2, April 2014,www.metis2020.com/documents/deliverables/.

[27] P.Marsch and G. Fettweis, “Static clustering for cooperative multi-point (CoMP) in mobile communications,” in IEEE International Conference on Communications, Kyoto, June 2011, pp. 1-6.

[28] W. Zirwas,W. Mennerich, and A. Khan, “Main enablers for advanced interference mitigation,” European Transactions on Telecomunications, vol. 24, no. 1, January 2013.

[29] V. Jungnickel, S. Jaeckel, S. Jaeckel, L. Thiele, U. Krueger, and A. C. von Helmolt,

"Capacity measurements in a multicell MIMO system," in IEEE Global Communications Conference, San Francisco, November 2006.

[30] L. Thiele, T. Wirth, T. Haustein, V. Jungnickel, E. Schulz, and W. Zirwas, "A unified feedback scheme for distributed interference management in cellular systems: Benefits and challenges for real-time tmplementation," in European Signal Processing Conference, Glasgow, August 2009.

[31] W. Zirwas, "Opportunistic CoMP for 5G massive MIMO multilayer networks," in ITG Workshop on Smart Antennas, Ilmenau, March 2015, pp. 1-7.

[32] D. Gesbert, S. Hanly, H. Huang, S. Shamai Shitz, O. Simeone, and W. Yu, "Multicell MIMO cooperative networks: a new look at interference," IEEE Journal on Selected Areas in Communications, vol. 28, no. 9, pp. 1380-1408, December 2010.

[33] E. Bjornson, R. Zakhour, D. Gesbert, and B. Ottersten, "Cooperative multicell precoding: Rate region characterization and distributed strategies with instantaneous and statistical CSI," IEEE Transactions on Signal Processing, vol. 58, no. 8, pp. 4298-4310, August 2010.

[34] E. Lähetkangas, K. Pajukoski, J. Vihriälä, et al., "Achieving low latency and energy consumption by 5G TDD mode optimization," in IEEE International Conference on Communications, Sydney, June 2014, pp. 1-6.

[35] P. Komulainen, A. Tolli and M. Juntti. "Effective CSI signaling and decentralized beam coordination in TDD multi-cell MIMO systems," IEEE Trans. Signal Processing, vol. 61, no. 9, pp.2204-2218, May 2013.

[36] P. Jayasinghe, A. Tölli, J. Kaleva, and M. Latva-aho, "Bi-directional signaling for dynamic TDD with decentralized beamforming," in IEEE International Conference on Communications, London, June 2015.

[37] M. S. El Bamby, M. Bennis, W. Saad, and M. Latva-aho, "Dynamic uplinkdownlink optimization in TDD-based small cell networks," in IEEE International Symposium on Wireless Communication Systems, Barcelona, August 2014, pp. 939-944.

[38] I. Sohn, K. B. Lee, and Y. Choi, "Comparison of decentralized timeslot allocation strategies for asymmetric traffic in TDD systems," IEEE Trans. Wireless Commun., vol. 8, no. 6, pp. 2990-3003, June 2009.

[39] ICT-317669 METIS project, "Components of a new air interface: Building blocks

and performance," Deliverable D2.3, April 2014, www.metis2020.com/documents/deliverables/.

[40] P. Komulainen, A. Tolli, and M. Juntti, "Effective CSI signaling and decentralized beam coordination in TDD multi-cell MIMO systems," IEEE Trans. on Signal Processing, vol. 61, no. 9, pp. 2204-2218, May 2013.

[41] C. Shi, R. A. Berry, and M. L. Honig, "Bi-directional training for adaptive beamforming and power control in interference networks," IEEE Trans. on Signal Processing, vol. 62, no. 3, pp. 607-618, February 2014.

[42] Q. Shi, M. Razaviyayn, Z. Q. Luo, and C. He, "An iteratively weighted MMSE approach to distributed sum-utility maximization for a MIMO interfering broadcast channel," IEEE Trans. on Signal Processing, vol. 59, no. 9, pp. 4331-4340, September 2011.

[43] V. Cadambe and S. Jafar, "Interference alignment and spatial degrees of freedom for the k user interference channel," in IEEE International Conference on Communications, Beijing, May 2008, pp. 971-975.

[44] ICT-317669 METIS project, "Initial report on horizontal topics, first results and 5G system concept," Deliverable D6.2, March 2014, www.metis2020.com/documents/deliverables/.

[45] D. Aziz and A. Weber, "Transmit precoding based on outdated interference alignment for two users multi cell MIMO system," in IEEE International Conference on Computing, Networking and Communications, San Diego, January 2013, pp. 708-713.

[46] M. Sadek, A. Tarighat, and A. Sayed, "A leakage-based precoding scheme for downlink multi-user mimo channels," IEEE Trans. on Wireless Communications, vol. 6, no. 5, pp. 1711-1721, May 2007.

[47] F. Boccardi, R. W. Heath Jr., A. Lozano, T. L. Marzetta, and P. Popovski, "Five disruptive technology directions for 5G," IEEE Commun. Mag., vol. 52, no. 2, pp. 74-80, February 2014.

[48] G. Fodor, E. Dahlman, G. Mildh, S. Parkvall, N. Reider, G. Miklós, and Z. Turányi, "Design aspects of network assisted device-to-device communications," IEEE Commun. Mag., vol. 50, no. 3, pp.170-177, March 2012.

[49] M. Ji, A. M. Tulino, J. Llorca, and G. Caire, "On the average performance of caching and coded multicasting with random demands," in IEEE International Symposium on Wireless Communications Systems, Barcelona, August 2014, pp. 922-926.

[50] F. Boccardi, B. Clercks, A. Ghosh, E. Hardouin, K. Kusume, E. Onggosanusi, and Y. Tang, "Multiple-antenna techniques in LTE-advanced," IEEE Commun. Mag., vol. 50, no. 3, pp. 114-121, March 2012.

[51] I. Hwang, C. B. Chae, J. Lee, and R. W. Heath, "Multicell cooperative systems with multiple receive antennas," IEEE Wireless Commun. Mag., vol. 20, no. 1, pp. 50-58, February 2013.

[52] P. Baracca, F. Boccardi, and N. Benvenuto, "A dynamic clustering algorithm for downlink CoMP systems with multiple antenna UEs," EURASIP Journal on Wireless Commun. and Networking, 2014, vol. 125, August 2014.

[53] 3GPP TR 36.866, "Network-assisted interference cancellation and suppression for LTE (Release 12)," Technical Report TR 36.866 V1.1.0, Technical Specification Group Radio Access Network, November 2013.

第10章

[1] A. Osseiran, J. F. Monserrat, and W. Mohr, Mobile and Wireless Communications for IMT-Advanced and Beyond. Chichester: Wiley, 2011.

[2] J. N. Laneman, D. N. C. Tse, and G.W.Wornell, "Cooperative diversity in wireless networks: Efficient protocols and outage behavior," IEEE Transactions on Information Theory, vol. 50, no. 12, pp. 3062-3080, December 2004.

[3] B. Rankov and A. Wittneben, "Spectral efficient signaling for half-duplex relay channels," in Asilomar Conference on Signals, Systems and Computers, Pacific Grove, November 2005.

[4] P. Popovski and H. Yomo, "Physical network coding in two-way wireless relay channels," in IEEE International Conference on Communications, Glasgow, June 2007.

[5] E. Dahlman, S. Parkvall, and J. Sköld, 4G LTE/LTE-Advanced for Mobile Broadband, 2nd edn. New York: Academic Press, 2013.

[6] J. I. Choi, M. Jain, K. Srinivasan, P. Levis, and S. Katti, "Achieving single channel, full duplex wireless communication," in ACM International Conference on Mobile Computing and Networking, Illinois, September 2010.

[7] M. Duarte and A. Sabharwal, "Full-duplex wireless communications using off-the-shelf

radios: Feasibility and first results," in Asilomar Conference on Signals, Systems and Computers, Pacific Grove, November 2010.

[8] A. Sabharwal, P. Schniter, D. Guo, D. Bliss, S. Rangarajan, and R.Wichman, "In-band full-duplex wireless: Challenges and opportunities," IEEE Journal on Selected Areas in Communication, vol. 32, no. 9, pp. 1637-1652, September 2014.

[9] S. Goyal, Pei Liu, S.S. Panwar, R.A. Difazio, Rui Yang, and E. Bala, "Full duplex cellular systems: will doubling interference prevent doubling capacity?," IEEE Communications Magazine, vol. 53, no. 5, pp. 121, 127, May 2015.

[10] J. G. Andrews, H. Claussen, M. Dohler, S. Rangan, and M. C. Reed, "Femtocells: Past, present, and future," IEEE Journal on Selected Areas in Communications, vol. 30, no. 3, pp. 497-508, April 2012.

[11] J. Andrews, "Seven ways that hetnets are a cellular paradigm shift," IEEE Communications Magazine, vol. 51, no. 3, pp. 136-144, March 2013.

[12] Z. Ren, S. Stanczak, P. Fertl, and F. Penna, "Energy-aware activation of nomadic relays for performance enhancement in cellular networks," in IEEE International Conference on Communications, Sydney, June 2014.

[13] ICT-317669 METIS project, "Final report on the METIS 5G system concept and technology roadmap," Deliverable D6.6, April 2015, www.metis2020.com/docu ments/deliverables/.

[14] C. D. T. Thai, P. Popovski, M. Kaneko, and E. de Carvalho, "Multi-flow scheduling for coordinated direct and relayed users in cellular systems," IEEE Transactions on Communications, vol. 61, no. 2, pp. 669-678, February 2013.

[15] H. Liu, P. Popovski, E. de Carvalho, Y. Zhao, and F. Sun, "Four-way relaying in wireless cellular systems," IEEE Wireless Communications Letters, vol. 2, no. 4, pp. 403-406, August 2013.

[16] H. Thomsen, E. De Carvalho, and P. Popovski, "Using Wireless Network Coding to Replace a Wired with Wireless Backhaul," IEEE Wireless Communications Letters, vol. 4, no. 2, pp. 141-144, April 2015.

[17] T.S. Han and K. Kobayashi, "A new achievable rate region for the interference channel," IEEE Transactions on Information Theory, vol. 27, no. 1, pp. 49-60, January 1981.

[18] M. Chen and A. Yener, "Multiuser two-way relaying: Detection and interference

management strategies," IEEE Transactions on Wireless Communications, vol. 8, no. 8, pp. 4296-4305, August 2009.

[19] K. Kusume, G. Bauch, and W. Utschick, "IDMA vs. CDMA: Analysis and comparison of two multiple access schemes," IEEE Transactions on Wireless Communications, vol. 11, no. 1, pp.78-87, January 2012.

[20] L. Ping, L. Liu, K. Wu, and W. K. Leung, "Interleave-division multiple-access," IEEE Transactions on Wireless Communications, vol. 5, no. 4, pp. 938-947, 2006.

[21] P. A. Höher, H. Schöneich, and J. C. Fricke, "Multi-layer interleave-division multiple-access: Theory and practise." European Transactions on Telecommunications, vol. 19, no. 5, pp. 523-536, January 2008.

[22] F. Lenkeit, C. Bockelmann, D. Wübben, and A. Dekorsy, "IRA code design for IDMA-based multi-pair bidirectional relaying systems," in International Workshop on Broadband Wireless Access, Atlanta, December 2013.

[23] S. ten Brink, "Convergence of iterative decoding," IEEE Electronic Letters, vol. 35, no. 13, pp. 1117-1119, May 1999.

[24] H. Jin, A. Khandekar, and R. McEliece, "Irregular repeat accumulate codes," in International Symposium on Turbo Codes, Brest, September 2000.

[25] S. ten Brink and G. Kramer, "Design of repeat-accumulate codes for iterative detection and decoding," IEEE Transactions on Signal Processing, vol. 52, no. 11, pp. 2764-2772, November 2003.

[26] F. Lenkeit, C. Bockelmann, D. Wübben, and A. Dekorsy, "IRA code design for iterative detection and decoding: A setpoint-based approach," in IEEE Vehicular Technology Conference, Seoul, pp. 1-5, May 2014.

[27] International Telecommunications Union Radio (ITU-R), Guidelines for evaluation of radio interface technologies for IMT-Advanced, Report ITU-R M.2135, November 2008, www.itu.int/pub/R-REP-M.2135-2008

[28] N. Zlatanov, R. Schober, and P. Popovski, "Buffer-aided relaying with adaptive link selection," IEEE Journal on Selected Areas in Communications, vol. 31, no. 8, pp. 1530-1542, August 2013.

[29] A. Ikhlef, J. Kim, and R. Schober, "Mimicking full-duplex relaying using half-duplex relays with buffers," IEEE Transactions on Vehicular Technology, vol. 61, no. 7, pp.

3025-3037, September 2012.

[30] A. Ikhlef, D. S. Michalopoulos, and R. Schober. “Max-max relay selection for relays with buffers,” IEEE Transactions on Wireless Communications, vol. 11, no. 3, pp. 1124-1135, March 2012.

[31] I. Krikidis, T. Charalambous, and J. S. Thompson. “Buffer-aided relay selection for cooperative diversity systems without delay constraints,” IEEE Transactions on Wireless Communications, vol. 11, no. 5, pp. 1957-1967, May 2012.

[32] S. M. Kim and M. Bengtsson. “Virtual full-duplex buffer-aided relaying: Relay selection and beamforming,” in IEEE International Symposium on Personal Indoor and Mobile Radio Communications, London, pp. 1748-1752, September 2013.

[33] N. Nomikos V. Demosthenis, T. Charalambous, I Krikidis, P. Makris, D. N. Skoutas, M. Johansson, and C. Skianis. “Joint relay-pair selection for buffer-aided successive opportunistic relaying,” Transactions on Emerging Telecommunications Technologies, vol. 25, no. 8, pp. 823-834, August 2014.

[34] H. Liu, P. Popovski, E. De Carvalho, and Y. Zhao, “Sum-rate optimization in a two-way relay network with buffering,” IEEE Communications Letters, vol. 17, no. 1, pp. 95-98, January 2013.

[35] J. Huang and A. L. Swindlehurst, “Buffer-aided relaying for two-hop secure communication,” IEEE Transactions on Wireless Communications, vol. 14, no. 1, pp. 1536-1276, January 2015.

第 11 章

[1] N. Bhushan, Li Junyi, D.Malladi et al., “Network densification: The dominant theme for wireless evolution into 5G,” IEEE Communication Magazine, vol. 52, no. 2, February 2014.

[2] ICT-317669 METIS project, “Final report on the METIS system concept and technology roadmap,” Deliverable D6.6, April 2015, www.metis2020.com/documents/deliverables/.

[3] A. K. Dey, “Providing Architectural Support for Building Context-Aware Applications,” PhD Thesis, College of Computing, Georgia Institute of Technology, December 2000.

[4] J. Holsopple, M. Sudit, M. Nusinov, D. F. Liu and H. Du. S. J. Yang, “Enhancing situation awareness via automated situation assessment,” IEEE Communications Magazine, vol.

48, no. 3, pp. 146-152, March 2010.

[5] C. Janneteau, J. Simoes, J. Antoniou et al., "Context-aware multiparty networking," in ICT-Mobile Summit, Santander, April 2009, pp. 1-11.

[6] P. Bellavista, A. Corradi, and C. Giannelli, "Mobility-aware connectivity for seamless multimedia delivery in the heterogeneous wireless internet," in IEEE Symposium on Computers and Communications, Santiago, July 2007.

[7] J. Antoniou, F. Pinto, J. Simoes, and A. Pitsillides, "Supporting context-aware multiparty sessions in heterogeneous mobile networks," Mobile Network and Applications, vol. 15, no. 6, pp. 831-844, December 2010.

[8] P. Lungaro, Z. Segall, and J. Zander, "Predictive and context-aware multimedia content delivery for future cellular networks," in IEEE Vehicular Technology Conference, Taipei, May 2010, pp. 1-5.

[9] P. Bellavista, A. Corradi, and C. Giannelli, "Mobility-aware management of internet connectivity in always best served wireless scenarios," Mobile Networks and Applications, vol. 14, no. 1, pp. 18-34, February 2009.

[10] P. Makris, D. N. Skoutas, and C. Skianis, "A survey on context-aware mobile and wireless networking: On networking and computing environments' integration," IEEE Communications Surveys & Tutorials, vol. 15, no. 1, pp. 362-386, April 2012.

[11] F. Pantisano, M. Bennis, W. Saad, S. Valentin, and M. Debbah, "Matching with externalities for context-aware cell association in wireless small cell networks," in IEEE Global Communications Conference, Atlanta, December 2013, pp. 4483-4488.

[12] M. Proebster, M. Kaschub, T. Werthmann, and S. Valentin, "Context-aware resource allocation to improve the quality of service of heterogeneous traffic," in IEEE International Conference on Communications, Kyoto, June 2011, pp. 1-6.

[13] E. Tanghe, W. Joseph, L. Verloock, and L. Martens, "Evaluation of vehicle penetration loss at wireless communication frequencies," IEEE Transactions on Vehicular Technology, vol. 57, pp. 2036-2041, July 2008.

[14] Y. Sui, A. Papadogiannis, and T. Svensson, "The potential of moving relays: A performance analysis," in IEEE Vehicular Technology Conference, Yokohama, May 2012, pp. 1-5.

[15] Y. Sui, A. Papadogiannis,W. Yang, and T. Svensson, "Performance comparison of fixed

and moving relays under co-channel interference," in IEEE Global Communication ConferenceWorkshops, Anaheim, December 2012, pp. 574-579.

[16] J. Ellenbeck, C. Hartmann, and L. Berlemann, "Decentralized inter-cell interference coordination by autonomous spectral reuse decisions," in EuropeanWireless Conference, Prague, June 2008, pp. 1-7.

[17] L. Garica, G. O Costa, A. Cattoni, K. Pedersen, and P. Mogensen, "Self-organising coalitions for conflict evaluation and resolution in femtocells," in IEEE Global Telecommunications Conference, Miami, December 2010, pp 1-6.

[18] L. Zhang, L. Yang, and T. Yang, "Cognitive interference management for LTE-A femtocells with distributed carrier selection," in IEEE Vehicular Technology Conference Fall, Ottawa, September 2010, pp. 1-5.

[19] 3GPP TR 36.828, "Further enhancements to LTE Time Division Duplex (TDD) for Downlink-Uplink (DL-UL) interference management and traffic adaptation (Release 11)," Technical Report, TR 36.828, V11.0.0, Technical Specification Group Radio Access Network, June 2012.

[20] 3GPP TS 36.423, "X2 application protocol (X2AP) (Release 12)," Technical Specification, TS 36.423, V12.5.0, Technical Specification Group Radio Access Network, March 2015.

[21] E. Lahetkanges, K. Pajukoski, J. Vihriala et al., "On the flexible 5G dense deployment air interface for mobility broadband," in International Conference on 5G for Ubiquitous Connectivity, Akaslompolo, November 2014, pp. 57-61.

[22] ICT-317669 METIS project, "Final report on the network-level solutions," Deliverable D4.3, March 2015, www.metis2020.com/documents/deliverables/.

[23] V. Venkatasubramanian,M. Hesse, P.Marsch, andM.Maternia, "On the performance gain of flexible UL/DLTDD with centralized and decentralized resource allocation in dense 5G deployments," in IEEE International Symposium on Personal, Indoor, and Mobile Radio Communications, Washington, September 2014.

[24] ICT-317669 METIS project, "Proposed solutions for new radio access," Deliverable D2.4, March 2015, www.metis2020.com/documents/deliverables/.

[25] P. Sroka and A. Kliks, "Distributed interference mitigation in two-tier wireless networks using correlated equilibrium and regret-matching learning," in European Conference on Networks and Communications, Bologna, June 2014, pp. 1-5.

[26] R. Holakouei and P. Marsch, "Proactive delay-minimizing scheduling for 5G Ultra Dense Deployments," in IEEE Vehicular Technology Conference, Boston, September 2015.

[27] H. Abou-zeid, H. S. Hassanein, and S. Valentin, "Optimal predictive resource allocation: Exploiting mobility patterns and radio maps," in IEEE Global Communications Conference, Atlanta, December 2013, pp. 4877-4882.

[28] Y. Sui, J. Vihriala, A. Papadogiannis, M. Sternad, Y. Wei, and T. Svensson, "Moving cells: A promising solution to boost performance for vehicular users," IEEE Communications Magazine, vol. 51, no. 6, pp. 62-68, June 2013.

[29] Y. Sui, I. Guvenc, and T. Svensson "Interference Management for Moving Networks in Ultra-Dense Urban Scenarios," EURASIP Journal on Wireless Communications and Networking, Special Issue on 5G Wireless Mobile Technologies, April 2015.

[30] M. R. Jeong and N. Miki, "A simple scheduling restriction scheme for interference coordinated networks," IEICE Transactions on Communications, vol. E96-B, no. 6, pp. 1306-1317, June 2013.

[31] S. Sesia, I. Toufik, and M. Baker, LTE-The UMTS Long Term Evolution: From Theory to Practice, 2nd ed. West Sussex: John Wiley & Sons Ltd., 2011.

[32] M. Sternad, M. Grieger, R. Apelfrojd, T. Svensson, D. Aronsson, and A. Belen Martinez, "Using 'predictor antennas' for long-range prediction of fast fading for moving relays," in IEEE Wireless Communications and Networking Conference, Paris, April 2012, pp. 253-257.

[33] N. Jamaly, R. Apelfrojd, A. Belen Martinez, M. Grieger, T. Svensson, M. Sternad, and G. Fettweis, "Analysis and measurement of multiple antenna systems for fading channel prediction in moving relays," in European Conference on Antennas and Propagation, The Hague, April 2014.

[34] D. Thuy, M. Sternad, and T. Svensson, "Adaptive large MISO downlink with predictor antenna array for very fast moving vehicles," in International Conference on Connected Vehicles and Exp, Las Vegas, December 2013, pp. 331-336.

[35] D. Thuy, M. Sternad, and T. Svensson, "Making 5G adaptive antennas work for very fast moving vehicles," IEEE Intelligent Transportation Systems Magazine, vol. 7, no. 2, 2015.

[36] V. V. Phan, K. Horneman, L. Yu, and J. Vihriala, "Providing enhanced cellular coverage in public transportation with smart relay systems," in IEEE Vehicular Network Conference, Jersey City, December 2010, pp. 301-308.

[37] S. Fernandes and A. Karmouch, "Vertical mobility management architectures in wireless networks: A comprehensive survey and future directions," IEEE Communication Surveys Tutorials, vol. 14, no. 1, pp. 45-63, September 2012.

[38] I. Cananea, D. Mariz, J. Kelner, D. Sadok, and G. Fodor, "An on-line access selection algorithm for ABC networks supporting elastic services," in IEEE Wireless Communications and Networking Conference, Las Vegas, April 2008, pp. 2033-2038.

[39] G. Fodor, A. Eriksson, and A. Tuoriniemi, "Providing QoS in always best connected networks," IEEE Communications Magazine, vol. 41, no. 7, pp. 154-163, July 2003.

[40] E. Gustafson and A. Jonsson, "Always best connected," IEEE Wireless Communications Magazine, vol. 10, no. 1, pp. 49-55, February 2003.

[41] O. N. C. Yilmaz, Z. Li, K. Valkealahti, M.A. Uusitalo, M. Moisio, P. Lundén, and C. Wijting, "Smart mobility management for D2D communications in 5G networks," in IEEE Wireless Communications and Networking Conference Workshops, Istanbul, April 2014, pp. 219-223.

[42] 3GPP TS 36.331, "Evolved Universal Terrestrial Radio Access (E-UTRA); Radio Resource Control (RRC); Protocol specification (Release 12)," Technical Specification, TS 36.331 V12.5.0, Technical Specification Group Radio Access Network, March 2015.

[43] Y. Sui, Z. Ren,W. Sun, T. Svensson, and P. Fertl, "Performance study of fixed and moving relays for vehicular users with multi-cell handover under co-channel interference," in International Conference on Connected Vehicles and Expo, Las Vegas, December 2013, pp. 514-520.

[44] Next Generation Mobile Networks (NGMN) Alliance, "NGMN Use Cases related to Self Organising Network, Overall Description," Technical Report, May 2007, www.ngmn.org/uploads/media/NGMN_Use_Cases_related_to_Self_Organising_Network__Overall_Description.pdf.

[45] T. Jansen, I. Balan, J. Turk, I. Moerman, and T. Kürner, "Handover parameter optimization in LTE self-organizing networks," in IEEE Vehicular Technology Conference, Ottawa, September 2010, pp. 1-5.

[46] A. Awada, B. Wegmann, D. Rose, I. Viering, and A. Klein, "Towards selforganizing mobility robustness optimization in Inter-RAT scenario," in IEEE Vehicular Technology Conference, Budapest, May 2011, pp. 1-5.

[47] P. Legg, G. Hui, and J. Johansson, “A simulation study of LTE intra-frequency handover performance,” in IEEE Vehicular Technology Conference, September 2010, Ottawa, pp. 1-5.

[48] S. Luna-Ramirez, F. Ruiz, M. Toril, and M. Fernandez-Navarro, “Inter-system handover parameter auto-tuning in a joint-RRM scenario,” in IEEE Vehicular Technology Conference, Singapore, May 2008, pp. 2641-2645.

[49] S. Luna-Ramirez, M. Toril, F. Ruiz, and M. Fernandez-Navarro, “Adjustment of a Fuzzy Logic Controller for IS-HO parameters in a heterogeneous scenario,” in IEEE Mediterranean Electrotechnical Conference, Ajaccio, 2008, pp. 29-34.

[50] R, Nasri, Z. Altman, and H. Dubreil, “Fuzzy-Q-learning-based autonomic management of macro-diversity algorithm in UMTS networks,” Annals of Telecommunications, vol. 61, no. 9-10, 2006, pp. 1119-1135.

[51] M. J. Nawrocki, H. Aghvami, and M. Dohler, Understanding UMTS Radio Network Modelling, Planning and Automated Optimisation: Theory and Practice. Chichester: John Wiley & Sons, 2006.

[52] R. Nasri, Z. Altman, and H. Dubreil, “Optimal tradeoff between RT and NRT services in 3G-CDMA networks using dynamic fuzzy Q-learning,” in IEEE International Symposium on Personal, Indoor and Mobile Radio Communications, Helsinki, 2006, pp. 1-5.

[53] Z. Feng, L. Liang, L. Tan, and P. Zhang, “Q-learning based heterogeneous network self-optimization for reconfigurable network with CPC assistance,” Science in China Series F: Information Sciences, vol. 52, no. 12, December 2009, pp. 2360-2368.

[54] P. Munoz, R. Barco, I. de la Bandera, M. Toril, and S. Luna-Ramírez, “Optimization of a fuzzy logic controller for handover-based load balancing,” in IEEE Vehicular Technology Conference, Budapest, May 2011, pp. 1-5.

[55] A. Klein, “Context Awareness for Enhancing Heterogeneous Access Management and Self-Optimizing Networks,” PhD thesis at University of Kaiserslautern, ISBN 978-3-8439-2030-8, 2015.

[56] M.Webb et al., “Smart 2020: Enabling the low carbon economy in the information age,” in IEEE/ACM International Symposium on Cluster, Cloud and Grid Computing, London, 2008.

[57] Evolved Universal Terrestrial Radio Access (E-UTRA); Study on energy saving enhancement for E-UTRAN, 3GPP TSG RAN, TR 36.887, V12.0.0, June 2014.

[58] NGMN-Alliance, "5G white paper - Executive version," NGMN 5G Initiative, Technical Report, December 2014, www.ngmn.org/uploads/media/141222.

[59] H. Ishii, Y. Kishiyama, and H. Takahashi, "A novel architecture for LTE-B: Cplane/U-plane split and Phantom Cell concept," in IEEE Globecom Workshops, Anaheim 2012, pp. 624-630.

[60] Views on Small Cell On/Off Mechanisms, 3GPP TSG RAN, R1-133456, August 2013.

[61] E. Ternon, P. Agyapong, L. Hu, and A. Dekorsy, "Database-aided energy savings in next generation dual connectivity heterogeneous networks," in IEEE Wireless Communications and Networking Conference, Istanbul, 2014, pp. 2811-2816.

[62] E. Ternon, P. Agyapong, L. Hu, and A. Dekorsy, "Energy savings in heterogeneous networks with clustered small cell deployments," in IEEE Wireless Communications Systems, Barcelona, 2014, pp. 126-130.

[63] A. Osseiran, F. Boccardi, V. Braun et al., "Scenarios for 5G mobile and wireless communications: The vision of the METIS project," IEEE Communications Magazine, vol. 52, no. 5, pp. 26-35, May 2014.

[64] O. Bulakci, Z. Ren, C. Zhou et al., "Towards flexible network deployment in 5G: Nomadic node enhancement to heterogeneous networks," in IEEE International Conference on Communications, London, June 2015.

[65] O. Bulakci, Z. Ren, C. Zhou et al., "Dynamic nomadic node selection for performance enhancement in composite fading/shadowing environments," in IEEE Vehicular Technology Conference, Seoul, 2014, pp. 1-5.

[66] Y. Sui, A. Papadogiannis, W. Yang, and T. Svensson, "The energy efficiency potential of moving and fixed relays for vehicular users," in IEEE Vehicular Technology Conference, Las Vegas, 2013, pp. 1-7.

[67] J. Li, E. Björnson, T. Svensson, T. Eriksson, and M. Debbah, "Optimal design of energy-efficient HetNets: Joint precoding and load balancing," in IEEE International Conference on Communications, London, June 2015.

[68] J. Li, E. Björnson, T. Svensson, T. Eriksson, and M. Debbah, "Joint precoding and load balancing optimization for energy-efficient heterogeneous networks," IEEE Transactions on Wireless Communications, vol. 14, no. 10, pp. 5810-5822, October 2015.

第12章

[1] 3GPP TS 36.101, "User Equipment (UE) radio transmission and reception," Technical Specification TS 36.101 V12.9.0, Technical Specification Group Radio Access Network, October 2015.

[2] 3GPP, LTE-Advanced description, June 2013, www.3gpp.org/technologies/key words-acronyms/97-lte-advanced.

[3] International Telecommunications Union Radio (ITU-R), "Requirements related to technical performance for IMT-Advanced radio interface(s)," Report ITU-RM2134, November 2008.

[4] J. S. Marcus, J. Burns, F. Pujol, and P. Marks, "Inventory and review of spectrum use: Assessment of the EU potential for improving spectrum efficiency," WIKConsult report, September 2012.

[5] P. Marks, S. Wongsaroj, Y.S. Chan, and A. Srzich, "Harmonized Spectrum for mobile Service in ASEAN and South Asia: An international comparison," Plum Consulting Report for Axiata Berhad, August 2013.

[6] International Telecommunications Union Radio (ITU-R), "Methodology for calculation of spectrum requirements for the terrestrial component of International Mobile Telecommunications," Recommendation ITU-R M.1768-1, April 2013.

[7] A. Osseiran, F. Boccardi,V. Braun, K. Kusume, P.Marsch,M.Maternia, O. Queseth, M. Schellmann, H. Schotten, H. Taoka, H. Tullberg, M. A. Uusitalo, B. Timus, and M. Fallgren, "Scenarios for 5G mobile and wireless communications: The vision of the METIS project," IEEE Com Mag, vol. 52, no. 5, May 2014.

[8] A. A.W. Ahmed and J. Markendahl, "Impact of the flexible spectrum aggregation schemes on the cost of future mobile network," in International Conference on Telecommunications, Sydney, April 2015, pp. 96-101.

[9] CEPT ECC, "Licensed Shared Access (LSA)," ECC Report 205, February 2014, http://www.erodocdb.dk/Docs/doc98/official/pdf/ECCREP205.PDF.

[10] Radio Spectrum Policy Group, "RSPG opinion in licensed shared access," RSPG Opinion, November 2013, http://rspg-spectrum.eu/rspg-opinions-maindeliverables/.

[11] ICT-317669 METIS project, "Future spectrum system concept," Deliverable D5.4, April

2015, www.metis2020.com/documents/deliverables/.

[12] International Telecommunications Union Radio (ITU-R), "Assessment of the global mobile broadband deployments and forecasts for international mobile telecommunications," Report ITU-R M.2243, November 2011.

[13] International Telecommunications Union Radio (ITU-R), "Future spectrum requirements estimate for terrestrial IMT," Report ITU-R M.2290-0, December 2013.

[14] LS Telecom AG., "Mobile spectrum requirement estimates: Getting the inputs right," September 2014.

[15] ICT-317669 METIS project, "Description of the spectrum needs and usage principles," Deliverable D5.3, April 2015, https://www.metis2020.com/documents/deliverables.

[16] FCC, "In the matter of use of spectrum bands above 24 GHz," FCC 14-154, GN Docket No 14-177, October 2014.

[17] Ofcom, "Laying the foundations for next generation mobile services: Update on bands above 6 GHz," April 2015.

[18] K.-C. Chen, "Medium access control of wireless LANs for mobile computing," IEEE Networks, vol. 8, no. 5, pp. 50-63, September/October 1994.

[19] R. Ratasuk et al., "License-exempt LTE deployment in heterogeneous network," in International Symposium on Wireless Communications Systems, Paris, August 2012, pp. 246-250.

[20] 3GPP TSG-RAN, "Chairman summary," 3GPP workshop on LTE in unlicensed spectrum, RWS-140029, June 2013.

[21] Alcatel-Lucent, Ericsson, Qualcomm Technologies, Samsung and Verizon "Coexistence study for LTE-U SDL," LTE-U Technical report v. 1.0, February 2015, www.lteuforum.org/uploads/3/5/6/8/3568127/lte-u_forum_lte-u_technical_report_v1.0.pdf.

[22] R. Etkin, A. Parekh, and D. Tse, "Spectrum sharing for unlicensed bands," IEEE Journal on Selected Areas in Communications, vol. 25, no. 3, pp. 517-528, April 2007.

[23] P. Karunakaran, T. Wagne, A. Scherb, and W. Gerstacker, "Sensing for spectrum sharing in cognitive LTE-A cellular networks," in IEEEWireless Communications and Networking Conference, Istanbul, April 2014, pp. 565-570.

[24] T. Yucek and H. Arslan, "A survey of spectrum sensing algorithms for cognitive radio applications," IEEE Communications Surveys & Tutorials, vol. 11, no. 1, pp. 116-130,

January 2009.

[25] D. Gurney et al., “Geo-location database techniques for incumbent protection in the TV white space,” in IEEE International Dynamic Spectrum Access Networks Symposium, Chicago, October 2008, pp. 1-9.

[26] K. Ruttik, K. Koufos, and R. Jäntti, “Model for computing aggregate interference from secondary cellular network in presence of correlated shadow fading,” in IEEE International Symposium on Personal, Indoor and Mobile Radio Communications, Toronto, September 2011, pp. 433-437.

[27] G. Middleton, K. Hooli, A. Tölli, and J. Lilleberg, “Inter-operator spectrum sharing in a broadband cellular network,” in IEEE International Symposium on Spread Spectrum Techniques and Applications, Manaus, August 2006, pp. 376-380.

[28] L. Anchora, L. Badia, E. Karipidis, and M. Zorzi, “Capacity gains due to orthogonal spectrum sharing in multi-operator LTE cellular networks,” in International Symposium on Wireless Communications Systems, Paris, August 2012, pp. 286-290.

[29] E. A. Jorswieck et al., “Spectrum sharing improves the network efficiency for cellular operators,” IEEE Communications Magazine, vol. 52, no. 3, pp. 129-136, Mar. 2014.

[30] S. Hailu, A. Dowhuszko, and O. Tirkkonen, “Adaptive co-primary shared access between co-located radio access networks,” in International Conference on Cognitive Radio Oriented Wireless Networks, Oulu, June 2014, pp. 131-135.

[31] J. E. Suris, L. A. DaSilva, Z. Han, and A. B. MacKenzie, “Cooperative game theory for distributed spectrum sharing,” in IEEE International Conference on Communications, Glasgow, June 2007, pp. 5282-5287.

[32] G. Li, T. Irnich, and C. Shi, “Coordination context-based spectrum sharing for 5G millimeter-wave networks,” in International Conference on Cognitive Radio Oriented Wireless Networks, Oulu, June 2014, pp. 32-38.

[33] B. Singh, K. Koufos, O. Tirkkonen, and R. Berry, “Co-primary inter-operator spectrum sharing over a limited spectrum pool using repeated games,” in IEEE International Conference on Communications, London, June 2015, pp. 1494-1499.

[34] B. Cho et al., “Spectrum allocation for multi-operator device-to-device communication,” in IEEE International Conference on Communications, London, June 2015, pp. 5454-5459.

[35] J. Huang, R. Berry, and M. Honig, "Auction-based spectrum sharing," Mobile Networks and Applications, vol. 11, no. 3, pp. 405-418, June 2006.

[36] K. Chatzikokolakis et al., "Spectrum sharing: A coordination framework enabled by fuzzy logic," in International Conference on Computer, Information, and Telecommunication Systems, Gijón, July 2015, pp. 1-5.

[37] S. Heinen et al., "Cellular cognitive radio: An RF point of view," in IEEE International Workshop on Cognitive Cellular Systems, Rhine river, September 2014.

[38] J. Luo, J. Eichinger, Z. Zhao, and E. Schulz, "Multi-carrier waveform based flexible inter-operator spectrum sharing for 5G systems," in IEEE International Dynamic Spectrum Access Networks Symposium, McLean, April 2014, pp. 449-457.

[39] P. Amin, V. P. K. Ganesan, and O. Tirkkonen, "Bridging interference barriers in selforganized synchronization," in IEEE International Conference on Self-Adaptive and Self-Organizing Systems, London, September 2012, pp. 109-118.

[40] ICT-317669 METIS project, "Final report on network-level solutions," Deliverable D4.3, April 2015, www.metis2020.com/documents/deliverables/.

[41] B. G. Mölleryd and J. Markendahl, "Analysis of spectrum auctions in India: An application of the opportunity cost approach to explain large variations in spectrum prices," Telecommunications Policy, vol. 38, pp. 236-247, April 2014.

[42] J. Zander, "On the cost structure of future wireless networks," in IEEE Vehicular Technology Conference, Phoenix, May 1997, vol 3, pp. 1773-1776.

[43] J. Zander and P. Mähönen, "Riding the data tsunami in the cloud: Myths and challenges in future wireless access," IEEE Communications Magazine, vol. 51, no. 3, pp. 145-151, March 2013.

[44] A. Ghosh et al., "Heterogeneous cellular networks: From theory to practice," IEEE Communications Magazine, vol. 50, no. 6, pp. 54-64, June 2012.

[45] Y. Yang and K. W. Sung, "Tradeoff between spectrum and densification for achieving target user throughput," in IEEE Vehicular Technology Conference Spring, Glasgow, May 2015, pp. 1-6.

[46] D. H. Kang, K.W. Sung, and J. Zander, "High capacity indoor and hotspot wireless systems in shared spectrum: A techno-economic analysis," IEEE Communications Magazine, vol. 51, no. 12, pp. 102-109, December 2013.

[47] A. A. W. Ahmed, J. Markendahl, and A. Ghanbari, "Investment strategies for different actors in indoor mobile market in view of the emerging spectrum authorization schemes," in European Conference of the International Telecommunications Society, Florence, October 2013, pp. 1-19.

[48] CEPT ECC, "ECC Decision (08)01: The harmonised use of the 5875-5925 MHz frequency band for Intelligent Transport Systems (ITS)," ECC/DEC/(08)01, March 2008, www.erodocdb.dk/docs/doc98/official/pdf/ECCDec0801.pdf.

第 13 章

[1] IST-4-027756 WINNER II project, "Channel models," Deliverable D1.1.2, version V1.2, February 2008.

[2] ICT-317669 METIS project, "METIS Channel Models," Deliverable D1.4, version v3, July 2015, www.metis2020.com/documents/deliverables/.

[3] 3GPP TR 25.996, "Spatial channel model for multiple input multiple output (MIMO) simulations," Technical Report TR 25.996 V6.1.0, Technical Specification Group Radio Access Network, September 2003.

[4] CELTIC CP5-026 WINNER+ project, "Final channel models," Deliverable D5.3, V1.0, June 2010.

[5] International Telecommunications Union Radio (ITU-R), "Guidelines for evaluation of radio interface technologies for IMT-Advanced," Report ITU-R M.2135, December 2009, www.itu.int/pub/R-REP-M.2135-1-2009.

[6] 3GPP TR 36.873, "Study on 3D channel model for LTE," Technical Report TR 36.873 V12.2.0, Technical Specification Group Radio Access Network, June 2015.

[7] A. Maltsev, V. Ergec and E. Perahia, "Channel models for 60 GHz WLAN systems," Document IEEE 802.11-09/0334r8, 2010.

[8] J. Medbo et al., "Channel modelling for the fifth generation mobile communications," in European Conference on Antennas and Propagation, The Hague, April 2014.

[9] ICT-317669 METIS project, "Description of the spectrum needs and usage principles," Deliverable D5.3, September 2014. www.metis2020.com/documents/deliverables/.

[10] J. Medbo et al., "Directional channel characteristics in elevation and azimuth at an urban

macrocell base station," in European Conference on Antennas and Propagation, Prague, March 2012.

[11] ICT-317669 METIS project, "Initial channel models based on measurements," Deliverable D1.2, April 2014, www.metis2020.com/documents/deliverables/.

[12] T. Jämsä and P. Kyösti, "Device-to-device extension to geometry-based stochastic channel models," in European Conference on Antennas and Propagation, Lisbon, April 2015.

[13] Z. Wang, E. K. Tameh, and A. R. Nix, "A sum-of-sinusoids based simulation model for the joint shadowing process in urban peer-to-peer radio channels," in IEEE Vehicular Technology Conference, Dallas, September 2005.

[14] J. Järveläinen and K. Haneda, "Sixty gigahertz indoor radio wave propagation prediction method based on full scattering model," Radio Science, vol. 49, no. 4, pp. 293-305, April 2014.

[15] A. Karttunen, J. Jarvelainen, A. Khatun, and K. Haneda, "Radio propagation measurements and WINNER II parametrization for a shopping mall at 61-65 GHz," in IEEE Vehicular Technology Conference, Glasgow, May 2015.

[16] W. Fan, T. Jämsä, J. Ø. Nielsen, and G. F. Pedersen, "On angular sampling methods for 3-D spatial channel models," IEEE Antennas and Wireless Propagation Letters, vol. 14, pp. 531-534, February 2015.

[17] S. Jaeckel, L. Raschkowski, K. Börner, L. Thiele, F. Burkhardt, and E. Eberlein, "QuaDRiGa: Quasi deterministic radio channel generator, user manual and documentation," Fraunhofer Heinrich Hertz Institute, Tech. Rep. v1.2.32-458, 2015.

第 14 章

[1] ICT-317669 METIS project, "Simulation guidelines," Deliverable D6.1, November 2013, www.metis2020.com/documents/deliverables/.

[2] ICT-317669 METIS project, "Scenarios, requirements and KPIs for 5G mobile and wireless system," Deliverable D1.1, May 2013, www.metis2020.com/documents/deliverables/.

[3] International Telecommunications Union Radio (ITU-R), "Requirements related to technical performance for IMT-Advanced radio interface(s)," Report ITUR M.2134, December 2008, www.itu.int/pub/R-REP-M.2134-2008.

[4] INFSO-ICT-247733 EARTH project, "Most suitable efficiency metrics and utility functions," Deliverable D2.4, January 2012, www.ict-earth.eu/publications/deliverables/deliverables.html/.

[5] International Telecommunications Union Radio (ITU-R), "Guidelines for evaluation of radio interface technologies for IMT-Advanced," Report ITU-R M.2135, December 2008, www.itu.int/pub/R-REP-M.2135-2008.

[6] J. Medbo and F. Harrysson, "Channel modeling for the stationary UE scenario," in European Conference on Antennas and Propagation, Gothenburg, April 2013, pp. 2811-2815.

[7] International Telecommunications Union Radio (ITU-R), "Propagation data and prediction methods for the planning of short-range outdoor radiocommunication systems and radio local area networks in the frequency range 300MHz to 100GHz," Report ITU-R P.1411, October 1999, www.itu.int/rec/R-REC-P.1411-0-199910-S.

[8] CELTIC / CP5-026 WINNER+ project, "Final Channel Models," Deliverable D5.3, June 2010, http://projects.celtic-initiative.org/ winner+/deliverables_winnerplus.html/.

[9] J. Proakis and M. Salehi, Digital Communications, 5th ed., New York: McGraw Hill, 2007.

[10] Nokia, "Ideal simulation results for PDSCH in AWGN," Work Item R4-071640, 3GPP TSG RAN WG4, Meeting #44bis, October 2007.

[11] 3GPP TS 36.521-1 V8.1.0, "User Equipment (UE) conformance specification Radio transmission and reception. Part 1: Conformance Testing," Technical Specification TS 36.521-1 V8.1.0, Technical Specification Group Radio Access Network, March 2009.

[12] Motorola, "UE demodulation simulation assumptions," Work Item R4-072182, 3GPP TSG RAN WG4, Meeting #45, November 2007.

[13] 3GPP TS 36.101 V9.22.0, "User Equipment (UE) radio transmission and reception," Technical Specification, TS 36.101 V9.22.0, Technical Specification Group Radio Access Network, March 2015.

[14] Ericsson, "Results collection UE demod: PDSCH with practical channel estimation,"

Work Item R4-080538, 3GPP TSG RAN WG4, Meeting #46, February 2008.

[15] Motorola, "Agreed UE demodulation simulation assumptions," Work Item R4-071800, 3GPP TSG RAN WG4, Meeting #44bis, October 2007.

[16] Ericsson, "Collection of PDSCH results," Work Item R4-072218, 3GPP TSG RAN WG4, Meeting #45, November 2007.

[17] Nokia, "Summary of the LTE UE alignment results," Work Item R4-082151, 3GPP TSG RAN WG4, Meeting #48, August 2008.

[18] Nokia, "Summary of the LTE UE alignment results," Work Item R4-082649, 3GPP TSG RAN WG4, Meeting #48bis, October 2008.

[19] Nokia Siemens Networks, "PUSCH simulation assumptions," Work Item R4-080302, 3GPP TSG RAN WG4, Meeting #46, February 2008.

[20] 3GPP TS 36.104 V8.5.0, "Base Station (BS) radio transmission and reception," Technical Specification TS 36.104 V8.5.0, Technical Specification Group Radio Access Network, December 2009.

[21] Ericsson, "Summary of Ideal PUSCH simulation results," Work Item R4-072117, 3GPP TSG RAN WG4, Meeting #45, November 2007.

[22] P. Herhold, E. Zimmermann, and G. Fettweis, "Cooperative multi-hop transmission in wireless networks," Computer Networks Journal, vol. 3, no. 49, pp. 299-324, October 2005.

[23] E. Zimmermann, P. Herhold, and G. Fettweis, "On the performance of cooperative relaying protocols in wireless networks," European Transactions on Telecommunications, vol. 1, no. 16, pp. 5-16, January 2005.

[24] E. Zimmermann, P. Herhold, and G. Fettweis, "On the performance of cooperative diversity protocols in practical wireless systems," in IEEE Vehicular Technology Conference, Orlando, October 2003.

[25] 3GPP TR 36.814 V2.0.1, "Further advancements for E-UTRA physical layer aspects," Technical Report TR 36.814 V2.0.1, Technical Specification Group Radio Access Network, March 2010.

[26] Ericsson, ST-Ericsson, "Elevation Angular Modelling and Impact on System Performance," Work Item R1-130569, 3GPP TSG RAN WG1 Meeting #72, February 2013.

[27] G.Wunder et al., "System-level interfaces and performance evaluation methodology for 5G physical layer based on non-orthogonal waveforms," in Asilomar Conference on Signals, Systems and Computers, Pacific Grove, November 2013, pp. 1659-1663.

[28] Timothy A. Thomas, Frederick W. Vook, Evangelos Mellios, Geoffrey S. Hilton, and Andrew R. Nix, "3D Extension of the 3GPP/ITU Channel Model," in IEEE Vehicular Technology Conference, Dresden, June 2013.

[29] S. Jaeckel, L. Raschkowski, K. Borner, and L. Thiele, "QuaDRiGa: A 3-D multi-cell channel model with time evolution for enabling virtual field trials," IEEE Transactions on Antennas and Propagation, vol. 62, no. 6, pp. 3242-3256, June 2014.

[30] M. R. Akdeniz, L. Yuanpeng, M. K. Samimi, S. Shu, S. Rangan, T. S. Rappaport, and E. Erkip, "Millimeter wave channel modeling and cellular capacity evaluation," IEEE Journal on Selected Areas in Communications, vol. 32, no. 6, pp. 1164-1179, June 2014.

[31] T. A. Thomas, H. C. Nguyenm, G. R. MacCartney, and T. S. Rappaport, "3D mmWave channel model proposal," in IEEE Vehicular Technology Conference, Vancouver, September 2014, pp. 1-6.

[32] T. Rappaport et al., "Millimeter wave mobile communications for 5G cellular: It will work!," IEEE Access, vol. 1, pp. 335-349, May 2013.

[33] T. Rappaport et al., "38 GHz and 60 GHz angle-dependent propagation for cellular and peer-to-peer wireless communications," in IEEE International Conference on Communications, Ottawa, June 2012, pp. 4568-4573.